高等学校教材

测井仪器原理

冯启宁　鞠晓东
柯式镇　李会银　编著

石油工业出版社

内 容 提 要

本书系统介绍了双侧向、微球形聚焦、感应、阵列感应、井壁电成像、常规声波、多极子阵列声波、超声波扫描成像、自然伽马、补偿中子、岩性密度等各种测井仪器的原理，以及测井地面系统、测井数据传输等方面的内容。

本书适合高等学校勘察技术与工程专业教学使用，也可供油田测井工作人员、测井仪器研制及维修人员借鉴与参考。

图书在版编目（CIP）数据

测井仪器原理/冯启宁等编著 .

北京：石油工业出版社，2010.8（2018.12 重印）

（高等学校教材）

ISBN 978－7－5021－7841－3

Ⅰ . 测…

Ⅱ . 冯…

Ⅲ . 测井仪－高等学校－教材

Ⅳ . TH763.1

中国版本图书馆 CIP 数据核字（2010）第 103461 号

出版发行：石油工业出版社

（北京安定门外安华里 2 区 1 号　100011）

网　　址：www.petropub.com.cn

编辑部：(010) 64523612　图书营销中心：(010) 64523633

经　　销：全国新华书店

排　　版：北京密东文创科技有限公司

印　　刷：北京中石油彩色印刷有限责任公司

2010 年 8 月第 1 版　2018 年 12 月第 3 次印刷

787 毫米×1092 毫米 开本：1/16 印张：24.5 插页：2

字数：624 千字

定价：50.00 元

前　言

本书是为高等学校"勘察技术与工程"专业本科生"测井仪器"课程编写的教材。20世纪90年代，石油大学出版社按"电法测井仪器"和"非电法测井仪器"两个分册出版了冯启宁教授主编的《测井仪器原理》，作为石油高校测井专业本科生的统编教材沿用至今已十几年，显然已不适用。进入21世纪以来，测井技术飞速发展，成像测井技术已得到广泛应用，原教材却缺少这部分内容。此外，按新的教学计划，本课的授课时数为50学时，仅为原课时数的一半，因此也必须对教材内容进行精选。为此，在原书基础上重新编写出版了本教材。

自20世纪90年代以来，随着低电阻率油气藏、低孔隙度低渗透率油气藏、复杂岩性油气藏等成为勘探、开发的重点，常规测井技术难以发挥作用，成像测井技术逐渐成为测井的主流技术，电成像和声成像测井发展更快，相应的成像测井仪器已成为测井的主要装备并广泛使用。钻井技术的发展对测井仪器的集成化、小型化和耐温耐压等方面提出了更高的要求。计算机技术、通信技术、新材料和电子器件等相关学科的发展为测井仪器的更新换代起到了推波助澜的作用。测井仪器的核心技术是对不同类型的物理参数（电、声、核、核磁）和工程参数的采集、传输和信号的前期处理。一个完整的测井仪器系统，包括地面仪器、传输电缆和各种类型的下井仪器。下井仪器是测井仪器系统的关键部分，它是将不同类型测井方法（电、声、核、核磁）的测量原理和相应的测控技术完好结合而构成的。一种新测井技术的出现，总要从它的下井仪器中体现出来。此外，新型测井仪器的研发总是在原有仪器的基础上继承、延伸和开拓的；成像测井仪器也是在常规测井仪器基础上发展起来的。

作为高等学校本科生专业教材，应体现其系统性、科学性、先进性和实用性，本书的编写也力求把这几方面统一起来。本书以讲授几种主要测井方法的下井仪器为主，考虑到测井仪器系统性，对公用的地面记录、控制系统和井下与地面间的电缆信号传输等内容专辟章节讲述。在编写选材上，对微电阻率扫描测井、阵列感应测井、多极子阵列声波测井、井壁声波成像测井等几种常用的成像测井仪器重点讲述；考虑到常规测井仪器不仅是目前生产上的在用仪器，而且只有掌握了常规测井仪器原理才能更深入了解成像测井仪器的特点，因此本书沿用了原书双侧向测井、双感应测井、声波测井、补偿中子测井、岩性密度测井和自然伽马能谱测井等常规测井仪器的基本内容。在编写上，选择典型仪器为例，以讲述测量原理为重点，达到举一反三的目的，每章后面附有小结和思考题，给学生以启迪。在讲授内容上，为与前期课程衔接，主要讲授各种测井仪器的电路原理，而不是仪器的设计和制造工艺。

由于测井仪器种类繁多，课时有限，不可能面面俱到，请读者见谅。本书第一章"电流聚焦测井仪器"和第九章"补偿中子测井仪"沿用原书内容，由郑学新撰写；第二章"普通感应测井仪器"和第八章"自然伽马能谱测井仪"由冯启宁编撰；第三章"阵列感应测井仪"和第四章"井壁电成像测井仪"由柯式镇撰写；第五章"常规声波测井仪"由鞠晓东编撰；第六章"多极子阵列声波测井仪"和第七章"超声波扫描成像测井仪"由卢俊强撰写；第十章"岩性密度测井仪"沿用原书内容，由陆介明撰写；第十一章"测井地面系统"的第一节由鞠晓东根据原教材缩编和撰写，第二节由鞠晓东撰写；第十二章"测井数据传输"的第一、第二节由李会银撰写，第三节由鞠晓东撰写；由冯启宁教授统编全书。

　　由于编者水平有限，错漏之处在所难免，敬请广大读者批评指正。

编　者

2010 年 1 月

目　　录

第一章　电流聚焦测井仪器

第一节　电流聚焦测井仪器测量原理及工作方式

一、地层电阻率的测量原理

自然界中不同岩石和矿物的导电能力是不相同的，尤其是当地层中所含流体性质不同时，导电性能差别很大。电阻率测井正是利用这一特点来区别钻井剖面上的岩层性质和油、气、水层的。普通电阻率测井是将一个三电极系（如 AMN 电极系）下放井中，然后上提电极系对井剖面进行测量。在测量过程中，由供电电极 A 不断向地层供电。假定不考虑井眼影响，地层又是一个各向均匀的同性介质，其电阻率为 ρ。根据点电极的电位公式，测量电极 M 点的电位是：

$$U_M = \frac{\rho I}{4\pi} \times \frac{1}{\overline{AM}}$$

测量电极 N 点的电位是：

$$U_N = \frac{\rho I}{4\pi} \times \frac{1}{\overline{AN}}$$

因而有：

$$\Delta U_{MN} = U_M - U_N = \frac{\rho I}{4\pi} \times \left(\frac{1}{\overline{AM}} - \frac{1}{\overline{AN}} \right) = \frac{\overline{MN}}{4\pi \times \overline{AM} \times \overline{AN}} \rho I$$

令 $K = \dfrac{4\pi \times \overline{AM} \times \overline{AN}}{\overline{MN}}$，代入上式可得：

$$\rho = K \frac{\Delta U_{MN}}{I}$$

式中　I——从 A 电极流出的电流强度；

K——电极系系数，m。

由于实际地层是非均匀的各向异性介质，加上井眼影响，由普通电阻率测井测得的电阻率只能近似反映地层的真电阻率，称为视电阻率（ρ_a）。相应上面的电阻率公式可改写成：

$$\rho_a = K \frac{\Delta U_{MN}}{I}$$

我国当前采用的简易横向测井是一种组合的普通电阻率测井。它用 4 个电极距长度不同的电极系组成复合电极系对钻井剖面进行测量，可得到 4 条反映不同探测深度的视电阻率曲线。

在一般地层剖面中，采用普通电阻率测井是有效的，但在盐水钻井液和膏盐剖面井中，由于受钻井液分流的严重影响，使普通电阻率测井失去了效力。为解决这种问题，提出了电流聚焦测井。

电流聚焦测井采用电屏蔽方法，使主电流聚焦后水平流入地层，因而大大减小了井眼和围岩影响。现在，电流聚焦测井不仅是盐水钻井液和膏盐剖面井的必测项目，也是淡水钻井液井测井的主要方法之一。

电流聚焦测井的电流线沿电极轴线的侧向流入地层，故又叫侧向测井。侧向测井在电阻率测井方法中是一个大家族：按构成电极系的电极数目来分，有三侧向、七侧向、八侧向、九侧向（即双侧向）；按探测深度来分，上述每一种侧向测井又有深、浅之分；按主电流聚焦后的特点，还可分为普通聚焦和微球形聚焦等。

现在，最常用的侧向测井组合是双侧向和微球形聚焦测井组合。双侧向的仪器性能、探测深度、分层能力、测量动态范围都优于三侧向和七侧向。微球形聚焦的探测特性也比微侧向和邻近侧向好。由双侧向微球形聚焦组合获得的资料可以较准确地确定地层电阻率 ρ_t、冲洗带电阻率 ρ_{xo} 和侵入带直径 D_i。这些是计算地层含油饱和度、判断地层含油性不可缺少的参数。

二、侧向测井仪器测量原理

1. 三侧向测井原理

由上述内容可见，侧向测井仪器多种多样，但基本测量原理是相同的。侧向测井与普通电阻率测井的主要区别就在于它的主电流（又叫测量电流）是被聚焦以后才流入地层的。为使主电流聚焦，侧向测井电极系的主电极 A_0 都位于电极系中心，两端都有屏蔽电极 A_1、A_2，它们以 A_0 呈对称排列。测井时，从主电极流出的主电流 I_0 和从屏蔽电极流出的屏蔽电流 I_b 极性完全相同。三侧向就是由这样 3 个电极组成的，其电极为柱状，电极 A_0 较短，以提高对薄地层的分辨能力；电极 A_1、A_2 较长，以增强屏蔽作用，减小井眼和围岩影响。A_1 和 A_2 短路连接，具有相同的电位，电极间用绝缘材料隔开。测井时，仪器自动控制 I_b 使 A_0、A_1、A_2 电极电位相等，沿纵向的电位梯度为零（即 $\frac{\partial U}{\partial z} = 0$），从而迫使主电流沿垂直于井轴的方向流入地层，避免了主电流沿井轴方向流动。在无限均匀介质中，主电流束如图 1-1 中的阴影部分所示。

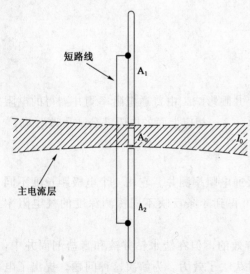

短路线
A_1

A_0
I_0

主电流层

A_2

图 1-1　三侧向电极系和主电流层

为避免电极极化，侧向测井采用低频正弦交流电供电，国产三侧向、七侧向的电流频率用 515Hz。测井时，由仪器测出主电流 I_0 的数值或主电极 A_0（可用 A_1 或 A_2 代替）至无穷远处电极 N 间的电位差，就可计算出地层视电阻率 ρ_a。

和普通电阻率测井一样，侧向测井的视电阻率公式是：

$$\rho_a = K \frac{U}{I_0}$$

式中　U——主电极表面的电位，V；

I_0——主电流强度，A；

K——侧向电极系系数，m。

电极系系数 K 可用实验或理论公式计算求

得。对不同侧向测井仪器，K 的理论表达式不同。对三侧向测井仪器：

$$K = \frac{2\pi L_0}{\ln \frac{2L}{\phi}}$$

$$L_0 = L_m + \frac{2}{3}b$$

式中　L_m——主电极实际长；

　　　b——A_0 与 A_1 或 A_2 之间绝缘环的厚度；

　　　L——三侧向电极系长度；

　　　L_0——电极视长度；

　　　ϕ——电极系直径。

在三侧向屏蔽电极以外再加上第二屏蔽电极 A_1'、A_2'，若将它们分别与对应的第一屏蔽电极 A_1 和 A_2 短路连接，就等于加长了屏蔽电极，屏蔽作用相应增强，可以进行深三侧向测井；反之，若用 A_1'、A_2' 作 A_0、A_1、A_2 的回流电极，就可降低屏蔽作用，进行浅三侧向测井（图 1-2、图 1-3）。

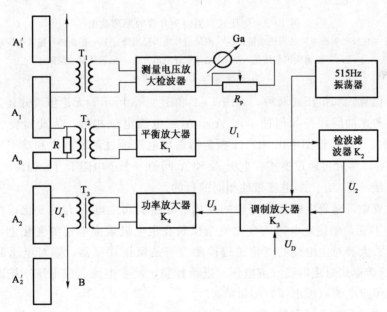

图 1-2　恒流式三侧向测井仪的原理框图

B—主电流和屏蔽电流的回流电极；T_1—测量信号输入变压器；T_2—平衡信号输入
变压器；T_3—屏流输出变压器；R—主电流取样电阻；R_p—记录仪测量电阻；
Ga—检流计；U_D—比较电压

侧向测井仪器是根据它们的测量原理设计的，现以三侧向为例。

由电阻率公式 $\rho_a = K\dfrac{U}{I_0}$ 可知，欲得到电阻率，可以保持 I_0 恒定，测量电压 U 的数值；或保持电压 U 不变，测量主电流 I_0；也可以对电压 U 和电流 I_0 不加任何限制，任其随负载自由浮动，同时测量电压和电流，通过计算 $\dfrac{U}{I}$ 的比值来获得电阻率；或者在保持 UI 乘积恒定的条件下，同时测量电压和电流来确定电阻率。以上这些工作方式分别叫做恒流式、恒压式、自由式和恒功率式。

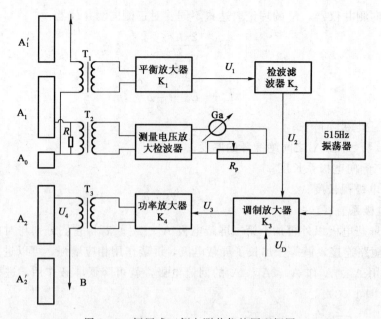

图 1-3 恒压式三侧向测井仪的原理框图

B—主电流和屏蔽电流的回流电极；T_1—测量信号输入变压器；T_2—平衡信号输入变压器；
T_3—屏流输出变压器；R—主电流取样电阻；R_p—记录仪测量电阻；
Ga—检流计；U_D—比较电压

三侧向有恒流式和恒压式两种，如图 1-2 和图 1-3 所示。无论恒流式还是恒压式，设计仪器首先要考虑的问题是如何使 A_0、A_1、A_2 三电极电位相等，为此需要供给 A_0、A_1、A_2 同极性的电流。电路框图中用 515Hz 振荡器输出电流经过调制放大和功率放大后加到屏蔽电极 A_1 或 A_2，然后再通过连接在电极 A_1 和 A_0 间的一个小电阻 R（0.01Ω）加到电极 A_0，这样就达到了使 A_0、A_1、A_2 电流极性相同的目的。

在测井过程中，随着电极接地电阻的变化，必然引起主电流 I_0 的变化，在恒流式仪器中必须保持 I_0 不变，使接地电阻的变化完全反映在主电极表面电位的变化上。为此，电路中设置了平衡放大器对主电流的变化进行检测（若是恒压式仪器，则对电压的变化进行检测）。通过负反馈形式对主电流（或电压）进行控制，使主电流（或电压）按原来相反的方向变化，达到恒定电流（或电压）的目的。

保持恒流的平衡调节过程是：

$$\rho_t \downarrow \rightarrow I_0 \uparrow \rightarrow U_2 \uparrow \rightarrow (U_D - U_2) \downarrow \rightarrow U_4 \downarrow \rightarrow I_0 \downarrow$$

反之：

$$\rho_t \uparrow \rightarrow I_0 \downarrow \rightarrow U_2 \downarrow \rightarrow (U_D - U_2) \uparrow \rightarrow U_4 \uparrow \rightarrow I_0 \uparrow$$

测量信号取自 A_1 至 N 电极间的电位差，因 N 电极在无穷远处，即 $U_N = 0$，所以 $U = U_{A_1}$。该信号经变压器 T_1 送至测量放大器放大，再经滤波和相敏检波输出至记录仪。

2. 七侧向测井原理

七侧向电极系如图 1-4 所示，它由 7 个环状电极组成。其中 A_0 和 A_1、A_2 分别是主电极和屏蔽电极，作用同前。介于 A_0 和 A_1 或 A_2 之间的 M_1、N_1 和 M_2、N_2 是两对监督电极，又叫测量电极。它们均以 A_0 为中心，对称地排列在 A_0 两侧，每对同名电极间用导线短路，所以 A_1 和 A_2、M_1 和 M_2、N_1 和 N_2 具有相同的电位。

测井时，供给主电极 A_0 和屏蔽电极 A_1、A_2 同极性的电流 I_0 和 I_b。仪器自动调节屏流 I_b，使得两对监督电极 M_1N_1 和 M_2N_2 上保持相同的电位，即 $U_{M1} = U_{N1}$ 或 $U_{M2} = U_{N2}$。由于等位面之间不可能有电流流动，所以无论主电极还是屏蔽电极流出的电流都在 M_1、N_1 及 M_2、N_2 处拐弯，使主电流沿水平方向流入地层。主电流分布如图 1-4 所示。电阻率公式为：

$$\rho_a = K \frac{U_M}{I_0}$$

式中 U_M——测量电极 M_1 或 M_2 至无穷远点的电位差（$U_M = U_{A_0}$）。

七侧向电极可近似看作点电极，按点电极为电位公式可以导出七侧向电极系数：

$$K = \frac{4\pi \times \overline{A_0 M_1} \times \overline{A_0 N_1} \times (\overline{A_0 M_1} + \overline{A_0 N_1})}{(\overline{A_0 A_1})^2 + \overline{A_0 M_1} \times \overline{A_0 N_1}}$$

测井时，理论上要求 $U_{M_1 N_1} = 0$，实际上 $U_{M_1 N_1}$ 不可能真正为零，只能近似为零，这个近似为零的信号称为剩余信号，记为 ΔU_{MN}

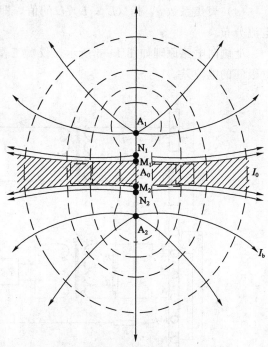

图 1-4 七侧向电极系及电流分布

（数值为微伏级）。测井时，只要求不平衡信号 $U_{MN} < \Delta U_{MN}$ 就达到聚焦要求了。

在七侧向电极系中，一般用 4 个参数来表示电极系结构和特性，这 4 个参数是：

（1）电极系长度 L_0，是指电极 A_1 和 A_2 之间的距离，即 $L_0 = \overline{A_1 A_2}$。它主要影响侧向测井的探测深度。在一定范围内，L_0 加长，相应探测深度增加；反之，探测深度减小。若 L_0 太长，除了使用不便以外，围岩和邻层影响也相应增大。

（2）电极距 L，代表 $O_1 O_2$ 之间的距离，即 $L = \overline{O_1 O_2}$（O_1、O_2 分别是 $M_1 N_1$ 及 $M_2 N_2$ 的中点）。L 的大小主要决定七侧向的纵向分层能力。L 较小，纵向分层能力强，能划分出较薄的地层。

（3）分布比 S，表示电极长度 L_0 与电极距 L 之比值，即 $S = \dfrac{L_0}{L}$。它主要影响主电流层的形状。S 过大，不仅要求屏流过大，而且对测量的影响复杂；S 过小，主电流聚焦差。一般取 S 为 3 左右较为适宜，这时主电流层基本上沿水平方向流入地层。在均匀介质中，分布比对主电流层的影响如图 1-5 所示。

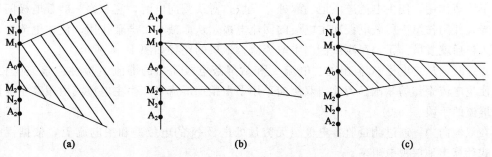

图 1-5 在均匀介质中主电流层的形状
（a）分布比 $S < 2.1$ 时主电流层形状；（b）分布比 $S = 2.5$ 时主电流层形状；（c）分布比 $S = 4$ 时主电流层形状

(4) 聚焦系数 q，指 $(L_0-L)/L$ 的值，即 $q=(L_0-L)/L=S-1$。它主要决定电极系的电流分布。

七侧向电路原理如图 1-6 所示，仪器工作方式为恒流式，测量监督电极中点至远处 N 电极间的电位差。

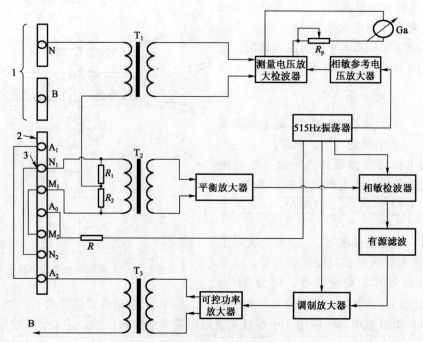

图 1-6 七侧向仪的测量原理图

1—加长电极；2—七侧向电极系；3—电极短路连接线；B—主电流和屏蔽电流的回流电极；
N—无穷远测量电极；T_1—测量信号输入变压器；T_2—平衡信号输入变压器；T_3—屏流输
出变压器；R—主电流取样电阻；R_1，R_2—均压电阻，各为 1kΩ

3. 双侧向测井原理

双侧向是在三侧向、七侧向的基础上发展起来的，它吸取了三侧向、七侧向的优点。双侧向电极系由 9 个电极组成，主电极（A_0）、第一屏蔽电极（A_1、A_2）、第二屏蔽电极（A_1'、A_2'）和三侧向一样用柱状电极，其中 A_0 较短，屏蔽电极较长，监督电极（M_1、M_2 和 M_1'、M_2'）和七侧向一样用环状电极，它们介于 A_0 和 M_1（或 M_2）之间。各同名电极间同样要短路连接，并以 A_0 为中心呈对称排列（图 1-7）。

第二屏蔽电极有着双重的作用：对深侧向电流，它和第一屏蔽电极间相当于短路，从而增强了屏蔽作用，使主电流进入地层深处才发散；对浅侧向电流，它和第一屏蔽电极间相当于绝缘，并用作第一屏蔽电极和主电极的回流电极，从而减小了屏蔽作用，使主电流进入地层侵入带后就发散开了。深浅双侧向主电流流入地层的路径如图 1-8 所示。

测井时，从主电极 A_0 流出的主电流 I_0 和从屏蔽电极流出的屏流 I_b 极性应该完全相同，这是使主电流聚焦的基础。为此，双侧向采用了由跟踪屏流来产生主电流或由跟踪主电流来产生屏流的手段。

在双侧向中，通过测量监督电极至无穷远处电极 N 的电位差和主电流 I_0，依据视电阻率公式计算出地层视电阻率。

在侧向测井视电阻率公式 $\rho_a = K \dfrac{U}{I_0}$ 中，U 和 I_0 分别代表主电极的表面电位和主电流。

因此，$\dfrac{U}{I_0}$ 代表主电极 A_0 的接地电阻。

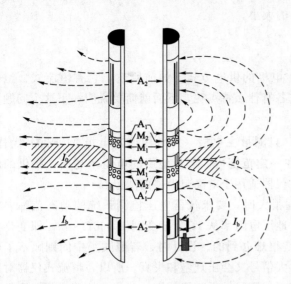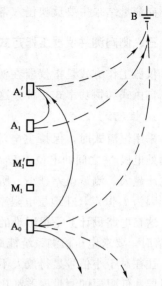

图 1-7　在均匀介质中主电流层的形状　　　　图 1-8　深、浅侧向电流路径图

设 A_0 的接地电阻为 R_0，则：

$$\rho_a = KR_0$$

式中，A_0 的接地电阻 R_0 显然等于主电流流过路径中各部分电阻之和，即：

$$R_0 = R + R_m + R_{mc} + R_i + R_t + R_u$$

式中　R——电极 A_0 和钻井液的接触电阻；

　　　R_m——主电流 I_0 流过钻井液的体电阻；

　　　R_{mc}——I_0 流过的泥饼电阻；

　　　R_i——I_0 流过侵入带地层的电阻；

　　　R_t——I_0 流过原状地层的电阻；

　　　R_u——I_0 返回到电极 B 的回路电阻。

在主电流聚焦良好的条件下，R_0 和主电流流过路径各部分介质电阻的关系可用图 1-9 表示。

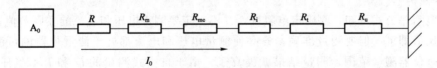

图 1-9　主电极接地电阻等效电路图

由于钻井液电阻率低，I_0 流过钻井液、泥饼的路径又很短，所以 R、R_m 和 R_{mc} 可以忽略；又因 I_0 返回路径的截面很大，所以 R_u 也可忽略，从而有：

$$R_0 \approx R_t + R_i$$

由此可见，侧向测井的测量结果主要反映 R_t 和 R_i 的数值，即原状地层电阻率 ρ_t 和侵入带电阻率 ρ_i 的大小。

显然，对深侧向 R_t，若对接地电阻 R_0 的贡献比 R_i 的贡献越大，则测井效果越好，所以侧向测井用于盐水钻井液和高阻地层剖面比用于淡水钻井液和中低阻地层剖面效果要好；对浅侧向，由于 I_0 刚要进入原状地层就迅速发散开了，所以 R_t 对 R_0 的贡献可以忽略不计，即浅侧向测量结果主要反映侵入带电阻率 ρ_i 的大小。

三、侧向测井仪器工作方式

仪器工作方式是指仪器在测井时对主电极的供电方式。如前所述，它有恒流式、恒压式、自由式和恒功率式 4 种。这 4 种方式各有什么特点呢，下面就简要说明一下这个问题。

1. 恒流式

采用恒流式时，保持主电流 I_0 恒定，只测量主电极（通常用监督电极 M_1 或 M_2 代替）至远处电极 N 之间的电位差 U。显然，在一定范围内，测量地层的电阻率越高，提供的测量电压越大，测量误差越小。所以恒流式仪器适用于对高阻地层的测量。

因为 I_0 恒定，在地层电阻率变化范围很大时，要求仪器电压检测系统的动态范围要很大，这在电路设计上是很困难的。例如，地层电阻率从 $1\Omega \cdot m$ 变到 $10000\Omega \cdot m$，即变化了 10^4 倍时，要求电压检测系统能跟踪测量是很难办到的。设计时，若照顾了中间则顾不了两头，往往对于小信号显得放大不足，而对大信号又会出现饱和失真。所以，恒流式仪器对于高阻层和低阻层的测量误差都比较大，甚至使测量结果不能使用。总之，恒流式仪器测量动态范围小，这是恒流式仪器的主要缺点；优点是电路简单，三侧向、七侧向和微侧向均采用这种工作方式。

2. 恒压式

采用恒压式时，主电极表面电位恒定，只测量主电流。显然，测量地层的电阻率越低，提供测量的电流信号越大，相应的测量误差越小，所以恒压式仪器适用于对低阻地层的测量。

恒压式和恒流式一样，仪器电路简单，但测量动态范围小。

3. 自由式

因自由式电流和电压都是浮动的，测井时，同时测量电流、电压两个量，因此可以得到较宽的测量动态范围。例如，地层电阻率仍从 $1\Omega \cdot m$ 变到 $10000\Omega \cdot m$，自由式仪器只要测量电压和测量电流各变化 100 倍即能满足测量要求。

国产的 801 双侧向和引进的 1229 双侧向均采用这种工作方式。需要指出的是，这种工作方式的仪器在测量地层电阻率很高和很低时，仪器分别相当于恒流式和恒压式，其测量误差较大。

4. 恒功率式

由视电阻率公式可知，要确定电阻率，并不一定要测得电压和电流的实际数值，只要知道它们的比值即可。但要测量准确，务必使测量电压和电流都处于测量仪器的可测范围之内。若超过仪器测量范围，测量结果就失真了。由于自由式测量的 U 和 I 不受任何限制，很难使测量仪器的测量系统跟踪 U 和 I 的全部变化，因此限制了仪器测量动态范围的进一步扩展，一般自由式仪器测量动态范围只能达到 10^4 倍。

恒功率式在测量过程中保持 UI 乘积不变，只要选定最高电阻率和最低电阻率的两个极点保持功率不变，就使测量电压和电流始终处在仪器可测量的范围之内，也就不会出现测量电压和电流被限幅的情况，因此可以获得比自由式仪器更宽的测量动态范围。

例如，保持测量功率等于 $0.6\,\mu W$，设电极系系数 $K=1$，测量电压介于 $0.3\sim200\,mV$ 之间，测量电流介于 $3\sim2000\,\mu A$ 之间，那么仪器可测量的电阻率范围是从 $\dfrac{U_{min}}{I_{max}} = \dfrac{0.3\,mV}{2000\,\mu A} =$

$0.15\Omega\cdot m$ 到 $\dfrac{U_{\max}}{I_{\min}} = \dfrac{200\,\text{mV}}{3\,\mu\text{A}} \approx 66.7\,\text{k}\Omega\cdot m$ ，即 $\dfrac{\rho_{\max}}{\rho_{\min}} = \dfrac{66.7\,\text{k}\Omega\cdot m}{0.15\Omega\cdot m} \approx 0.45\times 10^{6}$ 。当然，实际仪器测量动态范围会比这低一些，因为深侧向电极系数小于1。

和自由式仪器比较，恒功率式仪器电路复杂，如果不采用计算机控制，进行恒功率测量是不可能的。

第二节　1229 双侧向仪器

引进的 1229 双侧向仪一次下井可同时测得深、浅两条 ρ_a 曲线。为了实现深、浅侧向并测，仪器采用频分供电。深、浅侧向供电频率分别为 32Hz 和 128Hz。

仪器系统激励采用屏流主动式，即先有屏流后有主电流。该仪器可与 1308 自然伽马测井仪、声波测井仪、3104 微侧向组合测井，还可带测一条自然电位曲线。

由于该仪器组合需要传输的测量信息多，用一般信息传输方式缆芯已不够用，为此采用了脉码传输。

一、仪器工作原理

1229 双侧向仪器原理如图 1-10 所示。下井仪器电路由直流稳压电源、控制信号发生器（F）、深侧向屏流源（B）、浅侧向屏流源（C）、平衡放大混合电路（A）、深浅侧向电流检测电路（E）和深浅侧向电压检测电路（D）7 个部分组成。

直流稳压电源为整个下井仪器提供 +15V 和 -15V 直流工作电源。

控制信号发生器由振荡器和分频器组成。它产生 32Hz 和 128Hz 的方波信号，为整个下井仪器中的斩波器、相敏检波器提供相位参考信号。该信号频率也决定了深、浅侧向的供电频率，同时还为微侧向测井仪提供另一种频率的方波信号。

如前所述，该仪器是屏流主动式仪器。测井时，首先由深、浅侧向屏流源电路提供并通过屏蔽电极向地层发射出 32Hz 和 128Hz 的屏蔽电流。流入地层的屏流在监督电极 M_1 和 M_1'，M_2 和 M_2' 之间产生电位差，显然该电位差包含了深、浅侧向的电流频率。它由平衡放大混合电路放大，用以控制主电流发生器产生包含上述两种频率的主电流。因此主电流始终跟踪屏流的极性和相位变化。正因如此，主电流的产生使监督电极间的电位差趋于零，相应聚焦了主电流。

如图 1-11 所示，深侧向屏流源电路实质上是一个受控频率为 32Hz 的电流源，其控制信号是 U_{2D}。它来自于深侧向电压检测器，和深侧向测量电压成正比。深侧向屏流源的输出电流加在电极 A_1（A_1'）上，其屏流从 A_1（A_1'）流出返回到地面电极 B。深侧向屏流源电路由差动放大器、斩波式调制放大器、深侧向带通滤波器和功率放大器组成。

差动放大器的主要作用是用 U_{2D} 控制深屏流的幅度。由图 1-11 可知，深侧向屏流源电路输出深侧向屏流的幅度正比于 $(U_2 - 2U_{2D})$，U_2 是参考信号，由 +15V 直流电源经 R_1 和 R_2 所组成的分压器分压获得，其数值能在一定范围内调节。当地层电阻率增加时，如果没有 U_{2D} 控制，深侧向屏流道的输入信号将减小得很少。因为深侧向主电流 I_D 和屏流 I_{bD} 具有跟随作用，所以 I_D 下降也少，相应的，深侧向电压 U_D 上升得较多。又因 U_{2D} 正比于 U_D，所以 U_{2D} 跟随 U_D 上升。当有 U_{2D} 控制时，U_{2D} 上升会使 I_D 下降得多一些，U_D 上升得少一些。从

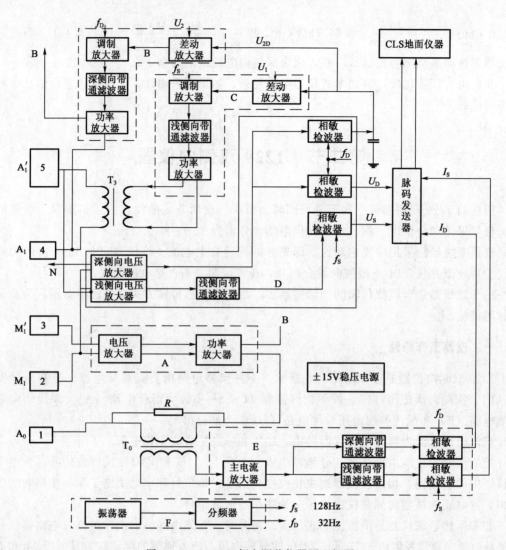

图 1-10　1229 双侧向测井仪器原理框图

A—平衡放大混合电路；B—深侧向屏流源；C—浅侧向屏流源；D—深、浅侧向电压检测电路；

E—深、浅侧向电流检测电路；F—控制信号发生器

而使深侧向测量电压和电流的变化范围都比较适中，这样有利于扩大深侧向测量视电阻率的动态范围。

斩波式调制放大器把与 $(U_2 - 2U_{2D})$ 成正比的缓变直流电转换成 32Hz 的交流电，然后通过带通滤波成为幅度正比于 $(U_2 - 2U_{2D})$、频率为 32Hz 的正弦波，最后经功率放大后加到屏蔽电极 A_1 或 A_2 上。

深侧向屏流经 R_{10}（1Ω）至电极 A_1，经变压器 T_8 次级接 A_1'。忽略电流流过 R_{10} 和 T_8 次级上电压的差异，可认为 A_1 和 A_1' 是短路连接的。

浅侧向屏流源输出接在 T_8 初级两端。从变压器 T_8 初级看，对浅侧向屏流电极 A_1 和 A_1' 之间是绝缘的，而且 A_1' 是 A_1 的回流电极，A_2' 是 A_2 的回流电极，所以浅侧向屏流源电路是一个受控频率为 128Hz 的交流电压源，其控制信号仍是 U_{2D}。浅侧向屏流源电路的组成和深侧向屏流源电路相似，是由差动放大器、斩波式调制放大器、浅侧向带通滤波器和功率放大器组成的（图 1-12）。

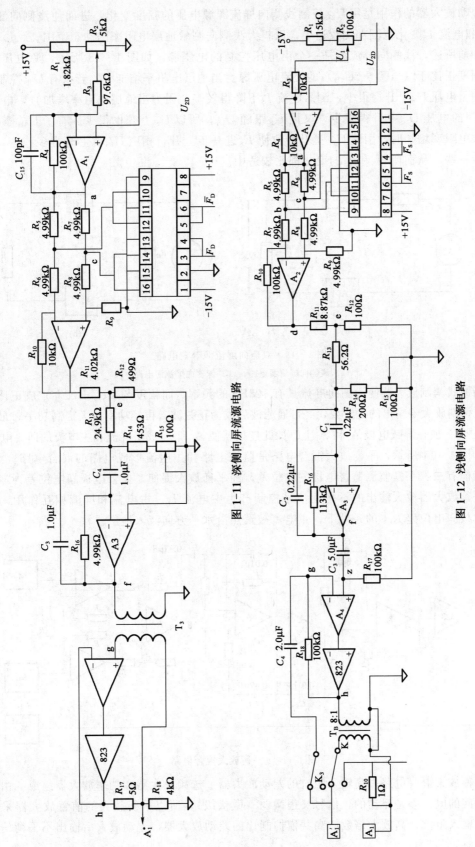

图 1-11 深侧向屏流源电路

图 1-12 浅侧向屏流源电路

差动放大器的作用是用 U_{2D} 控制浅侧向屏流源源电压的幅度变化，进而使浅侧向测量电压 U_S 和电流 I_S 变化范围都比较适中，以扩大浅侧向测量地层电阻率的动态范围。

如前所述，浅侧向屏流源是一个由电压控制的电压源，如图 1-13 所示，源电压 E_S 是一个幅度正比于（$-U_1+2U_{2D}$）的交流电压源。当地层电阻率增加时，若没有 U_{2D} 控制，浅侧向测量电压 U_S 上升得很少，测量电流 I_S 下降得较多。因为当地层电阻率增加时，电极 A_1 和 A_1' 间的电压 U_{bS} 上升得很少，又因 U_S 跟随 U_{bS}，所以 U_S 上升也很少。有了 U_{2D} 控制后，在地层电阻率增加时，引起 U_{2D} 上升，致使 E_S 进一步上升，相应 U_{bS} 就上升得多一些，I_S 下降得少一些，从而使 U_S 和 I_S 的变化都比较适中。

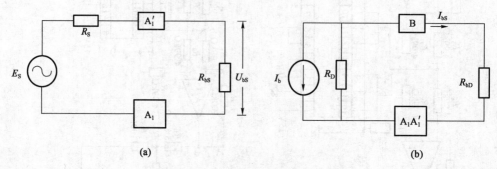

图 1-13　双侧向屏流源等效电路

（a）浅侧向屏流源电路；（b）深侧向屏流源电路

斩波式调制放大器使浅侧向屏流具有 128Hz 的频率，而幅度与（U_1+2U_{2D}）成正比。由斩波式调制放大器输出的是方波，经带通滤波后成为正弦波，再经功率放大提高功率，最后通过变压器 T_8 加在屏蔽电极 A_1 和 A_1' 上。如此连接就使 A_1' 和 A_2' 成了屏流和主电流的回流电极。

如图 1-14 所示，平衡放大混合电路是监控电路和主电流形成电路的混合电路。显然，它的功能有二：一是监测监督电极的电位差，经平衡放大促使二监督电极间电位差为零；二是由平衡放大器放大输出的不平衡信号控制产生主电流 I_0。主电流和屏流相互作用，在二监督电极间电位差为零的条件下，主电流被聚焦沿水平方向流入地层。

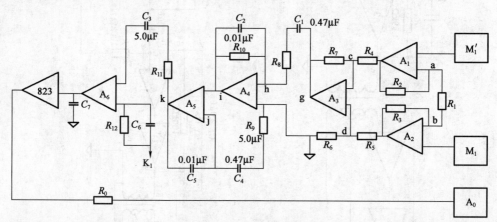

图 1-14　平衡放大混合电路

平衡放大混合电路由高输入阻抗的差动放大器、选频放大器和功率放大器组成。由于监督电极间的电位差是浮动的，信号又很微弱（微伏级），所以平衡放大的前置放大器采用了具有高输入阻抗、高放大倍数、高共模抑制比的差动放大器，差动放大后输出不平衡信号送选频放大器放大。用选频放大旨在对和屏流同频率、同极性的信号进一步放大，然后通过功率放大供给主电极的主电流。显然，选频放大必须调谐在深、浅侧向两种频率上工作，从主电极流出的主电流必然包含了深、浅侧向两种频率成分。

电压检测电路含深、浅侧向两个测量道。深侧向测量道由深前置差动放大器和深相敏检波器组成。测量电极 M_1（代替电极 A_0）至无限远处电极 N 间的电位差（通常 N 经 10 号缆芯到地面后接电缆外皮）。浅侧向测量道由浅前置电压放大器、浅侧向带通滤波器和浅侧向相敏检波器构成。测量电极 M_1 至 5 号电极（即第二屏蔽电极）间的电位差（图 1-15）。深、浅侧向的电压测量选取不同的参考点，其目的是为了减小浅侧向探测电压的噪声电平。在浅侧向电压测量道中采用了 BB3629 低噪声运算放大器作前置电压放大器也是为了这个目的。

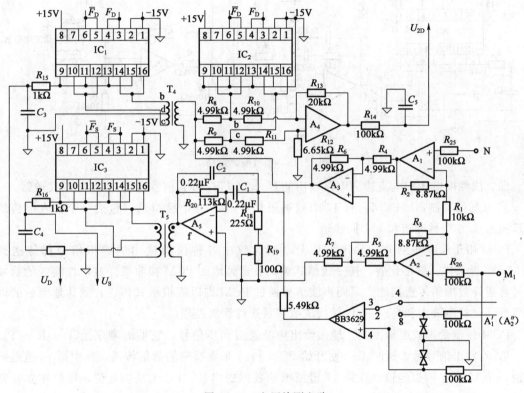

图 1-15　电压检测电路

这里浅侧向电压测量道用了浅带通滤波而深侧向电压测量道则没有用带通滤波。原因是浅侧向电压信号频率是深侧向电压信号频率的 4 倍，浅侧向电压信号经过浅带通滤波送至浅相敏检波，只有深侧向频率的电压信号才进入深相敏检波器。若还用深侧向带通滤波就显得多余了。如果没有浅侧向带通滤波器，深、浅侧向的电压信号就分不开，就会造成深侧向电压信号对浅侧向电压信号的干扰。深、浅侧向电压检测道的相敏检波都在同相检波条件下工作，即被检信号和参考信号同相。其目的是为了提高检波效率，压制干扰。深、浅侧向被测交流电压信号经相敏检波后成直流信号输出。

此外，在电压检测电路中，还附设有一个深侧向电压相敏检波器。它输出 U_{2D} 直流电压信号，用以控制深、浅侧向屏流源输出屏流的幅度，使得深、浅侧向测量电压和电流变化都比较适中，扩大了仪器测量的动态范围。

如图 1-16 所示，电流检测电路和电压检测电路相似。它由前置差动放大器（深、浅侧向电流测量共用）、深浅侧向带通滤波、深浅侧向相敏检波器组成。电路输入信号是主电流在采样电阻（0.025Ω）上的压降。深、浅侧向主电流经差动放大后，分别通过自己的带通滤波和相敏检波输出深、浅侧向电流 I_D 和 I_S。

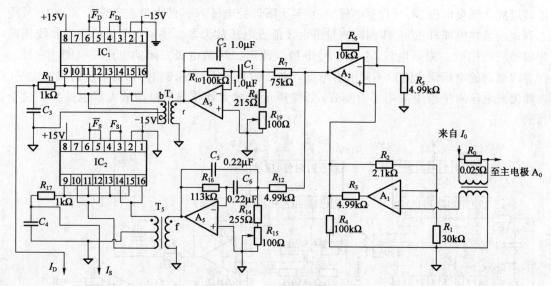

图 1-16　电流检测电路

深、浅侧向电压和电流检测电路输出的 U_D、U_S、I_D 和 I_S 信号送至 3506 脉码发送器。

3506 脉码调制器（PCM）有 17 个数据采集通道：10 个模拟道（包括一个输入端接地的模拟道）、6 个脉冲道和 1 个同步道。

PCM 用于裸眼井测井，除声波以外，组合仪中各种仪器输出的模拟信号都传送到 PCM，经过采样、数字化后，按一定格式编码发送到地面 PCM 接收器。放射性测井的脉冲信号经过计数编码传送到地面，而声波信号通过 PCM 则以模拟形式传送。到达地面后的声波信号通过检测放大和高速 A/D 转换成数字量送计算机处理。

PCM 传输受声波逻辑控制。地面给出声波发射同步信号，它们的顺序是 T_1、R_1、T_2、R_2。在 R_2 发出信号后，延时 4ms 便开始 PCM 17 个采集通道的数据传送，其中第 16 道是同步道，第 17 道是模拟地道。在第 17 道模拟地数据送出后，PCM 系统复位，等待建立并完成下一个声波逻辑时序。同样，在同步信号 R_2 发出后，延时 4ms 再开始新的一轮 PCM 17 个数据采集通道的数据传送。如此周而复始，PCM 传输一帧数据（包括模拟信号道）要 32ms。

由 PCM 传输到地面的双侧向信号，经过地面 PCM 接收，解码后送计算机处理，得到深、浅侧向视电阻率 ρ_D 和 ρ_S。

二、主要电路分析

1. 深、浅侧向屏流源电路

深、浅侧向屏流源电路组成相同，因此只以深屏流源电路为例，分析如下。

1）差动放大器（图 1-17）

第一级前置差动放大器由运算放大器 A_1 构成。A_1 同相端输入信号为 U_{2D}，反相端输入

为 U_1，U_1 是 +15V 直流电源经 R_1 和电位器 R_2 所组成的分压器分压后得到的，其大小可在 0～10V 内调节。A_1 的增益为：

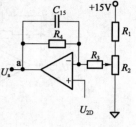

$$K_P = \frac{U_{SC}}{U_{Sr}} = -\frac{R_4}{R_3} \frac{1}{j\omega R_{14} C_{15} + 1}$$

将各元件值代入上式计算可得 $K_P = -1$，故 A_1 的输出为：

$$U_a = -(U_1 - 2U_{2D})$$

图 1-17　差动放大器

2）斩波式调制放大器

屏流源电路的第二级为斩波式调制放大器（图 1-18）。它由运算放大器 A_2 和集成电路构成。集成电路 IC_4 具有以下功能：当 13、14 端为高电平，11、12 端为低电平时，它的 1、3 端跟 2、4、6、8 端接通，而 5、7 端悬空；当 13、14 端为低电平，11、12 端为高电平时，它的 1、3 端悬空，而 5、7 端跟 2、4、6、8 端接通。

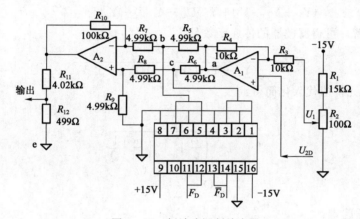

图 1-18　斩波式调制放大器

根据 IC_4 的功能，当 F_D 为低电平（$\overline{F_D}$ 为高电平）时，c 点接地，b 点悬空，运算放大器 A_2 的增益为：

$$-\frac{R_{10}}{R_5 + R_7} = -\frac{10}{4.99 + 4.99} \approx -1$$

当 F_D 为高电平（$\overline{F_D}$ 为低电平）时，c 点悬空，b 点接地，这时运算放大器 A_2 增益是：

$$\frac{R_{10} + R_7}{R_6} \times \frac{R_9}{R_6 + R_8 + R_9} = \frac{10 + 4.99}{4.99} \times \frac{4.99}{3 \times 4.99} \approx 1$$

显然，斩波式调制放大器的输出幅度是 U_a（差动放大输出电压），频率是 F_D（深侧向参考信号频率）。该方波信号经带通滤波后变成正弦波，然后再经功率放大加至屏蔽电极 A_1、A_1'，产生深屏蔽电流。

3）有源带通滤波器

具有带通滤波功能的有源滤波器有多种形式，如多路负反馈式、双 T 带通式、可控源式等。侧向测井仪器中所用电路为多路负反馈式，如图 1-19 所示。

该滤波器有两条反馈路径，频率高端通过 C_3 产生负反馈，低端通过 R_{16} 产生负反馈，故只有介于高、低端之间的频率信号传输系数才近似为 1，其中心频率是 32Hz。

假设 Y_1、Y_2、Y_3、Y_4、Y_5 分别为图 1-19（a）中各无源元件的导纳，即 $Y_1 = \frac{1}{R_{13}}$，$Y_2 = j\omega C_3$，$Y_3 = \frac{1}{R_{14}}$，$Y_4 = j\omega C_4$，$Y_5 = \frac{1}{R_{16}}$，则图 1-19（a）可改画成图（b）。根据图 1-19

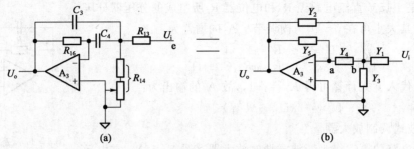

图 1-19　多路负反馈带通有源滤波器

（b）考虑到运算放大器反相端为虚地，可列出图中 a、b 节点方程如下：

$$-Y_4\dot{U}_b - Y_5\dot{U}_o = 0$$

$$(Y_1 + Y_2 + Y_3 + Y_4)\dot{U}_b - Y_1\dot{U}_i - Y_2\dot{U}_o = 0$$

对上二式联立求解，可得滤波器的传递函数是：

$$\dot{K}_p = -\frac{Y_1 Y_4}{(Y_1 + Y_2 + Y_3 + Y_4)Y_5 + Y_2 Y_4}$$

将 $Y_1 \sim Y_5$ 的替代元件值代入化简得：

$$\dot{K}_p = -\frac{j\dfrac{\omega}{\omega_0}}{1 - \left(\dfrac{\omega}{\omega_0}\right)^2 + j\left(\dfrac{\omega}{\omega_0}\right)\dfrac{1}{Q}}K$$

$$Q = \frac{f_0}{\Delta f}$$

式中　Q——品质因素；

f_0——中心频率；

Δf——通频带宽度；

K——通带增益（$\omega = \omega_0$，$Q = 1$）。

此电路的主要参数为：

$$Q = \frac{\sqrt{(R_{13} + R_{14})R_{16}C_3C_4}}{(C_3 + C_4)R_{16}}$$

$$\omega_0 = \frac{1}{\sqrt{(R_{13} + R_{14})R_{16}C_3C_4}}$$

$$K = \frac{R_{13}C_3}{\sqrt{(R_{13} + R_{14})R_{16}C_3C_4}}$$

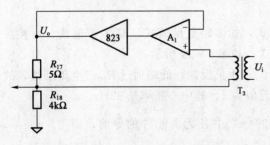

图 1-20　功率放大器

4）功率放大器

功率放大器（图 1-20）由运算放大器 A_4 和功率放大器组件 823 配接而成。该电路接成跟随器形式，输入阻抗高，输出阻抗近似为零，具有一定的输出功率，在常温下输出功率为 5W。

2. 平衡放大混合电路

平衡放大混合电路如图 1-21 所示。该电路的主要功能是监测监督电极间的电位差，控制产生深、浅侧向主电流，维持两监督电极的电位近似相等，达到聚焦主电流的目的。

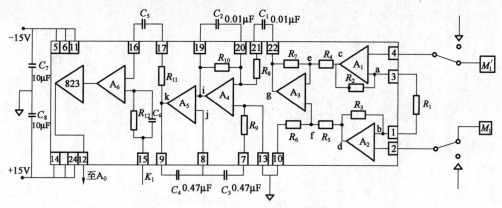

图 1-21 平衡放大混合电路

由于所检测的电流是浮地的，信号又很微弱，所以前置放大器采用了差动放大；又因需要放大的信号包含 32Hz 和 128Hz 两种频率，所以在前置放大器后接选频放大器。选频放大的输出经功率放大产生 32Hz 和 128Hz 两种频率的主电流供 A_0 电极。

1）高输入阻抗差动放大器

高输入阻抗差动放大器由 A_1、A_2、A_3 运算放大器组成，它采用了双端输入、单端输出的结构，具有闭环输入阻抗高、放大倍数高、共模抑制比高和低输出阻抗、低噪声、低功耗的特点，是一种比较理想的仪器放大器。

当 $R_4 = R_5$，$R_6 = R_7$ 时，差动放大器输出为：

$$U_g = \left(1 + \frac{2R_2}{R_1}\right) K_p U_{M_1 M_1'} \quad （图中 R_2 = R_3）$$

式中 K_p——运算放大器 A_3 的闭环放大倍数。

输入阻抗为：

$$Z_{ic} = 2Z_i \left(1 + \frac{R_1}{R_1 + 2R_2} K\right)$$

式中 Z_i——A_1 或 A_2 的输入阻抗；

K——A_1 或 A_2 的开环放大倍数。

共模抑制比为：

$$C'_{MR} = \frac{2R_2 + R_1}{2(R_2 - R_3)}$$

由上式可见，该电路的共模抑制比 C'_{MR} 主要取决于 R_2 和 R_3 的相等程度。当 $R_2 = R_3$ 时，$C'_{MR} \to \infty$，即共模信号的放大倍数为 0。但有一点必须指出，就是输入信号的共模干扰电压不能太大。如果共模干扰超过运算放大器的共模输入范围 $\overline{U_{iCM}}$，就会引起共模抑制性能的消失。该电路中器件抗共模电压的数值为 10～30V 左右，在工业交流干扰严重时，需要特别注意这一点。

2）选频放大器

选频放大器由运算放大器 A_4 和 A_5 构成。因为运放的反相端是虚地，故 A_4 的电压传递函数如下：

$$\frac{\dot{U}_g}{R_8 + \frac{1}{j\omega C_1}} = -\frac{(1 + j\omega R_{10} C_2) \dot{U}_h}{R_{10}}$$

解得：

$$\frac{\dot{U}_{h}}{\dot{U}_{g}} = -\frac{j\omega R_{10}C_1}{1 - \omega^2 R_8 R_{10} C_1 C_2 + j\omega(R_8 C_1 + R_{10}C_2)} = -\frac{j\dfrac{\omega}{\omega_0}}{1 - \left(\dfrac{\omega}{\omega_0}\right)^2 + j\dfrac{\omega}{\omega_0}\cdot\dfrac{1}{Q}}K$$

其中：

$$\omega_0 = 2\pi f_0 = \frac{1}{\sqrt{R_8 R_{10}C_1 C_2}}, K = \frac{R_{10}C_1}{\sqrt{R_8 R_{10}C_1 C_2}}, Q = \frac{\sqrt{R_8 R_{10}C_1 C_2}}{R_8 C_1 + R_{10}C_2}$$

A_5 的电压传递函数是：

$$\frac{\dot{U}_{K}}{\dot{U}_{h}} = 1 + \frac{\dfrac{1}{j\omega C_4}}{\dfrac{1}{j\omega C_3} + R_9} = \frac{\omega R_9 C_4 C_3 - j(C_4 + C_3)}{\omega R_9 C_4 C_3 - jC_4}$$

A_4 实质上是一个带通滤波器，在这里用作选频。如果 $\omega < \omega_0$，A_4 是一个相位超前网络，而 A_5 则是一个相位滞后网络。选频放大必须选择放大深、浅侧向的两种频率，才能保证主电流频率的准确性。

3）功率放大器

功率放大器与屏流源电路的功率放大器相同。

3. 电压检测电路

电压检测电路的功能和构成前面已作了介绍。差动放大器、带通滤波器与前面分析过的同类电路相同，此处不再重复，唯一需要说明的是相敏检波器。

在测井仪器中，为了正确检测被测信号，压制干扰信号，常用相敏检波器。相敏检波器又叫鉴相器或相敏整流器。它是一种对相位敏感的检波器，和普通检波器的区别在于：相敏检波输出直流信号的数值不仅与被检信号的幅度有关，而且还与被检信号和参考信号的相位差有关。为保证相敏检波器正常工作，要求参考信号幅度要大于被检信号，且参考信号前后沿要陡直，最好是方波。

相敏检波和普通检波器一样，也有半波相敏检波和全波相敏检波之分。半波相敏检波原理如图 1-22 所示。图中，U_i 是被检信号，U_o 是检波输出信号（未接电容 C 时的输出），U_R 是参考控制信号，K 是可控模拟开关。

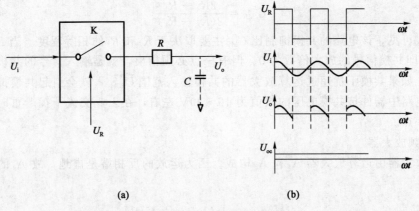

图 1-22 半波相敏检波原理

假定 U_R 是 1 电平时，开关 K 接通，则 $U_o = U_i$；若 U_R 是 0 电平时，开关 K 断开，则 $U_o = 0$。其波形如图 1-22（b）所示。

全波相敏检波的工作原理如图 1-23 所示。

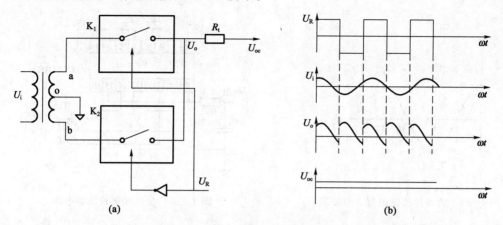

图 1-23　全波相敏检波的工作原理

当参考控制信号 U_R 为 1 电平时，K_1 导通，K_2 断开；若被检信号为上正下负，则检波电流从 a→K_1→R_L→地→变压器中心抽头 O。

当 U_R 为 0 电平时，K_2 通，K_1 断。若 U_R 为上负下正（假定 U_i 和 U_R 同频同相），则检波电流从 b→K_2→R_L→地→变压器中心抽头 O。

由此可见，在被检信号的全周期内都有检波电流流过负载电阻 R_L，即在负载电阻 R_L 上得到了全波检波电压，其波形如图 1-23（b）所示。

相敏全波检波及输出在全周期内的平均值是：

$$\overline{U_o} = \frac{1}{T}\int_0^T U_i \sin(\omega t + \phi)\mathrm{d}t = \frac{2U_i}{\pi}\cos\phi$$

式中　U_i——被检信号的幅值；

T——参考控制信号的周期；

ϕ——被检信号与参考信号的相位差。

上式表明，相敏检波的输出幅度不仅与检波信号的幅度有关，而且还与被检信号和参考信号的相位差有关。当 $\phi = 0$ 时，输出信号为正的最大值；当 $\phi = \pi$ 时，输出信号为负的最大值；当 $\phi = \frac{\pi}{2}$ 或 $\frac{n\pi}{2}$（n 为奇数）时，输出为零。若被检信号幅度一定，检波输出和 ϕ 的关系如图 1-24 所示。

图 1-25 电路是电压和电流检测电路中所采用的一种全波相敏检波器。该检波器是以集成块 IC_1（AD7510D15D）为核心构成的。AD7510D15D 实质上是一个四刀双掷开关，为增加可靠性每两个刀并成一个刀用。

当 F_D 是 1 电平时，14、16 端与 9、11、13、15 接通，10、12 与 9、11、13、15 不通。若被检信号 U_i 为上正下负，则检波器电流从 b→14（16）→9（11、13、15）→d→R_{15}→C_3→T_4（0）。相反，当 F_D 是 0 电平，$\overline{F_D}$ 是 1 电平时，10、12 端与 9（13、11、15）接通，14、16 端与 9（11、13、15）不通，此时 U_i 为下正上负，检波电流应从 c→10、12→9（11、13、15）→d→R_{15}→C_3→T_4（0）。由此可见，在 U_i 全周期内部有同一个方向的电流流过负载电阻 R_{15}。即在 R_{15} 的两端得到了全波检波的脉动电压，经电容 C_3 滤波输出深侧向直流电压。

相敏检波的参考控制信号由控制信号发生器提供。深电压、深电流相敏检波参考电压信号用 F_D，浅电压、浅电流相敏检波参考控制信号用 F_S。为提高检波效率、压制干扰，采用同相检波。

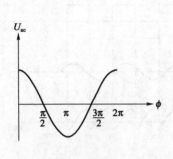

图 1-24 相敏检波输出与 ϕ 的关系

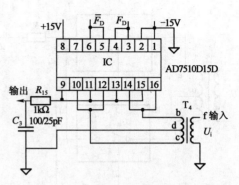

图 1-25 全波相敏检波器电路

4. 电流检测电路

电流检测电路的被测信号取自主电流流过采样电阻 R_2（0.025Ω）上的压降。电路组成中的各单元电路与电压测量电路基本相同，因此不再赘述。

三、仪器刻度和校验

仪器刻度就是在模拟测量环境条件下用被测参数的标准（信号）值对仪器进行标定，以便建立起测量信号与被测参数的对应关系。任何测井仪器都必须经过刻度才能使用。仪器刻度包括室内刻度和测前井场刻度与校验。井场刻度与校验是对仪器性能的测前检查与调整，是保证测井取得合格资料的重要措施之一。侧向测井的仪器刻度与校验用"模拟地层校验箱"进行。模拟地层校验箱由标准电阻网络构成，电阻网络中各个电阻分别模拟主电流流经的地层电阻，屏蔽电流流经的地层电阻和泥浆电阻。模拟地层校验箱上有两个开关，其中一个用来选择主电流和屏蔽电流流经的地层电阻，另一个用来选择钻井液的电阻率。主电流流经的地层电阻 R 有四挡（1.19Ω、11.9Ω、119Ω、1190Ω）可供选择，同时屏蔽电流流经的地层电阻也有四挡可供选择，而钻井液的电阻率只有两挡可供选择。在地面对仪器进行校验时，每一挡都要用到，以检查仪器的线性。

仪器下井后，在测量前，还要记录仪器的机械零、电零和内刻度信号，为此，1229 双侧向下井仪器中设置了刻度、对零电路。该电路由一些模拟地层的电阻和两个继电器控制开关（K_C 和 K_Z）所组成。继电器开关 K_C 和 K_Z 用来产生井下仪器的内刻度信号和电零信号（图 1-26）。

1229 双侧向仪器和 CLS8/16E 数控测井仪配接时，仪器刻度是在计算机程序控制下自动进行的。在刻度过程中，按人机对话方式选定刻度仪器类型、编号、刻度内容并打印出刻度结果摘要。本节仍以 1229 双侧向仪和模拟记录仪器配接为例，以便于理解井下刻度对零、电路的功能和原理。仪器刻度过程如下：

记录机械零时，按下地面面板上的有关按钮，使记录仪中检流计的输入端对地短路。此时，检流计光点落在机械零位置上。

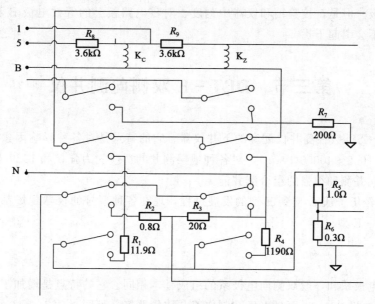

图 1-26　双侧向仪器井下刻度电路

当记录仪器电零时，按下地面面板上有关按钮，使面板供电，在刻度、对零电路板 1 端产生一负脉冲（相对于 B 电极），5 端产生一正脉冲，这时 K_Z 动作，导致 K_1、K_2、K_3 开关动作。从而使双侧向测井仪的整个电子线路与电极系的 9 个电极断开，相应端接入一组模拟地层和钻井液的电阻，其中 $R_0 = 1190\Omega$，如图 1-26 所示。此时输送到地面的深、浅侧向测量信号所代表的深、浅侧向视电阻率值 ρ_D、ρ_S 分别为：

$$\rho_D = 0.84 \times 1190 = 1000(\Omega \cdot m) \quad (K_D = 0.84m)$$
$$\rho_S = 1.12 \times 1190 = 1333(\Omega \cdot m) \quad (K_S = 1.12m)$$

由于对数比例尺上没有零，因此就把这两个视电阻率值分别作为深、浅侧向视电阻率曲线的电零点。如果记录仪光点不在电零点上，应调节地面面板上有关旋钮，使光点落在电零点上。

当进行内刻度时，由地面供给刻度、对零电路板 1 端为正脉冲，5 端为负脉冲。此时开关 K_C 动作，同样也会导致开关 K_1、K_2、K_3 动作，使电子线路接入了另一组模拟地层和钻井液的电阻，其中 $R_0 = 11.9\Omega$。这时送至地面的深、浅侧向测量值所代表的深、浅侧向视电阻率值应为：

$$\rho_D = 0.84 \times 11.9 = 10(\Omega \cdot m)$$
$$\rho_S = 1.12 \times 11.9 = 13.3(\Omega \cdot m)$$

这两个视电阻率值分别作为深、浅侧向视电阻率曲线的内刻度点。若光点不在内刻度点上，应调节地面面板上有关旋钮，使之满足要求。

机械零点、电零点和内刻度点调好后，按下地面面板上的测井按钮，地面供电使在刻度对零时，1、5 端都出现正脉冲，这时 K_C 和 K_Z 都不动作。深测向屏流源的输出端通过刻度对零电路板接到电极 B、电压检测器的一个输入端接到电极 N，即可进行测井。

测井结束后，应按照上述方法重新记录仪器的机械零、电零和内刻度信号，以此来检查仪器的稳定性。

最后需要说明的是，为了避免干扰，1229 双侧向仪的回流电极 B 装在加长电极上，由电缆外皮作电极。但是，校验箱和仪器中刻度、对零电路板上的等效电极 B 和 N 都是一个点，因为这样不会引起干扰。

第三节　DLT－E 双侧向测井仪

DLT 是同 CSU 数控测井仪配套的下井仪器。它的特点是对各种影响因素考虑周全，测量动态范围宽（0.2～40000Ω·m），对各种地层测井的适应能力强；和 1229 双侧向仪一样，具有深、浅侧向并测和很强的组合测井能力。

DLT 已经经历了从 A 型到 E 型的发展过程，现在各种型号的仪器现场都在使用，下面介绍的是 DLT－E 型。

一、概述

DLT－E 电极系和一般双侧向电极系的组成基本相同。它的特点是增加了第一屏蔽电极 A_1、A_2 的取样电极 A_1'、A_2' 而且电极系制作工艺比较严格，见图 1－27（a）。

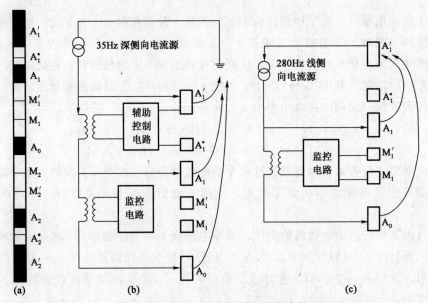

图 1-27　DLT－E 电极系和电流路径

(a) DLT－E 电极系的电极排列；(b) LLD 电流路径；(c) LLS 电流路径

DLT－E 测量深、浅侧向两种电阻率。对深侧向，它力求测量离井眼尽可能远的、未受泥浆侵入影响的原状地层电阻率 ρ_t，探测深度在 1.6m 以上；对浅侧向，它测量离井眼中等距离的地层电阻率，探测深度大约为 0.75m 左右。因此，对侵入很深的地层，浅侧向电阻率 ρ_{LLS} 和冲洗带地层电阻率 ρ_{xo} 近似相等，即 $\rho_{LLS} \approx \rho_{xo}$；对无侵入地层，显然 $\rho_{LLS} = \rho_{LLD} = \rho_t$（$\rho_{LLD}$ 是深侧向电阻率）。

1. 主电流聚焦

任何侧向测井仪器都必须对主电流聚焦。从理论上讲，只有在主电流聚焦的情况下，主电流在不同电阻率地层中的流动模式才会相同，才能维持仪器的探测半径不变。

从测量原理可知，欲使主电流聚焦必须使监督电极 M_1 和 M_1' 或 M_2 和 M_2' 间的电位差为

0，在 DLT 中设置了监控回路。监控回路的输入级接电极 M_1 和 M_1'、M_2 和 M_2'，它将电极 M_1 和 M_1' 或 M_2 和 M_2' 间的电位差进行高增益放大，用以控制主电流 I_0 和屏流 I_b 的比值，使 M_1 和 M_1' 或 M_2 和 M_2' 间的电位差趋于 0，达到聚焦主电流的目的。DLT 供出的总电流 $I_t = I_0 + I_b$，I_t 是在满足 UI 乘积等于功率额定值的条件下提供的。

监督回路为深、浅侧向共用，因此它必须调谐在深、浅侧向两种频率上工作。

在主电流聚焦情况下，深、浅侧向主电流和屏流流过地层的路径如图 1-27（b）、（c）所示。对浅侧向 LLS，I_0 和 I_b 分别从主电极 A_0 和第一屏蔽电极 A_1 或 A_2 流到第二屏蔽电极 A_1' 或 A_2'；对深侧向 LLD，I_0 和 I_b 则分别从 A_0 和 A_1、A_1' 或 A_2、A_2' 流到地面接地电极 B。显然，LLD 主电流流入地层深，而 LLS 主电流流入地层浅。

2. 屏蔽电极等电位控制电路

如上所述，DLT 是深、浅侧向并测的。为此，深、浅侧向分别采用 35Hz 和 280Hz 的两种频率供电。除此之外，电路中设置了辅助监控回路，用以保证第二屏蔽电极 A_1' 或 A_2' 在深侧向时和第一屏蔽电极 A_1 或 A_2 近似短路，而在浅侧向时又使它和第一屏蔽电极处于绝缘状态，并使它成为 A_0 和 A_1 或 A_2 的回流电极。辅助监控回路的输入信号是电极 A_1^* 和 A_1'（或 A_2^* 和 A_2'）间的电位差，它只能调谐在深侧向频率上工作，尤其要使它对 280Hz 没有响应，只有这样才能对深侧向保持电极 A_1 和 A_1' 或 A_2 和 A_2' 电位相等。

3. 功率控制

如第一节所述，通过测量电压和电流来计算电阻率，只需计算电压和电流的比值，无需电压和电流的绝对值，但必须保证测量电压和电流都处在测量仪器的可测范围之内。

1229 双侧向工作方式采用自由式，对电阻率很高和很低的地层测量误差较大，甚至出现限幅。为进一步扩展测量动态范围，DLT 的工作方式采用了可控功率式。在地层电阻率极低和极高的两个极点，保持测量功率不变，使测量电流和电压（I 和 U）始终处在一个合适的可测量的范围之内。

在测井过程中，DLT-E 仪器是按下述法则控制仪器测量功率的。对极低（$0.2\Omega \cdot m$）和极高（$40k\Omega \cdot m$）两个极端电阻率的测量，把测量功率调节到额定值 550nW，这个值是根据信噪比和系统允许承受最大电流强度的要求选定的。实际上，它是信噪比和系统容许承受最大电流强度之间的一种折中。在介于最低和最高电阻率之间的地层，用获取尽可能大的测量信号来提高测量精度。DLT 按图 1-28 所示的算法控制测量功率的变化。

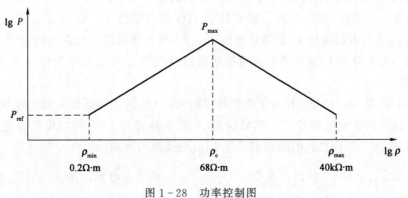

图 1-28　功率控制图

DLT-E 深、浅侧向两个通道的主要参数是：

参考功率 P_{ref} 为 550nW；

最小测量电压 U_{min} 为 0.238mV；

在负载电阻是 68Ω 时，最大功率 P_{max} 为 363μW；

最大测量电流 I_{max} 为 2.31mA；

最大测量电压 U_{max} 为 157mV。

4．主电流检测电路

主电流检测电路测量流过主电极 A_0 的电流 I_0，最后输出深、浅侧向主电流 I_{0D} 和 I_{0S}。

5．电压检测电路

电压检测电路分别测量监督电极 M_1 或 M_2 对电缆外皮的深、浅测量电压 U_{0D} 和 U_{0S} 以及对电缆加长电极的深测量电压 U_{0G}。测量 U_{0G} 的目的是检测格罗宁根效应的影响，以便通过比较加以校正。格罗宁根效应是指深侧向 LLD 电极系在接近高阻巨厚层时引起测井读数虚假增大这样一种乱真影响。

6．对零、刻度电路

每个双侧向仪器都有一套对零、刻度电路作为井下仪器的内刻度。它由一个三电阻网络组成，用以模拟两个已知电阻率的标准层，对仪器进行刻度。

7.CCS 和数字接口

由电压、电流检测电路输出的电压（U_{0D}、U_{0G}、U_{0S}）、电流（I_{0D}、I_{0S}）经数字电路转换成数字量，并按一定格式编排传至地面，而地面 CSU 对 DLT 的控制命令也通过它来传送。这里，信息传输由电缆通信系统 CCS 来完成。用数字量表示的以上 5 个参数由 CSU 处理得到深、浅侧向电阻率和深侧向下井总电流及浅侧向供电总电流的控制值。

以上 7 个部分是构成 DLT 双侧向仪器电路的 7 要素。此外，还有电源、地面电流模块 LCM 和控制仪器工作、刻度校验的软件。除电源和软件外，其余部分在下述将进一步阐述。

二、仪器工作原理

1．浅侧向测井

浅侧向测井的测量原理如图 1-29 所示。在仪器电子线路短节（简称仪器短节）中的 280Hz 电流源，受地面 CSU 控制，发射出 280Hz 的总电流 I_t，这个总电流包括流过电极 A_1 的屏蔽电流 I_b 和流过电极 A_0 的测量电流 I_{0S}。I_{0S} 和 I_b 流过地层并返回到电极 A_1' 形成一个浅的电流束。为了强迫 I_{0S} 流入地层，监控回路通过控制 I_S 和 I_b 比值保持电极 M_1' 的电位等于 M_1 的电位。

电流 I_S 和电极 M_1（M_2）相对于电缆外皮的电位 U_{0S} 送入调谐放大器，经调谐选频放大输出的信号进入相敏检波器检波，然后通过 A/D 转换并经 CCS 接口电路发送上井。在地面，它们通过 CSU 处理得到电阻率和井下 LLS 电流源的控制值。

电阻率由 $\rho_{LLS} = K \dfrac{U_{0S}}{I_{0S}}$ 给出。式中，$K = 1.45$m。调节总电流，使下井功率（U_{0S} 和 I_{0S} 的乘积）等于它的额定值，并用 10 位 CCS 命令字控制送到数字接口的电压。这 10 位命令字

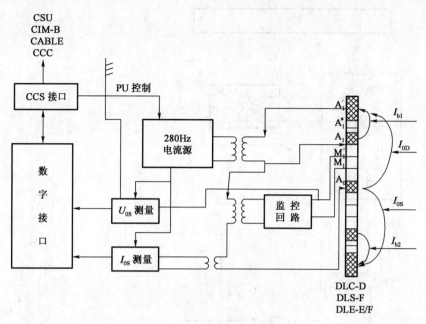

图 1 - 29　LLS 电路原理框图

给出 1024 个不同的电平，经过存储和 D/A 转换器转换成 PU 控制电压，驱动输出相应的浅侧向功率。

2. 深侧向测井

35Hz 电流源设置在地面仪器电流模块 LCM－A 中，总电流 I_t 经电缆缆芯 2、3、4、5、6 向井下供电（图 1－30）。同样，I_t 也包含流过电极 A_1、A'_1 的屏蔽电流 I_b 和流过主电极 A_0 的主电流 I_{0D}。I_{0D} 和 I_b 经地层返回到地面接地电极。为了强迫 I_{0D} 聚焦沿垂直于井轴的方向流入地层，必须使监督电极 M_1 和 M'_1 间的电位差为 0。此点以监控回路通过控制主电流 I_{0D} 实现。

对 LLD 来说，连接在电极 A_1 和 A'_1 间的 280Hz 电流源对 35Hz 的电流相当于是短路的，由辅助监控回路增强这种短路。换言之，辅助监控回路的作用是保证第一屏蔽电极和第二屏蔽电极 A_1 和 A'_1（或 A_2 和 A'_2）电位相等。当然这里"电位相等"是不严格的，实际上任何时候它们也不可能绝对相等，用辅助监控回路只能调整它们趋于相等。辅助监控回路是一个 35Hz 的调谐放大器。

电流 I_{0D} 和电位差 U_{0D}、U_{0G} 送入调谐放大器。U_{0D} 和 U_{0G} 分别为电极 M_1 或 M_2 与电缆外皮和电缆加长电极 V_1 之间的电位差。调谐放大器的输出通过相敏检波器检波，经 A/D 转换并经过 CCS 接口发送上井。在地面通过 CSU 的处理得到深探测的电阻率和对 LLD 地面电流源的控制值。

电阻率：

$$\rho_{LLD} = K \frac{U_{0D}}{I_{0D}}$$

$$\rho_{LLG} = K \frac{U_{0G}}{I_{0G}}$$

式中，$K = 0.89$m。和浅侧向调整电流的方法一样，通过保持下井功率（$U_{0D} I_{0D}$ 乘积）等于它的额定值来调整总电流 I_t，并直接由软件控制 LCM。

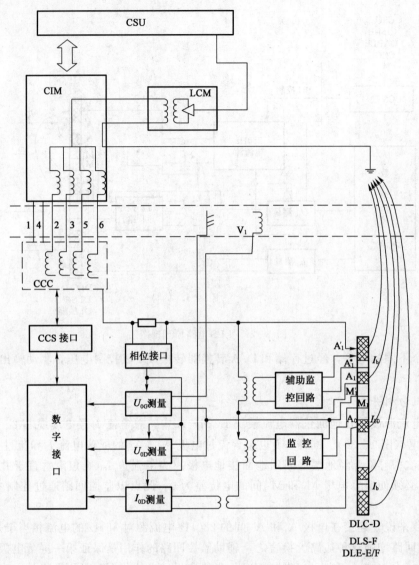

图 1-30　LLD电路原理图

3. 数字接口和CCS接口

电缆通信系统CCS包括地面和井下两大部分：地面部分由计算机辅助单元的件CKUF-A和电缆接口模块CIM-B组成；井下部分是电缆通信控制电路CCC。每支井下仪器的井下总线接口电路和CCC之间由三总线连接。在DLT中，井下总线接口电路就是CCS接口，测量各模拟量和CCS接口电路之间则由数字接口电路连接。

三、双侧向仪器的电子线路短节DLC-D

双侧向仪器的电子线路短节DLC-D可以分成两部分：一是基本的双侧向部分，由这一部分得到测量电压、电流的模拟量；另一部分是与CCS连接的CCS数字接口，由这一部分完成井下测量信号的A/D转换、数据传输和控制命令的译码。数字部分起初是独立的叫电阻率接口（RLC），现在它已经和DLC-D合并，但仍用原有的"RIC"命令的电路板直接补充在DLC-D中，见图1-31和图1-32。

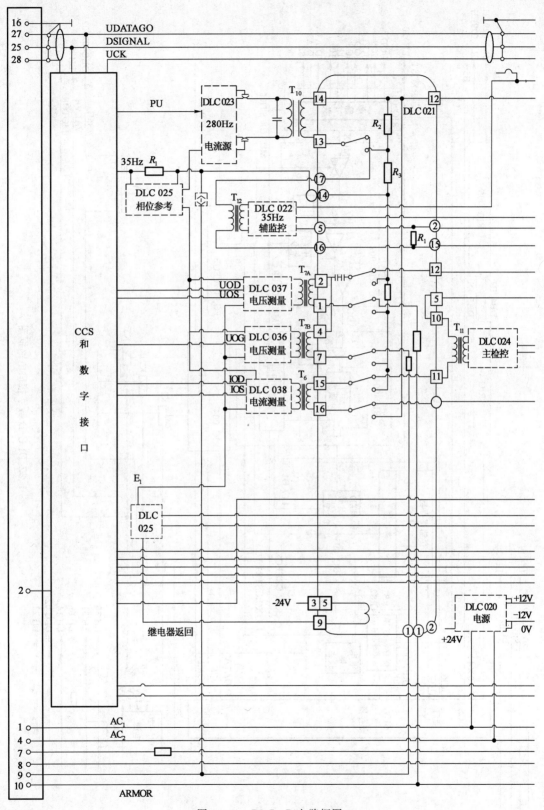

图 1-31　DLC-D电路框图

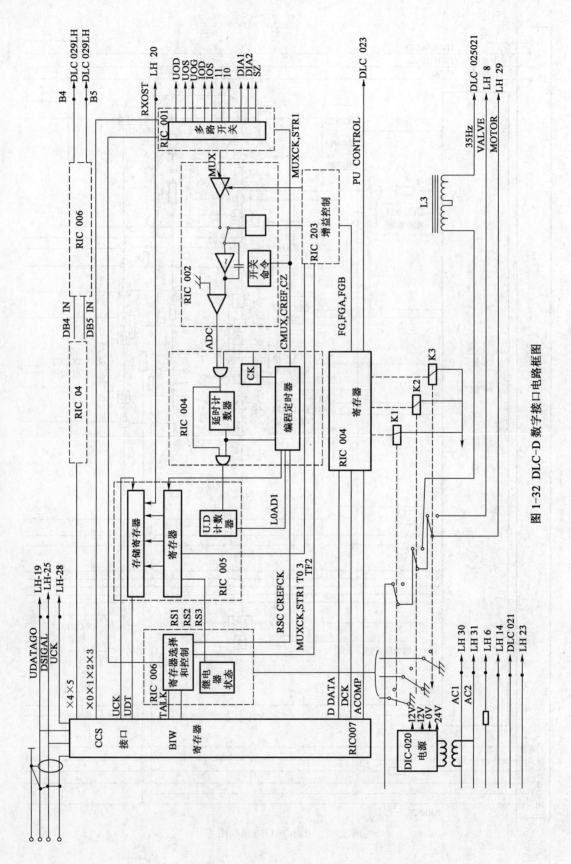

图 1-32 DLC-D 数字接口电路框图

1. 数字接口

设置数字接口的主要目的是管理双侧向微球形聚焦（DST）组合 9 个模拟测量道，存储它们各自的数据，准备由电缆通信控制电路 CCC 取走，实质上它主要由与 CCS 接口耦合的多路 A/D 转换器构成。多路 A/D 转换器是一个由多路开关和 A/D 转换器组成的多通道的数据采集系统。

多路 A/D 转换器接在最多 9 个井下模拟信号和 CCS 接口之间。

向下通信时，由它译码 CCS 接收和存储的命令；向上通信时，它把多路模拟量转换成数字量送至 CCS 接口存储。

输入接口信号的实际数目是仪器组合的函数，可以在地面编程，目前有：

DLT - E 5 个转换通道；

DST - E 9 个转换通道。

DST - E 是双侧向和球形聚焦或微球形聚焦组合测井仪。所有通道输入电压范围从 8mV 到 8V，每个正的模拟信号都转换成 10 位二进制数。考虑到任何可能出现的偏移或在模拟通道上的寄生噪声及万一由电极系误差引起的微弱负信号，在转换前加入一个固定的正偏置信号。如下所述，这种偏置最后将从转换后的数值中扣除。

转换时间是信号电平的函数，对应输入电压 8mV 到 8V，转换时间从 2.4ms 到 4.24ms。由此可见，在 9 个通道情况下，最小采样速率为每个通道每秒采样大约 25 次。

如图 1 - 33 所示，在程序控制下，多路开关周期地顺序接通 9 个（或 5 个）模拟输入通道中的每一个，经过 AGC 标准化后送 A/D 转换器。AGC 是可变增益放大器，增益选择是自动的，而且是信号电平的函数。AGC 由 4 个具有不同增益的放大器组成，4 个放大器中每一个输出和一参考电压相比较，经比较之后才选定放大倍数合适的放大器输出至 A/D 转换器；也可由 CSU 命令强迫选择 4 个不同增益放大器中的任何一个。

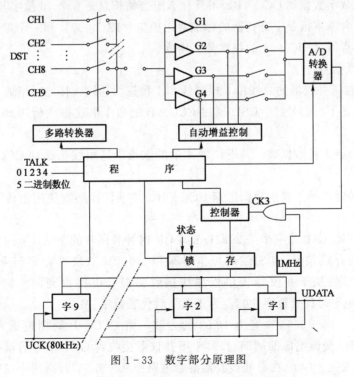

图 1 - 33 数字部分原理图

A/D 转换器 ADC 是一个四斜率积分型 A/D 转换器,对应第一个双斜率连续测量信号加偏移值,对应第二个双斜率只测量偏移值。进行这两次测量通常是由与门完成的,每次测量时对 1MHz 时钟计数。在计数器中,第一个双斜率测量计数减去第二个双斜率计的时钟数,剩下数字即为信号值。这个信号值和相应的增益位以及继电器的状态位一起存入中间存储器(即加载一次)。再进行下一次多路开关的输入过程。四斜率积分型 A/D 转换器转换原理如图 1-34 所示。

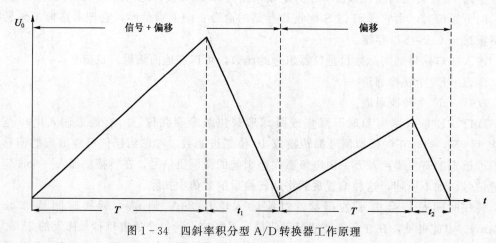

图 1-34　四斜率积分型 A/D 转换器工作原理

2. CCS 接口

如图 1-35 所示,CCS 接口通过通信控制电路 CCC 和下井电缆连接。它接收从地面发送下井的指令并进行译码。这些指令包括刻度、电极系的通断、35Hz 电流的主/屏流分配、280Hz 电流的功率控制等。

它向上传送数字数据到 CCC-B,不管什么组合帧长总是 9 个 16 位字长。

它由一个包含基本指令字寄存器的标准通用接口(RIC 007)和一个带锁存和译码电路的用户定义字寄存器(RIC 004 的一部分)构成。

1) CCS 总线信号

CCC-B 连接下井仪器的总线由 3 根导线和 1 根返回导线(接地)组成(图 1-35)。其中 DSIGNAL 线是下行信号线,CSU 通过 CCC-B 把命令沿这根线传送到下井仪器,故称为命令信息道。

UDATAGO 是上传数据线。井下仪器测量的数据沿这根线传送到 CCC-B,然后送至地面设备。

UCK 是上传时钟线。要把数据送至 CCC-B,井下仪器必须使用上传时钟线和上传数据线。

总线信号 DSIGNAL 是一个把 20kHz 的 DCK 时钟和同步的 20KB/s 的 DDATA 命令信号结合在一起的合成信号。DSIGNAL 信号采用 ±1.2V 双极性归零码制。DCK 时钟和 DDATA 输出信号是从下井仪器接口板总线接收器混合电路得到的。如图 1-36 所示,DSIGNAL 为负电平时代表数字 "0",为正电平时代表数字 "1"。

GOP 是一个 0 到 +3.6V、宽为 10 μs 的方波,由 CCC-B 周期地送入 UDATA 总线(标准周期是 60Hz 交流电源的周期)。每个下井仪器接收到 GOP 信号后就把一帧数据准备好,以便向地面发送。GOP 在总线接收器混合电路中从 +3.6V 升高到 +12V。

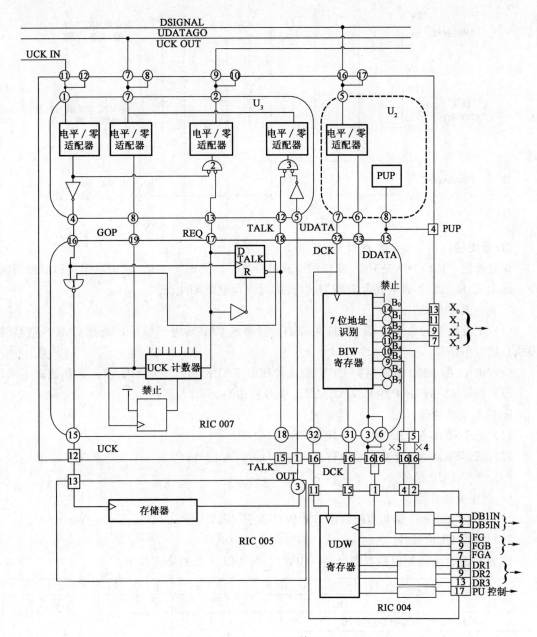

图 1 - 35 CCS 接口

UCK 是一串 0 到 +1.2V、80kHz 的方波脉冲，在 GOP 以后的某个时刻由 CCC-B 把它们送入总线。它在接口板总线接收器混合电路中升高到 +12V 以后送入下井仪器，UCK 总线和下井仪器按菊花链连接。如图 1 - 35 所示，UCK 选通井下仪器存储器串行输出数字信号，这些信号是在 GOP 到达后才存入存储器的。当 CCC - B 发出 UCK 时，UCK 脉冲串的长度恰好等于井下整个仪器串输出数字信号位数的长度。

UDATA 是 0 到 +1.2V 连续的二进制数据流，是由 UCK 依次选通的每个下井仪器存储器所输出的数据信号。在接口板总线驱动器混合电路中，它由起始的 CMOS 电平降低到 +1.2V 的总线电平。

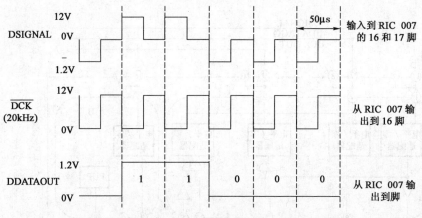

图 1-36　DSIGNAL、$\overline{DCK}$ 和 DDATA 信号波形

2）通用接口和总线收发器板（RIC 007）

如前所述，RIC 007 是 CCS 接口的组成部分之一，见图 1-35，它由总线接口驱动器混合电路 U_3、接收器和通电混合电路 U_2 以及接门混合电路 U_1 组成。

U_3 的主要功能是：

（1）把低电平的总线信号（阻抗为 56Ω）转换成 CMOS 电平信号，或把 CMOS 信号转换成总线电平信号；

（2）由 U_1 的 REQ 信号控制 UCK 菊花链和由 TALK 信号控制 UDATA 数据流；

（3）把 3.6V 的 GOP 信号从 UDATA 中分辨出来。

U_2 的主要功能是：

（1）把 DSIGNAL 总线电平转换成 CMOS 电平；

（2）从 DSIGNAL 合成信号取得 DCK 和 DDATA 信号；

（3）产生 PUP 信号。

U_1 的主要功能是：

（1）识别地址和存储基本指令字（BIW）命令（BIW＝Basic Instruction Word）；

（2）计数 UCK 脉冲。

U_1 接口混合电路处理基本指令字（BIW），对 DLC-D 的格式如下：

15	14	13	12	11	10	9	8	7	6	5	4	3	2	1	0
地					址		D		XX	B_5	B_4		字段长度		
DLC 地址 $=(6)_8$ 即 0000110															
当 D 为高电平时，禁止 DLC 通信															
不 用															
用户定义刻度位 B_4 和 B_5															
字段长度规定多路开关的通道数（5 或 9）															

只要 CSU 的任何命令出现在总线 DSIGNAL 上，通过总线接收器混合电路获得 $\overline{DCK}$ 和 DDATA，然后由 $\overline{DCK}$ 把 DDATA 信号送入 U_1，通过 U_1 的 7 位地址识别。如果 CSU 命令指定地址和 DLC-D 地址相符，则由地址识别电路输出一个 ACOMP 信号作为选通信号，把 B_8 位的数字存进 U_8，把规定字段长度的 B_0 到 B_3 位送到 RIC 001，与此同时把刻度位 B_4 和 B_5 送到 RIC 004。

3) 用户字寄存器和 CSU 控制命令（RIC 004）

RIC 004 也是 CCS 接口的组成部分。在 RIC 007 处理 BIW 命令的同时，RIC 004 板的部分专用于接收用户定义字 UDW（User Defined Word）。UDW 的格式如下：

15	14	13	12	11	10	9	8	7	6	5	4	3	2	1	0
FG	FGB	FGA	R_1	R_2	R_3	MSB			LLS 功率控制					LSB	

增益位

继电器指令

LLS 功率控制

UDW 字由移位寄存器接收，然后在 ACOMP 时刻进入存储器，即图 1-35 中的 UDW 寄存器。译码 UDW 的增益位直接送到 RIC 203/103；继电器命令位分别经过晶体管 Q_1、Q_2、Q_3 转换成电平 DR_1、DR_2 和 DR_3，用以控制继电器；LLS 功率控制位也在该板上处理，它们经过 D/A 转换成 PU 控制信号送到 DLC 023 板，用以设置浅侧向功率到 1024 个电平中的一个。

4) 下井命令格式

下井命令由基本指令字和用户定义字组成，命令字长 32 位。对 DLC-D 寻址的下井命令格式如下：

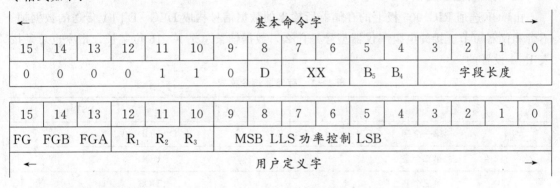

←						基本命令字									→
15	14	13	12	11	10	9	8	7	6	5	4	3	2	1	0
0	0	0	0	1	1	0	D	XX		B_5	B_4	字段长度			

15	14	13	12	11	10	9	8	7	6	5	4	3	2	1	0
FG	FGB	FGA	R_1	R_2	R_3	MSB LLS 功率控制 LSB									

| ← | | | | 用户定义字 | | | → |

命令译码解释如下。

RIC 001 板：

字段长度				选定多路开关的通道数
0	1	0	1	5 个通道（DLT）
1	0	0	1	9 个通道（DST）

RIC 103/203 板：

FG	FGB	FGA	选定增益
0	X	X	自动增益
1	0	0	固定增益 100
1	0	1	固定增益 25
1	1	1	固定增益 6
1	1	0	固定增益 0.75

RIC 004 板:

R1	R2	R3	继电器命令功能
0	0	0	继电器不通电：缆芯 2、3、5、6 与 SRS-D 液压马达连接
0	1	0	继电器 K_2 不通电：缆芯 2、3、5、6 与 SRS-D 阀连接
0	X	1	继电器 K_3 通电：缆芯 2、3、5、6 与 DLS-F 的 35Hz 电流电极连接
1	X	X	继电器 K_1 通电：缆芯 2、3、5、6 与下端断开

RIC 004 和 RIC 006 板：

B4	B5	功能
0	1	测量：DLL/冲洗带电阻率低
0	0	测量：DLL/冲洗带电阻率高
1	0	刻度：零 DLL/冲洗带电阻率 $1\Omega \cdot m$
1	1	刻度：零上 DLL/冲洗带电阻率 $500\Omega \cdot m$

5）向上传送数据帧

由 $\overline{UCK}$ 选通 RIC 005 板上的存储器所输出的数据信号构成 DLC-D 向上传送的数据帧。不管和仪器短节连接的电阻率仪器型号是什么，数据帧长总是 9×16 位字长，指令也总是按表 1-1 设置的。

表 1-1 存储器指令格式

字序	DLT	DST
第一个字		UOD
第二个字		UOG
第三个字		UOS
第四个字		IOD
第五个字		IOS
第六个字	UOID	I_1
第七个字	UOID	I_0
第八个字	UOID	DIA_1
第九个字	UOID	DIA_2

数据字格式如下：

15	14 13 12 11 10 9 8 7 6 5	4 3 2 1	0
符号位	十位数据位	GA GB	RS1 RS2 RS3

除了第 9 个字（DST 的 DIA_2）的第 16 位（符号位）以外，所有 9 个字是相同的，第 9 个字的符号位放的是冲洗带有效电阻率的极限标记。

增益状态位译码如下：

GA	GB	增益
0	0	100
1	0	25
1	1	6
0	1	0.75

下井仪器状态位译码如下：

RS1	RS2	RS3	功　能	RS1	RS2	RS3	功　能
0	0	0	液压马达—测量	1	0	0	35Hz 刻度·零上
0	0	1	阀—测量	1	0	1	断开 刻度·零
0	1	0	35Hz 测量—冲洗 带电阻率低	1	1	0	35Hz 测量冲洗 带电阻率高
0	1	1	35Hz 刻度·零	1	1	1	不确定

6）CCS 接口的工作过程

CSU 命令沿 DSIGNAL 信息道传送到 CCS 接口板，DSIGNAL 合成信号通过接收器和通电混合电路分离出 $\overline{DCK}$ 和 DDATA 信号。由 $\overline{DCK}$ 把 DDATA 送入 U_1 接口混合电路，进行地址识别。如果 CSU 命令指定地址与 DLC－D 地址相符，下井命令的基本指令字就存入 BIW 寄存器。在地址匹配信号 ACOMP 选通下，译码输出字段长度 B0－B4 到 RIC 001 板；用户刻度位 B_4、B_5 送到 RIC 004 板；B_8 位送到禁止计数触发器 D，规定允许或禁止 DLC－D 通信。与此同时，用户定义字 UDW 在 ACOMP 有效时送入 UDW 寄存器，经译码输出增益位控制命令、继电器控制命令和 LLS 的功率控制信号，相应 DLC－D 测量数据送入 RIC－005 的存储器。

CCC－B 控制器将宽为 10 μs、周期为 16.7ms 的通行脉冲 GOP 送入上行数据线 UDAT-AGO，它由通用接口和总线收发器板 U_1 接收，电压升高到＋12V 以后送至 UCK 计数器。UCK 计数器是由一个除以 16 的字计数器和一个减法计数器组成的。当 GOP 达到时，它给减法计数器预置一个初值"9"，与此同时使禁止计数触发器口置"0"（此时 D 触发器的 DISABLED 端为 0 电平）。相应 UCK 计数器的输出端 CO（REQ）为高电平，随后 UCKIN 时钟到来，触发 TALK 触发器输出变高（置位），与门"3"开，与非门"1"开，UCKIN 脉冲通过与非门"1"触发字计数器计数，每 16 个 UCKIN 脉冲使减法计数器减 1。在此期间，UCK 触发 RIC 005 板的 DLC－D 存储器向上串行输出数据，通过与门"3"进入 UDATAGO 总线传送到 CCC－B。减法计数器每减一个"1"，存储器向 DATAGO 总线发送一个 16 位数据，直到减法计数器减至 0，存储器向上发送完 9×16 位字。至此，REQ 变低，TALK 触发器复位"0"，与非门"1"和与门"3"关闭，与门"2"开，UCKIN 时钟通过与门"2"送至下一个井下仪器。

以上是 BIW 字 B_8 为低电平时的情况。若 B_8 为高电平，加在禁止计数触发器 D 端的信号为高电平。当 GOP 脉冲到达时，对应脉冲下跳沿 D 触发器至"1"，使 UCK 计数器复位，相应 REQ 为低电平，TALK 触发器复位，与非门"1"和与门"3"关闭，允许 UCKIN 时钟通过与门"2"进入下一个井下仪器,此时不对 DLC-D 数据采样。

由上可见,BIW 的 B_4 位控制 UCK 菊花链和下井仪器的连接。下井仪器数据是按 9×16 位字一帧一帧向上发送的。在每发送一帧数据的开始,CSU 必须通过 CCC-B 向井下仪器发出控制命令。对 DLC-D 来说,在一帧中 UCK 脉冲串的脉冲个数显然等于下井仪器向地面传输一帧信息的总位数,即 9×16。

3. 双侧向测井仪器的模拟部分

这是构成 DLC-D 仪器短节的最基本部分,这一部分电路的作用相当于一个完整的模拟双侧向测井仪。有关这部分的内容在前面的概述和仪器框图说明部分已进行了介绍,在下节中将进行更详细的电路分析。

四、双侧向基本部分的主要电路分析

1. 测量电路

如图 1-31 所示,5 个测量电路分配在 3 个电路板上,DLC-037 测量深、浅电压,DLC-036 测量深电压 U_{0G},DLC-038 测量深、浅电流。这 3 块板的电路结构是相同的,它们间的区别只是少数元件数值不同而已。因此,下面只以 DLC-037 为例进行说明。

从图 1-37 可见,测量信号从 $1:1$ 变压器 T_{7A} 的次级输入,经二极管 CR_1 和 CR_2 限幅送入宽频带放大器 U_2,U_2 增益为 10.3。

U_1 开关由继电器控制,U_1 的开关位置决定仪器工作状态——刻度或测量,图中 U_1 的开关位置是刻度位值。

U_2 输出信号供给两个并行的深、浅测量通道。每个通道由 1 个带通滤波器、1 个相敏检波器和 1 个差分低通滤波器组成。

深、浅带通滤波器 U_3 和 U_8 的特点是 Q 值低($Q = 1/2$),在中心频率两边的斜率为 $6dB/10$ 倍频。

开关电路 U_4、U_7 分别由来自 DLC-025 板的深、浅相位参考信号驱动,完成对深、浅侧向电压信号的相敏检波。相敏检波输出包含有偶次谐波和具有一定幅度的直流成分 U_{DC}:

$$U_{DC} = \frac{2}{\pi} U_{ip} = \frac{2}{\pi} \sqrt{2} U_{irms}$$

式中　U_{ip}——输入信号峰值;

　　　U_{irms}——输入信号有效值。

相敏检波器 PSD 的增益为:

$$g = \frac{U_{DC}}{U_{irms}} = \frac{2\sqrt{2}}{\pi} \approx 0.9$$

U_5 和 U_6 是差分低通滤波器,它们以两个极点的传输函数为特点。U_5 极点是 3.4Hz 和 3.7Hz,U_6 是 3.4Hz 和 7.4Hz。它们的直流增益大约是 1。

U_0 测量通道的总增益是 $20.3 \pm 10\% U_{DC}/U_{irms}$。

2. 主监控回路 DLC-024

主监控回路的作用在于抵消两个监督电极 M_1 和 M_1' 之间的电位差,它是通过控制电流 I_D 来实现的。

如图 1-38 所示,主监控电路由两个窄频带的高 Q 值放大器和一个宽频带放大器构成。宽频带放大器的输出级接输出电路。用降压变压器 T_{11} 提供所要求的低的输出阻抗。

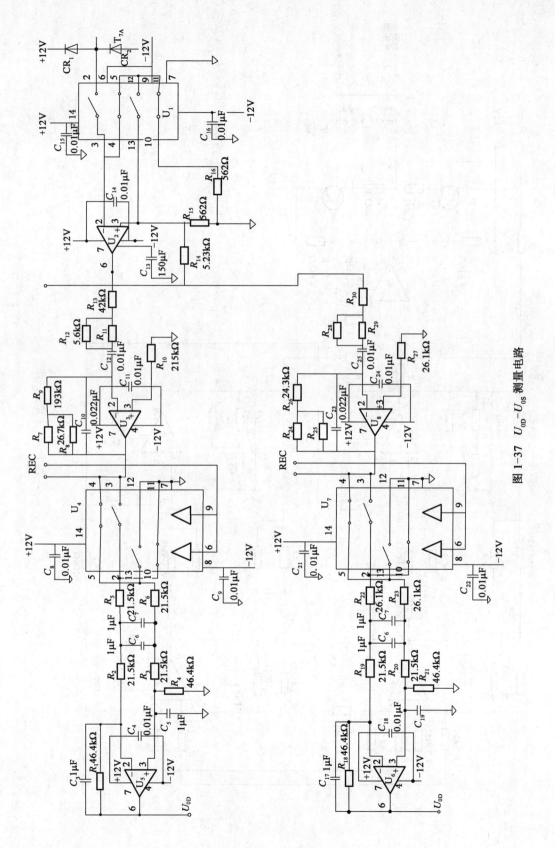

图 1-37 $U_{0D} - U_{0S}$ 测量电路

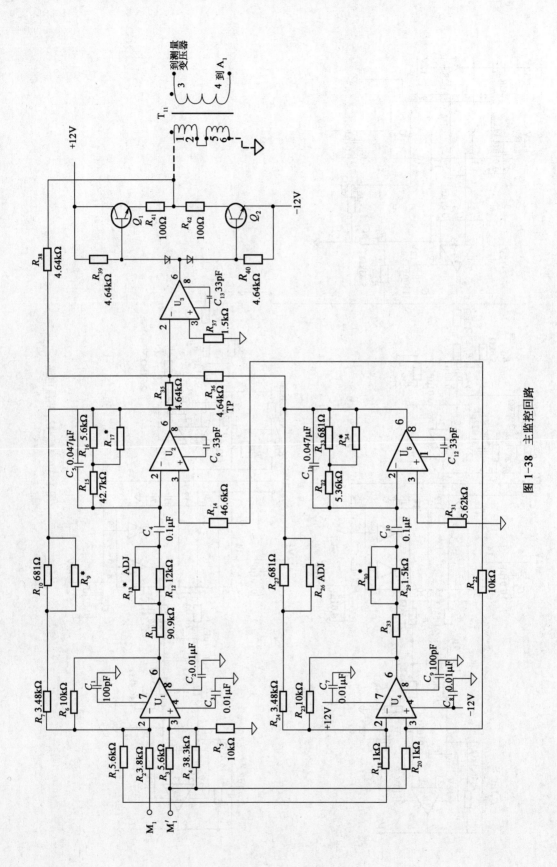

图 1-38 主监控回路

35Hz 高 Q 值放大器由 U_1 和 U_2 组成，280Hz 高 Q 值放大器由 U_4 和 U_5 组成。U_3 是一个宽频带的单增益放大器。

U_1 为差动输入，脚 2 接电极 M_1，脚 3（同相端）接电极 M_1'。U_2 和有关元件（$R_{11} \sim R_{17}$、C_4、C_6）保证电路的选择性，调节 R_{13} 和 R_{17} 可以改变电路的增益和谐振频率，调节 R_9 可改变电路的正反馈量。借助正反馈可增加电路的 Q 值。电路总增益等于第一级放大器的增益和在谐振中心频率时电路 Q 值的乘积。

例如 Q 值为 20，从 U_1 引脚 2 和 3 输入到 U_2 输出，35Hz 总增益是 41（即 20×2.05），280Hz 总增益是 200（即 20×10）。

对 35Hz 和 280Hz 分别用 R_9、R_{13}、R_{17} 和 R_{26}、R_{30}、R_{34} 进行调节。调节 R_9 和 R_{26} 主要改变每个电路的 Q 值，而调 R_{13}、R_{17} 和 R_{30}、R_{34} 在于改变中心谐振频率。

3. 辅助监控回路 DLC - 022

如前所述，辅助监督回路的作用在于控制 A_1' 相对于 A_1 的电位，使 A_1' 和 A_1^* 电极电位相等。A_1^* 是 A_1 的取样电极，它紧靠 A_1，和 A_1 电位相同。换句话说，当仪器工作时，对 35Hz 信号辅助监控回路的作用是使 A_1' 和 A_1 电极相当于短路。

辅助监控回路是一个调谐到 35Hz 的高 Q 值放大器。T_{12} 是一个输出阻抗很低而带载能力很强的降压变压器。对 35Hz，LLS 电流源的输出阻抗（约为 0.1Ω）很低。

实际上，在 35Hz 时，该电路的总增益（包括 T_{12}）用电阻 R_8、R_{12}、R_{16} 调节到 30dB；在 280Hz 时增益调节到 -14dB，这样就避免了 LLS 电流的干扰。

该电路组成如图 1-39 所示，U_1 为差动输入，14 脚接电极 A_1^*，6 或 12 脚接电极 A_1'。U_2 和有关元件（$R_{10} \sim R_{16}$、C_4、C_5）保证电路的选择性，调节 R_{12} 和 R_{16} 可改变电路的增益和谐振频率；调节 R_8 可改变电路的正反馈量，借助总的正反馈可增加电路的 Q 值到大约 10。该电路的总增益等于第一级放大器增益（R_6/R_1）和在 35Hz 时电路 Q 值的乘积。

4. 相位参考电路 DLC - 025

DLC - 025 电路板用在井下产生深、浅两种相位参考信号，正如已经指出的，旨在进行同相测量。

如图 1-40 所示，由地面电流源发送下井的 35Hz 总电流流过串联在电流回路中的电感 L_3 和一个 10Ω 的电阻。电阻两端的压降加在放大器 U_6 的输入端。因为这个电流值可以从 1mA 变到 1A，10Ω 电阻的端电压变化范围为 10mV 到 10V，所以 U_6 的输入级并联了两个背靠背连接的齐纳二极管 CR_1 和 CR_2，用以限制输入电压不超过 5V；又因电极系是未接地的，所以串联电阻两端的电压必须采用差动测量。

在信号进入 U_5 以前，用 C_{14}、C_{15}、R_{24}、R_{25} 网络滤除井下仪自身产生的脉冲以及任何低噪声（主要是直接噪声）干扰。

U_5 是一个对小信号高增益、对大信号低增益的对数放大器。因此，U_5 输出端的电压漂移将是很大的，它必将增加相位检测的误差。为了消除此误差，在线路中加了 U_3。U_3 是一个时间常数很大的积分器，它的直流增益等于它的开路增益，对 35Hz 的增益可以忽略。它的输出经过适当分压，直接加在 U_5 输入的反馈回路，用以抵消 U_5 输出的电压漂移。

U_2 是一个产生 0 到 12V 方波的比较器。

对 10mV 的输入信号，输入和输出之间总的相位误差将小于 $1°$。

以上是 35Hz 相位参考信号的形成情况。280Hz 的相位参考信号由 280Hz 电流源输出送 U_1 比较器放大，输出 0 到 12V 的方波参考信号。

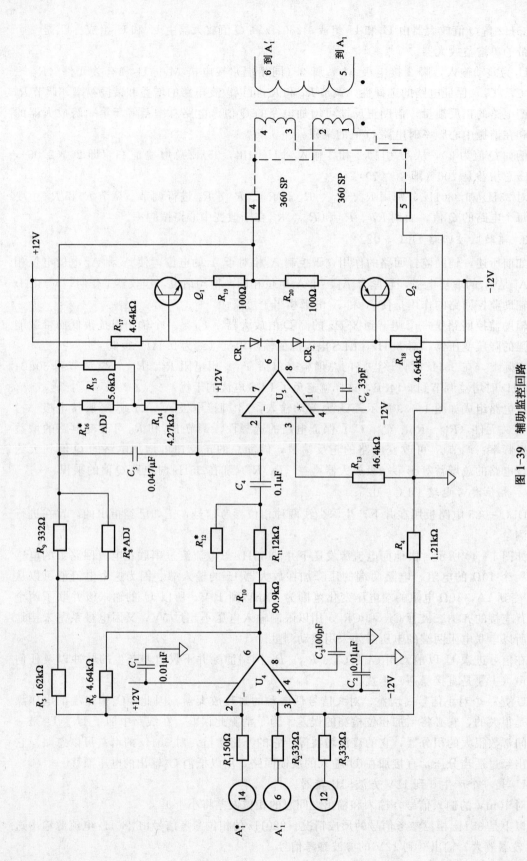

图 1-39　辅助监控回路

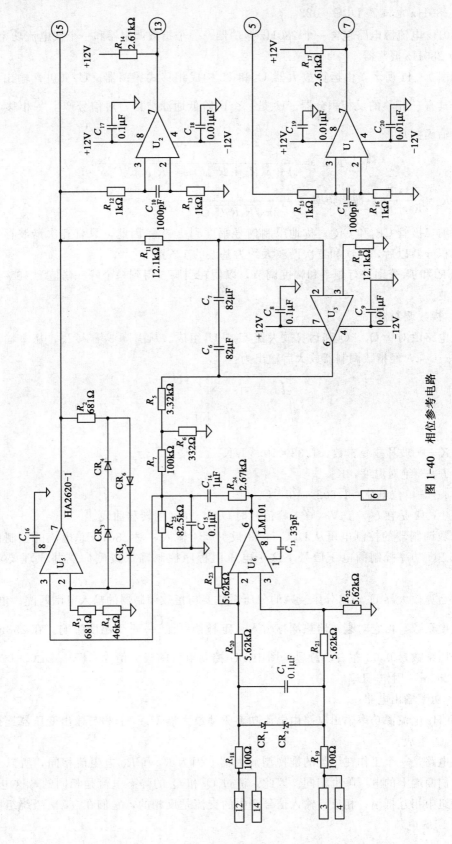

图 1—40　相位参考电路

5. 280Hz 电流源 DLC - 023

280Hz 电流源电路包含一个 280Hz 振荡器、一个指数调制器和一个浅电流功率驱动器。

1) 280Hz 振荡器

如图 1 - 41 所示，由运算放大器 U_2 和 U_4 构成相移式振荡器。U_4 （包含输出电路 Q_3）是一个具有 $\frac{3\pi}{2}$ 相移的反相积分器。U_2 是一个两阶低通滤波器，对信号产生 $\frac{3\pi}{2}$ 相移。U_2 滤波器的传输函数是：

$$K_{P(\omega)} = \frac{1}{1 + j(R_a + R_4)C_5\omega - R_a R_4 C_5 C_3 \omega^2}$$

式中，$R_a = \dfrac{R_2 \cdot R_3}{R_2 + R_3}$。振荡频率 $f_0 = \dfrac{1}{2\pi\sqrt{R_a R_4 C_5 C_3}}$。

齐纳二极管 CR_1 和 CR_2 对称地限制信号幅度到 $\pm 6V$。因此，只有齐次谐波存在，在滤波器和积分器以后，一次和三次谐波大约为基波的 1%。

用 R_2 和 R_6 分别进行频率和幅度调节，以便在引脚 5 得到一个峰—峰值为 16V 的 280Hz 的正方波。

2) 指数调制器

该电路由对管 Q_1、Q_2 和运算放大器 U_5、U_6 组成。从引脚 3 输入 I_{in}，从 7 输入功率控制电平 $-U_{CL}$，经指数调制器放大后输出为：

$$I_{out} = -I_{in}\exp\left(-\frac{U_{CL}}{U_T}\right)$$

$$U_T = \frac{KT}{q}$$

式中 K——玻耳兹曼常数，$1.38 \times 10^{-23} J/K$；

T——绝对温度，K；

q——单位电荷，$1.602 \times 10^{-19} C$。

图 1 - 42 是在 $U_i = 16V$ （峰—峰值）时 U_0 对 $-U_{CL}$ 的转移曲线。

指数调制器的控制电压从 DLC - 023 板引脚 4 输入，对 280Hz 总电流的控制信号是一个跟踪 PU 功率控制的电压信号。这个电压由程序控制确保按侧向测井原理要求的可控功率。

对运算放大器 U_3 输出分压衰减的分压系数要与指数调制器的输入范围匹配。电阻 R_{16} 具有正温度系数，由它对衰减器热漂移引入一定补偿可使 $\dfrac{U_{CL}}{U_T}$ 不受温度影响。在 298K（25℃）时，分压系数是 0.03 左右，意思是图中 PU 控制电压的极大值为 $-8V$。DLC - 023 板 7 脚变成 $-255mV$ 用作 $-U_{CL}$。

3) 功率输出电路

280Hz 电流源功率输出电路由电流功率驱动放大器 U_7、U_8 和与输出变压器连接的晶体管 Q_5、Q_6 组成。

该电路是一个工作在甲类的推挽型放大器。因为 R_{28} 和 R_{30} 电阻值相同，所以 $-12V$ 电源在它们两端上的电压降也相同。因此，流过 Q_5 和 Q_6 的静态电流是相同的，这电流在 T_{10} 初级绕组中相互抵消；相反，输入信号产生的交流是反相的，它们在 T_{10} 次级绕组中相加形成总的 LLS 电流。

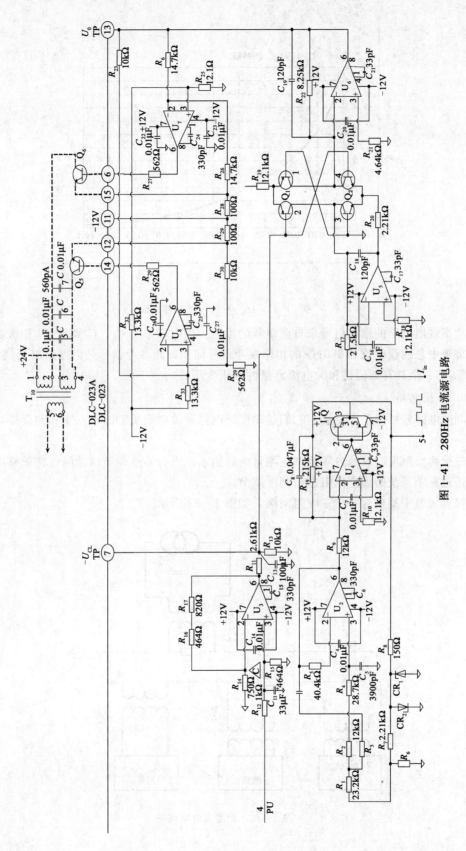

图 1-41 280Hz 电流源电路

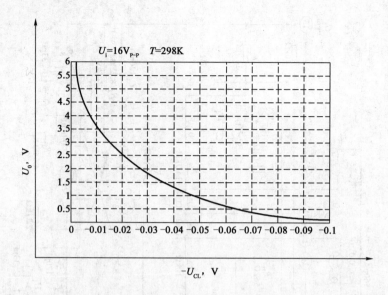

图 1-42 U_0 对 $-U_{CL}$ 的转移曲线

功率输出电路的输入信号来自调制器的输出。用电容 C_5、C_6、C_7 调谐 T_{10} 初级绕组，使次级绕组中总的浅电流和 280Hz 的相位参考信号同相，此参考信号是由振荡器板供给的。

T_{10} 是一个具有低阻抗和大电流容量的降压变压器。

6. 刻度电路

刻度电路包括两个电路板，它们是刻度继电器开关电路板 DLC - 021 和刻度接口电路板 DLC - 029。

进行两点刻度时，通过零位调整测量电路输入，进行零点调节以消除任何偏移电压；由测量通过整个系统的固定电阻进行刻度调节。

仪器短节中提供有一个三电阻网络，如图 1-43 所示。

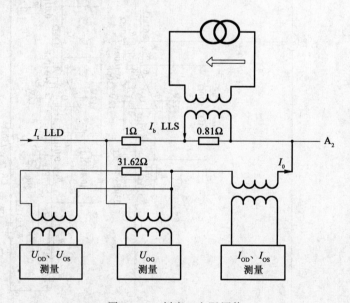

图 1-43 刻度三电阻网络

LLD 总电流流过电阻网络到 A_2 并返回到地面。

LLS 总电流分成聚焦电流 I_b 和主电流 I_0 两部分，I_b 流过 0.81Ω 电阻，I_0 流过 31.62Ω 电阻。

两个 U_0 测量电路（以电缆外皮或电缆加长电极为参考点）测量 31.62Ω 刻度电阻两端的电压。

I_0 测量流过刻度电阻 31.62Ω 的电流，该电阻和测量变压器初级串联。

刻度接口电路 DLC-029（图 1-44）包括对刻度位 B_4 和 B_5 译码的译码网络，B_4 和 B_5 来自数字接口电路的 RIC-006。DLC-029 也包括刻度继电器驱动，刻度继电器安装在 DLC-021 板上。

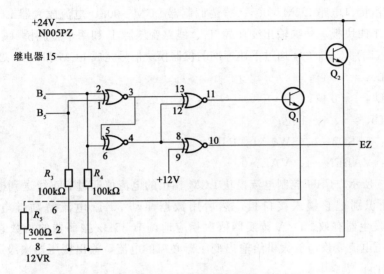

图 1-44　刻度接口电路

刻度操作的全部内容摘要表示在表 1-2 中。

表 1-2　刻度操作摘要

B_4	B_5		操作内容
0	X	测	$U_{1-11}=0 \rightarrow Q_1$ 截止 $\rightarrow$ DLC-021 刻度继电器断开，Q_2 导通；
0	X	量	U_{1-10}（EZ）$=0 \rightarrow$ DLC-036、DLC-037、DLC-038 板 U_1 接测量位置
1	0	零刻度	$U_{1-11}=1 \rightarrow Q_1$ 导通 $\rightarrow$ DLC-021 刻度继电器接通，Q_2 截止；
1	0		U_{1-10}（EZ）$=1 \rightarrow$ DLC-036、DLC-037、DLC-038 板 U_1 接接地位置
1	1	正刻度	$U_{1-11}=1 \rightarrow Q_1$ 导通 $\rightarrow$ DLC-021 刻度继电器接通，Q_2 截止；
1	1		U_{1-10}（EZ）$=0 \rightarrow$ DLC-036、DLC-037、DLC-038 板 U_1 接测量位置

DLC-021 板上刻度继电器是连在 +24V 电源和晶体管 Q_2 集电极（DLC-029 15 脚）之间的。当驱动 Q_1 导通时，刻度继电器接通，仪器电路接刻度网络，Q_1 导通，强迫 Q_2 截止；相反，当驱动 Q_1 截止时，刻度继电器断开，仪器电路同电极系连接，Q_2 基极受继电器线圈高电平驱动变为导通。Q_2 电流流过接在 DLC-029 引脚 2 和 6 之间的一个电阻，这个电阻等效于三个并联的继电器线圈。因此，刻度继电器开关"通"与"断"不会有效地改变 +24V 直流电源在电缆上的损耗，从而避免了仪器头电压的太大变化。

五、地面电流模块 LCM - A 简述

LCM - A 连同电缆接口模块 CIM - A/AB/B 是使 CSU 和 DLT - E 双侧向测井仪工作所需要的接口。

在软件控制下，LCM - A 模块作为可控功率测量回路部分只产生 35Hz 电流，DLT 原理是建立在可控功率测量的基础上的，LCM 输出电流通过与电缆接口模块 CIM 连接的仪器专用电源线下井。从井下仪器测得的电压和电流经数字接口转换成数字信号，再通过 CCS 发送上井。在地面，测井信号通过 CIM 进入 CSU，经过 CSU 处理得到电阻率，并用它控制 LCM 输出下井电流的功率（$U_0 I_0$ 乘积），使其等于额定值。

LCM - A 由接口电路 LCM - 004、振荡调制器 LCM - 003、电流放大器 LCM - 002、功率管 LCM - 001 四块板，外加输出变压器 T_1、线路变压器 T_2 和两个整流桥（CR_4、CR_5）组成。与 CSU 接口的 LCM - 004 通过下述标准的仪器模块信号完成 LCM 和 CSU 之间的通信。

数据线 DD_1：9～0 位；

数据线 DD_0：9～0 位；

地址线 ADR_0：9、7～1 位；

通信脉冲：TSSD2 - 1、SW0 - 1、INIT - 1；

有效信号：VALEN - 1、VAL - 0。

如图 1-45 所示，CSU 控制电流模块 LCM 输出的电流值通过 DD_1 线送到接口板 LCM - 004。根据地址识别把它锁入接口板，然后用数据驱动 35Hz 电流激励继电器开关接通 DAC，使电流发生器有效。D/A 转换器依次相应地调节 35Hz 振荡器的指数衰减器。调制器输出经过电压电流变换与放大供给输出变压器必需的电流，输出变压器次级通过一串联电容与电缆芯连接。

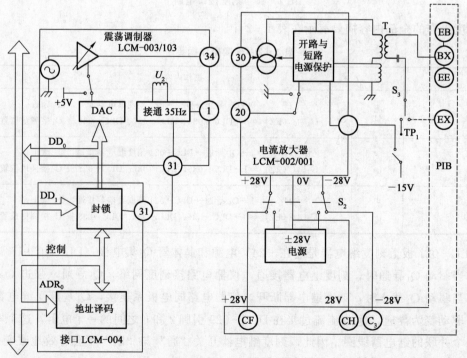

图 1-45　LCM - A 框图

第四节　微球形聚焦测井仪

使用电阻率测井的主要目的是为了求得未被钻井液侵入的地层，即原状地层电阻率 ρ_t，以便结合其他参数，如孔隙度、地层水电阻率 ρ_w 和泥质含量等，计算出地层的含油饱和度，确定地层的含油量。但是当测 ρ_t 时，由于测量电流必须穿过井眼和侵入带，因此，它的测量结果或多或少地受到钻井液和侵入参数的影响。要消除这些影响，就必须采用深、中、浅探测的仪器进行组合测井。为此，产生了微电阻率测井仪器，用以探测冲洗带的地层电阻率 ρ_{xo}。

最早使用的电流聚焦型的微电阻率仪器是微侧向，它实质上是一种微型电极的七侧向测井仪，其聚焦电流束只有 5.1cm 厚，因此，它有极好的纵向分辨能力。在泥饼厚度小于或等于 1cm、侵入深度大于 7.6cm 或 10.2cm 的情况下，对它可不作校正而直接读得 ρ_{xo}。它的主要缺点是：在泥饼厚度大于 1cm、在 ρ_{xo}/ρ_{mc} 比值高的情况下，测量变得不可靠。

为克服微侧向的缺点，出现了临近侧向测井。它和微侧向采用同样的电路测量，只是改换了极板。它与微侧向的主要区别是：对泥饼的响应不如微侧向那样灵敏，要直接读得 ρ_{xo} 值，侵入直径必须要大于或等于 10.2cm。

微球形聚焦测井（MSFL）的出现是为了克服微侧向和邻近侧向测井的缺点。根据微球形聚焦原理，仪器采用推靠井壁的电极极板进行测量，适当选择电极的形状和距离并有效控制屏蔽电流的分布，可使微球形聚焦测井受泥饼的影响最小，而探测深度又不至过多增加。

一、MSFL 原理

MSFL 的电极极板和在井中测量时的电流分布状况如图 1-46 所示。图中，A_0 是主电极，A_1 是屏蔽电极，M_0 是测井电极，M_1、M_2 是监督电极，它们都固定在用硬橡胶制成的极板上，只有回流电极 B 在电极系的底部。

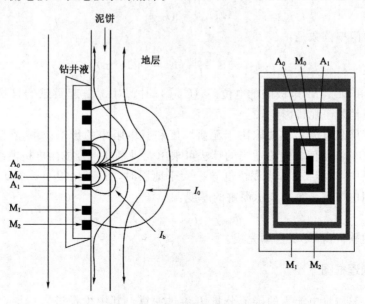

图 1-46　MSFL 极板与电流分布

从主电极 A_0 流出总电流 I_t，$I_t = I_0 + I_b$。其中，I_b 分量称为屏蔽电流，大部分流入泥饼，只有少量进入地层冲洗带，然后返回到电极 A_1；另一分量 I_0 称为主电流，由于钻井液已被屏流充满，因此，I_0 被聚焦成束状穿过泥饼进入地层冲洗带，然后返回到电极 B。主电流的等位面近似球状，所以主电流流过的介质就相当于没有井眼影响的均匀介质，故 MSFL 较好地消除了钻井液和泥饼的影响。

MSFL 仪器测量原理如图 1-47 所示。

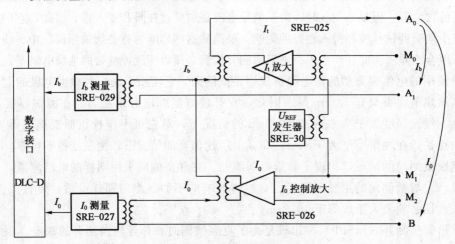

图 1-47　MSFL 原理框图

I_t 放大器输出控制调节总电流 I_t，使其达到：

$$U_{M_0} - U_{M_1} = U_{REF}（常量）$$

式中　U_{REF}——由参考信号发生器提供的恒定的参考电压。

合理选择电极 M_0 的位置，使电位 U_{M_0} 近似地代表泥饼和地层交界处的电位。在测量过程中，用 U_{M_1} 减去 U_{M_0} 就近似消除了泥饼对主电流的影响。

I_0 监控放大器起控制 I_0 的作用，以保证：

$$U_{M_1} = U_{M_2}$$

系统的视电阻率读数是：

$$\rho_{MSFL} = K \frac{U_{REF}}{I_0}（K = 0.041m）$$

当测量 M_0 和 M_1、M_2 电极间的电位差（U_{REF}）时，对 ρ_{MSFL} 起贡献的只是图 1-46 中的地层部分，所以消除了泥饼影响。

与此相反，屏蔽电流 I_b 主要取决于泥饼厚度和其电阻率的影响。测量 I_b 值，将其送至地面，并结合 I_0 的测量值，通过适当的算法可求出泥饼厚度，合成微电极曲线。

在均匀介质中：$I_b = 5I_0$。当泥饼电导率大于地层时，I_0 变化很小，而 I_b 随泥饼厚度增大而增大，可用电流差函数来表示泥饼的厚度：

$$h_{mc} = f(I_b - 5I_0)$$

这种计算用软件由 CSU 自动完成。

二、仪器原理框图

如前所述，总测量电流 I_t 的屏流分量 I_b 流过泥饼，其中少量进入地层，然后返回到电极 A_1；I_0 分量被聚焦流入地层，然后返回到电极 B，I_0 大小与 ρ_{xo} 成反比。

将 M_0 电极电位 U_{M_0} 与 $U_{REF}+U_{M_1}$ 进行比较放大,用来控制 I_t。借助于流过电极 A_0 和 A_1 之间的聚焦电流 I_t 来保持在电极 M_0 和 M_1 之间的电位差 U_{REF} 恒定,见图 1 - 47。

I_t 放大器输出由公式 $U_{out}=U_{A_0}-U_{A_1}=g[U_{M_0}-(U_{REF}+U_{M_1})]$ 确定。因 I_t 放大器增益很高,所以调节总测量电流 I_t 可使 I_t 放大器的输入信号近似为零,即:

$$U_{M_0}-(U_{REF}+U_{M_1})\approx 0$$

或

$$U_{M_0}-U_{M_1}\approx U_{REF}$$

通过维持电极 M_1 和 M_2 之间的电位差尽可能接近于零,使在 A_0 和 B 之间流动的主电流 I_0 被聚焦进入地层。

I_0 监控放大器由 $U_{out}=U_{A0}-U_B=G(U_{M_1}-U_{M_2})$ 确定。

I_0 放大器的增益也要求很高才能控制 I_0,以便得到:

$$U_{M_1}-U_{M_2}=0$$

经 I_0 测量电路放大、相敏检波输出与 I_0 成正比的直流电压送 DLC - D 数字接口;同样,经 I_t 测量电路放大、相敏检波输出与 I_b 成正比的直流电压送 DLC - D 数字接口。I_0、I_b 信号通过数字接口电路转换成相应的数字量,按一定格式编码,通过 CCS 发送上井,经 CSU 处理可得到 MSFL 电导率,合成微电极曲线和泥饼厚度。

有关 DLC - D 数字接口的说明,请参考本书对双侧向 DLT 的 DLC - D 电子线路短节的说明。

三、主要电路说明

MSFL 电路安装在电子线路短节 SRE - F 中,SRE - F 框图如图 1 - 48 所示。

1. 参考信号 U_{REF} 发生器(SRE - 030/031)

U_{REF} 发生器由振荡器和参考信号放大器两部分组成,如图 1 - 49 所示。

振荡器是一种变压器调谐振荡器,为避免 50Hz 或 60Hz 谐波与双侧向 I_b 产生相互干扰,选择振荡频率为 1010Hz。

1010Hz 振荡器由两个晶体管 Q_1 和变压器 T_1 构成。由于在调谐电路中采用了一种空气隙变压器和混合电容器(玻璃介质电容和四氯乙烯电容器),保证了振荡频率的稳定。电压幅度的稳定是靠自动增益电路 AGC 获得的。差动放大器不断地将振荡器输出与一参考电压 (RC$_1$ 端电压 6.7V)进行比较放大,其输出加至 Q_2 栅极,控制场效应管 Q_2 导通电阻的变化,进而导致 R_6、Q_2 分压比的变化。当振荡器输出电压增高时,Q_2 分压比减小,致使振荡器输出幅度降低;反之,若振荡器输出电压降低,Q_2 分压比增大,又导致振荡器输出增大。这样电压的稳定性就会和参考二极管 CR_1 的稳定性一样好。

振荡器输出送到由两级放大器组成的缓冲放大器的输入端,缓冲器输入阻抗很高,以达到振荡器和负载之间的有效隔离。

U_4 为参考信号放大器,采用开环放大,使输出的参考信号 PSDC 为方波。

2. I_t 放大器(SRE - 025)

I_t 放大器见图 1 - 50,U_1 同相端的输入信号为 $U_{M_0}-(U_{M_1}+U_{REF})$。$I_t$ 放大器的功能在于调节 I_t,使 $U_{M_0}-(U_{M_1}+U_{REF})=0$。

I_t 放大器由调谐放大器 U_1、反相放大器 U_2 和功率放大器(Q_1、T_1)组成。调节电阻 R_6 或 R_7,使 U_1 的调谐放大频率为 1010Hz。电容 C_7 使功放级免受 U_2 任何直流漂移的影响。

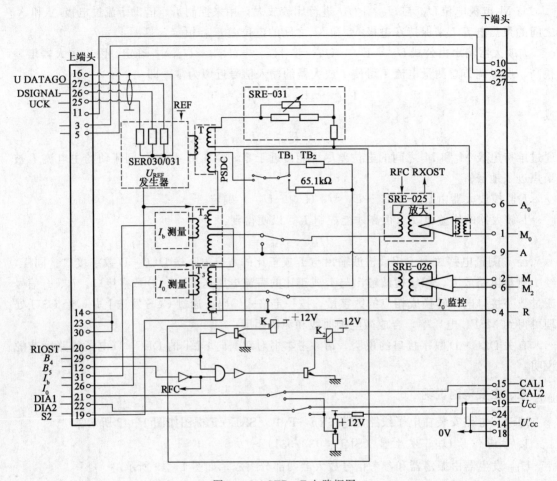

图 1-48 SER-F 电路框图

具有三个绕组的 T_1 次级、整流管（CR_1、CR_2）和模拟开关 U_4 组成全波相敏检波器。I_t 经相敏检波、U_3 放大，输出 R_{XOST} 信号，此为 R_{xo} 测试信号。

3. 监控放大器（SRE-026）

I_0 监控放大器是一个具有很高增益的放大器，它由低增益宽频带放大器 U_1、调谐放大器 U_2 和功率放大器（Q_1、Q_2、Q_3）组成，见图 1-51。

低增益宽频带放大器 U_1 输入 M_1 和 M_2 之间的电位差。采用低增益的目的是使由电极 M_1 和 M_2 输入信号的相位移最小。在谐振频率 1010Hz 处，U_2 具有很高的增益（10^4）。C_8、C_9、C_{10} 并联和 L_1 形成谐振回路，调节 C_8 可使 U_2 工作在谐振频率。Q_1、Q_2 和 Q_3 形成输出级，放大器的直流偏置用 R_{13} 或 R_{14} 调节。

4. I_0/I_b 测量电路（SRE-037/039）

I_0 和 I_b 测量电路的结构形式相同，它们之间的区别只是有几个电阻的数值不同而已。下面只以 I_0 测量电路为例说明它们的组成和作用。

I_0 测量电路见图 1-52，它由差动放大器 U_1、调谐放大器 U_2、功率放大器（U_3、U_4）和相敏检波器 PSD 组成。

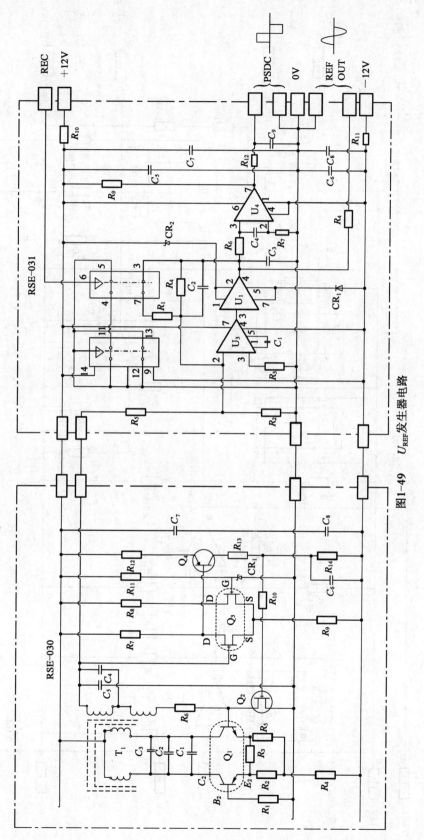

图1-49 U_{REF} 发生器电路

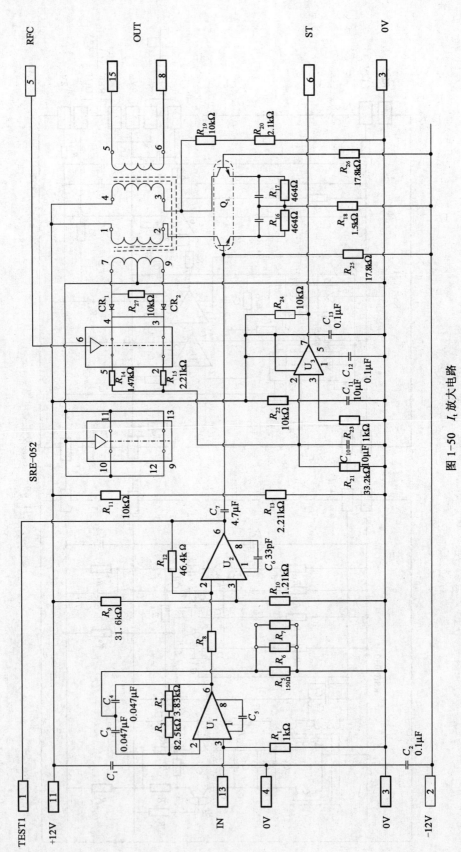

图 1-50 I_t 放大电路

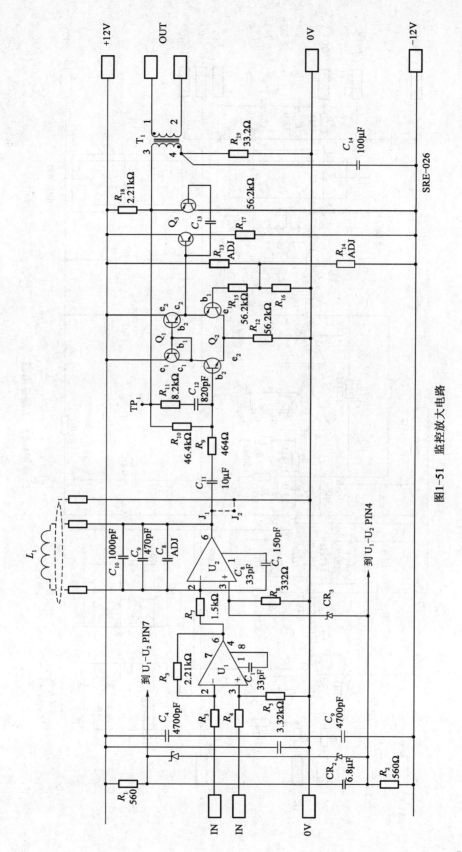

图1-51 监控放大电路

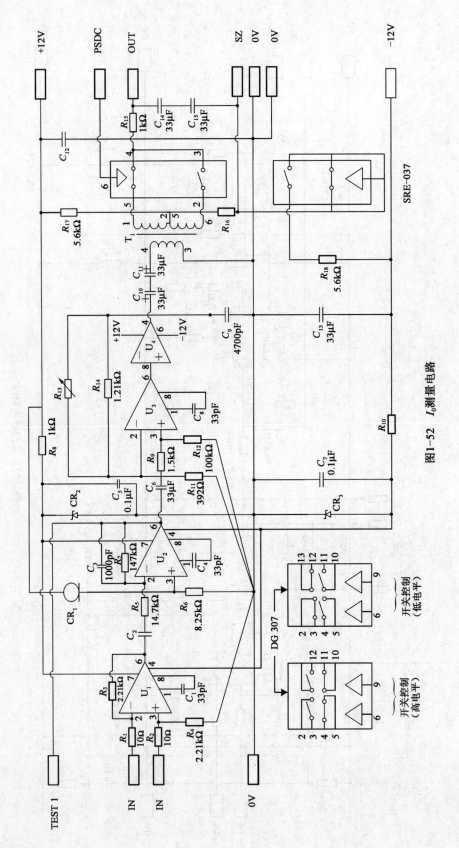

图1-52 I_0测量电路

U_1 放大输出 I_0 信号，经固定调谐放大器 U_2 放大后送功率放大器 U_3、U_4。功放级总增益由 R_{13} 调节。

I_0 信号通过变压器 T_1 进入相敏检波器 PSD 的 U_5。U_5 是由相位参考信号驱动的开关。I_0 测量信号与相位参考信号 U_{REF} 的同相成分，由 PSD 进行全波整流，再经 C_{14}、C_{15} 滤波，输出反映 I_0 大小的直流电压，通过 DLC‐D 数字接口传送上井。PSD 相对输入端的增益大约是 3.15。

四、仪器刻度

在刻度期间，刻度信号通过 CCS 系统将电源－100VDC 送到井下，用以驱动 SRB‐F 电子线路短节中继电器 K_1 和 K_2。I_1 和 I_0 测量电路的输入变压器都有两个初级绕组。在测井期间，通常只有一个绕组处于激励状态。在刻度状态下，继电器 K_1 和 K_2 将刻度信号转接到初级绕组的第二组线圈，这样有一个相当于电阻率为 $1\Omega\cdot m$ 地层的电流流过 I_0 测量放大器，相同的电流流过 I_b 测量放大器。在均匀地层中，$I_b \approx 5I_0$，所以 I_b 测量放大器所放大的就相当于是 $5\Omega\cdot m$ 的地层信号。

本章小结

电流聚集测井是电阻率测井方法中的一种，因此，其视电阻率公式和普通电阻率测井相同。

电流聚集测井的主要特点是，主电流在聚焦后平行流入地层。电流聚焦测井包括侧向测井、微球形聚焦测井。在侧向测井仪器中，适当增加屏蔽电极的长度，可以加大屏蔽能力，增加仪器探测深度；相反，在屏蔽电极两端设置回流电极，又可使主电极和屏流流入地层的深度变浅，从而降低探测深度。深、浅侧向测井正是利用这一点，再配以相应的电子电路来实现的。

1229 双侧向仪可以深、浅侧向同时测量，也可单测。为实现这种功能，除了电路上的考虑以外，深、浅侧向要用不同频率的电流供电。深侧向电流频率低，浅侧向电流频率高。经实验得出，浅侧向电流频率要大于或等于深侧向电流频率的 4 倍，才能使深、浅侧向两个系统能独立地控制和测量。1229 仪器采用屏流主动式，即用屏流来激励产生主电流，这种方式比主电流主动式容易调节系统平衡。该仪器工作方式为自由式。

DLT‐E 双侧向仪的工作方式为可控功率式，比 1229 双侧向仪有更宽的测量动态范围。并且这种供电方式对某一个电阻率地层有固定对应的 U_0、I_0 值，因而可以减小测量误差。

为了探测冲洗带地层电阻率 ρ_{xo} 和侵入带直径 D，发展了 MSFL 仪器。MSFL 仪器贴井壁测量，加上测量电流被聚焦，使得它受泥饼影响极小，探测深度也比较浅，只限于冲洗带范围。

思考题

1. 聚焦式电阻率测井法如何实现对主电流聚焦？如何判断主电流是否处于聚焦状态？

2. 画出双侧向电极系示意图，说出各电极的名称及作用。

3. 试导出 1229 仪器中的源带通滤波器 U_3（图 1-19）的传递函数式。

4. 监控回路由几级电路组成？各起何作用？

5. 试画出电流检测电路的原理框图，说明各单元的功用。

6. 双侧向测井仪为什么要选用两种工作频率？

7. 试分析比较恒压式、恒流式、自由式（求商式）和恒功率式工作方式的优缺点？

8. 画出微球形聚焦测井的电极系结构，说明它的测量原理。

第二章　普通感应测井仪器

第一节　感应测井仪器测量原理

一、感应测井测量原理

感应测井是利用电磁感应原理测量地层电导率的测井方法，其测量原理如图 2-1 所示。正弦波振荡器发出 20kHz 强度一定的交流电流激励发射线圈。

在任一时刻的发射电流 i_T 可表示为：

$$i_T = I_0 e^{j\omega t} \qquad (2-1)$$

式中　I_0——电流幅度值；

ω——发射电流的角频率。

这个电流就会在井周围地层中形成交变电磁场。设想把地层分割成许多以井轴为中心的地层单元环（图 2-1），每个地层单元环相当于具有一定电导率的线圈。发射电流所形成的电磁场就会在这些地层单元环中感应产生电动势，其大小可由下式给出：

$$e_L = -M \cdot \frac{\mathrm{d}i_T}{\mathrm{d}t} = -j\omega M i_T \qquad (2-2)$$

式中　M——发射线圈和地层单元环之间的互感。

从式（2-2）不难看出，感应电动势 e_L 滞后发射电流 $\pi/2$，于是地层单元环内的感应电流可表示为：

$$i_L = \sigma \cdot e_L$$

i_L 的大小取决于地层的电导率 σ。这个环电流又形成二次交变电磁场，在二次电磁场的作用下，接收线圈中产生感应电动势 e_R，即：

$$e_R = -M' \frac{\mathrm{d}i_L}{\mathrm{d}t} = -M'(-j\omega M\sigma)\frac{\mathrm{d}i_T}{\mathrm{d}t} = -\omega^2 MM'\sigma i_T \qquad (2-3)$$

式中　M'——地层单元环和接收线圈之间的互感。

接收线圈电压正比于地层单元环电导率，且与发射电流 i_T 反相。互感 M、M' 取决于地层单元环的位置和几何尺寸。

在接收线圈中，除了二次电磁场产生的感应电动势外，发射电流 i_T 所形成的一次电磁场也引起感应电势。这种由发射线圈对接收线圈直接耦合产生的感应电势可表示为：

$$e_X = -M'' \frac{\mathrm{d}i_T}{\mathrm{d}t} = -j\omega M'' i_T \qquad (2-4)$$

式中　M''——两线圈之间的互感。

直接耦合引起的感应电动势与发射电流相位差 $\pi/2$，和地层电导率无关。因此，接收线

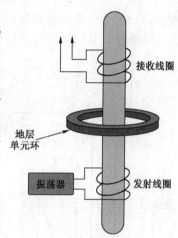

图 2-1　感应测井测量原理

接收线圈

地层单元环

振荡器　　发射线圈

圈给出的信号包含了两个分量：与地层电导率成正比的 e_R，它和发射电流相位差 π；与地层电导率无关的直耦信号 e_X，它和发射电流相位差 $\pi/2$。前者称为 R-信号，是测量需要的；后者称为 X-信号，是需要消除的。由于 e_X 与 e_R 相位相差 $\pi/2$，因此可以利用电子线路予以鉴别，从而达到测量 R-信号的目的。

必须指出的是，上述测量原理是简化的、近似的，没有考虑电磁场在地层中传播时能量的损耗和相移，即通常所称的传播效应。由传播效应引起测量信号的减小，可在电路中或数据处理中予以校正，通常称为传播效应校正或趋肤校正，这将在后面予以讨论。

二、几何因子

从前面的叙述可以看出，当把地层分割为许多单元环后，各个地层单元环对接收线圈信号 e_R 贡献是不同的，这取决于地层单元环的电导率、它相对于仪器的位置及它的几何尺寸。为了定量讨论，取如图 2-2 所示的地层单元环，首先计算发射线圈在地层单元环中所产生的感应电流大小，然后再求出地层单元环中的感应电流在接收线圈中产生的感应电动势，最后积分求出整个空间无数的地层单元环在接收线圈中产生的感应电势的总和。在电导率为 σ 的均匀介质里，地层单元环感应电流在接收线圈中产生的感应电势经推导后可得到下式：

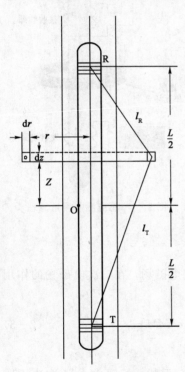

图 2-2 单元环图

$$de_R = -\frac{\omega^2 \mu^2 n_T n_R S_T S_R r^3 \sigma dS}{8\pi l_T^3 l_R^3} i_T \qquad (2-5)$$

式中 ω——发射电流角频率；

μ——介质的磁导率；

n_T，n_R——发射线圈和接收线圈的圈数；

S_T，S_R——发射线圈和接收线圈每圈的截面积；

r——地层单元环半径；

dS——地层单元环截面积；

l_T，l_R——发射线圈和接收线圈到地层单元环的距离。

l_T、l_R 和感应测井仪器的线圈距 L（发射线圈到接收线圈的距离）有关，为了和线圈距 L 建立联系，式（2-5）改写成：

$$de_R = -\frac{\omega^2 \mu^2 n_T n_R S_T S_R i_T}{4\pi L} \cdot \frac{L}{2} \cdot \frac{r^3}{l_T^3 l_R^3} \sigma dS = Kg\sigma dS$$

$$(2-6)$$

其中：

$$K = -\frac{\omega^2 \mu^2 n_T n_R S_T S_R i_T}{4\pi L} \qquad (2-7)$$

$$g = \frac{L}{2} \cdot \frac{r^3}{l_T^3 l_R^3} = \frac{L}{2} \frac{r^3}{\left[r^2 + (\frac{L}{2} + Z)^2\right]^{\frac{3}{2}} \left[r^3 + (\frac{L}{2} - Z)^2\right]^{\frac{3}{2}}} \qquad (2-8)$$

式中 Z——地层单元环的纵坐标。

对于沉积岩地层，磁导率 μ 是很相近的，可以看成是自由空间磁导率。故根据式（2-7）可知，当发射电流强度 i_T 和角频率 ω 恒定时，K 只和发射线圈、接收线圈的圈数、线圈每圈的截面积以及线圈距有关，也就是说只和线圈系的结构参数有关，所以称 K 为仪器常数或线圈系系数。

从式（2-8）看出，g 只和 r、Z、L 有关，而 L 是常数，也就是说它是地层单元环空间几何位置的函数，称为地层单元环几何因子。不同的地层单元环 g 值不同，它对接收线圈 R-信号的贡献也不同。对电导率相同的两个地层单元环，g 比较大的那个环对总信号的贡献大于 g 比较小的那个环。可以证明，整个空间所有地层单元环几何因子的总和为 1。所以，地层单元环几何因子的物理意义在于：在均匀介质中，与线圈系同轴的地层单元环对接收线圈贡献的 R-信号占全空间对接收线圈贡献的总的 R-信号的百分数。于是，在电导率为 σ 的均匀介质里，接收线圈的 R-信号可表示为：

$$e_R = K\sigma \qquad\qquad (2-9)$$

在均匀无限厚地层中，式（2-9）中的 σ 就是地层的真电导率；但是在有井和地层为有限厚的情况下，感应测井仪器测得的是地层视电导率 σ_a。

三、线圈系特性

如前所述，相对于仪器线圈系几何位置不同的地层单元环的几何因子是不同的，对 R-信号的贡献也不同。因此，研究仪器对于仪器周围地层的响应，可以通过研究几何因子的变化特性来实现。研究径向几何因子特性，可以了解不同区域（钻井液、侵入带、原状地层）对感应测井 R-信号的贡献，也就研究了线圈系的径向特性、仪器的探测深度。研究纵向几何因子特性，可以了解目的层以及围岩对感应测井 R-信号的贡献，也就研究了线圈系的纵向特性，即仪器的分层能力。

1. 双线圈系的特性

图 2-3 是双线圈系感应测井的径向特性。图中曲线 1 是径向微分几何因子，曲线 2 是径向积分几何因子。径向微分几何因子 G_r 的物理意义是：半径为 r 的单位壁厚的无限长圆筒介质对测量的视电导率的相对贡献。径向积分几何因子则 G_D 表示半径为 r 的无限长圆柱状介质对测量结果的相对贡献。

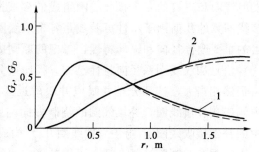

图 2-3　双线圈系径向特性（$L=1\text{m}$）

1—径向微分几何因子特性曲线；
2—径向积分几何因子特性曲线

从线圈系的径向特性可以看出：

（1）从半径为零到无穷远，地层的每一部分都对感应测井信号有贡献。

（2）在 $r=0.45L$ 处，径向微分几何因子最大，$G_r = \dfrac{0.66}{L}$，与此相应的 $G_D = 20\%$。$r > 2L$ 时，G_r 变化很小；$r < 0.45L$ 时，G_r 仍然相当大，说明井眼及井眼附近地层对感应测井信号有较大的影响，这是双线圈系的缺点。

（3）如果以径向积分几何因子 $G_D = 50\%$ 的半径作为感应测井的探测深度，从 G_D 曲线可以看出，双线圈系的探测深度近似等于线圈距。

图 2-4 是双线圈系感应测井纵向特性。图中曲线 1 是纵向微分几何因子，曲线 2 是纵向积分几何因子。纵向微分几何因子 G_Z 表示坐标为 Z 的单位厚度水平薄层对感应测井视电导率的相对贡献。纵向积分几何因子 G_H 是地层对 R-信号的贡献，它表示正对线圈系中点、

厚度为 H 的水平地层对视电导率的相对贡献。

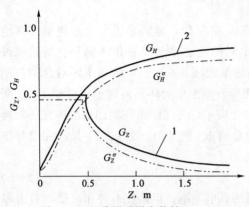

图 2-4　双线圈系纵向特性（$L=1$m）
1—纵向微分几何因子特性曲线；
2—纵向积分几何因子特性曲线

从图 2-4 可以看出：

（1）双线圈之间介质的 G_Z 最大，对 R-信号的贡献最大，线圈以外介质的 G_Z 小且随 $|Z|$ 值的增大按 $\frac{1}{Z^2}$ 规律减小。

（2）双线圈之间介质的 G_H 为 0.5，即当地层厚度 $H=L$ 时，地层对视电导率的贡献为 50%，围岩的贡献也是 50%；当 $H<L$ 时，围岩影响很显著；当 $H>L$ 时，围岩的影响变小，但随着地层厚度的增加，围岩影响减小得很慢；当 $H=2L$ 时，围岩影响尚占 25%。

在双线圈系中，增加两线圈之间的距离可以改善探测深度，但是垂直分辨率变差。此外，双线圈系的直耦信号太强，以致无法从强的 X-信号中检测出弱的 R-信号，因此，双线圈系无实用价值。为了同时改善线圈系的径向和纵向特性，实际上采用多线圈系。

2. 线圈系设计原则

实际工作中所用的是多线圈系或称复合线圈系。除了主发射线圈和主接收线圈外，还增加了若干个辅助的发射线圈和接收线圈，它们和主线圈串接组成多线圈系。由串接的 m 个发射线圈和串接的 n 个接收线圈组成的多线圈系可以看成由 $m \times n$ 个简单的双线圈系组成，多线圈系的几何因子特性可看成是各个双线圈系几何因子特性的叠加。设计多线圈系的主要目的是要改善径向和纵向特性，考虑的原则应该是：

（1）从双线圈系径向特性已知，径向微分几何因子的最大值在 $0.45L$。当 $r<0.45L$ 时，G_r 仍然相当大，这部分是井眼或井眼附近区域的影响。为了消除井眼的影响，在主双线圈内侧串接补偿线圈，补偿线圈的绕制方向与主线圈相反。于是它与异名线圈（例如图 2-5 中的补偿接收线圈 R_1 与主发射线圈 T_0）构成的双线圈系具有负的径向微分几何因子。只要线圈圈数和线圈距选择合适，可以补偿主双线圈井眼部分的几何因子，从而使多线圈系的径向微分几何因子特性在井眼部分为零。图 2-5 的曲线 1 是主双线圈 T_0R_0 的径向微分几何因子特性；曲线 2 是补偿接收线圈 R_1 与主发射线圈 T_0 构成的双线圈的径向微分几何因子特性，由于 R_1 的绕线方向与 R_0 相反，所以 T_0R_1 的径向微分几何因子是负值；曲线 3 是三线圈系的径向微分几何因子特性。

通常用补偿线圈补偿 G_r 最大值前面 2/3 部分的径向微分几何因子，也就是说补偿范围是 $2/3 \times 0.45L = 0.3L$。井眼和井眼附近区域系指半径为 0.25m 的圆柱体内介质。因此，为了消除井的影响，应使 $0.3L>0.25$m。

（2）从双线圈系纵向特性可知，线圈以外介质对视电阻率的相对贡献仍占 50%。因此，增加辅助线圈的目的是要消除围岩对测量结果的影响，从而相对地提高主线圈之间介质的贡献。为了抵消围岩的影响，辅助线圈应串接在主线圈的外侧，通常称为聚焦线圈，如图 2-6 所示。图中，T_1、R_1 是一对聚焦线圈，分别和主发射线圈 T_0、主接收线圈 R_0 串接，由于聚焦线圈的绕制方向与主线圈相反，因此由聚焦线圈 T_1、R_1 与主双线圈 T_0、R_0 组成两个双

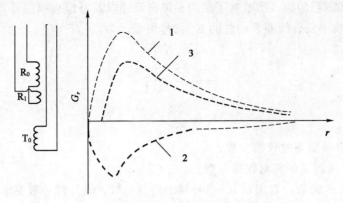

图 2-5 补偿线圈消除井眼部分介质影响示意图

1—T_0R_0 双线圈的径向微分几何因子特性；2—T_0R_1 双线圈的
径向微分几何因子特性；3—$T_0R_0R_1$ 三线圈的径向微分几何因子特性

线圈系 T_0R_1 与 T_1R_0，它们的纵向微分几何因子是负值（图 2-6 中的曲线 2），恰好能补偿主双线圈纵向特性中围岩介质的贡献。于是，复合线圈系的纵向特性中（图 2-6 中的曲线 3）围岩的贡献显著减小，相对地增强了主线圈之间介质的贡献，而且变化的界线很陡，从而增强了分层能力。

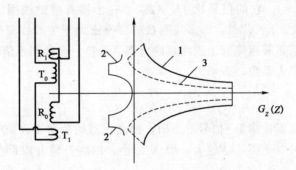

图 2-6 聚焦线圈补偿围岩影响示意图

1—T_0R_0 双线圈的纵向微分几何因子特性曲线；2—T_0R_1 和 T_1R_0 双线圈的
纵向微分几何因子特性曲线；3—复合线圈系的纵向微分几何因子特性曲线

（3）应使多线圈系总的直耦电势为零或近似为零，总的直耦电势可表示为：

$$\varepsilon_X = \varepsilon_{X_0} X \tag{2-10}$$

$$\varepsilon_{X_0} = -\frac{j\omega\mu S_{T_0} S_{R_0} n_{T_0} n_{R_0}}{2\pi L_0^3} i_T \tag{2-11}$$

$$X = \sum_{i,j=0}^{m,n} \frac{N_i N_j}{l_{ij}^3}$$

$$N_i = \frac{n_{T_i}}{n_{T_0}}; N_j = \frac{n_{R_j}}{n_{R_0}}; l_{ij} = \frac{L_{ij}}{L_0}$$

式中　ε_{X_0}——主双线圈的直耦电势；

X——复合线圈系的互感系数。

串接辅助线圈后，应使复合线圈系的 X 等于零或近于零，总的直耦电势即可等于零或近于零。由于线圈之间、连线之间分布参数的存在，无法做到 $\varepsilon_X=0$，因此，通常设计时给辅助线圈系的 X 一个远小于 1 的值，例如深感应 6ILD-1 线圈系的 $X=0.0042$。

但是，辅助线圈系的接入虽改善了径向和纵向特性以及补偿直耦信号，却也会损失一些 R-信号，均匀介质中复合线圈系的总的 R-信号可表示为：

$$\varepsilon_R = K_0 K \sigma \qquad (2-12)$$

$$K_0 = -\frac{\omega^2 \mu^2 S_{T_0} S_{R_0} n_{T_0} n_{R_0} i_T}{4\pi L_0} \qquad (2-13)$$

$$K = \sum_{i,j=0}^{m,n} \frac{N_i N_j}{l_{ij}} \qquad (2-14)$$

式中　K_0——主双线圈系的仪器常数；

　　　K——复合线圈系的相对仪器常数。

K 通常是小于 1 的数，它表示 R-信号减小的百分数。设计时一般要求 $K > 0.25$。

（4）从仪器对 R-信号的检测性能来看，应该要求信噪比越大越好，多线圈系信噪比可表示为：

$$H = \left| \frac{\varepsilon_R}{\varepsilon_X} \right| = P_0^2 \frac{K}{X} \qquad (2-15)$$

$$P_0 = \sqrt{\frac{\omega \mu \sigma}{2}} L_0$$

式中　P_0——主双线圈的传播系数。

对于主双线圈 $T_0 R_0$，它的信噪比 $H_0 = P_0^2$。在串接有辅助线圈的多线圈系中，由于 $K < 1$，而 $X \ll 1$，因此，$K/X > 1$，即多线圈系的信噪比大于主双线圈的信噪比，这是容易理解的，因为多线圈系显著地降低了线圈系的直耦电动势。多线圈系信噪比与双线圈系信噪比的比值称为信噪比增大系数，表示为：

$$Q = \frac{H}{H_0} = \frac{K}{X} \qquad (2-16)$$

信噪比用来设计仪器检测 R-信号的下限，提高仪器的分辨率。信噪比增大系数对于改善径向特性很重要。可以证明，Q 越大，即 X 越小，越能补偿井眼部分的几何因子，使之接近于零。

（5）采用等效线圈距 L_e 估计探测深度。一个多线圈系可以等效地看成是 m 个发射线圈与 n 个接收线圈分别集中于两点、相距 L_e 的双线圈系。这个等效的双线圈系与原来的多线圈系的等效条件应该是：在均匀介质中两种线圈系提供的 R-信号相等，则有：

$$\varepsilon_{R_e} = \varepsilon_R$$

$$\sum_{i,j=0}^{m,n} \frac{n_{T_i} n_{R_i}}{L_e} = \sum_{i,j=0}^{m,n} \frac{n_{T_i} n_{R_i}}{L_{ij}}$$

整理后得：

$$L_e = L_0 \frac{\sum N_i \sum N_j}{K} \qquad (2-17)$$

线圈距为 L_e 的等效双线圈系与原来的多线圈系有大致相同的探测深度，因此，利用式（2-17）就便于估算线圈系的探测深度。

（6）线圈系的排列应使其纵向特性相对线圈系中点对称。这样测得的感应测井曲线具有对称的形状，便于划分地层界面和取值。多线圈系的线圈个数可能是偶数，也可能是奇数。它们排列的对称条件是不同的。偶数线圈的线圈系对称条件是：各对对应异名线圈到主线圈系中点的距离相等，其线圈圈数比为一常数，即：

$$Z_{T_i} = Z_{T_j}, \frac{n_{T_i}}{n_{R_j}} = C \qquad (i = j)$$

奇数线圈的线圈系对称条件是：在相对线圈系中点的对称点上，放置同名线圈，且圈数相等。

设计结果表明，如果探测深度相同，奇数对称多线圈系的分层能力较偶数对称多线圈系差；如果分层能力相同，奇数对称多线圈系的探测深度较偶数对称多线圈系浅。因此，多线圈系中，常采用偶数对称复合线圈系。

3. 多线圈系特性

图 2-7 和图 2-8 是国产深感应六线圈系 6ILD-1 的径向和纵向特性。

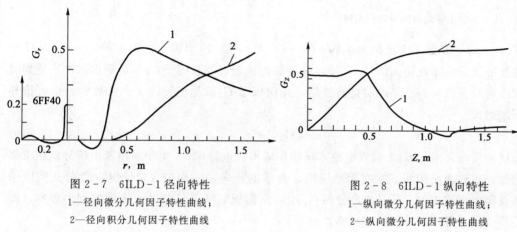

图 2-7　6ILD-1 径向特性
1—径向微分几何因子特性曲线；
2—径向积分几何因子特性曲线

图 2-8　6ILD-1 纵向特性
1—纵向微分几何因子特性曲线；
2—纵向微分几何因子特性曲线

图 2-9 和图 2-10 是我国现场广泛应用的 6ILD-0.8 六线圈系的径向和纵向特性。两者只是线圈系的长度和间距不同。6ILD-0.8 六线圈系的特点是，其探测深度为 1.29m，比深感应浅，但远比中感应深，G_r 的最大值在 0.58m，在 0.3m 以内的井眼附近介质的贡献接近于零。纵向分层能力与双线圈系相比显著提高。地层厚度 $H = 1m$ 时，$G_D = 0.67$，即对 R-信号的相对贡献占 67%，而双线圈系相对贡献只有 50%。

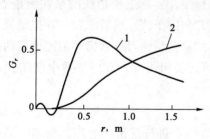

图 2-9　6ILD-0.8 径向特性
1—径向微分几何因子特性曲线；
2—径向积分几何因子特性曲线

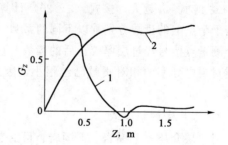

图 2-10　6ILD-0.8 纵向特性
1—纵向微分几何因子特性曲线；
2—纵向积分几何因子特性曲线

四、反褶积

1. 反褶积的简单原理

用多线圈系能改善感应测井线圈系的径向、纵向特性，但是由于既要考虑探测深度，又要考虑分层能力，所以线圈系的设计只能是兼顾的，对于围岩的影响只能减弱到一定程度，

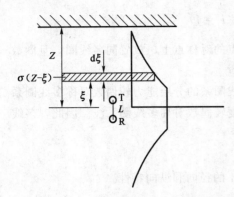

图 2-11　纵向积分几何因子特性曲线

要进一步减弱围岩的影响就采用反褶积的办法。

在如图 2-11 所示的水平分层的介质中，取某一参考面作为深度起点，即 $Z=0$。电导率是深度 Z 的函数，根据双线圈系纵向微分几何因子的定义，可以得到视电阻率的表示式：

$$\sigma_a(Z) = \int_{-\infty}^{+\infty} G_Z(\xi)\sigma(Z-\xi)\mathrm{d}\xi \qquad (2-18)$$

$$G_Z(\xi) = \begin{cases} \dfrac{1}{2L}, & -\dfrac{L}{2} \leqslant \xi \leqslant \dfrac{L}{2} \\[2mm] \dfrac{1}{8\xi^2}, & \text{其他} \end{cases}$$

式（2-18）在数学上就称为函数 $\sigma(Z-\xi)$ 与 $G(\xi)$ 的褶积，记为 $\sigma_a = G_Z * \sigma$。从信号处理角度来看，意味着输入信号 σ，通过非理想滤波器（滤波因子 G_Z 不是理想脉冲）受到畸变，输出信号变成 σ_a。这里地层是滤波器，几何因子 G_Z 就是滤波因子。从数学上也可推导出如下表达式

$$\sigma = G_Z^{-1} * \sigma_A \qquad (2-19)$$

即：地层的反几何因子 G_Z^{-1} 和视电导率反褶积求得真电导率 σ。由于是用输出信号褶积求得输入信号，故称为反褶积。在实际地层中，介质的径向并不均匀（定义纵向微分几何因子时，假设径向介质均匀，只是纵向分层），所以反褶积的结果只是进一步消除围岩影响，即进行层厚校正，并不能求得真电导率。

用式（2-19）求真电导率，首先需要求出反几何因子 G_Z^{-1}，然后计算无穷积分，在用计算机计算时，对无穷积分做数字解可看成对有限个点的求和，于是：

$$\sigma(Z) = \int_{-\infty}^{+\infty} G_Z^{-1}(\xi)\sigma_A(Z-\xi)\mathrm{d}\xi = \sum_{i=-n}^{n}(G_{Zi}^{-1} \cdot \Delta\xi)\sigma_{Ai} \qquad (2-20)$$

式中　$\Delta\xi$——步长。

$\Delta\xi$ 越小，n 越大，按式（2-20）计算的误差就越小。实际上是把线圈系在测量点上、下若干个点上的读数分别乘以不同的系数（相当于反几何因子值）然后求和，并把结果作为这个测量点信号经过层厚校正后的读数。从多线圈系的纵向特性可以看出，远离地层的围岩介质对视电导率的相对贡献已经很小，因此，从简单、实用出发，野外仪器中使用三点反褶积。

2. 三点反褶积公式

对三层介质（上围岩、下围岩、目的层），每层取一点进行反褶积处理，处理结果作为目的层记录点校正后的值。如图 2-12 所示，设地层厚为 $2a$，取地层中点 A 和距中点 b 的上、下围岩中的 B_1、B_2 点的读出值进行反褶积，可以推导出三点反褶积公式为：

$$\sigma(Z) = w_0\sigma_0 - w_1\sigma_1 - w_2\sigma_2 \qquad (2-21)$$

式中　w_0，w_1，w_2——各项的权。

假设围岩对称，则 $w_1 = w_2$。w_0、w_1 可按如下的联立方程求解：

$$\begin{cases} w_0 - 2w_1 = 1 \\ w_0 G_Z(2a) - w_1[G_Z(2a+2b) - G_Z(2b-2a)] = 1 \end{cases} \qquad (2-22)$$

设计时，先根据所使用的线圈系的纵向微分几何因子特性设定 a 和 b 值。例如对于 6ILD-1 线圈系，为了使 $|Z|>1.3L$ 的区间、在较大范围中使正 G 值抵消到零，b 应取在 $(1.8\sim2.2)$ L 之间。然后，求出 $G_z(2a)$、$G_z(2a+2b)$、$G_z(2b-2a)$，再通过方程式（2-22）解出 w_0、w_1，如果求得的权不合适，则再重新求。

经过三点反褶积后的曲线如图 2-13 所示。图中，曲线 1 是感应测井仪记录的原始曲线；曲线 3 是三点反褶积后的感应测井曲线。从图 2-13 可以看出，三点反褶积的过程实质上是对深度不同的三个同类型线圈系的纵向微分几何因子加权求和，为了抵消围岩的影响，$w_1\sigma_1$、$w_2\sigma_2$ 都取负值。三点反褶积效果如何，关键在于各项权的选择和上、下两点离测量点的距离，其作用与线圈系设计中采用聚焦线圈减弱围岩对 R-信号的相对贡献相当。

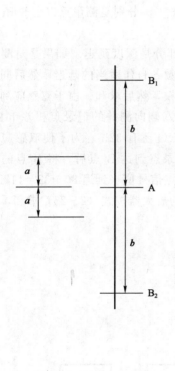

图 2-12　三点反褶积计算示意图

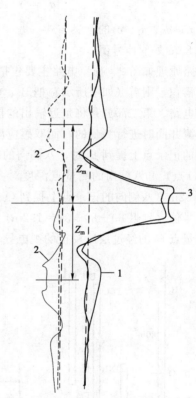

图 2-13　三点反褶积后的感应测井曲线
1—感应测井原始曲线；2—对上下围岩乘以系数
w_1 和 w_2 后得到的 $-w_1\sigma_1$ 和 $-w_2\sigma_2$ 曲线；
3—经三点反褶积后的感应测井曲线

在野外测量过程中，用三点反褶积实现感应测井层厚校正可以通过两个途径。在数控测井仪中，用计算机进行计算。例如，CSU 数控测井仪在计算机中用下述公式进行感应测井层厚校正：

$$\sigma_a = \sigma_0 + \left(\sigma_0 + \frac{\sigma_1+\sigma_2}{2}\right)\times 0.05\log_2(4\times SBR) \qquad (2-23)$$

SBR 值可以在 0.25 至 4 的范围内选择。通常用的值是 $SBR=1$，此时，式（2-23）可改为：

$$\sigma_a = 1.10\sigma_0 - 0.05\sigma_1 - 0.05\sigma_2 \qquad (2-24)$$

式中　σ_a——经过反褶积（层厚校正）后的视电导率值；

　　　σ_0——在测量点位置测量的信号值；

　　　σ_1——在测量点以下 78in 处测量的信号值；

　　　σ_2——在测量点以上 78in 处测量的信号值。

在一般的数字磁带测井仪中，采用电路实现上述公式的计算。

3. 三点反褶积电路

在阿特拉斯 3600 数字磁带测井仪中，采用双感应、八侧向组合测井时，对深感应测井信号用电路实现反褶积层厚校正，所用的公式为：

$$\sigma_a = 1.16\sigma_0 - 0.08\sigma_1 - 0.08\sigma_2 \qquad (2-25)$$

式中，σ_a、σ_0、σ_1、σ_2 的含义与式（2-24）相同，只是 σ_1、σ_2 分别是测量点以上 80in 和测量点以下 80in 处的信号值。

电路原理如图 2-14。电路主要包括两部分。第一部分是深度延迟。如果是对测量点 O 进行反褶积，则需（如图所示）把 B_1、O、B_2 三点的读数各自作适当的延迟，然后同时加入放大器电路。第二部分是将延迟输出的信号乘以不同的权，然后求和。由于双感应测井是和八侧向测井同时进行测量的，而双感应测井的记录点与八侧向测井的记录点相差 112in，当双感应的记录点上提到 B_2 时，八侧向的记录点离测量点 O 还有 32in。为了使双感应测量点（图中 O 点）和八侧向的测量点深度对齐，当双感应记录点到达 B_2 点后，将 B_2 点的信号值再延迟 32in（八侧向的记录点上提到 O 点），然后与 O 点信号值（延迟 80+32=112in）、B_1 点的信号值（延迟 80+80+32=192in）同时输给各自的放大器按式（2-25）求和，其结果作为测量点 O 的经过层厚校正的视电导率信号值。

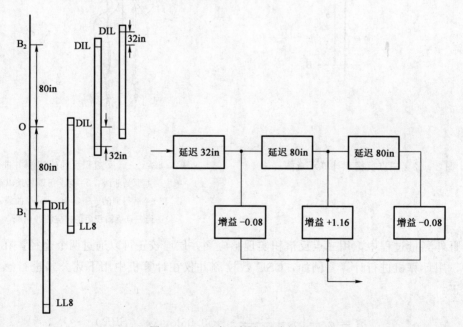

图 2-14　三点反褶积电路原理

三点反褶积器的电路方块图如图 2-15 所示。感应测井仪下井仪器所测得的视电导率信号沿电缆送到地面。在地面测量电路中，对需要进行反褶积的深感应信号输入如图 2-15

所示的三点反褶积电路。首先进行对数放大，其输出送 A/D 转换器。由深度采样脉冲每英尺 4 次启动 A/D 转换器，A/D 转换器并行输出 12 位数字量，每一位都接移位寄存器（SR）。深度采样脉冲同时作为移位脉冲控制移位寄存器，每移位一次相当于延迟深度 3in。第一段移位寄存器相当于延迟深度 32in，其输出一方面送第一道 D/A 转换器，还原成模拟量，同时又输给第二段移位寄存器，再移位 80in。第二段移位寄存器的输出一方面送第二道 D/A 转换器，同时又输出到第三段移位寄存器。第三段移位寄存器移位长度也是 80in，它的输出送第三道 D/A 转换器。一、二、三道 D/A 转换器的输出分别相当于 B_2、O、B_1 点的信号值，它们各自经反对数放大器后，同时加到运算放大器 A_1 的输入端，进行加权求和。

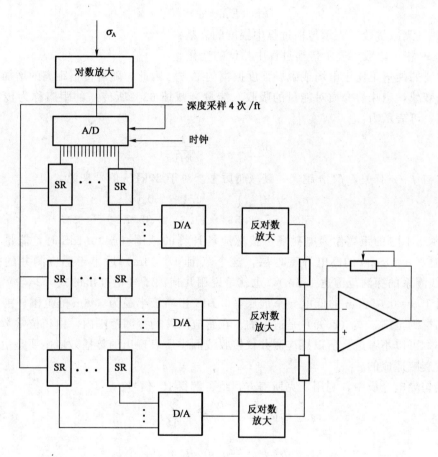

图 2-15 三点反褶积器电路方块图

B_1、B_2 点的信号值经 20kΩ 输入电阻加到运算放大器的反相端，按照式（2-25）把运算放大器的反馈电阻调节到 1.6kΩ，于是 B_1、B_2 点的信号值 σ_1、σ_2 的放大倍数为：

$$K = -1.6/20 = -0.08$$

这正是式（2-25）中的 $\sigma_1 = \sigma_2$ 项的权。O 点的信号值加到运算放大器的同相端。于是，对于信号 σ_0 的放大倍数是：

$$K = 1 + 1.6/10 = 1.16$$

这正是式（2-25）中第一项 σ_0 的权。于是放大器 A_1 的输出就满足式（2-25）的要求。

五、传播效应校正

1. 视电导率的趋肤效应校正

前面所述的感应测井几何因子理论是一种近似理论，它是按感应场来考虑问题的，即电场与感应电流的相位落后于磁场 $\pi/2$，两者交替变换，互相感应，没有能量辐射，电磁场的值用稳定场的公式计算，这对于工频电场是正确的，而对于 20kHz 的电磁场，则需在一定的条件下才能按稳定场公式处理。

电磁场在导电介质中传播时，会产生幅度衰减和相位移。对于时谐场平面波，空间任一点的场强可表示为：

$$E = E_0 e^{-ar} e^{j(\omega t - \beta r)} \tag{2-26}$$

式中　a——衰减常数，表示传播过程中幅度的衰减；

　　　β——相位常数，表示传播过程中相位的变化。

电磁波的能量正比于电场或磁场强度振幅的平方。因此，随着传播距离的增加，场强振幅很快地衰减，意味着介质对能量的吸收，能量衰减掉 63% 所传播的距离称为传播深度或趋肤深度，可表示为：

$$dS = \frac{1}{a} = \frac{1}{\sqrt{\pi f \mu \sigma}} \tag{2-27}$$

显然，它与 f、σ 有关，f、σ 越大，衰减越厉害。对于 20kHz 信号来说，

σ, S/m	1	0.1	0.01
dS, m	3.56	11.3	35.7

如果取 $r<0.1dS$ 的距离作为电磁场可按感应场计算的范围（$r<0.1dS$ 时，能量损失小于 10%），对于 $\sigma=1$S/m 的高电导率地层，这个范围（0.36m）远小于感应测井的探测范围（深感应线圈系的探测范围达 1.6m），也就是说用几何因子理论推出的式（2-9）是不适合的；而对于 $\sigma=0.01$S/m 的低电导率地层，$0.1dS$ 相当于半径为 3.6m 的范围，能满足深感应测井的探测范围，式（2-9）是适用的。在感应测井的探测范围内，由相位常数 β 引起的相移很小，可以不考虑。所以感应测井仪接收线圈中所表现出的传播效应主要是由于感应电流的幅度衰减造成的。

在均匀导电介质中，利用麦克斯韦方程组可解得 R-信号：

$$e_R = -je_m \left(p^2 - \frac{2}{3}p^3 + \frac{2}{15}p^5 - \cdots \right) \tag{2-28}$$

$$p = \sqrt{\frac{\mu \omega \sigma}{2}} L = aL = \beta L$$

式中　p——传播参数。

当 $p \ll 1$，即不考虑传播效应时，可取式（2-28）第一项作为近似值，于是：

$$e_R = -je_m p^2 = K\sigma$$

与式（2-9）得到的结果相同。当考虑传播效应时，不满足 $p \ll 1$ 的条件，e_R 与 σ 不是线性关系，式（2-28）中的高次项就引起非线性偏差。因此，在感应测井中由实测的 e_R 值所确定的地层视电导率 σ_a 与地层真电导率 σ 不成直线关系，且 $\sigma_a < \sigma$，如图 2-16 所示。

经过数学推导可求得 σ_a 与 σ 的关系为：

$$\frac{\sigma_a}{\sigma} \approx 1 - \frac{2}{3}p \tag{2-29}$$

式中 σ_a/σ 与 1 的偏差表示由于趋肤效应影响而损失的信号的百分数。如果用电导率表示趋肤信号，则：

$$\sigma_S = \sigma_a - \sigma \approx -\frac{2}{3}p\sigma \qquad (2-30)$$

式（2-30）表明，趋肤信号大小直接和传播参数 p、地层电导率 σ 成正比。感应测井校正就是把图 2-16 中 σ_a/σ 的非线性关系提升到 $\sigma_a/\sigma=1$ 的直线关系。

在数控测井系统里，由计算机按计算公式计算，进行趋肤效应校正。例如，CSU 数控测井系统采用的计算公式为：

$$\sigma = 1.0739\sigma_a \times 2^{0.00004816\sigma_a} \qquad (2-31)$$

式中 σ_a——经过三点反褶积校正后的地层视电导率值；

 σ——经过趋肤效应校正后的地层电导率值。

在数字磁带测井仪中，例如阿特拉斯 3600 系列仪器采用非线性放大电路实现趋肤效应校正。

2. 趋肤效应校正电路

由图 2-16 和式（2-31）可知，进行趋肤效应校正是用非线性放大器完成的，并且按指数关系提升输入信号值。因此，在 3600 系列仪器的趋肤效应校正电路里，利用流过二极管的电流与其两端电压呈指数关系的特点构成非线性放大，图 2-17 为其电路。

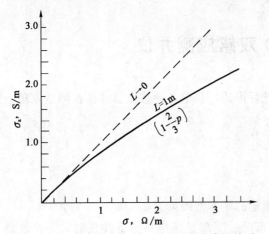

图 2-16 由于传播效应，σ 与 σ_a 成非线性关系   图 2-17 趋肤效应校正非线性放大器

经过三点反褶积器电路输出的视电导率信号输入到运算放大器 A 的反相端，电阻 R_2 到 R_6 是放大器 A 的反馈电阻。由二极管 D_1、D_2 控制通过反馈电阻的电流，从而达到随着输入电压的增加，放大倍数呈非线性的变化。图 2-17 的电路采用三段模拟的办法。

（1）当 U_{sr} 很小时，R_3、R_5 滑动端的电压不会使 D_1、D_2 导通，于是：

$$U_{sc} = -i(r_1 + r_2 + r_3) = -\frac{r_1 + r_2 + r_3}{R_1}U_{sr} \qquad (2-32)$$

在这个范围内，U_{sc} 对于 U_{sr} 是线性放大。

（2）当 U_{sr} 增到足够大，$i(r_2 + r_3)$ 的压降可使 D_1 导通时，则有：

$$U_{sc} = -[i(r_1 + r_2 + r_3) + i_1 r_1] \qquad (2-33)$$

因为：

$$i(r_2 + r_3) = i_1 R_8 + U_{D1} = i_1 R_8 + \frac{KT}{q}\ln\frac{i_1}{I_{01}}$$

所以：

$$i_1 = \frac{i(r_2 + r_3)}{R_8} - \frac{U_{D_1}}{R_8}$$

式中　I_{01}——二极管 PN 结的反向电流；

　　　U_{D_1}——二极管 D_1 两端的压降。

由于 i_1 与 U_{D_1} 是指数关系，U_{D_1} 又随 U_{sr} 而改变，于是 i_1 随 U_{sr} 呈指数变化，使 U_{sc} 对 U_{sr} 按指数规律放大。

（3）当 U_{sr} 再继续增大时，不仅 D_1 导通而且电压降 IR_3 使 D_2 也导通，于是：

$$U_{sc} = -[i(r_1 + r_2 + r_3) + i_1 r_1 + i_2(r_1 + r_2)] \qquad (2-34)$$

同样有：

$$ir_3 = i_2 R_7 + \frac{KT}{q}\ln\frac{i_2}{I_{02}} = i_2 R_7 + U_{D_2}$$

$$i_2 = \frac{ir_3}{R_7} - \frac{U_{D_2}}{R_7}$$

由于 i_2 和 U_{D_2} 成指数关系，而 U_{D_2} 又随 U_{sr} 而变化，于是 i_2 对于 U_{sc} 的作用也成指数关系。由于输入电压在这段范围内变化，i_1、i_2 与 i 同时在反馈回路中起作用，于是输出电压 U_{sc} 对输入电压成更显著的非线性关系放大。

第二节　DIT-D 双感应测井仪

本节以斯伦贝谢公司的双感应测井仪为例进行讲述，其他各种感应测井仪在测量原理上与它大同小异，将在第三节对比分析。

一、感应测井仪的测量原理图

1. 感应测井仪测量基本框图

斯伦贝谢公司生产的各类感应测井仪进行测量的基本框图见图 2-18。

图的上部是地面数控测井系统 CSU 的有关部分；下部是感应测井下井仪器。下井仪器由两部分组成，即电子线路短节和线圈系。

图中，下井仪器的 20kHz 振荡器产生电流强度恒定的交流电流通过发射线圈，于是在接收线圈中感应产生被测信号。被测信号主要包含两种分量：与地层电导率成正比的 R -信号、由发射线圈和接收线圈直接耦合产生的 X -信号。此外，还有由于线圈系的不完善产生的线圈系误差信号。在补偿掉线圈系误差信号后，包含 R -信号和 X -信号的测量信号被放大，由于 R -信号和 X -信号相位差 $\pi/2$，可以容易地从测量信号中检测出 X -信号送到变感器。变感器的输出也接到放大器的输入端，经变感器后，输出反相的 X -信号，抵消测量信号中的 X -信号。于是放大器的输出信号中的 X -信号大大减小。然后通过相敏检波器去掉 X -信号，检测 R -信号，相敏检波器输出的直流电平的高低正比于 R -信号幅度。

直流信号沿电缆送到地面 CSU 数控测井系统的下井仪器接口单元 TIU，通过装在该单元中的感应测井接口 IEM 进行滤波，然后送入通用电子单元 GEU。在 GEU 中，被测信号通过滤波、放大、多路开关、模-数转换器经单总线送计算机的 CPU 进行处理。

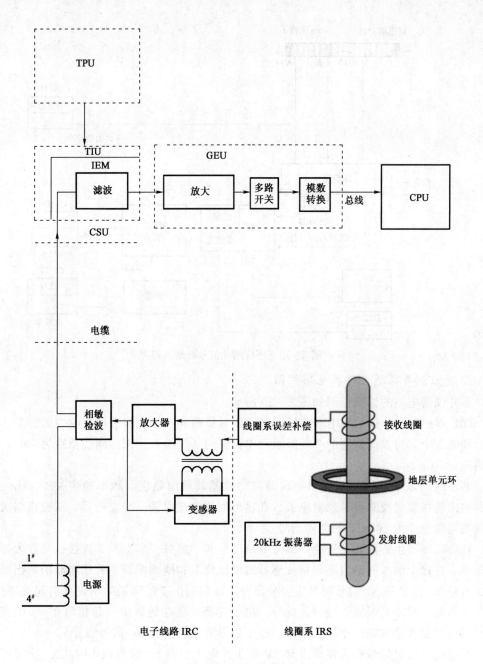

图 2-18　感应测井仪器测量的基本原理

　　CPU 对感应测井的处理流程见图 2-19。被测信号存入延迟缓冲区。信号按 6in 采样，从缓冲区中取某测量点 N、$N+13$（相当于加 78in）和 $N-13$（相当于减 78in）测点的值送入标准化进行刻度（输入增益和偏置值）。刻度后的视电导率值接三点反褶积计算式(2-23)进行层厚校正（输入相应的 SBR 值），然后进行线圈系误差校正（输入 $DSEC$ 值）。通过这两次校正后的视电导率按式（2-31）进行趋肤效应提升，经过趋肤效应校正后的地层电导率值作为感应测井的最后成果输出，记录在磁带上或用 CRT 照相记录仪记录模拟曲线。除输出电导率值以外，也对经趋肤效应校正后的输出信号求反，以地层电阻率形式输出。还从延迟缓冲区直接输出测量点 N 的原始视电导率值，予以记录。

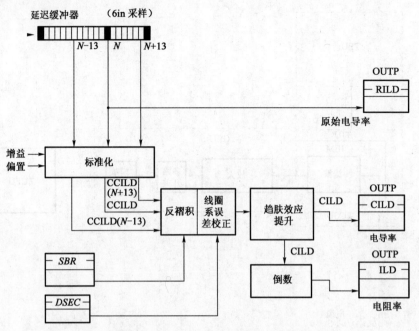

图 2-19 感应测井信号处理流程图

2. 感应测井仪下井仪器电路框图

下井仪器电路的详细框图如图 2-20 所示。

DIL 双感应测井仪采用不对称线圈系，发射线圈共 4 个，深感应接收线圈 3 个，中感应接收线圈 5 个，构成深探测的 7 线圈系和中探测的 9 线圈系。深探测线圈距为 40in，中探测线圈距为 34in。

装在线圈系顶部屏蔽室内的振荡器自动控制其输出幅度，频率稳定在 $20\text{kHz} \pm 25\text{Hz}$。它的输出连接发射线圈提供发射电流。在输出回路中还串接一个变压器，从变压器次级回路串联的电阻上产生 200mV 的参考信号。

接收线圈产生的接收信号经"测井—刻度"和"测井—零"开关连接信号放大器的输入变压器。在这个输入回路内还串接变感器的输出绕组和线圈系误差补偿电路的输出绕组。接收信号除 R-信号和 X-信号两种主要分量外，还包括由于线圈系的不完善引起的寄生信号，其中主要是"线圈系误差"信号。此外，由于传播效应在地层中引起相角在 $-\pi/2$ 至 $-\pi$ 间变化的电流也在接收线圈中产生信号，这个信号有比较大的 X-信号成分。

接收信号通过信号放大器放大到 4V 的工作电平。当 R-信号很小时，X-信号可以远大于 R-信号，于是造成信号放大器饱和。因此必须在信号放大器的输入端减小 X-信号电平。这项工作通过变感器来完成。

接收信号放大器的输出分别输给 R-相敏检波器和 X-相敏检波器。

相敏检波器（PSD）是一个有两个交流输入和一个直流输出的电路。一个交流输入是被测量的信号，另一个交流输入是参考信号。参考信号的频率与测量信号相同。相敏检波器比较测量信号和参考信号的相位，输出测量信号中与参考信号同相位的成分，其幅度正比于同相分量。R-相敏检波器的参考信号与 R-信号同相，因此，它的输出是正比于 R-信号分量幅度的直流电压。X-相敏检波器的参考信号与 X-信号同相，所以，X-相敏检波器输出与X-信号幅度成正比的直流电压。

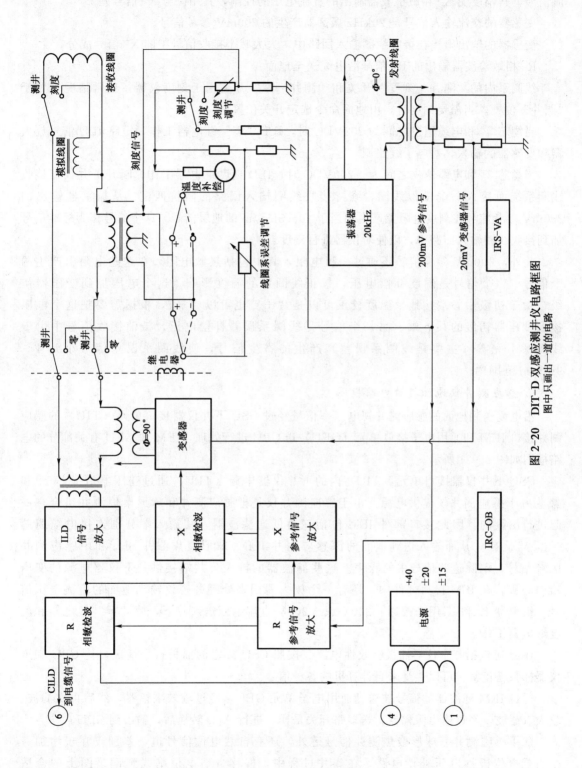

图 2-20　DIT-D 双感应测井仪电路框图
图中只画出一道的电路

X-相敏检波器的输出送给变感器。变感器是一个可控增益放大器，它的输出是一个交流信号，其幅度受 X-相敏检波器输出的直流电压的控制，其相位与 X-信号差 π。

变感器的交流输入信号是 20kHz 振荡器产生的 200mV 参考信号。

变感器的输出串接在接收线圈输入回路中，大大减小接收信号中的 X-信号成分。

R-相敏检波器输出的 R-信号沿电缆送至地面。

线圈系内的"测井—刻度"开关和"测井—零"开关用于刻度仪器，正常情况下置于"测井"位置。当需要刻度时，由地面命令选定开关位置。

当缆芯 5# 和电缆铠皮之间为 200VDC 时，ILD"零"继电器工作，短路 ILD 信号放大器和变感器的输入，对电子线路调"零"。

当缆芯 5# 和电缆铠皮之间为 −200VDC 时，ILD 刻度继电器工作，断开下井仪器接收线圈系统而接入一个模拟线圈，维持接收线圈输入回路的阻抗匹配。从振荡器输出的 200mV 参考信号在刻度电阻上产生相当于 406.5mS/m 的地层信号。这个信号作为标准信号加到接收线圈输入回路中，以便对仪器进行刻度。

此外，200mV 参考信号还通过一组电阻，其中包括热敏电阻，在这些电阻上产生两个信号。一个信号是温度补偿电压，校正线圈系的温度影响。这个电压加到变压器初级，由于初级中心端接地，温度校正可以是"＋"也可以是"−"，根据需要把这个电压接到变压器初级的某一端。另一个信号是线圈系误差补偿电压，抵消接收信号中由于线圈系不完善（主要是线圈系误差）产生的寄生信号，使线圈系误差信号小到 4～9mS/m 范围内。

3. 感应测井仪地面接口电路框图

沿电缆送到地面的感应测井视电导率信号经过 CSU 下井仪器接口单元（TIU）的感应测井接口 IEM 和通用电子接口单元（GEU）送 CPU 进行处理，IEM 和 GEU 有关部分的电路框图如图 2-21 所示。

CSU 下井仪器接口单元（TIU）内的下井仪器电源（TPU）通过变压器沿缆芯 1# 和 4# 为井下感应测井仪提供电源。由于感应测井仪是把感应测井和球形聚焦测井组合在一起进行测量的，因此接口部件 IEM 包括三道低通滤波器，其输入端分别连接电缆缆芯 6#、2#、3#，从而输入送到地面的深感应测井 ILD、球形聚焦测井 SFL 和中感应测井 ILM 信号，消除这些信号中的噪声。这些滤波器的输入公共端接供井下仪器电源的变压器中心头。在 IEM 接口部件中，还有一个放大器用来处理井径仪输到地面的直流电压信号。继电器 K1 和 K3 用来按通 ＋200V 或 −200V 直流电压送入井下，使"零"继电器和刻度继电器工作。

IEM 还包括一个仪器插板有效性电路。按照 CSU 规定的插板符合情况，让 CPU 知道仪器插板已正常，可以接受来自计算机的各种信号。

通过 IEM 滤波器的信号被送到通用电子单元 GEU，经过输入限幅器，然后再次滤波、放大、滤波，经过输出限幅器，送多路开关采样，进行 A/D 转换后，输出到 CPU。

除了感应测井、球形聚焦测井信号道外，还有自然电位信号道，差别仅在于增加一个自然电位极性电压补偿电路，在测井过程中，偏移自然电位基线到记录图上的合适位置。

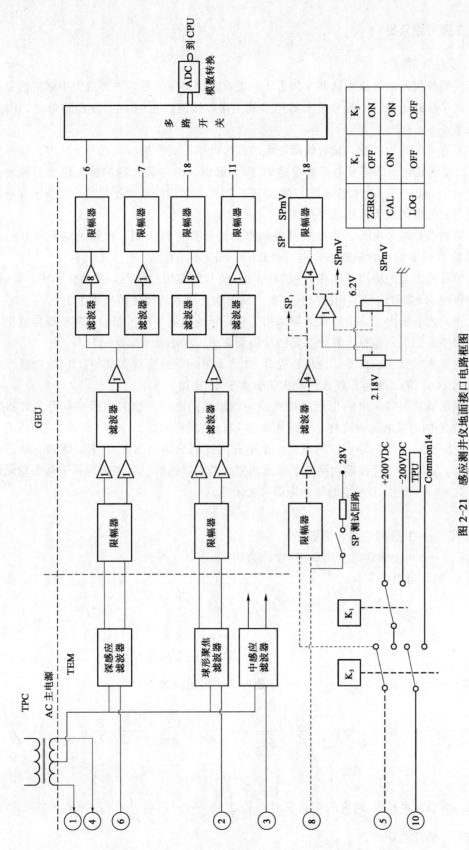

图 2-21 感应测井仪地面接口电路框图

二、主要电路分析

1. 信号放大器

双感应测井仪的信号放大器共有两道，一道放大深感应信号，一道放大中感应信号，两道都置于电子线路短节中。信号放大器用于放大接收线圈产生的 20kHz 测量信号，因此对它的要求是：

（1）要有高的放大倍数。接收线圈产生的信号电平，对中感应大约是 27 μV，对深感应是 22 μV，而送到地面的信号电平要求达到 4V，因而，信号放大器的放大倍数应该是：对于中感应是 150000 倍，对深感应是 190000 倍。如果考虑到信号经过相敏检波器还有所损失的话，信号放大器的放大倍数还要更高。

（2）被测信号是 20kHz，因此对其他频率的信号要进行压制，也就是说要有好的选频特性。用 ITB-FB 测试盒检查噪声电平应低于 10mV 有效值。

（3）信号放大器的输出分别接 R-信号和 X-信号的相敏检波器，被测信号中，R-信号分量的相位与 R-参考信号的相位应该一致。输出端上两者的相位差应小于 10°。

从上述三点要求出发，信号放大器采用二级运算放大器，变压器输入和变压器输出，选频和移相网络分别接在每级运算放大器的反馈回路中，如图 2-22 所示。

从总的放大倍数要求出发，变压器提升 20 倍，第一级运算放大靠桥 T 网络选频，对信号的放大为 200，第二级运算放大的放大倍数大于 50 即可。

第一级运算放大器采用桥 T 网络接在反相端反馈回路中，输入信号接信号放大器同相端。由于桥 T 网络具有选频特性，从而构成 20kHz 选频放大器。

图 2-23 中的桥 T 网络可以看成是一个串联阻抗的简单网络和 T 形网络的并联。由网络理论可知，由两个单元四端网络并联组成的复合四端网络的总导纳矩阵等于两个单元网络导纳矩阵之和。于是桥 T 网络的导纳矩阵可表示成：

$$[Y] = [Y_T] + [Y'] \qquad (2-35)$$

式中 $[Y_T]$ ——T 形网络的导纳矩阵；

$[Y']$ ——一个串联阻抗简单网络的导纳矩阵。

式（2-35）可以改写为：

$$[Y] = \begin{bmatrix} \dfrac{-(Z_2+Z_3)}{|Z|} & \dfrac{Z_3}{|Z|} \\ \dfrac{-Z_3}{|Z|} & \dfrac{Z_1+Z_3}{|Z|} \end{bmatrix} + \begin{bmatrix} \dfrac{1}{Z_4} & -\dfrac{1}{Z_4} \\ \dfrac{1}{Z_4} & -\dfrac{1}{Z_4} \end{bmatrix} \qquad (2-36)$$

式中，$|Z| = -(Z_1Z_2 + Z_2Z_3 + Z_3Z_1)$。于是可求出传递函数 $\dot{F}$：

$$\dot{F} = \frac{1}{\dot{A}_{11}} = -\frac{\dot{Y}_{21}}{\dot{Y}_{22}} = \frac{-\dfrac{|Z|-Z_3Z_4}{Z_4|Z|}}{-\dfrac{|Z|-(Z_1+Z_3)Z_4}{Z_4|Z|}} = \frac{Z_2(Z_1+Z_3)+Z_3(Z_1+Z_4)}{Z_2(Z_1+Z_3)+Z_3(Z_1+Z_4)+Z_1Z_4}$$

$$(2-37)$$

按如图 2-23 所示的桥 T 网络的阻抗元件，设 $Z_1 = \dfrac{1}{j\omega C}$，$Z_2 = \dfrac{p}{j\omega C}$，$Z_3 = R$，$Z_4 = qR$ 代入式（2-37），简化得：

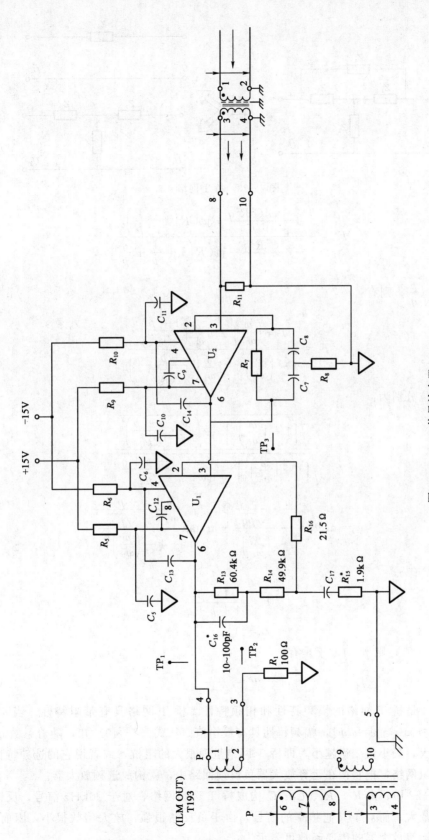

图 2-22 ILM 信号放大器

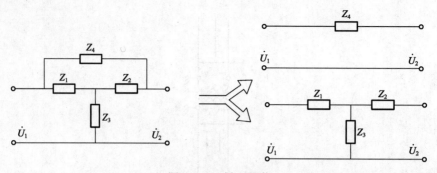

图 2-23 桥 T 网络

$$\dot{F} = \frac{1 - \dfrac{\omega^2 C^2 R^2 q}{p} + j\omega CR\left(1 + \dfrac{1}{p}\right)}{1 - \dfrac{\omega^2 C^2 R^2 q}{p} + j\omega CR\left(1 + \dfrac{1}{p} + \dfrac{q}{p}\right)} \qquad (2-38)$$

令 $\omega_0 = \dfrac{1}{CR}\sqrt{\dfrac{p}{q}}$，则有：

$$\dot{F} = \frac{1 - \left(\dfrac{\omega}{\omega_0}\right)^2 + j\dfrac{\omega}{\omega_0}\left(\dfrac{1+p}{\sqrt{pq}}\right)}{1 - \left(\dfrac{\omega}{\omega_0}\right)^2 + j\dfrac{\omega}{\omega_0}\left(\dfrac{1+p+q}{\sqrt{pq}}\right)}$$

其幅值和相位分别为：

$$F = \frac{\sqrt{\left[1 - \left(\dfrac{\omega}{\omega_0}\right)^2\right]^2 + \left(\dfrac{\omega}{\omega_0} \cdot \dfrac{1+p}{\sqrt{pq}}\right)^2}}{\sqrt{\left[1 - \left(\dfrac{\omega}{\omega_0}\right)^2\right]^2 + \left(\dfrac{\omega}{\omega_0} \cdot \dfrac{1+p+q}{\sqrt{pq}}\right)^2}}$$

$$\varphi = \arctan\frac{\dfrac{\omega}{\omega_0} \cdot \dfrac{1+p}{\sqrt{pq}}}{1 - \left(\dfrac{\omega}{\omega_0}\right)^2} - \arctan\frac{\dfrac{\omega}{\omega_0} \cdot \dfrac{1+p+q}{\sqrt{pq}}}{1 - \left(\dfrac{\omega}{\omega_0}\right)^2}$$

当 $\omega = \omega_0$ 时，有

$$F = \frac{1+p}{1+p+q} \qquad (2-39)$$

$$\varphi = 0$$

如果阻抗 $Z_1 = Z_2$，则 $p = 1$，于是有：

$$F = \frac{2}{2+q} \qquad (2-40)$$

图 2-24 是桥 T 网络的幅频特性和相频特性。桥 T 网络具有带阻特性。当 $\omega \ll \omega_0$ 或 $\omega \gg \omega_0$ 时，$F \approx 1$。当 $\omega = \omega_0$ 时，幅频特性具有最小值。从式（2-40）知，随着系数 q（图中的 n 值）增大，最小值变得越小，即桥 T 网络呈现很大的阻抗，或者说它的选频特性越好。由于它是带阻网络，把它按在运算放大器负反馈回路中，就构成选频放大器。

在图 2-22 中，由 R_7、R_8、C_7、C_8 构成桥 T 选频网络，对于 20kHz 信号，反馈很弱，因而放大倍数大；而对于其他频率的信号，由于负反馈很强，放大倍数很小，因而受到抑制。这一级运算放大器的传递函数可表示为：

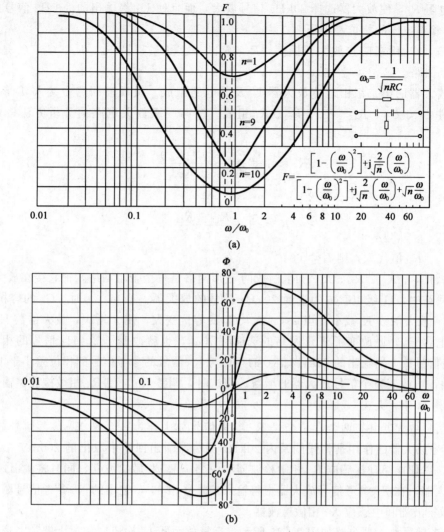

$$\omega_0 = \frac{1}{\sqrt{n}RC}$$

$$F = \frac{\left[1-\left(\frac{\omega}{\omega_0}\right)^2\right]+\mathrm{j}\frac{2}{\sqrt{n}}\left(\frac{\omega}{\omega_0}\right)}{\left[1-\left(\frac{\omega}{\omega_0}\right)^2\right]+\mathrm{j}\frac{2}{\sqrt{n}}\left(\frac{\omega}{\omega_0}\right)+\sqrt{n}\frac{\omega}{\omega_0}}$$

图 2-24 桥 T 网络的幅频特性和相频特性

(a) 幅频特性；(b) 相频特性

$$K_c(p) = \frac{K(p)}{1+F(p)K(p)} \qquad (2-41)$$

式中 $F(p)$ ——反馈网络，即桥 T 网络的传递函数；

$F(p)$ ——拉氏变量的函数，与频率有关，对于谐和函数，$p = \mathrm{j}\omega$；

$K(p)$ ——运算放大器开环的传递函数。

若运算放大器频率特性选择合适，从低频到 20kHz 频率上增益不发生变化，可认为 $K(p)=K_0$，即运算放大器的开环放大倍数。如果 K_0 很大，则有：

$$K_c(p) = \frac{1}{F(p)}$$

对于所讨论的图 2-22 的选频放大器，当 $\omega=\omega_0$ 时，即选定频率的放大倍数：$K_c = \frac{1+p+q}{1+p}$，$p = \frac{\omega C_7}{\omega C_8} = 0.075$，$q = \frac{R_7}{R_8} = 60\sim66$。因为 $\omega_0 = \frac{1}{CR}\sqrt{\frac{p}{q}}$，于是 $f_0 = 19.6\sim20.56\mathrm{kHz}$，$K_c \approx 60\sim66$。

调节电阻 R_8，使放大器选择 20kHz 信号放大，而且使 U_2 级输出的 20kHz 信号的相位与 R–信号参考电压的相位差小于 2°。

电容 C_9、C_{15} 用来防止放大器振荡，R_9、R_{10}、C_{10}、C_{11} 以及 R_5、R_6、C_5、C_6 是 ±15V 电源的去耦回路。

信号放大器的第二级由运算放大器 U_1 及其电路组成。负反馈回路中接入 T 形 RC 网络，由元件 C_{16}、C_{17}、R_{13}、R_{14}、R_{15}、R_{16} 组成。按第一级放大电路的分析方法，可知当 $\omega = \omega_0$ 时，

$$K_c \approx 1 + \frac{C_{17}(R_{13}+R_{14})}{R_{15}C_{17}+R_{13}C_{16}}$$

由于 $R_{13}C_{16} \ll R_{15}C_{17}$，故上式变成：

$$K_c \approx 1 + \frac{R_{13}+R_{14}}{R_{15}}$$

将 R_{13}、R_{14}、R_{15} 值代入，则 $K_c \approx 60$。

由 C_{16}、C_{17}、R_{13}、R_{14}、R_{15}、R_{16} 组成的 T 形网络是一个带阻网络，把它接在放大器 U_1 的负反馈回路中，U_1 级也就成为选通 20kHz 信号的放大器。当 $\omega \gg \omega_0$ 时，C_{16} 的容抗变小，使 Z_F 减小，放大倍数 K_c 减小；当 $\omega \ll \omega_0$ 时，C_{17} 的容抗变大，使 Z 增大，放大倍数 K_c 减小。

改变电容 C_{16}，既改变了 T 形网络的选通频率 ω_0，也就改变了 20kHz 信号的相位。调节 C_{16}，使信号放大器输出的 20kHz 信号的相位与 R–信号的参考信号的相位差小于 10°。调节电阻 R_{15}，可改变整个信号放大器的增益。调试时，调整 R_{15}，使 R–相敏检波器输出 4V。

2. 参考信号放大器

参考信号放大器共有两个，一个是 R–参考信号放大器，一个是 X–参考信号放大器。R–参考信号放大器的作用是将线圈系内 20kHz 振荡器输出回路中取出的 200mV 参考信号进行放大，以便能驱动深感应 R–相敏检波器和中感应 R–相敏检波器，同时将输出送 X–参考信号放大器，在 X–参考信号放大器中将输入信号移相 90°，输出的 X–参考信号驱动深感应 X–相敏检波器和中感应 X–相敏检波器。

R–参考信号放大器电路如图 2-25 所示。运算放大器 U_2 构成同相放大器，T 形网络接在负反馈回路中，选择放大 20kHz 信号，放大倍数可用下式估算：

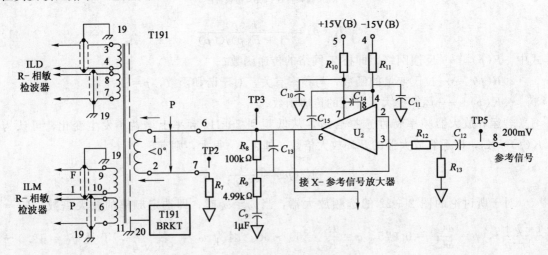

图 2-25 R–参考信号放大器电路

$$K_c = 1 + \frac{Z_F}{Z}$$

$$Z_F = \frac{1}{\omega C_{13}} \mathbin{/\mkern-5mu/} R_8$$

$$Z = \frac{1}{\omega C_9} + R_9$$

对于 $\omega = 12.56 \times 10^4$ Hz，$Z_F = 89 k\Omega$，$Z \approx R_9$，放大倍数 $K_c = 18.8$。由于 $\frac{1}{\omega C_{13}} \gg R_8$，

粗略估算时可直接按 $K_c = 1 + R_8/R_9$ 进行，K_c 则为 21。对于直流信号或低频信号，$\frac{1}{\omega C_9}$ 很大，

可以看成是全部负反馈，放大倍数很小，所以 U_2 的直流工作状态是稳定的；对于大于
20 kHz 的高频信号，Z_F 变小，放大倍数 K_c 也减小。

由于 T 形网络具有选频特性，改变 C_3 可以调节输出信号的相移。

C_{14}、C_{15} 是放大器 U_2 稳定工作的防振电容。R_{10}、R_{11}、C_{10}、C_{11} 是 ±15V 电源的去耦网络。R_7 是运算放大器 U_2 的直流负载电阻。

R-参考信号通过变压器输出，驱动深感应和中感应的相敏检波器。R-参考信号放大器的输出也送给 X-参考信号放大器。X-参考信号放大器电路如图 2-26 所示。

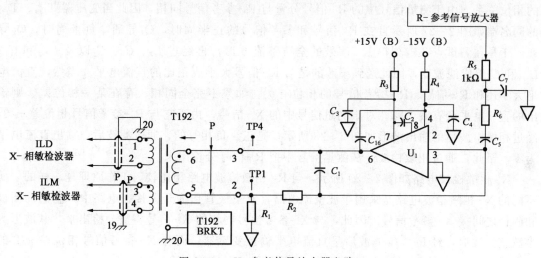

图 2-26 X-参考信号放大器电路

X-参考信号放大器的主要作用是将 R-参考信号放大器的输出信号相移 $\pi/2$。X-参考信号放大器的输出分别送深感应 X-相敏检波器和中感应 X-相敏检波器，以便把 X-信号检出。

X-参考信号放大器主要由运算放大器 U_1 组成反相放大器，R_1、R_2、C_1 组成放大器的负反馈，决定放大器的闭环增益。从 R-参考信号放大器输出的信号经 R_5、R_6、C_5、C_7 组成的移相网络形成 $\pi/2$ 的相移。相移的大小主要由 C_7 调节。对于 20 kHz 的信号而言，反馈回路的阻抗主要取决于 C_1，因此放大器 U_1 的闭环增益为 1，使 X-参考信号放大器的输出信号和 R-参考信号放大器的输出信号幅度一样，只是相位差为 $\pi/2$。

3. 相敏检波电路

从信号放大器输出的测量信号包含了 R-信号和 X-信号两种分量。为了把这两种分量

分别检出，设有 R-相敏检波电路和 X-相敏检波电路。R-相敏检波电路的输入取自信号放大器输出和 R-参考信号的输出，X-相敏检波电路的输入取自信号放大器的输出和 X-参考信号的输出。R-相敏检波电路如图 2-27 所示。

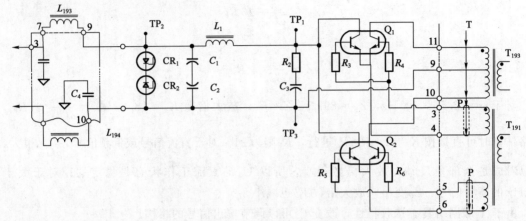

图 2-27　R-相敏检波电路

相敏检波的目的是从输入信号中检出相位与参考信号相同的成分。从图 2-27 可知，双三极管 Q_1、Q_2 作为开关管使用，与输入变压器、输出电路接成全波整流电路。参考信号作为控制信号加在 Q_1、Q_2 的栅极和阴极之间。Q_1、Q_2 是否导通就取决于测量信号和参考信号的相位关系。由于测量信号中的 R-信号分量与 R-参考信号同相，因此当变压器 T_{193}、T_{191} 的同名端如图 2-27 所示且在 R-信号和参考信号的正半周时，Q_1 导通，负半周时，Q_2 导通。于是在测试点 TP_1 刻得 R-信号的全波整流波形，再经过 L_1、C_1、C_2 以及 L_{193} 和 C_1、L_{194} 和 C_4 组成滤波器，因此送到缆芯的是与 R-信号大小成正比的直流电平。当然，直流电平大小还和 R-信号、R-参考信号的相位有关。如果不完全同相，存在某一相位差，则输出的直流电平会有所下降。对于测量信号中的 X-信号，由于它与 R-参考信号相位差 $\pi/2$，经过相敏检波后的输出波形如图 2-28 所示，是正、负相等的，通过滤波后，输出直流电平为零。至此，通过相敏检波，从测量信号中把 R-信号分检出来。

X-相敏检波电路如图 2-29 所示，与 R-相敏检波电路相比较，工作原理是一样的，所不同的 X-相敏检波电路是采用半波整流电路，双三极管作为开关接在电路中，它们的栅极和阴极之间接 X-参考信号。因此，与 X-参考信号同相的 X-信号将被分检出来，其波形为半波整流波形，经 R_7、C_6 滤波后呈直流电平输至变感器；而与 X-参考信号相位差 $\pi/2$ 的 R-信号整流后的波形正、负半周相等，滤波后输出的直流电平为零。

总之，相敏检波电路输出的直流电平的大小既取决于输入的测量信号的幅度，也取决于测量信号和参考信号的相位差，故称"相敏检波"。

4.20kHz 振荡器

振荡器、变感器以及其他电路（刻度信号电路、线圈系误差信号以及温度补偿电路等）放在线圈系的上部，通过上部接头与双感应测井仪的电子线路短节连接。

20kHz 振荡器放在由铜做的屏蔽盒内，其电路如图 2-30 所示。振荡器实际上就是晶体管直流电压变换器，通过变压器的强反馈的振荡器把直流电源电压变成交变电压。

电路分为三部分：由 Q_4、Q_5 晶体管组成的乙类推挽输出功率级（它由 Q_1、Q_2 晶体管组成的激励级推动）；由晶体管 Q_3 组成的自动电平控制放大器；输出变压器 T_1 及其连接电路。

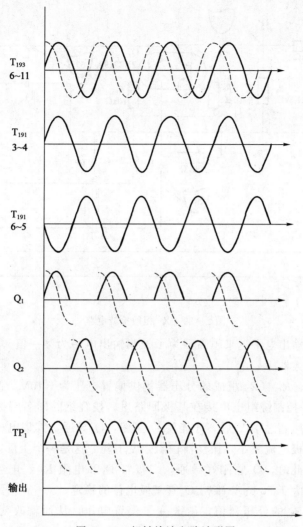

图 2-28 相敏检波电路波形图

和一般的振荡器电路不同，它没有主振级，靠噪声或任何瞬间的变化破坏电路的平衡输出一变化信号，由变压器绕组形成的正反馈电路维持其振荡，振荡频率由变压器次级绕组的谐振回路确定。

Q_1、Q_2 组成射极输出的对称差分放大器，两个晶体管的基极接变压器 T_1 的反馈绕组端 6 和端 8，R_5、R_6、R_{10}、R_{11} 是两个晶体管对称的偏置电路，决定差分放大器的静态工作点，两个晶体管的射极输出分别接推挽级 Q_4、Q_5 的基极。功率放大器是典型的乙类推挽功率输出级的接法，为了消除交越失真，静态工作点取得很低，靠差分放大器的射极输出电压维持 Q_4、Q_5 的导通。

平衡时，这个电路没有交变信号输出。当由于噪声或其他瞬间变化加在差分级的输入时，差分级的平衡破坏，一个管的输出电压增大，另一个管的输出电压减小，从而在功率输出级 Q_4、Q_5 集电极所接的变压器绕组上产生一变化信号。按图 2-30 变压器绕组同名端标记，假设这一变化信号是 1 端表现为正极性，于是反馈绕组的端 6 也表现为正极性，因此，Q_2 管的输出电压增加，Q_1 管的输出电压减小，从而推挽级绕组上端 1 的电压更高，端 3 更低，这一变化又进一步使反馈绕组端 6 更加表现为正极性，这是一个正反馈环，从而形成振荡器输出。

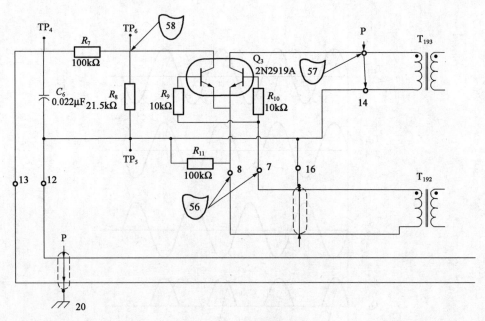

图 2-29 X-相敏检波电路

正反馈的过程使输出电平越来越高，为了控制输出电平为某一值，接入由晶体管 Q_3 组成的自动电平控制放大器。

Q_3 的基极由 R_{13}、R_{19}、R_{14} 组成的分压器提供偏置电压为 $-10V$，使二极管 D_1 反偏置。输出变压器 T_1 的电平控制绕组也串接在基极回路里，按绕组的同名端标记，当振荡器输出使电平控制绕组的电压超过 $10V$ 后，才能使 D_1 正偏，Q_3 导通，其集电极电压下降，于是差分射极输出级的集电极电流减小，振荡器输出幅度下降。这是一个负反馈过程，它使输出幅度维持在某一电平。此时，Q_3 管刚好导通，二极管 D_1 和电阻 R_{12}、电容 C_3 组成检波电路，它的电路时间常数远大于 $50\ \mu s$ 以维持 Q_3 管基极电位的稳定。

改变 R_{13}、R_{19}、R_{14} 的分压器值，就改变了偏置电压，从而就改变了振荡器的输出电平值。

变压器 T_1 的次级绕组共三组，除上面已讲的反馈绕组和电平控制绕组外，还有功率输出绕组，它和发射线圈系连接，提供 $1.5A$ 左右的发射电流，在这个发射回路中，串接提供参考信号的变压器 T_2 的初级。发射电流频率由发射线圈和电容 C_5-A、B、C、D 组成，选配电容 C_5-C、D，调节发射电流频率为 $20000Hz\pm25Hz$。

串联在发射回路中的变压器 T_2 的变比为 $1:74$，变压器次级绕组接负载电阻 10Ω，它和两个变感器（中感应和深感应接收电路各一个）的输入电阻 3000Ω 并联后，负载电阻为 9.35Ω，发射电流为 $1.578A$，按变比计算，次级电流为 $21.333mA$，它在负载电阻上产生的压降则为 $200mV$ 的参考信号。参考信号的准确与否主要取决于功率输出级的输出电平，而输出电平的大小受自动电平控制放大器的控制。因此，只要改变晶体管 Q_3 的基极偏置电平，即可改变参考信号的大小，在 DIT 的电路中，调节 R_{13} 以得到 $200mV$ 的参考信号。

5. 变感器电路

设计变感器电路的想法是利用 X-相敏检波电路检出 X-的信号的直流电平，控制串接在接收线圈回路中的变压器 T_1 的输出，使之产生与接收信号中 X-信号相位相同但方向相反的信号，以抵消 X-信号，如图 2-31 电路所示。

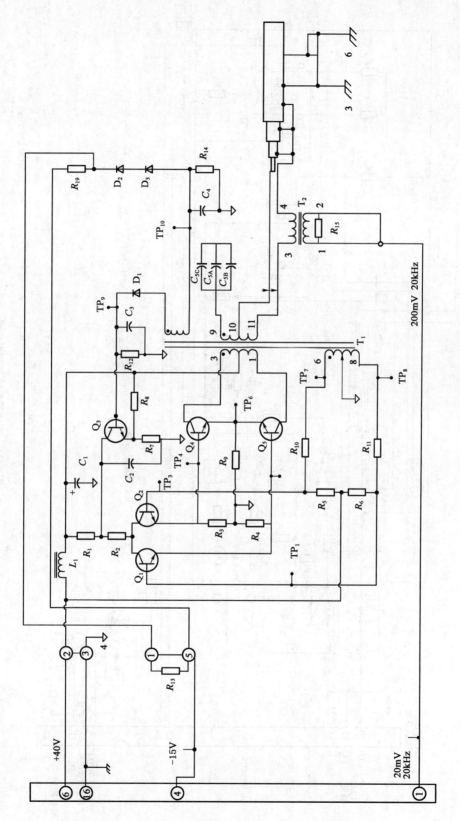

图 2-30 20kHz 振荡器电路

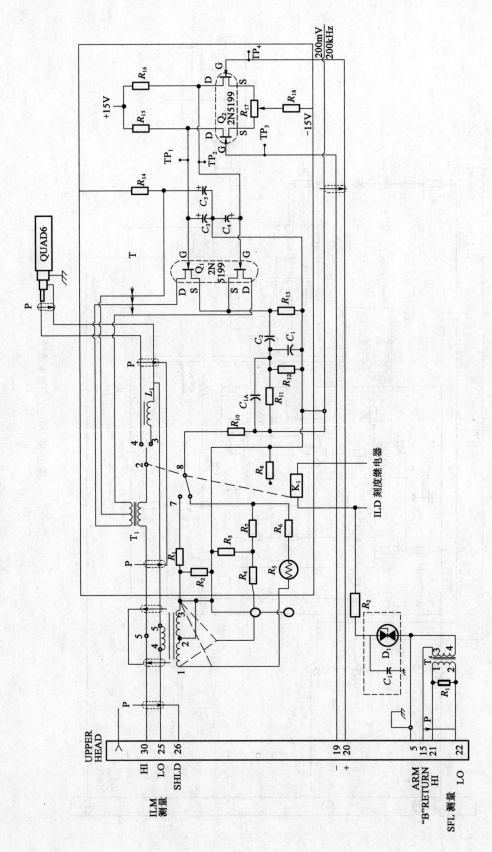

图 2-31 变感器电路及刻度电路

由两个双结场效应管组成变压器输出的两级放大器，Q_2 管组成典型的双端输入、双端输出的直流差分放大器，它们的栅极接 X -相敏检波器的输出，源极的电阻 R_{17} 调节平衡。当 X -相敏检波器无输出信号时，差分级漏极 D_1、D_2 的输出电平相同。管子 Q_1 组成推挽输出级，差分级的输出接到它的栅极 G_1、G_2，Q_1 管的两个源极并在一起，连接由 R_{11}、R_{12}、R_{13} 和 C_1、C_2 组成的分压相移网络。这个网络的输入接 20kHz、200mV 的参考信号，Q_1 管的两个漏极接变压器 T_1 的初级绕组。

差分级平衡时，Q_1 管的两个栅极的电平相同，源极的 20kHz 激励信号使 Q_1 管的两个漏极所接变压器绕组中产生大小相等、方向相反的两个 20kHz 信号，并相互抵消，于是变压器次级无输出。

当 X -相敏检波电路有输出时，Q_2 管的两个漏极输出电压不同，一个增大，一个减小，从而 Q_1 管的漏极绕组中一半绕组的 20kHz 电流增强，另一半绕组的 20kHz 电流减弱，不能抵消，于是变压器的次级有输出电压。Q_1 管是场效应管，它的输出阻抗比变压器初级绕组的阻抗高很多，也就是说 Q_1 管可视为恒流源输出，流过变压器初级绕组的电流与 200mV 参考信号同相，也就是说与 R -信号同相。这个电流在变压器次级绕组感生的电压为 $jM\omega I$，和电流 I 相位差 $\pi/2$。因此，变压器次级的输出电压与接收线圈中的 X -信号同相位，变压器次级绕组和接收线圈的串接使它的输出抵消接收线圈中的 X -信号。

T_1 的输出电压必须与 R -信号精确地差 $\pi/2$，否则将引入多余的 R -信号而产生误差。在电路中，选择电容 C_1 的值与 R_{11} 或 R_{12} 并联，调节变压器 T_1 输出电压的相位，使之为 X -信号。

6. 其他电路

200mV 参考信号的其他作用是提供刻度信号，抵消线圈系误差的信号和温度补偿信号，这些电路已在图 2-31 中给出。

与接收线圈回路串接的除变感器输出变压器次级绕组外，还有提供刻度信号的变压器的次级绕组，它同时也给出抵消线圈系误差的信号和温度补偿信号。

当继电器 K_1 的位置如图 2-31 所示，即置于"测井"位置时，200mV 的参考信号通过由电阻 R_{10}、R_7、R_3 组成的分压器，在继电器接点产生大约 2mV 的电压，这个电压提供温度补偿信号和抵消线圈误差的信号。

通过 R_4 送出的小电流信号加在变压器初级绕组上，在次级就产生抵消线圈系误差的信号，其大小靠调节电阻 R_4 达到需要的值。从 R_4 引出的线可接在变压器初级的 3 端或 1 端，以便按需要在次级产生或"＋"或"－"的电压，抵消线圈系误差。

线圈系零信号随温度发生漂移，因此采用热敏电阻 R_5 和电阻 R_6 串联，它所提供的小电流随温度而变化，在变压器 T_2 的次级产生温度补偿信号。同样，根据需要，将 R_5 的引出线接在变压器初级的 1 端或 3 端。R_{101} 和 R_{102} 是为了使热敏电阻随温度的变化是线性的。

调节 R_7 的阻值，可以改变温度补偿值，但是也改变了线圈系误差的校正值。因此，必须再调节电阻 R_4，以得到正确的抵消线圈系误差的信号。

当继电器 K_1 的触点接于"CAL"位置时，200mV 的参考信号加在由 R_{10}、R_1、R_2 组成的分压器上，同时，接收线圈系断开，用扼流圈 L_1 模拟代替它。电阻 R_1 和 R_2 接点的引线接到变压器初级的 3 端，产生正的刻度信号。改变电阻 R_1，使之产生标准的 463mS（对于深感应）的刻度信号，经趋肤效应提升为 500mS 的信号。

第三节　1503 双感应测井仪器

感应测井仪的型号很多,除第二节所讲的斯伦贝谢双感应测井仪以外,还有阿特拉斯公司的 1503 双感应测井仪和国产的双感应测井仪。这些仪器的主要电路是大同小异的,能深入地掌握一种仪器,就能掌握其他仪器。下面简要地介绍 1503 双感应测井仪。

一、1503 双感应测井仪电路原理框图

1503 双感应—八侧向测井仪感应测井部分电路原理框图如图 2-32 所示。

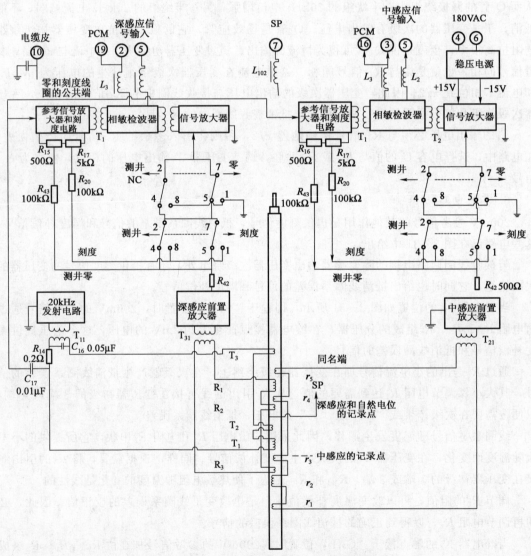

图 2-32　1503 双感应测井部分电路原理框图

线圈系由 11 个线圈组成,其中发射线圈 3 个(T_1、T_2、T_3)、深感应接收线圈 3 个(R_1、R_2、R_3)组成对称的六线圈系,主线圈距为 40in,探测深度为 1.65m。中感应接收线

圈 5 个（r_1、r_2、r_3、r_4、r_5）和发射线圈组成不对称的八线圈系，主线圈距为 34.4in，探测深度为 0.78m。

20kHz 振荡器的变压器输出与发射线圈系串联，提供发射电流，同时也给中感应和深感应参考信号放大器提供参考信号。

中感应和深感应的信号检测电路是一样的。以深感应为例，接收线圈的信号首先经前置放大器放大，经刻度继电器和零继电器的触点加到信号放大器，经过信号放大器放大的信号被加到相敏检波器。同时，参考信号经放大后也被加至相敏检波器，相敏检波器检出与参考信号同相的 R-信号，经滤波后，成为直流信号被送到地面。

中、深感应信号和八侧向测井信号送到地面的 3456 面板有 4 个测量道，分别称为 A、B、C、D，各测量道的电路框图如图 2-33 所示。

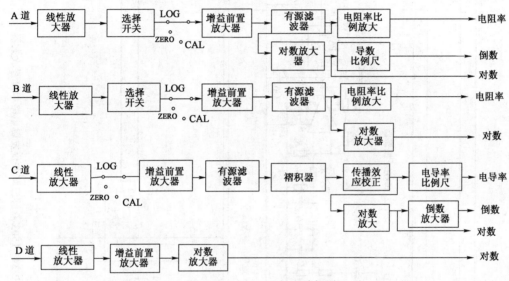

图 2-33 3456 面板电路框图

A 道用来处理侧向测井信号，B 道用来处理中感应测井信号，C 道用来处理深感应测井信号，D 道用作备用道。由于深感应信号需要进行反褶积处理进行层厚校正、传播效应校正，即校正趋肤效应的影响，因此 C 道电路中包括反褶积器和传播效应校正电路，C 道的其他电路和 A、B 两道基本相似，包括可调增益的放大电路，去掉信号中各种交流干扰的滤波电路和有源滤波器，信号的输出可采用线形比例尺也可采用对数比例尺，可输出电阻率信号也可输出电导率信号。因此，各道电路的输出部分都包括对数放大电路和倒数放大电路。

这种地面测量道用在非计算机控制的测井系统中。

二、1503 双感应测井仪电路

下井仪器由电子线路短节和线圈系组成。发射电路和接收电路的中、深感应信号的前置放大级都放在线圈系的顶部，发射电路和接收电路的前置放大级如图 2-34 所示。

发射电路由电子线路短节的稳压源供给 ±15V 电源。主振级由两输入端四或非门的集成电路 IC_1（CD4001AD）构成，它的两个或非门外接电阻、电容网络构成 40kHz 的多谐振荡器，调节电阻 R_4 可调节振荡器的输出频率。IC_1 的输出送到集成电路 IC_2（CD4024AD）的输入端，这是一个七位二进制计数器，供分频用。

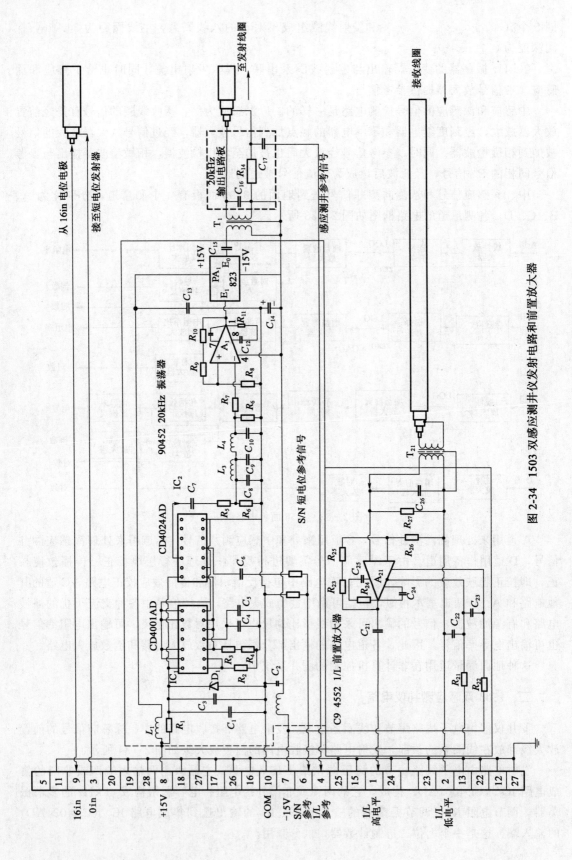

图 2-34 1503 双感应测井仪发射电路和前置放大器

从 IC_2 的 5 脚输出 1250Hz 峰—峰值为 0.5V 的方波信号供八侧向测井斩波器驱动电路。

从 IC_2 的 2 脚输出 20kHz 方波，经电容 C_7 耦合到二极 L-$C\pi$ 形滤波器。滤波后的 20kHz 信号已基本是正弦波形状，峰间值大约为 7.8V。此信号经放大器 A_1 和功率放大器 PA_1 放大后加在输出变压器 T_1 的初级。电压放大器 A_1 是放大倍数约为 2 的深度负反馈放大器，以保证发射电压稳定。功率放大器 PA_1 提供输出功率（电压放大倍数约为 1），输出电压经 1：10 变压器提升后，在次级得到 $130\sim150$V 的发射电压。调节电容 C_{16}，使发射电流最小，即发射线圈与电容 C_{16} 形成并联谐振，阻抗最大。这时发射功率的损耗最小，发射电流约为 0.35A。

由于线圈系在井下工作，当温度升高后，线圈系的电阻变大，发射电流会减小，因此，在放大器 A_1 的反馈回路中接入具有正温度系数的热敏电阻 R_{10}。随着温度升高，R_{10} 增大，发射电压提高，以维持发射电流的稳定。

在发射回路中串联阻值为 0.2Ω 的电阻 R_{14}，从它上面得到峰—峰值约为 0.2V 的 20kHz 参考信号送参考信号放大器。

接收线圈得到中、深感应信号，分别输到各自的前置放大器。以中感应信号为例，接收信号首先经变比为 8：1 的升压变压器 T_{21} 提升 8 倍，然后再经放大器 A_{21} 放大 10 倍。前置放大器的反馈回路上也接有正温度系数的热敏电阻 R_{25}，以便在井下温度增高接收信号减弱时将信号放大。

为避免干扰，发射电路和前置放大器都放在金属屏蔽盒内。

前置放大器的输出电容 C_{21} 耦合到信号放大器，0.2V 的参考信号被送至参考信号输入端。信号放大器和参考信号放大器采用相同的电路，只是在输入端有所不同，如图 2-35 所示。

信号放大器的输入端接有零继电器和刻度继电器的触点，当这些继电器在"测井"位置（即图上所示的测点位置）时，感应信号加到 A_6 的同相端。A_6 的反馈回路中也接有正温度系数热敏电阻 R_{36}，其作用与前置放大器中的 R_{25} 一样。A_6 的输出同时送给 A_4 的反相端和 A_5 的同相端，因而，A_4 和 A_5 的输出信号相位差 π，把这两个输出端接到耦合至相敏检波电路的中心抽头变压器的初级上，构成推挽输出级。参考信号放大器的输入取自发射线圈回路阻值为 0.2Ω 电阻上的压降，输入端接有 R-C 串—并联网络（C_{21}、R_1、C_1、R_2），其主要作用是对参考信号产生相移，以保证 A_2、A_3 的输出经变压器耦合到相敏检波电路的参考信号与感应测井信号中的 R-信号相位一致。

图 2-36 中的相敏检波电路是由两个双发射极晶体管作为开关构成的全波整流电路。双发射极晶体管的两个发射极接信号放大器的输出变压器次级，双发射晶体管的基极和集电极接参考信号放大器的输出变压器次级。

双发射极晶体管或称集成晶体管对开关也分 NPN 型和 PNP 型。当集电极、基极之间为正偏置时，两发射极成通路，导通电阻约 3Ω，管子剩余电压很小；当集电极、基极之间为反偏置时，两发射极之间呈现高阻抗、断路。

在某一时刻，当测井信号和参考信号的极性如图 2-36 所示时，Q_1 管的 c、b 之间为反偏置，管子截止，e_1、e_2 断路；与此同时，Q_2 管的 c、b 之间为正偏置，管子导通，e_1、e_2 间通过电流在电阻 R_3 上得到一正信号。同理，当参考信号反相时，Q_1 管导通，Q_2 管截止。由于此时感应信号中的 R-信号也相反，因此在电阻 R_3 上仍然得到一正信号，于是对 R-信号是全波整流。而对于 X-信号，因与参考信号差 $\pi/2$，无直流输出。R_3 上的全波整流信号经 L-C 滤波器滤波后，其直流信号沿电缆送到地面。

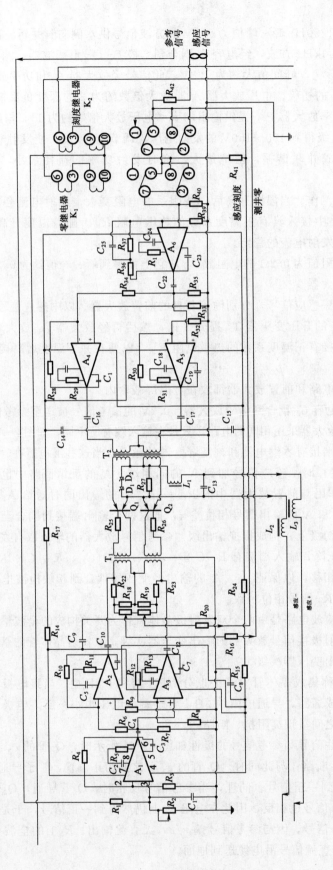

图2-35 1503双感应测井仪的参考信号放大器和信号放大器

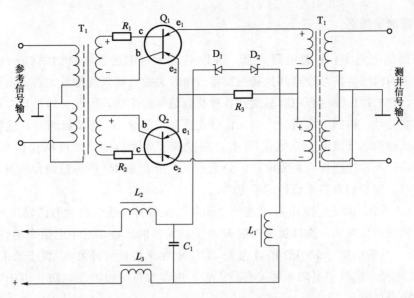

图 2-36　1503 双感应测井仪的相敏检波电路

在图 2-35 上，信号放大器输入端的继电器 K_1、K_2，以及参考信号放大器输出端的电阻网络 R_{16}、R_{17}、R_{18}、R_{19}、R_{22}、R_{23} 构成下井仪器的校零和刻度电路，从电位器 R_{16} 给出的调零信号与前置放大器输出的感应信号接在一起；从电位器 R_{17} 给出的刻度信号加到刻度继电器 K_2 的触点 1（8）。调零继电器的触点 1（8）接公共地端。

继电器 K_1、K_2 分别接在与缆芯 5#、1# 连接并以电缆外皮为公共地端的回路中。改变缆芯输入电压的极性，就控制继电器触点的连接，使信号放大器的输入接成"测井"、"刻度"、"电子线路调零"等三种状况，如表 2-1 所示。

表 2-1　缆芯电压极性与电路状态的关系

电压极性　电路状态 缆芯	测井	刻度	电路零
1#	+	+	−
5#	+	−	+

在参考信号放大器的输出变压器初级并接一个电阻网络，由电阻 R_{18}、R_{19} 和电位器 R_{16}、R_{17} 实际上组成一个桥路。按 R_{18}、R_{19} 的阻值比例可知，零信号应在 1：20 处，在电位器这个臂上应在 R_{16} 的中点 250Ω 处，因此用电位器 R_{16} 的滑动端可给出或正或负的小信号，在信号放大器的输出端抵消残余的基值信号。总起来说：

（1）若 5# 缆芯电压为正，1# 缆芯电压为负，K_1 继电器的长接点⑦、②与触点①、⑧连接使信号放大器输入端短路，这时感应仪器的输出应为零，这是仪器的电路调零。

（2）若 1# 缆芯电压为正，5# 缆芯电压为负，K_2 继电器的长接点⑦、②与触点①、⑧连接，这是刻度位置，由电位器 R_{17} 的滑动端给出相当于刻度环为 500mS/m 的电压信号，加到信号放大器作为感应仪器的内刻度。

（3）若 1#、5# 缆芯的电压都为正时，K_1、K_2 继电器的触点连接如图 2-35 所示，这是测井位置，信号放大器 A_6 是对前置放大器的输出和 R_{16} 的调零信号求和。当下井仪器置于空气中时，通过调节 R_{16} 抵消线圈系的残余信号，使仪器的输出为零，这是测井零。

由于 K_1、K_2 继电器是自锁继电器，断电后，继电器触点仍保持在测井位置。

三、地面测量线路

在四道测量电路中，C 道电路齐全，现以 C 道为例讲述，电路如图 2-41 所示。

从井下来的深感应信号经过其他接线控制后由开关触点输入线性放大器，由于感应信号是直流信号，在电缆传输过程中容易受到各种交流信号的干扰，因此，线性放大器的主要作用是放大感应信号、抑制干扰信号。输入信号先通过三节 $R-C$ 滤波器滤波，然后再加到运算放大器的反相端。反馈电阻是电位器 R_3，用以调节放大器的灵敏度确保信号线性放大。在运算放大器的反相端还接有调零电路，分别用电位器 R_9 和 R_{10} 作为粗调和细调，以便在感应仪器调零时，用它们调节检流计的零点。

如图 2-37 所示，当选择开关 S_4 置于"测井"位置时，线性放大器的输出经开关 S_4 后加在增益放大级的反相端，选择反馈电阻 R 改变放大器的增益，对于电阻率测量（开关 S_{32} 置于前 5 挡），反馈电阻为 100kΩ 增益为 5；对于电导率测量（开关 S_{32} 置于第 6 挡），反馈电阻 40kΩ 增益为 2。反馈电阻两端接有稳压管，用以钳位输出电压，防止由于输出电压过高引起后面电路的饱和。

当开关 S_4 置于"零"时，增益放大器输入端接地，整个放大电路的输出应为零。当开关 S_4 置于"刻度"时，增益放大器的输入端接入刻度电压，电阻率测量的刻度电压是 $-1\text{mV}/(\Omega \cdot \text{m})$，电导率测量的刻度电压是 $-1\text{mV}/(\text{mS} \cdot \text{m}^{-1})$。

增益放大器的输出信号由开关 S_{35C}、S_4 控制流程。当 S_{35C} 置"FAST"位置且 S_4 置"零"或"刻度"位置时，输出信号不经过有源滤波器。当开关 S_4 在"测井"位置且开关 S_{35C} 在 PRF10 时，信号经过由二级运算放大器组成的四阶有源低通滤波器。当 S_{35C} 在 PRF 20 位置时，信号只经过一级运放组成的二阶有源低通滤波器。低通滤波器的电路如图 2-38 所示。它是由二级典型的二阶有源低通滤波器基本节级联而成的。每个基本节的传递函数为：

$$T(P) = \cfrac{1}{1 + j\dfrac{\omega}{\omega_0}\dfrac{1}{Q} - (\dfrac{\omega}{\omega_0})^2} \tag{2-42}$$

式中，$\omega_0 = \dfrac{1}{\sqrt{R_1 R_2 C_1 C_2}}$，$Q = \dfrac{1}{\sqrt{\dfrac{R_2 C_2}{R_1 C_1}} + \sqrt{\dfrac{R_1 C_2}{R_2 C_1}}}$。

当开关 S_{32F} 置于测量挡位置时，来自增益放大器的输出信号或经有源滤波器输出的信号进入反褶积器，反褶积器采用三点反褶积运算，其工作原理和电路框图已在本章第一节进行了介绍。在反褶积电路中进行层厚校正的信号经开关 S_{4C} 送到传播效应校正电路，传播效应校正电路的工作原理也已在本章第一节中讲述。

当开关 S_{4C} 置于"零"和"刻度"位置且进行非感应测井的测量时（开关 S_{32A} 置于"RES"、"PROX"、"LL"位置），传播效应校正电路改接成为增益为 0.6 的反相放大器。

从传播效应校正电路输出的信号送电导率比例尺放大器的反相端，用开关 S_{23} 至 S_{27} 改变运算放大器的反馈电阻从而改变输出信号的比例尺。输入信号是 $-1.2\text{mV}/(\text{mS} \cdot \text{m}^{-1})$，根据各挡的电阻值计算可得到如表 2-2 所示的各种电导率比例尺。

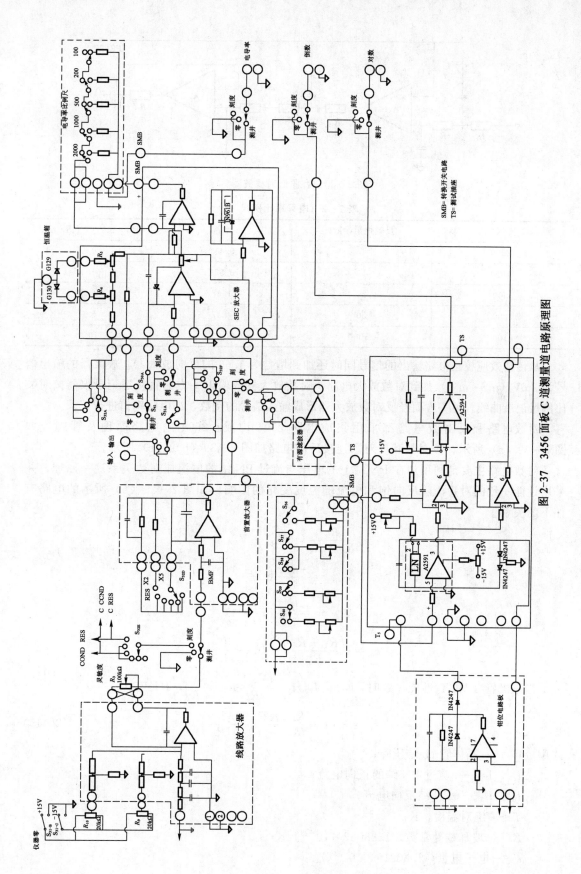

图 2-37 3456 面板 C 道测量道电路原理图

SMB=转换开关电路
TS=测试插座

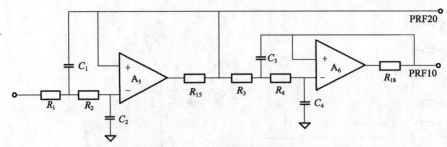

图 2 - 38　有源低通滤波器

表 2 - 2　电导率比例尺

比例尺	反馈电阻，kΩ	增益	输出，mV/（mS·m^{-1}）
2000	5	0.417	0.5
1000	10	0.833	1.0
500	20	1.67	2.0
200	50	4.17	5.0
100	100	8.33	10.0

从传播效应校正电路输出的信号同时还加到增益为 1.66 的反向放大器，放大器的输出信号为 2mV/(mS·m^{-1}) 加到对数放大电路。对数放大器的输出一方面直接送记录仪器按对数比例尺记录曲线，另一方面经反对数放大器形成输入信号的倒数，即电阻率值进行记录。

对数电路和反对数电路都采用集成电路 2594 构成。2594 的电路原理及管脚号如图 2 - 39 （a） 所示，按对数和反对数连接后的电路如图 2 - 39 （b）、（c） 所示。

对数电路主要是利用加在 PN 结上的电压与流过 PN 结的电流成对数关系这一原理，并采用性能一致的对管消除反向饱和电流随温度变化的影响。如图 2 - 39 （b） 所示的电路有如下的关系。

$$e_o^{'} \frac{R_3}{R_4 + R_3} = V_{eb1} - V_{eb2}$$

$$V_{eb1} = \frac{-KT}{e} \ln \frac{I_{C1}}{I_{01}}$$

$$V_{eb2} = \frac{-KT}{e} \ln \frac{I_{C2}}{I_{02}}$$

$$e_o^{'} = -\frac{R_3 + R_4}{R_3} \frac{KT}{e} \ln \frac{I_{C1}}{I_{C2}} \frac{I_{02}}{I_{01}}$$

当三极管 T_1 和 T_2 性能一致时，$I_{01} = I_{02}$，$I_{C1} = \frac{e_i}{R_1}$，$I_{C2} = \frac{e_2}{R_2}$，于是有：

$$e_o^{'} = -(1 + \frac{R_4}{R_3}) \frac{KT}{e} \ln \frac{e_i}{e_2} \frac{R_2}{R_1} \tag{2-43}$$

式中　V_{eb}——晶体管 eb 结压降；

　　　I_{C1}，I_{C2}——流过 PN 结的正向电流；

　　　I_{01}，I_{02}——PN 结反向电流；

　　　T——绝对温度，K；

　　　K——玻耳兹曼常数，1.38062×10^{-23} J/K；

　　　e——电子电量，1.60219×10^{-19} C。

从式（2-43）不难看出，输出信号 e'_o 与输入信号 e_i 呈对数关系，对数关系比例取决于参考电流 I_{c2}，即参考电压 e_2 和电阻 R_2。在图 2-41 的 C 测量道中，e_i 为 2mV/（mS·m^{-1}），R_1 为 10kΩ，e_2 为 15V，R_2 是 8.45kΩ 和 1kΩ 可变电阻的串联，调节 14kΩ 可变电阻以取得合适的参考电流。

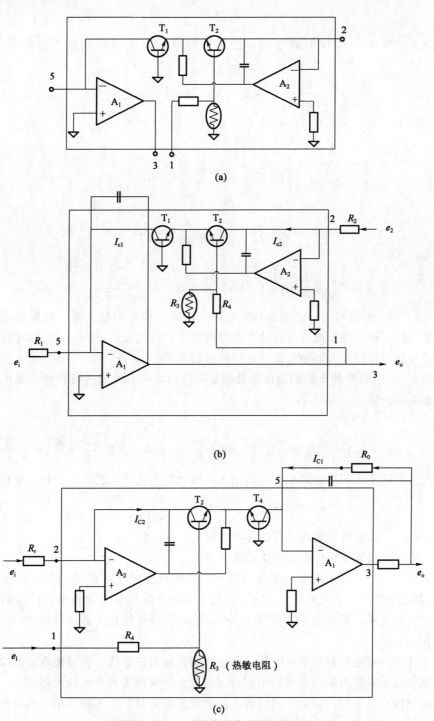

图 2-39　2594 电路及其不同连接方式

(a) 2594 集成电路；(b) 接成对数电路；(c) 接成反对数电路

在式（2-43）中，T 是温度。因此，输出随温度而改变，为了消除温度的影响，将 R_3 选为热敏电阻，以补偿由于 T 的变化而产生的误差，当 $T=300℃$ 时，$\dfrac{KT}{e}=26\text{mV}$；$T$ 每变化 1K，e_o 将变化 $\dfrac{1}{300}$，温度系数为 0.33%，因此选用温度系数 0.3% 的热敏电阻给予一定的补偿。

对于图 2-39（c）的反对数电路，按同样的分析方法可得到输入输出间的反对数关系：

$$e_1\frac{R_3}{R_3+R_4}=V_{eb1}-V_{eb2}=-\frac{KT}{e}\ln\frac{I_{c1}}{I_{c2}}\frac{I_{02}}{I_{01}}$$

因为 $I_{02}=I_{01}$，$I_{c1}=e_o/R_0$，$I_{c2}=e_r/R_r$，所以有：

$$e_1\frac{R_3}{R_3+R_4}=-\frac{KT}{e}\ln\frac{e_o}{e_r}\frac{R_r}{R_0}$$

$$\ln\frac{e_o}{e_r}\frac{R_r}{R_0}=-e_1\frac{R_3}{R_3+R_4}\frac{e}{KT}$$

$$e_o=\frac{e_r}{R_r}R_0\mathrm{e}^{-e_1\frac{R_3}{R_3+R_4}\frac{e}{KT}}=e_r\frac{R_0}{R_r}\ln^{-1}(-e_1\frac{R_3}{R_3+R_4}\frac{e}{KT}) \qquad (2-44)$$

从式（2-44）不难看出，输出信号 e_o 和输入信号 e_1 成反对数关系。如果将式（2-43）右端的负号去掉（在电路上通过反相放大器即可实现）再代入式（2-44），即可得到对数放大器输入信号和反对数放大器输出信号之间的倒数关系。

参看图 2-41，对数放大器的输出信号和某一已知电平 $\ln A$ 通过反相放大器求和，因此反相放大器的输出为：

$$e_1=-(e'_o+\ln A)=(1+\frac{R_4}{R_3})\frac{KT}{e}\ln(\frac{e_i}{e_2}\frac{R_2}{R_1})-\ln A=(1+\frac{R_4}{R_3})\frac{KT}{e}\ln\frac{e_iR_2}{R_1e_2A}$$

反相放大器的输出即反对数放大器的输入，因此将上式代入式（2-44），得到：

$$e_o=\frac{e_r}{R_r}R_0\mathrm{e}^{-\ln(\frac{e_i}{e_2}\cdot\frac{R_2}{R_1A})}=e_re_2\frac{R_1A}{R_2R_r}\cdot\frac{R_0}{e_i} \qquad (2-45)$$

式中　e_2，R_2——调节对数集成电路的参考电流；

　　　e_r，R_r——调节反对数集成电路的参考电流。

利用式（2-45），输入的电导率信号即可经倒数电路输出电阻率信号。从图 2-37 可知，e_2、e_r 都是 $+15\text{V}$。分别调节 R_5（$1\text{k}\Omega$）、R_6（$5\text{k}\Omega$），改变参考电流值，以得到合适的对数、反对数比例关系；调节 A 值，即用开关 $S_{36}\sim S_{40}$ 选择反相放大器求和电流，以得到固定的倒数比例尺。

正常工作时，对数电路输出负电压。为防止对数输出正电压，在对数电路的输出与输入间接钳位放大器。它把对数放大器输出信号同相放大，再馈送到对数放大器输入，由于钳位放大器的输出接有二极管，因此，当对数电路的输出为负时，它不起作用；当对数电路输出为正时，经放大后的正信号输入对数电路，使对数电路输出维持在零电位。

在图 2-37 上，对数电路的输出也经反相电路向记录仪器输出对数比例尺信号。

第四节 感应测井仪的刻度

刻度的基本目的是建立被测地层的物理参数与仪器读数之间的关系，对感应测井仪来说，就是建立均匀介质的电导率与感应测井仪读数（直流电压）之间的关系，并以此检查仪器，归一化各种仪器的读数。

如前所述，按几何因子理论，感应测井仪接收线圈中得到的有用信号与介质电导率成正比。因此，只要已知两种均匀介质的电导率，就可以给出仪器读数和地层电导率间的比例关系，这就是通常说的"实体刻度"。空气是一种均匀的介质，电导率为零，可以刻度仪器的零点。另一种介质可以是水溶液，用食盐配制溶液的电导率。但是，从线圈系的探测特性可知，在相当大的范围内，介质对感应测井的读数都有影响，所以必须建立相当大的深水池，这是不方便的，而且由于传播效应的影响，仪器读数偏小，刻度曲线不是线性的。目前，广泛采用的办法是基于几何因子理论，采用串有一定电阻的铜环作为单元环模拟已知电导率的均匀介质，把铜环套在线圈系的刻度点上（通常以记录点作为刻度点）进行刻度。这种方法的好处是简单、方便，仪器读数和介质电导率有简单的线性关系。

一、刻度原理

把刻度环套在线圈系的记录点上，使刻度环平面与线圈系垂直，刻度环与线圈系同轴，当发射线圈通过 20kHz 电流后，在刻度环中产生的感应电势为：

$$e_c = -\frac{j\omega\mu r^2 i_T}{2} \sum_{i=1}^{m} \frac{s_{R_i} n_{T_i}}{(x^2 + r^2)^{\frac{3}{2}}} \qquad (2-46)$$

式中 r——刻度环半径；

x——发射线圈到刻度环的垂直距离；

i_T——第 i 个发射线圈。

由于用铜导线及其串联电阻所做成的刻度环并非纯电阻，还有感抗和容抗（和电感量相比，电容量很小），因此，通过刻度环的感应电流为：

$$I_C = \frac{e_C}{Z} = \frac{e_C}{|Z|} e^{-j\varphi} \qquad (2-47)$$

$$Z = R + j(\omega L - \frac{1}{\omega C}) = R + jX = |Z| e^{-j\varphi}$$

式中 Z——刻度环阻抗；

R, L, C——刻度环的电阻、电感、电容。

由刻度环中的感应电流所建立的交变电磁场在接收线圈中产生的感应电势为：

$$e_R = \frac{2\pi r}{|Z|} e^{-j\varphi} \sum_{i,j=1}^{m,n} K_{ij} g_{ij} = 2\pi r \frac{R}{|Z|^2} \sum_{i,j=1}^{m,n} K_{ij} g_{ij} - j2\pi r \frac{X}{|Z|^2} \sum_{i,j=1}^{m,n} K_{ij} g_{ij} = e_{RR} - j e_{RL}$$

$$(2-48)$$

式中 K_{ij}, G_{ij}——双线圈系的仪器常数和刻度环相对双线圈系的几何因子；

i, j——第 i 个发射线圈和第 j 个接收线圈；

e_{RR}——接收线圈感应电势 e_R 的实部，即 R-信号；

e_{RL}——接收线圈感应电势 e_R 的虚部，即 X-信号。

让刻度环在接收线圈所建立的感应电势的实部与按几何因子理计算的电导率为 σ 的均匀介质所产生的信号相等，即：

$$2\pi r \frac{R}{|Z|^2} \sum_{i,j=1}^{m,n} K_{ij} g_{ij} = \sigma \sum_{i,j=1}^{m,n} K_{ij}$$

可得到：

$$\sigma = 2\pi r \frac{R}{|Z|^2} \frac{\sum\limits_{i,j=1}^{m,n} K_{ij} g_{ij}}{\sum\limits_{i,j=1}^{m,n} K_{ij}} = \frac{R}{|Z|^2} 2\pi r g = \frac{R}{|Z|^2} K_C \qquad (2-49)$$

式中　K_C——刻度系数；

　　　g——刻度环相对复合线圈系的几何因子。

对于半径为 r 的某个刻度环，将它置于线圈系的固定刻度点上刻度时，g 和 K_C 就都是固定值。只要按式（2-49）改变与刻度环相串联的电阻值 R，就可模拟不同电导率的均匀介质。将 $|Z|^2 = R^2 + X^2$ 代入式（2-49），可得到：

$$R^2 - (\rho K_C)R + X^2 = 0 \qquad (2-50)$$

解方程式（2-50）可进一步求得刻度环电阻的表达式：

$$R = \frac{\rho K_C}{2} + \sqrt{\left(\frac{\rho K_C}{2}\right)^2 - X^2} \qquad (2-51)$$

式（2-51）就是用刻度环进行刻度的计算公式。式中的 X 是刻度环的电抗，由于刻度环及其连线的电容远小于刻度环的电抗，所以 X 主要由刻度环的感抗所决定。刻度环通常是用很粗的铜导线制作而成的，本身电阻很小，由式（2-51）所计算的 "R" 值主要靠刻度环串联的电阻值实现。根据式（2-51）计算电阻值的方法称 "补偿法"，它的实质是考虑到感抗的存在，采取减小 R 的办法以补偿由于电感的存在引起刻度环中感应电流的减小。这种方法的缺点是：随着模拟的介质电导率不同，串联的电阻值改变，引起刻度环中感应电流相位的变化，电阻由大变到小，相移角由小变到大，在接收线圈中感应的信号相位也是改变的，这就使刻度的线性范围受到限制，给仪器的调试、测量也带来不便。

如果串联的电阻值 R 远大于感抗 X，则 X 的影响可以忽略，串联阻值可按下式计算：

$$R = \rho K_C \qquad (2-52)$$

这种刻度方法称 "自然法"。自然法的缺点是刻度线性范围窄，因为模拟的介质电导率越大时，求得的 R 值越小，X 的影响就不能忽视。从式（2-51）可知，如果 K_C 值大，串联的电阻值就大，K_C 正比于 r^4，而电抗 X 只正比于 r，因此采用自然法刻度时必须使用大直径的刻度环，以保证必要的线性刻度范围。

由于 X 主要是感抗，如果在刻度环路中串接电容 C，使容抗和感抗相等，即：

$$X = \omega L - \frac{1}{\omega C} = 0$$

刻度环路调谐，环路呈纯阻性，X 的影响即可消除。显然，串联电阻值的公式仍然按式 (2-52) 计算。这种方法称谐振法，它的刻度线性范围最大。

如果按电抗变化 10%，所引起的线性刻度误差不超过 5% 为标准，自然法线性范围是 $K_C/5X$，补偿法是 $K_C/2.5X$，谐振法是 $K_C/0.5X$，谐振法的误差最小。

在按式 (2-51) 考虑刻度方法和计算串联阻值时，必须要知道刻度环的交流电阻（对于 20kHz 的信号）、感抗和刻度系数。

交流电阻和感抗可根据阻抗电桥测得的直流电阻和电感值计算确定，也可按下述公式直接估算：

$$\widetilde{R} = k_1 \frac{2r}{a^2 \sigma_c} = k_1 R_D \tag{2-53}$$

$$
\begin{aligned}
X_L = \omega L &= \omega(L_i + L_0) \\
&= 2\pi^2 f r k_2 \times 10^{-7} + 8\pi^2 f r (\ln \frac{8r}{a} - 2) \times 10^{-7} \\
&= 2\pi^2 f r [k^2 + 4(\ln \frac{8r}{a} - 2)] \times 10^{-7}
\end{aligned}
\tag{2-54}
$$

式中　L_i，L_0——刻度环内电感和外电感；

R_D——刻度环直流电阻；

σ_C——刻度环铜导线的电导率，$5.7 \times 10^7 \mathrm{S/m}$；

a——刻度环铜导线的半径；

k_1，k_2——由于趋肤效应的存在交流电阻比直流电阻增大的系数（k_1）和内感抗减小的系数（k_2）。

k_1、k_2 可按图 2-40 的关系曲线求得。

由式 (2-49) 知，刻度系数：

$$K_C = 2\pi r g = 2\pi r \frac{\sum\limits_{i,j=1}^{m,n} K_{ij} g_{ij}}{\sum\limits_{i,j=1}^{m,n} K_{ij}} \tag{2-55}$$

当刻度环的直径比各线圈长度大很多时，可把线圈视为点状，式 (2-55) 中的 K_{ij}、g_{ij} 用式 (2-7)、式 (2-8) 代入得到点状计算时的刻度系数，记为 K_D：

$$K_D = \pi r^4 \frac{\sum\limits_{i,j=1}^{m,n} \dfrac{n_{T_i} n_{R_j}}{l_{T_i}^3 l_{R_j}^3}}{\sum\limits_{i,j=1}^{m,n} \dfrac{n_{T_i} n_{R_j}}{L_{ij}}} \tag{2-56}$$

$$l_{T_i} = \sqrt{r^2 + x_i^2}$$
$$l_{R_i} = \sqrt{r^2 + y_i^2}$$

式中　x，y——刻度点到发射线圈和接收线圈的距离。

如果不能把线圈作为点状对待，则把发射线圈和接收线圈看成是由多个单元发射线圈 ΔT 和多个接收线圈 ΔR 组成，如图 2-41 所示。

成对的单元线圈上 ΔT、ΔR 相对半径为 r 的刻度环，可按式 (2-57) 计算其刻度系数：

$$K = \pi r^4 \frac{\dfrac{\Delta T_i \Delta T_j}{l_{T_i}^3 l_{R_j}^3}}{\dfrac{\Delta T_i \Delta T_j}{X_i + Y_j}} = \pi r^4 \frac{\dfrac{\Delta n_{T_i} \Delta n_{T_j}\, dx_i dy_j}{(x_i^2 + r^2)^{\frac{3}{2}}(y_j^2 + r^2)^{\frac{3}{2}}}}{\dfrac{\Delta n_{T_i} \Delta n_{T_j}\, dx_i dy_j}{x_i y_j}} \tag{2-57}$$

对成对线圈 T_i、R_j 来说，其刻度系数应该是等于对式（2-57）的积分，分别对式（2-57）的分子、分母进行积分。

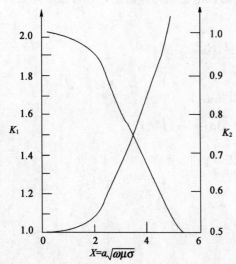

图2-40　因趋肤效应引起的 K_1、K_2 关系曲线

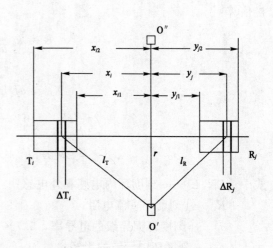

图2-41　积分法计算成对线圈刻度系数

分子部分的积分为：

$$S_{ij} = \Delta n_{T_i} \Delta n_{R_j} \int_{y_{j1}}^{y_{j2}} \int_{x_{i1}}^{x_{i2}} \frac{dx_i dy_j}{(r^2 + x_i^2)^{\frac{3}{2}}(r^2 + y_j^2)^{\frac{3}{2}}}$$

$$= \Delta n_{T_i} \Delta n_{R_j} \left[\frac{x_{i2}}{r^2(r^2 + x_{i2}^2)^{\frac{1}{2}}} - \frac{x_{i1}}{r^2(r^2 + x_{i1}^2)^{\frac{1}{2}}} \right] \cdot \left[\frac{y_{j2}}{r^2(r^2 + y_{j2}^2)^{\frac{1}{2}}} - \frac{y_{j1}}{r^2(r^2 + y_{j1}^2)^{\frac{1}{2}}} \right] \tag{2-58}$$

分母部分的积分为：

$$W_{ij} = \Delta n_{T_i} \Delta n_{R_j} \int_{y_{j1}}^{y_{j2}} \int_{x_{i1}}^{x_{i2}} \frac{dx_i dy_j}{x_i + y_j}$$

$$= \Delta n_{T_i} \Delta n_{R_j} \{(x_{i2} + y_{j2})[\ln(x_{i2} + y_{j2}) - 1] - (x_{i2} + y_{j1})[\ln(x_{i2} + y_{j1}) - 1]$$

$$- (x_{i1} + y_{j2})[\ln(x_{i1} + y_{j2}) - 1] + (x_{i1} + y_{j1})[\ln(x_{i1} + y_{j1}) - 1]\} \tag{2-59}$$

对于复合线圈系来说，它的刻度系数应该是对 S_{ij}、W_{ij} 求和得到的，用积分方法求得的刻度系数记为 K_{I}。于是：

$$K_{\mathrm{I}} = \pi r^4 \frac{\displaystyle\sum_{i,j=1}^{m,n} S_{ij}}{\displaystyle\sum_{i,j=1}^{m,n} W_{ij}} \tag{2-60}$$

点状法计算的刻度系数 K_{D} 与积分法计算的刻度系数 K_{I} 是有差别的。当刻度环直径很大，即 L_{T}、L_{R} 大于线圈长度 10 倍以上时，K_{D} 和 K_{I} 的差别在误差范围以内。对于小直径的刻度环,当线圈长度不能作为点状看待时,按点状法计算的刻度系数会小很多。以国产74型感应测井仪为例,对于0.8m的六线圈系(主线圈长120mm)采用直径为0.6m的刻度环,用点状法计算的刻度系数比用积分法计算的值小10%,从而使测井曲线的视电导率读值普遍偏低。

二、最佳刻度环直径和最佳刻度点

从前面的讨论知道,按式(2-51)、式(2-52)计算的刻度环的串联电阻取决于刻度系数的大小,而刻度系数又正比于刻度环相对于多线圈系的几何因子[式(2-55)],选用具有大的几何因子的刻度环可以串接比较大电阻,从而减小受刻度环感抗的影响。图2-42是6ILD-0.8线圈系单元环等几何因子图。图的纵轴是 Z 轴(线圈系轴),横坐标是 r 轴,从图的 r 轴上可以找到具有最大几何因子的刻度环半径,对6ILD-0.8线圈系来说是 $r=0.54$。从图2-42还可以看出,同一直径的单元环放在线圈系的不同位置上刻度时,刻度系数是不同的。以 $r=0.3$m的刻度环为例,在图2-42上,通过 $r=0.3$m作一条与 Z 轴平行的直线,它与各条几何因子线相交,在 $Z=0$ 处, $g=0.26$,刻度系数 $K_C=0.49$;而在 $Z=\pm0.32$m处, $g=0.71$,刻度系数 $K_C=1.34$。因此,使刻度环的刻度系数最大的刻度点是最佳刻度点。当然,在选择刻度环直径和刻度点位置时,还要考虑到:在刻度位置上,由于位置的微小变化或刻度环直径的微小变化引起刻度系数的变化最小。对于6ILD-0.8的六线圈系, $r=0.54$m的刻度环是最佳刻度环,最佳刻度点就是记录点。用0.54m的刻度环在记录点上刻度,由于刻度环半径 r 的改变或记录点位置的改变都不引起几何因子的变化。

图2-43、图2-44和图2-45分别为0.8m、1m深感应线圈系和1m中感应线圈系刻度系数 K_C 与刻度位置 Z 的关系。

从图中不难看出,对于不同直径的刻度环,其最佳刻度位置是不同的。而且随着刻度环直径的增大,最佳刻度点位置向记录点方向移动。刻度环直径越大,刻度系数最大值部分越平坦。如图2-43的 $r=0.54$ 刻度环即由于刻度位置不准确引起的偏差最小。比较图2-43、图2-44和图2-45可知,随着线圈距的增加,最佳刻度环的直径也要加大,而对于同样的线圈距,中感应线圈系所要求的最佳刻度环直径远小于深感应所要求的。图中实线是用积分法计算的刻度系数,虚线是以点状线圈法计算的刻度系数,两者在记录点附近差别最大,随着刻度环直径的增大,差别减小。

三、DIT-D双感应测井仪的刻度

DIT-D双感应测井仪的刻度包括车间刻度和现场刻度。车间刻度使用现场一级刻度标准,即自由空间的"零"电导率信号和产生500mS/m电导率的刻度环信号。现场刻度就是前面讲的在下井仪器内部由"零"继电器短路信号放大器输入端给出"零"电导率信号,由"刻度"继电器将相当于500mS/m的电信号输到信号放大器的输入端,通常称为内刻度或现场二级刻度标准。

1. 车间刻度

车间刻度按下述步骤每月进行一次。仪器应离地面10ft以上,仪器周围10m之内不应有金属或其他导电材料存在。

(1)仪器处在自由空间,读得"零"电导率信号。由于存在线圈系误差和电子线路误差,实际读数不为零,其读数称为TLZM(仪器零测量)。从CSU输出的原始电导率值读

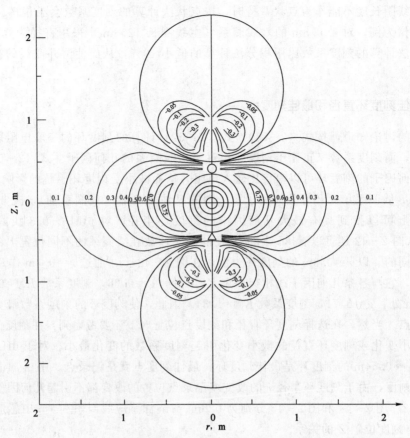

图 2-42 6ILD-0.8 线圈系等几何因子

出（图 2-19）。TLZM＝线圈系误差＋电误差，容许的误差是 0～±15mS/m。

（2）将 54in 的刻度环放在线圈系的刻度点上。对于深感应测井刻度环串接 5.11Ω±0.2％的电阻，应产生 406.52mS/m 的信号，经趋肤效应校正提升后，给出 500mS/m 的电导率值。对于中感应测井，串接 8.44Ω±0.2％的电阻，应产生 463mS/m 的信号，经趋肤效应校正后，给出 500mS/m 的电导率值。由于存在线圈系误差和电误差，其读数不为 406.52mS/m（提升后为 500mS/m），这个读数称为 TLPM（仪器加测量）值：

$$TLPM＝406.52＋线圈系误差＋电误差$$

容许测量值的变化范围是：

深感应：455～560mS/m（已提升值）

中感应：454～547mS/m（已提升值）

如前所述，感应测井刻度是依据介质电导率和测量信号之间存在线性关系建立的，因此，根据上面两步的 TLZM 值和 TLPM 值可求得线性关系的增益：

$$增益 = \frac{406.52}{TLPM - TLZM}$$

由于存在线圈系误差和电误差，因此线性关系不通过坐标原点，即"零"电导率环境下，输出信号不为零，存在偏移，偏移由线圈系误差和电误差两部分组成。由图 2-19 可知，线圈系误差校正在反褶积之后给出，增益和偏置在反褶积之前对原始电导率读数进行归

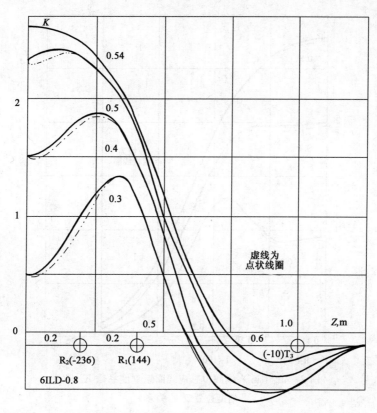

图 2-43 0.8m六线圈深感应线圈系刻度系数 K_c 与刻度位置 Z 的关系

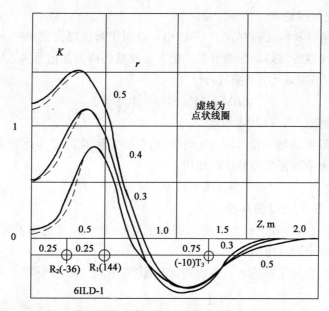

图 2-44 1m六线圈深感应线圈系刻度系数 K_c 与刻度位置 Z 的关系

一化，因此，这里所要求的偏置就是由电误差引起的偏移。

（3）利用下井仪器内的"零"继电器把线圈系和电子线路短节断开，使信号放大器输入端短路，这时读得的原始电导率值记为 EZM 值（电零测量）：

$$EZM = 电零误差$$

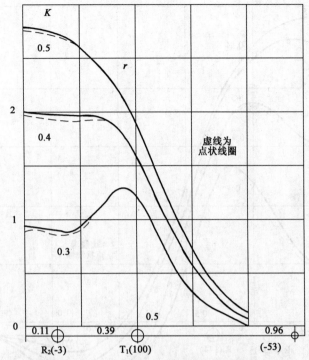

图 2 - 45　1m 六线圈中感应线圈系刻度系数 K_C 与
刻度位置 Z 的关系

偏置＝－（电零误差×增益）

容许 EZM 值的变化范围是 0～±6mS/m。

上面所求得的增益和偏置都存于 CSU 中，以用于对仪器读数的归一化。

（4）利用下井仪器的"刻度"继电器，把下井仪器的内刻度信号送入电路中，这时读得的原始电导率值记为 EPM（电加测量）：

EPM＝刻度信号＋电零误差

容许 EPM 值的变化范围与 TLPM 相同。

要调整刻度电阻精确地给出 406.52mS/m 的信号是困难的，为此计算一个"加"参考值，把它存入输入表中以便现场刻度时使用：

"加"参考值＝（EPM－EZM）×增益

增益是根据 TLPM 和 TLZM 值计算的。

"加"参考值经过趋肤效应提升后应该很接近 500mS/m，规定容差为 ±1％，如果超过这个容差，要重新调节刻度电阻。

（5）根据"零"电导率环境下（自由空间）测得的 TLZM 和电零测量确定线圈系误差校正值：

线圈系误差＝TLZM－EZM

深感应线圈系误差校正值则为：

DSEC＝－（TLZM－EZM）×增益

DSEC 作为常数保存在常数表中，以便在如图 2 - 19 所示的信号处理流程中对信号进行线圈系误差校正。

车间刻度的数据记录在车间刻度摘要表上，如表2-3所示。

表2-3　车间刻度摘要表

SHOP SUMMARY

PBRFORMED：83/09/25

PROGRAM FILE：SHOP（VERSION 26.15 83/08/13）

DITD	ELECTRONICS		CALIBRATION		SUMMARY		
	TEST LOOP		CALIBRATION		TOOL		CHECK
	MEASURED		CALIBRTRD		CALIBRATED		
	ZERO	PLUS	ZERO	PLUS	ZERO	PLUS	UNITS
ILD	−5.4	558.7	0.0	500.0	0.0	499.5	mS/m
ILM	−8.5	514.6	0.0	500.0	0.0	501.2	mS/m
ILD	SONDE ERROR CORRECTION：4.5						mS/m
ILM	SONDE ERROR CORRECTION：7.0						mS/m
	(IS：674，IC：638)						

FILE　2　25-SEP-83　0.9：11

表中分别给出了线圈系部分（IS）和电子线路部分（IC）仪器的编号，因为不同的仪器其线圈系误差和电误差是不同的。

2. 现场刻度

由于现场不具备用刻度环进行刻度的条件，故采用仪器内刻度检查仪器，在测井前和测井后都要对刻度进行检查。

（1）从"车间刻度摘要"表读出电极系误差校正值 DSEC 和"加"参考值。

（2）给下井仪器继电器通电：在"零"继电器接通时，读出 EZM 值；在"刻度"继电器接通时，读出 EPM 的值。

根据"加"参考值和井场读得的 EPM 和 EZM 值重新计算增益和偏置。在测井过程中就用井场求得的增益和偏置对测量信号进行归一化处理。这种做法的优点在于，在井下条件下求得的 EPM 和 EZM 考虑了井下压力、温度对下井仪器的影响，更符合实际。

测前刻度容许测量值的变化范围与车间刻度相同。测前刻度的数据记在"测前刻度摘要表"上，见表2-4。

表2-4　测前刻度摘要表

BEFOR SURVEY CALIBRATION SUMMARY

PERFORMED：83/09/26

PROGRAM FILE：ISN（VERSION 26.15 83/08/13）

DITD	ELECTRONICS		CALIBRATION		SUMMARY	
	MEASURED		CALIBRATED			
	ZERO	PLUS	ZERO	PLUS	UNITS	
ILD	0.4	566.4	0.0	499.5	mS/m	
ILM	0.2	526.1	0.0	501.1	mS/m	
SFL	0.3	530.5	0.0	500.0	mS/m	
ILD	SONDE ERROR CORRECTION：4.5				mS/m	
ILM	SONDE ERROR CORRECTION：7.0				mS/m	

FILE　4　26-SEP-83 01：09

（3）测井之后，用下井仪器的内刻度信号，对仪器进行检查，以确定仪器工作的稳定性。

测前、测后刻度的容许误差是（ILD 与 ILM 相同）：ZERO 值：0～±2mS/m；PLUS 值：0～±20mS/m。

测后刻度数据记在"测后仪器检查摘要表"上，见表 2-5。

表 2-5　测后仪器检查摘要表

AFTER SURVEY TOOL CHECK SUMMARY

PERFORMED：83/09/26

PROGRAM FILE：ISN（VERSION 26.5 83/08/13）

DITD			TOOL		CHECK
	ZERO		PLUS		
	BEFORE	AFTER	BEFORE	AFTER	UNITS
ILD	0.0	0.0	499.5	498.8	mS/m
ILM	0.0	0.0	501.1	500.8	mS/m
SFL	0.0	−0.1	500.0	500.4	mS/m
ILD	SONDE	ERROR	CORRECTION：	4.5	mS/m
ILM	SONDE	ERROR	CORRECTION：	7.0	mS/m

FILE 7　26-SEP-83　01：39

本 章 小 结

本章主要讲述了三部分内容：感应测井仪器工作原理和线圈系特性、DIT 双感应测井仪的电路原理分析和感应测井仪的刻度。传统的感应测井仪线圈系特性研究都以几何因子理论为出发点。线圈系的设计主要是为了改善纵向、径向几何因子特性，既要提高纵向分辨率减小围岩影响，又要增加探测深度减小井的影响。由于几何因子理论没有考虑电磁波在介质中传播的幅度衰减和相位变化，因此在感应测井信号的处理中要进行反褶积和趋肤校正。

生产中所用的各种感应测井仪器电路的原理大同小异，主要由以下几的分组成：20kHz 信号发生器、测量信号放大器、参考信号放大器和相敏检波电路。DIT 双感应测井仪是这类仪器的典型代表。电子线路的核心部分是相敏检波器，它把 R-信号和 X-信号区分开来。R-信号作为被测信号送地面仪器记录，X-信号经变感器输出到输入信道中抵消测量信号中的 X-信号，这样对 X-信号的压制更好。

值得注意的是，传统的感应测井概念把 X-信号称为无用信号予以消除。实际上，X-信号既包含了发射线圈对接收线圈的直耦信号，也包括了电磁波在导电介质中传播对由于相位变化而产生的正交信号。前者是需要剔出的无用信号，后者却是与地层性质有关的有用信号。近年来出现的矢量感应测井就是要利用 X-信号，以提高感应测井精度。

思 考 题

1. 已知感应测井的视电导率为 500mS/m，按感应测井公式计算地层的真电导率。

2. 单元环的物理意义是什么？

3. 画出 1503 双感应测井仪深感应部分的电路原理框图，并说明各部分电路功能。

4. 请分析 1503 双感应测井仪深感应全波相敏检波器电路。

5. 从双线圈系的感应测井仪纵向微分几何因子 G_z 关于 z 的分布曲线曲线上反映出什么？

6. 试述感应测井仪器刻度原理。

7. 试述感应测井仪器反褶积原理与目的。

8. 试述感应测井仪器趋肤效应的校正原理与电路实现。

第三章 阵列感应测井仪

阵列感应测井仪是在普通感应测井仪的基础上发展起来的、具有径向探测能力的一种交流电测井仪器。它采用一系列不同线圈距的线圈系对同一地层进行测量，然后通过硬件或软件聚焦处理获得不同径向探测深度的地层电导率，从而更有效地识别油气层。阵列感应测井仪器目前代表性的有斯伦贝谢的 AIT、阿特拉斯的 HDIL 和哈里伯顿的 HRAI。这些仪器的测量原理大同小异，本章以阿特拉斯的 HDIL 为例来介绍阵列感应测井仪器。

第一节 阵列感应测井仪器测量原理

一、阵列感应测井测量原理

阵列感应测井仪器 HDIL 是 1996 年由 Baker Atlas 公司推出的，该仪器是一种数字化、全谱感应测井仪器。其线圈系阵列（图 3-1）由 7 个单侧布置的三线圈系子阵列组成。主接收线圈间距从 6in 至 94in，按对数等间隔布置。所有子阵列同时接收包含 8 个频率（10kHz、30kHz、50kHz、70kHz、90kHz、110kHz、130kHz 和 150kHz）的时间序列波形，波形数字化后送到地面，地面用傅里叶变换将波形分解为实部和虚部信号，总共得到 112 个信号。该仪器可以为用户提供 6 种探测深度（10in、20in、30in、60in、90in 和 120in）曲线和 3 组分辨率（1ft、2ft 和 4ft）曲线以及传统双感应测井的合成曲线。

二、线圈系特性

HDIL 线圈系结构如图 3-1 所示，其上各线圈的具体参数列于表 3-1。

图 3-1 HDIL 阵列感应线圈排列

表 3-1 HDIL 线圈系参数

类型 \ 编号		1	2	3	4	5	6	7
接收线圈	匝数	12	21	33	51	82	128	200
	源距，m	0.152	0.254	0.399	0.622	0.978	1.524	2.388
去直耦线圈	匝数	−6	−10	−15	−21	−31	−47	−70
	源距，m	0.121	0.198	0.307	0.463	0.707	1.091	1.683

线圈系的径向探测特性如图 3 - 2 所示，不同的三线圈组合具有不同的径向探测深度。

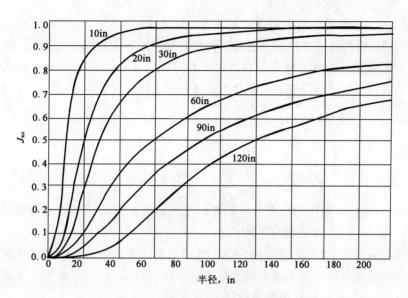

图 3 - 2　HDIL 径向积分几何因子

三、软件聚焦合成原理

　　阵列感应测井仪器的不同探测深度是依靠一种软件聚焦的技术实现的。在软件聚焦中，通过几个简单线圈系测量信号，然后将得到的信号通过软件组合以达到聚焦的目的。聚焦的过程实际上是把事先设计好的滤波器应用到原始信号上，其结果是获得一个更加理想的二维几何因子。步骤如下：

　　（1）将事先设计好的滤波器应用到每条原始数据曲线上；

　　（2）将这些经过滤波的曲线和想要得到的二维几何因子联合产生一条曲线；

　　（3）用不同的滤波器对每条输出曲线重复这个过程。

　　与双感应测井仪采用线圈聚焦不同，阵列感应使用简单的三线圈系。这种线圈系没有硬件聚焦性能，其纵向响应曲线呈不对称形状。因此，阵列感应测井采用"软件聚焦"，即用数学方法对原始测量数据进行处理，得出 3 种纵向分辨率和 5 种探测深度的阵列感应合成曲线，其合成原理如下：

　　在一定的电导率范围内，感应测井仪的读数相当于地层各部分电导率的加权平均：

$$\sigma_a^n = \int g_n (r, z - z') \cdot \sigma(r, z') \mathrm{d}r \mathrm{d}z' \qquad (3-1)$$

式中　　$g_n(r, z - z')$ ——第 n 组线圈系在给定频率下信号的响应。

　　阵列感应测井给出的合成曲线相当于所有阵列线圈系原始信号（经过井眼影响校正后）的加权和：

$$\sigma_{\log} = \sum_{n=1}^{N} \sum_{z'=z_{\min}}^{z_{\max}} \omega_n(z') \sigma_a^n (z - z') \qquad (3-2)$$

式中 $\sigma_{\log}$——阵列感应测井曲线;

σ_a^n——第 n 组线圈系测量的电导率;

N——测量线圈系的总道数;

$\omega_n(z')$——每组线圈系的加权值。

经过处理后得出的阵列感应测井曲线不同于任何一组线圈系的响应函数。实际上,它相当于阵列感应测井每组线圈系响应函数的加权和(相应工作频率下所有线圈系组的信号)。阵列感应测井曲线与地层电导率的关系用下式表示:

$$\sigma_{\log}(z) = \int g_{\log}(r, z - z') \cdot \sigma(r, z') \mathrm{d}r\mathrm{d}z \qquad (3-3)$$

$$g_{\log} = \sum_{n=1}^{N} \sum_{z'=z_{\min}}^{z_{\max}} \omega_n(z') g_n(r, z - z') \qquad (3-4)$$

式中 $g_{\log}$——阵列感应测井的综合响应函数,也可称为几何因子,它是每组线圈系数函数 $g_n(r, z - z')$ 的加权平均值。

确定权系数 $\omega_n(z')$ 是阵列感应测井的关键和主要任务。考虑到合成曲线的径向和纵向分辨率匹配的综合要求,下面给出二维条件下求解权系数 $\omega_n(z')$ 的整体过程。

根据式(3-4),给定目标函数表达式:

$$t(r, z) = \sum_{n=1}^{N} \sum_{z'=z_{\min}}^{z_{\max}} \omega_n(z') g_n(r, z - z') \qquad (3-5)$$

式(3-5)对 r 积分得到:

$$t_V(z) = \sum_{n=1}^{N} \sum_{z'=z_{\min}}^{z_{\max}} \omega_n(z') G_{V_n}(z - z') \qquad (3-6)$$

式(3-5)对 z 积分可得到:

$$t_R(r) = \sum_{n=1}^{N} G_{nR}(r) \sum_{z'=z_{\min}}^{z_{\max}} \omega_n(z') \qquad (3-7)$$

在确定加权系数的过程中,有两个约束条件:一个是所有的权系数之和为 1,即归一化条件:

$$\sum_{n=1}^{N} \sum_{z'=z_{\min}}^{z_{\max}} \omega_n(z') = 1 \qquad (3-8)$$

另一个约束条件是响应的探测深度等于某一预先设定值,如满足通常探测深度定义的条件是:

$$\sum_{n=1}^{N} G_{nR}(r_0) \sum_{z'=z_{\min}}^{z_{\max}} \omega_n(z') = 0.5 \qquad (3-9)$$

式中 $G_{nR}(r_0)$——半径为 r_0 的径向积分几何因子。

目标函数 $t_V(z)$ 可以为一矩形窗口函数或高斯函数。

联立方程式(3-6)至式(3-9),得到一线性代数方程组。考虑到未知量(加权系数)个数与方程的个数通常是不相同的,可以用无约束的最小二乘法完成加权系数 $\omega_n(z')$ 的求解;得到 $\omega_n(z')$ 后,利用式(3-4)经过简单的计算可以得到合成的测井曲线。通过合成处整理后,合成的曲线有 5 种探测深度。

第二节　阵列感应测井仪器

一、HDIL 仪器电路工作原理

HDIL 阵列感应测井仪器组成如图 3-3 所示，主要由 C30 主控电路、控制发射电路、发射驱动电路、信号处理电路、信号采集电路、接口电路以及发射线圈阵列和接收线圈阵列组成。仪器首先向地层发送电磁场，然后由各组阵列线圈接收。接收到的信号经井下仪器处理后遥传至地面计算机。

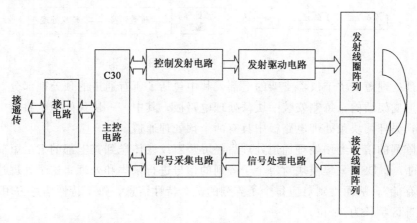

图 3-3　HDIL 阵列感应测井仪器组成框图

发射电路是该仪器的核心，它产生仪器正常工作所需要的各种时钟信号，相应的参数设置由控制命令来传送控制。发射电路和仪器其他电路之间的通信通过平衡双绞线采用串行方式来实现。发射电路控制器的主要功能有：

（1）产生驱动发射线圈所需的逻辑信号。

（2）产生逻辑同步信号并传送至采集电路。

（3）产生控制仪器不同工作模式切换所需的逻辑信号，如 ZERO、CAL 、LOG 等信号。

（4）测量圆形骨架的两端温度。

（5）选择参考信号的种类。参考信号用以标识传送至地层电磁场的特征，在电子线路中留有几个测试点用以监视这个参考信号。另外，还专门设置有相应的控制命令来选择测试点，该控制命令在仪器测试时经常使用。

（6）存储与线圈系组装、骨架有关的校正系数。这就保证了在更换不同的电子线路和骨架时不会影响仪器性能。

如前所述，经由地层传来的 R -信号由多组线圈接收。每组线圈，包括发射线圈，都是测量部分的子阵列，发射线圈是所有子阵列的基础。仪器共有 7 个子阵列，都具有靠近发射线圈的接收线圈。每组接收线圈都由两个线圈组成，一个线圈是辅助线圈（靠近发射线圈），另一个线圈是主接收线圈。图 3-4 给出了每个子阵列的工作方式。

发射线圈产生电磁场，经地层传播形成 R -信号，另外由发射线圈直接耦合形成 X -信号。X -信号是无用信号，设置辅助线圈的主要目的就是用来消除 X -信号。

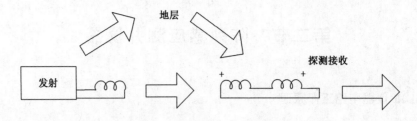

图 3-4　子阵列的工作方式

每个子阵列都包含有一个独立的预处理通道，如图 3-5 所示。每个预处理通道由输入放大器、带通滤波器、输出驱动器三部分组成。

图 3-5　子阵列处理框图

仪器的预处理短节位于仪器支架的上部，其中包括了所有通道的预处理部分。预处理短节采用三角形支架结构，每侧安装一块预处理电路板。其中，一块预处理电路板中具有三个预处理通道，另外两块预处理电路板中具有两个预处理通道。

每个子阵列的信号经预处理通道处理后经屏蔽双绞线传送到其上部的 EA 短节，然后由 EA 短节中的 7 个 DSP 采集模块对每个子阵列的信号进行采集和处理。这个处理过程形象地称为"栈式存储"，从而得到对应每个子阵列的 7 个特性信息，每个特性信息占用 96 个缓冲区，每个缓冲区字长为 32 位。

"栈式存储"的工作流程可以用图 3-6 来表示。发射单元循环产生发射信号；接收信号中既包含有特别关注的地层信息，也包含着噪声。由于噪声信号是随机的，可以将每次得到的接收信号予以累加（图 3-6 中 1+2+3+…+N 表示采集到的接收信号序列），从而提高信噪比，突出有用信息。累加次数越多，有用信息越"清晰"。由于受到测井速度和存储器容量的限制，因此通常采用存储累加信号的存储方式。发射信号的循环周期是 96μs，在每个发射信号的循环周期内采集模块对接收信号采样 96 次，即采集模块的采样频率为 1 MHz。

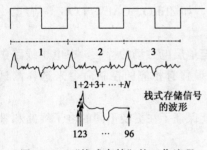

图 3-6　"栈式存储"的工作流程

将每个循环周期内的 96 次采样信号予以对应累加，即第一个循环周期的第一次采样与第二个循环周期的第一次采样进行累加，以此类推，累加的次数 N 是可变的，取决于发射电路循环发射信号的时间。通常情况下，发射电路按照地面计算机下发的控制命令工作，在发射工作命令下，发射电路将持续产生循环发射信号，该持续发射时间由 EA 短节内的控制电路（C30 主控制板、SAB166 发送控制板等）跟踪并记录，以便得到"栈式存储"的处理次数。

需要说明的是，发射电路可以根据地面计算机下发的停止工作命令终止产生发射信号，不过停止工作命令仅在测试和诊断仪器模式下使用。

在 EA 短节的控制电路中，共有 8 个 DSP 采集模块。第八个采集模块用于采集参考信号，从而产生标识参考信号特征的参考特性信号。

具体来讲，采集模块由两块电路板组成，每块电路板内分别有 4 个 DSP 采集模块，以及一组四跳线开关以便选择那一块电路板用于通信。

在主控制板，使用浮点操作处理的 DSP 芯片 TMS320 C30 来完成所有信号的串行采集。TMS320 C30 是 TI 公司的通用 DSP 芯片，它有很强的浮点/定点数据运算能力和很高的处理速度，指令周期仅为 60 ns，每秒执行 3300 万次浮点运算，具有单周期双数据读取能力，保证了高速数据处理，因此能更有效地完成实时的数据采集及运算处理。

主控制板的功能有：

（1）与地面计算机通信（包括对控制命令的解码、发送和接收数据）。

（2）采集信号并处理。

（3）与发射电路通信。

由于主控制板没有标准异步通信接口，也不能对 DSP 采集通道进行编址，因此它专门扩展了一个通信接口板，接口板选用 8xC51 作为 CPU 来完成相关任务，其主要功能有：

（1）传输控制，以实现对 DSP 采集通道的编址。

（2）与发射电路之间实现串行发送和接收的异步通信，并按照约定协议转换为 C30 主控制板可以识别的数据格式，从而实现 C30 主控制板和发送单元之间的通信。

（3）带有一个温度传感器以监测保温瓶端口的温度。

二、主要电路分析

1. 发送控制电路

发送控制电路采用 SAB80C166（以下简称 SAB166）作为主 CPU。SAB166 单片机是西门子 C166 系列 16 位嵌入式微控制器的第一代产品。它结合 RISC 处理器的优点，克服了 CISC 处理器在嵌入式应用中的瓶颈；在 25MHz 时钟频率下，可达到 12.5 MIPS，几乎所有的指令执行时间小于 80 ns；在指令处理上，采用四级指令流水线管道结构；在存储管理上，统一线性地址空间可达 256KB，具有段、代码、页、数据式管理机制；采用寄存器池；16 位乘法只用 400ns，32 位除法只用 800 ns，中断响应时间最慢 400 ns；外部事件控制器 PEC 服务具有类似 DMA 的功能，可实现存储器与外设之间的高速数据传输；有丰富的在片外设，包括 2 KB RAM、10 路 10 位 A/D、76 路 I/O、7 个定时器/计数器、16 个比较/捕获单元、2 个串行通信接口、片内 WatchDog 看门狗电路等。发送控制板的电路原理图如图 3-7 所示（见本章末）。

SAB166 嵌入的内部定时器产生仪器发射电磁场所需的 PAT_i 信号，该器件具有两个串行接口。串行接口 1 用于和 EA 短节串行通信，P3.9（RXD1）用于从 EA 短节发来的控制命令，P3.8（TXD1）用于向 EA 短节回传发射状态和数据。串行通信协议采用 1 位起始位、8 位数据位、1 位停止位，波特率为 9600。

SAB166 内部的 2 K RAM 主要用于堆栈操作，因此外部扩展了可编程接口芯片 PDS301（U2）提供发送控制所需的 RAM 和 EPROM。

温度测量由电路 U14、U15（两片 AD7893）得以完成。AD7893 是一种单电源、低功耗、8 脚封装的高速 12 位串行 A/D 转换器，它由 6 μs 逐次逼近型 ADC、采样/保持器、时钟发生器以及高速串行接口组成。它采用 8 脚双列直插或 8 脚 SOIC 封装，体积小。电源电压为单一 +5 V，典型功耗为 23 mW。AD7893 的高速串行接口采用两线方式，一为串行时钟输入线，二为串行数据输出。

由图 3-7 可以看出，发送控制板的插座 P6 的第 3 脚连接 TEMP2＋，P6 的第 8 脚连接 TEMP2－，发送控制板的插座 P7 的第 5 脚连接 TEMP1＋，P7 的第 10 脚连接 TEMP1－。温度传感器采用铂电阻 RTD，它是温度在 $-50\sim400℃$ 最稳定的传感器，它们随时间几乎无漂移。TEMP2 的铂电阻放置在发射线圈的附近，TEMP1 的铂电阻放置在子阵列 6 的主接收线圈和副线圈之间。铂电阻采用外带屏蔽的双绞线引出，经预处理短节、金属引线管联结到发送控制板。测量温度的基本原理采用电流源激励测量电压。

参见图 3-7，U13（LT1335，LINER 公司低功耗、低失调电压，高速双运算放大器）和 Q6（SMPJ111，硅材 N 沟道结型场效应管，35 V，20 mA，360 mW）构成电流源，场效应管是通过改变输入电压（即利用电场效应）来控制输出电流的，属于电压控制器件。当 Q6 的 D、S 间加上电压 $U_{DS}＝5V$ 时，源极和漏极之间形成电流 $I_D＝2mA$，即大约 2mA 的激励电流流经铂电阻。U13（LT1335）既可作为放大器，又能提供所需的偏置电压以便使 A/D 转换器的线性动态范围最佳。在室温 $25℃$ 时，A/D 转换器（AD7893）的输入端 V_{in} 电压为 -1.4 V；$200℃$ 时，A/D 转换器的输入端 V_{in} 电压为 -8.1 V。R15、R16 分压电路的作用是给两路温度测量提供所需的偏置电压，U10 用于给两个温度传感器提供正向参考电压（5V）。U12、U20、U22（OP07 运算放大器）构成射极跟随器，以提高 U10 输出的参考电压的负载能力。由于 OP07 运算放大器具有极低的零漂电压，因此射极跟随器不会影响测量精度。R6、R7、R13、R14 均采用 0.1% 的精密电阻以免影响增益和偏置电压。

端口 PORT1 的 P1.0～P1.5 用来控制多个闭锁继电器。发送控制板有两个闭锁继电器，用来选择参考信号；其余的闭锁继电器位于预处理短节的电路板上，用于根据线路需要向不同通道切换不同的信号。改变闭锁继电器的工作状态按脉冲方式控制，脉冲信号的持续宽度约为 50 ms。继电器驱动控制采用 U9（MC1416，高压大电流达林顿晶体管阵列，负载电流可达 500mA）和三极管 Q3，以 P1.0（SEL＿B）为例，SEL＿B 为低电平时，U9 的第 16 脚/SEI＿B 为高电平，Q3 导通，Q3 的 16 脚为高电平（＋15 V），使得继电器线圈 CA＋、CA－两端加电，继电器动作，常开触点（1，3）闭合，插座 P6 的第 6 脚连接 I－。

驱动发射线圈的信号来自 SAB166 的 P2.0 引脚的 PAT1M1 和 P2.1 引脚的 PAT2 M1，它们受 P1.1 引脚 5 的 XMTON 信号控制，经 U3、U19 门电路连接到 U4（MC1416，高压大电流达林顿晶体管阵列）的输入端，经 U4 驱动后形成可控的发射信号 PAT1（插座 P5-7）和 PAT2（插座 P5-14），以便连接到发射驱动板。

利用 SAB166 内部的 10 位 A/D 转换器来完成其他模拟信号的测量，其内部集成了多路转换开关和采样/保持器，外部利用运算放大器 U16 和 U17 将表示仪器工作状态的辅助信号（2.5 V、＋5 V、＋15 V、－15 V、55 V、－55 V）经过不同比例的衰减后连接到 SAB166 的 AN2～AN7。

SAB166 内部的定时器/计数器 T1（P3.1 引脚，即 T1OUT）用来产生 500kHz 的方波信号，再利用 U18（74HC860）形成 1MHz 的时钟信号。P2.2 引脚的 CC2IO 信号连接到 U19（74HCT00）的 2 脚用以实现对 1MHz 时钟信号的使能控制。CC2IO 信号是由其他的外部电路请求控制的，其最终是由地面系统软件控制的。

由 CC2IO 使能、控制的 1MHz 的输出信号（U19 的 3 脚）称为"BURST"，其作用是触发 EA 短节中的 DSP 采集模块以便启动 A/D 转换。

发送控制板和其他电子线路之间的通信遵循 RS-422 通信标准。RS-422 标准全称是"平衡电压数字接口电路的电气特性"。由于接收器采用高输入阻抗和发送驱动器具有比 RS-232 更强的驱动能力，故允许在相同传输线上连接多个接收节点，最多可接 10 个节点。即一个为主设备（Master），其余为从设备（Salve），从设备之间不能通信，所以 RS-422 支持点对多的双向通信。由于 RS-422 采用单独的发送和接收通道，因此不必控制数据方向，各装置之间任何必须的信号交换均可以按软件方式（XON/XOFF 开闭）或硬件方式（一对单独的双绞线）来实现开闭通信。RS-422 采用平衡双绞线的最大传输距离为 4000ft（约 1219m），最大传输速率为 10MB/s。为满足 RS-422 的电气传输特性，SAB166 的 TDX1 和前述的"BURST"经驱动器 DS26LS31（U8，四路高速差分线驱动器），RXD1 经接收器 AM26LS32（U7，四路差分线接收器）以满足双绞线平衡通信的电气传输特性。为满足阻抗匹配，在接收器（U7）的 1、2 脚连接了 1kΩ 的终接电阻，其数值上应与传输电缆的特性阻抗相等，通常终接电阻连接在传输电缆的最远端，即接收端。

发送控制板的一个改进之处是增加了一个串行 EEPROM（U23、AT24C08），AT24C08 采用 DIP 封装，1.8～5.5V 超宽工作电压，支持 100 多万次擦写操作。串行 EEPROM 用以存储与线圈系组装、骨架相关的特性参数，如序列号、温度系数等。遥测子系统（WTS）专门设有一个命令（0X15XX）来读取 EEPROM 内部的有关参数。为避免意外操作，遥测子系统（WTS）不能对 EEPROM 进行写操作，写操作仅在仪器出厂调试校验完成时由厂家执行。因此，如果发送控制板被替换时，相应的 EEPROM 也必须更换，即 EEPROM 必须与线圈系组装以及骨架匹配使用。

2. 预处理电路

每块预处理电路板的输入信号可以有三种类型，其一是子阵列接收线圈的信号；其二是"CAL"信号，它是由发送短节产生的，经衰减后连接到预处理电路的参考信号；其三是"ZERO"信号，此时预处理电路的输入信号就是仪器的外壳，即参考地。

前面提到的位于预处理电路板上的闭锁继电器通过其辅助触点来控制这些信号如何连接到预处理电路的输入端。CH0～CH2 三个预处理电路的原理图如图 3-8 所示。以 CH0 为例，当继电器 K1 没有加电、K2 加电动作时，K1 的常闭触点闭合，K1 的 3 脚和 1 脚连通，K1 的 7 脚和 8 脚连通；K2 的常开触点闭合，K2 的 2 脚和 3 脚连通，K2 的 6 脚和 8 脚连通，从而将子阵列 1 接收线圈的输出信号 SIGA＋、SIGA－ 连接到由运算法大器 U1（LT1125）组成的仪表放大器的输入端。

每个预处理通道是由输入放大器、带通滤波器、输出驱动器三部分组成。其中，输入放大器的放大增益对于不同的处理通道是不同的，距离发射线圈较远的子阵列通道的放大增益也较大。

由于阵列感应信号的检测属于微弱信号检测，因此除了采用前述处理方法中提到的循环采样，将各点的采样值累加、即时域信号累加之外，还有一个关键环节就是微弱小信号的前端调理电路。前端调理电路主要功能是消除共模干扰，对微弱小信号进行放大、滤除、差分输出，经双绞线传输至数据采集电路。由于通用运算放大器不能直接放大微弱信号，因此在检测微弱信号的系统中广泛使用测量放大器。测量放大器具有高输入阻抗、低输出阻抗、强抗共模干扰能力、低温漂、低失调电压和高稳定增益等特点。仪器使用 LINER 公司的高性能运放 LT1125 组成测量放大器，其带宽为 12.5MHz，最大失调电压为 70 μV，共模抑制比为 112dB，转换速率为 4.5V/μs。在图 3-8 中，为提高共模抑制比，测量放大器采用 LT1125（U1）组成的对称结构，$R_2=R_5=R_8=R_9=3.4kΩ$，$R_3=R_4=R_6=R_7=1kΩ$，以保证直流共模信号流过电阻的电流为零，使共模输出电压为零；对于由传输线引起的交流共模

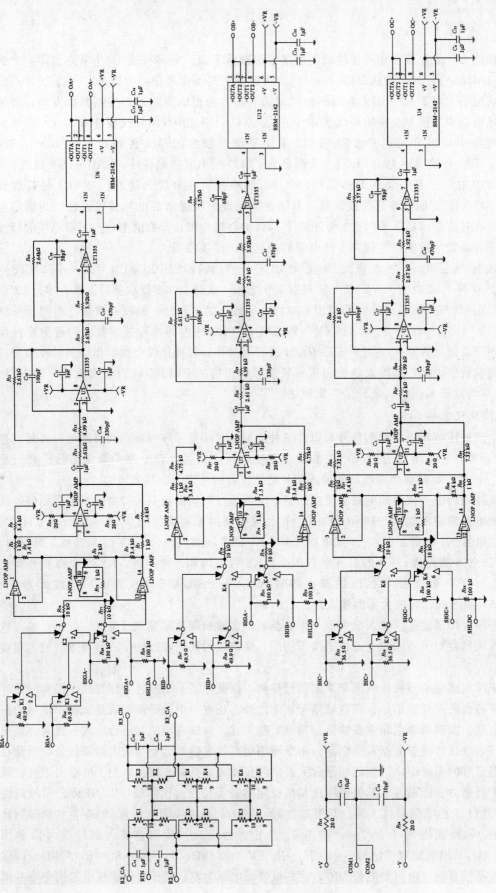

图 3-8 预处理电路

信号主要采取在图 3-8 中将 U1 的 8 脚、9 脚经电阻 R_{73} 1kΩ 短接，U1 的 10 脚连接到平衡点 R_3、R_4 之间来抵消分布电容的分压作用，从而抑制交流共模信号的影响。

前端调理电路的第二个环节就是利用低功耗高速运放 LT1355（U5）构成的 4 阶贝塞尔低通滤波器，其截止频率为 200kHz，在其带宽范围内增益为 1。它实现了消除采集信号中的高频分量，具有抗混叠保护、相移线形、瞬变噪声小的功能。

为提高信号传输过程中的抗干扰能力，前端调理电路的第三个环节是使用高速差分输出放大器 SSM2142（U6）作为输出驱动器。SSM2142 是 AD 公司生产的专业平衡线性驱动器，具有输入电压范围宽（±10V）、高共模抑制比（高达 90dB）、带宽大（大于 22MHz）、转换速率高（2kΩ，9.5V/μs）、超低失真度（小于 0.0005%）、低噪声（−107dB）的主要优点，这样输出驱动器将单端信号转换成了差分信号，便于双绞线传输，提高了抗干扰能力，有效抵消了共模噪声，抑制了 EM，同时增加了信号的驱动能力。

3. 发射驱动电路

发射驱动板接收发送控制板来的控制信号，并驱动发射线圈向地层发送电磁场。发射驱动板的电路原理图如图 3-9 所示。

发射驱动板所使用的电源来自 IN+，IN−，经全桥整流（D13、D14、D15、D16）后，在由电压调整器 U1、U2 得到所需的 ±55V 直流电源。通过调整分压电阻 R_{11}，R_{12} 和选择稳压二极管 D8、D9 可得到较宽范围的输出电压。这里选择 $R_{11}=39.2$kΩ，$R_{12}=4.99$kΩ，D8 为 IN750，D9 为 IN4747，使得 1U1 的输出电压为稳定的 +55V。

从发送控制板来的发射信号 PAT1（插座 P5-7）和 PAT2（插座 P5-14）经转接电缆连接到发射驱动板上的插座 P2-1（PAT1）和插座 P2-10（PAT2），PAT1 首先经 Q3（2N2222）、Q4（2N2907）组成的对管（另一路为 Q5、Q6）驱动，之后经隔离变压器连接到场效应管 Q1（IRFP250，$V_{DS}=200$V，$R_{DS}=0.085$Ω，$I_D=30$A）。

R_9、R_{10} 的电阻值为 0.2Ω，主要作用是和其他电路配合抑制冲击电流。因此，如果不考虑其微小压降，Q1 的源极上的电压接近于 +55V，Q2 的源极上的电压为 −55V。

下面分析发射电流的形成过程。当 Q1、Q2 都不导通时，发射线圈两端"线圈 A"、"线圈 B"的电压为零，即 GND。当 Q1 导通时，+55V 电压经 Q1 的源漏极（V_{DS} 约等于零）施加到"线圈 A"，使得发射线圈两端"线圈 A"、"线圈 B"的电压变为 +55V。此时，如果关断 Q1，由于发射线圈相当于一个大电感，由"线圈 A"流向"线圈 B"的正向电流不能突变，而使得 D4（MUR415，最大反向电压为 150V，最大导通电流为 4A，最大反向恢复时间为 25ns）快速导通（电流流通的路径为：−55V 电源流经 D4，再由"线圈 A"到"线圈 B"），这样使得发射线圈两端"线圈 A"、"线圈 B"的电压快速由 +55V 变为 −55V，然后流经发射线圈的电流逐渐减小，在这种状态下如果使 Q2 导通，发射线圈的电流将不再流经 D4，而流经 Q2、D3 使得发射线圈两端"线圈 A"、"线圈 B"的电压变为 −55V。

和上述讨论的情况类似，如果关断 Q2，由于发射线圈相当于一个大电感，由"线圈 B"流向"线圈 A"的反向电流不能突变，而使得 D2 快速导通（电流流通的路径为："线圈 B"流向"线圈 A"，再经 D2 回到 +55V 电源），这样使得发射线圈两端"线圈 A"、"线圈 B"的电压快速由 −55V 变为 +55V，然后流经发射线圈的电流逐渐减小，在这种状态下如果使 Q1 导通，发射线圈的电流将不再流经 D2，而流经 Q1、D1 使得发射线圈两端"线圈 A"、"线圈 B"的电压变为 +55V。

根据以上分析可知，交替控制 Q1、Q2 的导通顺序和导通时间，即可控制发射线圈产生

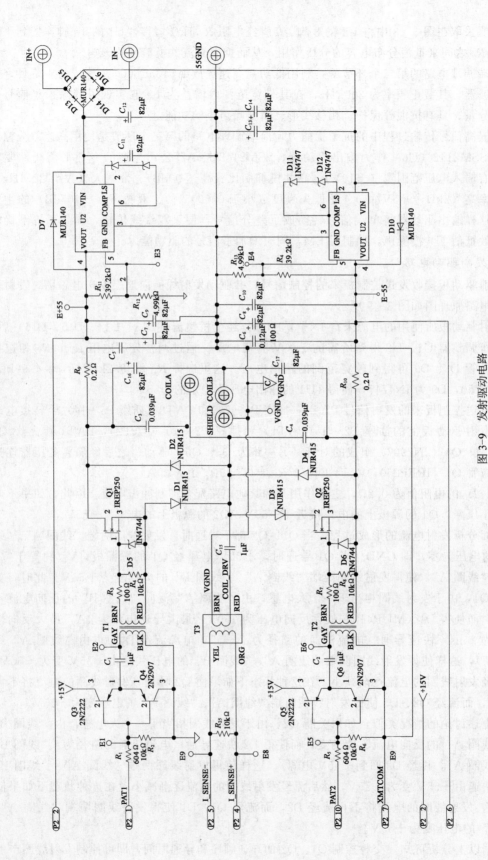

图 3-9 发射驱动电路

正向电流和反向电流,产生交变的电磁场。产生的交变信号的上升沿和下降沿由 C_3、C_4 来控制,选择 C_3、C_4 使得暂态响应时间为 1.8 μs,即经过此暂态时间可以使交变信号的幅度由幅值的 10% 变化到 90%。

电流变压器 T3 的作用是将较大的发射电流予以变换,以方便监视和测量流经发射线圈电流的大小,T3 输出的 SENSE+ 连接到插座 P2 的 4 脚,SENSE− 连接到插座 P2 的 5 脚。

4. 通信接口电路

前面已经提到,由于主控制板没有标准异步通信接口,因此它专门扩展了一个如图 3-10 所示通信接口电路,采用 RS-422 标准通讯接口与发送控制板建立双向通信。

来自发送控制板的 BURST 信号经驱动器 DS26LS31(四路高速差分线驱动器)变为 BURST1 和 BURST2,通信接口板经接收器 AM26LS32 予以接收,此处把该信号称为 SMPCLK1,用以触发采集模块的 A/D 转换。

在正常情况下,一个 SMPCLK1 脉冲触发一次 A/D 转换,如果 SMPCLK1 消失时间超过 4 μs,该电路自动产生一个由高到低的下降沿信号 START1,它经过一个门延时后变成 START 信号,以初始化采集模块。

另外,SMPCLK1 经驱动变换成 SMPCLK2 信号,以便由主控制板的嵌入在 DSP 芯片 TMS320C30 内部的定时计数器得到采集次数。

当主控制板需要和发送控制板进行通信时,主控制板控制通信接口板(作为主设备 Master)先发送一个 ASYCTX 同步信号,然后等待从发送控制板回传的 RX1、RX2 信号,RX1、RX2 信号由接收器 AM26LS32 予以接收。当接收到 ASYCRX 同步信号后,通信接口板向主控制板发送 OUT_SCLK、OUT_SDAT、OUT_EOC 等标志码。通常,OUT_EOC 表示每次传输字的结束。

5. 信号采集电路

信号采集由多块采集板共同完成。每一块采集板(图 3-11,见本章末)均由 4 个原理、结构大致一样的单元电路组成,下面仅以一个单元电路为例进行讨论。

首先由预处理电路来的模拟信号(在预处理电路经 SSM2142 高速差分输出)经 SSM2141 构成的差分接收器予以接收,然后接到一个增益为 5 的放大器的反相输入端。

由于 A/D 转换器要求输入信号为单极性($0 \sim V_{REF}$),因此为了将预处理电路来的双极性模拟信号变为单极性的模拟信号,利用两个 5kΩ 电阻将 V_{REF} 均分以提供 $1/2V_{REF}$ 的偏置电压。这样,当输入信号为零时,A/D 转换器的输入信号为 $1/2V_{REF}$。

为实现 1MHz 数据采样率,专门采用了 AD 公司的数字信号处理器件(DSP2101)实现采集功能。DSP2101 包括三个独立的全功能硬件单元:一个 16 位算术/逻辑单元(ALU)、一个 32 位乘法累加器(MAC)和一个 32 位桶形移位器(SHIFTER),体系结构上采用并行结构,应用并行处理技术加快程序的执行,它可以在一个处理器周期内完成乘法、乘累加运算和加法及移位运算。DSP2101 采用改进的 Harvard 结构体系,即具有相互独立的数据总线和程序总线,提供了片内程序存储器和数据存储器。运算单元为并行结构,可以同时获取片内程序存储器和数据存储器的操作数,还可以通过 R 总线获取其他运算单元的运算结果,有效地保证了运算的连续性。DSP2101 还提供了地址自动修正功能,适合处理数据序列。DSP2101 支持零开销循环,支持四级循环嵌套;支持条件指令,程序运行时不需借助条件跳转语句即可实现条件处理;DSP2101 支持函数和中断调用,中断或函数调用发生时,自动保存处理器状态。

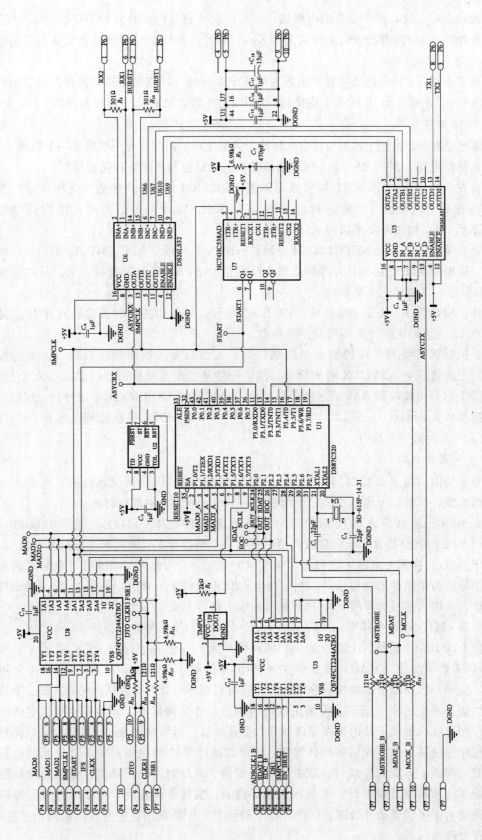

图 3-10 通信接口电路

具体来讲，DSP2101 主要完成两类任务，即数据采集和标志传送。

（1）数据采集。

两个信号控制着数据采集的进程。一个是 START 信号，另一个是 SMPCLK 信号。START 信号的下降沿作为一个中断信号使 DSP2101 初始化，SMPCLK 信号的下降沿启动一次 A/D 转换过程。

SMPCLK 连接到 A/D 转换器的 S/H 端。当 S/H 端信号有效时，启动 A/D 开始转换，几十纳秒之后 A/D 转换结束，EOC 信号有效，变为低电平，它作为一个中断信号通知 DSP2101 读取转换结果。当 DSP2101 开始读取 A/D 转换的数据时，DSP2101 产生一个 PMS 信号表示 A/D 转换数据正在被读取，读取完成后，EOC 信号变为高电平，本次 A/D 转换过程结束。这样，每来一个 SMPCLK 信号，就执行一次 A/D 转换过程。

（2）标志传送。

事实上，DSP2101 主要操作两个缓冲器，一个缓冲器用于产生标志信号，另一个缓冲器用于向 C30 主控制板传送数据。

DSP2101 提供了一个完整的同步串行接口。串行接口有 5 根接口线，分别是：SCLK、PFS、TFS、DR、DT。在采集模式下仅使用三根接口线，即 SCLK、TFS、DT。在这种情况下，SCLK 由 C30 主控制板驱动。当 DSP 接收到 TFS 时，其串行口开始发送。另外，该串行接口有一个显著的特征，就是能自动发送整个缓冲器中的数据和自动接收并填充整个缓冲器，当整个缓冲器中的数据发送完或接收数据已填满整个缓冲器时给出一个溢出标志字，这种特性通常用于从 DSP 内部存储器向 C30 主控制板传送数据时的标志字。一旦整个缓冲器的数据已经传送完毕，溢出标志字就会使 DSP2101 产生一个内部中断来终止和 C30 主控制板之间的本次数据传送过程，这相当于整个缓冲器的数据传送完成对 DSP2101 内部执行的程序来讲是完全透明的。

为了给 DSP 采集通道进行编址，在每个电路板有四个跳线开关，这四个跳线开关用来区分通道 0、1、2、3 和通道 5、6、7、R。通道 0 对应子阵列 0，通道 R 对应参考信号，以此类推。前面提到，只有当 DSP 接收到 TFS 时，其串行口才开始发送，结合来讲，只有编址正确的 DSP 芯片才能传送 TFS 信号，这是通过正确设置跳线开关和通道的对应得以保证的。

由于 DSP 内部结构的特点，DSP 的算法程序一般都存储在外部的非易失性存储器中。在系统上电后，要将算法程序从外部存储器加载到 DSP 中，DSP 的引导过程就是在 DSP 系统复位的情况下从 DSP 外部存储器装载算法程序代码的过程。外部 EEPROM 引导是 DSP 最常用的引导模式。在该模式下，BMS 引脚和 RD 引脚作为 EPROM 的片选和输出使能引脚。EEPROM 的 8 位数据线连接 DSP2101 的 DATA0 至 DATA7。

复位后，DMA 通道 0 被自动配置好，DMA 相应的两个 TCB 寄存器被初始化，然后从 8 位的外部 EPROM 地址 0 开始，把一个 256 字的加载核传送到内部存储器地址 0x00～0xFF0。DMA 通道 0 的中断矢量初始化为内部存储器地址 0x00。当 DMA 通道 0 传送完成时，产生中断，DSP2101 开始从 0x00 执行加载核。然后，加载核通过一串单字 DMA 传送将后续应用代码和数据加载。最后，加载核启动一个 256 字的 DMA，使其自身被用户应用程序代码覆盖。当该 DMA 过程完成时，DMA 通道的中断矢量入口地址变为内部存储器地址 0，用户的应用代码从地址 0 开始执行。

DSP2101 内部有自己的数据存储器和程序存储器，并可以对内部 RAM 执行堆栈操作。自举电路保证了它可以自动读取外部扩展存储器的自举程序以加载内部的程序存储器。复位以后，EEPROM 用作外部自举程序存储器，自举程序被读取后，EEPROM 就进入掉电模式。当连接在 DSP 引脚的/BMS 信号变为高电平时，DSP 执行前述的复位操作。

6. C30 主控制电路

C30 主控电路组成如图 3-12 所示，以 DSP 处理器为核心，包含 FPGA 等许多外围部件在内，主要负责控制发生信号的产生、发射、接收、通信和中断服务等功能。

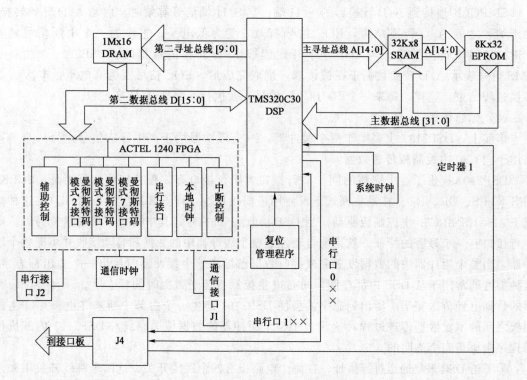

图 3-12 C30 数字控制电路框图

1）DSP 处理器

处理器：TMS 320C30 DSP 20MHz。

EPROM：四片 CY7C266—258K×8 组成 8K×32，存取时间为 25ns。

静态 RAM：32K×32，存取时间为 25ns。

遥传功能：三种遥传模式，模式 2、模式 5、模式 7。遥传速率为：

M2 命令：20.8KB/s；

M2 数据：41.6KB/s；

M5 数据：93.0KB/s；

M7 数据：93.0KB/s。

串行通道：高速串行接口（接口板）。

中断控制：四个优先级中断。

中断 0：采集结束时产生（STOP/START 采集结束）；

中断 1：遥传发送和接收；

中断 2：串行中断；

中断 3：串行中断 2（未使用）。

外部总线：外部 8 位双向总线。

定时器 0：每 3ms 产生定时中断。

定时器 1：采集模式用作统计采样次数。

2）ACTEL FPGA 功能

（1）控制寄存器和数据移位器。

C30 控制板把 FPGA 看作一套既可以读又可以写的寄存器，这些寄存器的地址为 804400/03，这个地址相当于 C30 控制主板的扩充总线。一个 16 位的寄存器用来控制 Actel 部分所有的外部操作和内部操作，这个控制寄存器在 TMS320 扩充总线的地址是 0x804403。

三根线（ADSCLK1_B、SDAT1_B 和 EOC_B）将从通信板来的串行信号送到一个 16 位的移位寄存器。DAT1_B 数据通过时钟信号 ADSCLK1_B 被送进移位寄存器，数据然后被 EOC_B 的一个上升沿锁存在输出寄存器中。如果控制字 EOC_EN 在控制寄存器中事先已经被设置好了，那么 EOC_B 将会产生一个中断 INT2 给 C30 控制主板。

（2）发送模式 5 和模式 7。

ACTEL 中两块相同的电路板提供高速 93.75K 波特率的曼彻斯数据流，这两块电路板通过隶属于前端的并行接口，见图 3-13（见本章末）。数据通过写一个内存被送到一个 16 位存储寄存器。这个写操作装载输入缓冲器，在预置输入端通过一个异步的下降沿脉冲设定了三个预置的 D 触发器（图 3-13 底部左边），将 CTS 的状态机输入端的逻辑高电平移除（置低）。如果复位信号已经被控制寄存器置为无效，M57_CLK（187.5kHz）将为状态机产生时钟信号。状态机的输出（M5BZ 和 M5BY）是辅助性的，在非测试模式下被送出作为驱动器的驱动。状态发生器发送一个 8 位的前导零和一个三位同步位，其后跟着一串连续的数据流，数据流的长度由块长度决定。如果处理器不允许数据寄存器为空，那么输出口将输出一串连续的数据流，否则，数据会在没有任何校验位或后置结束信息。一旦数据寄存器装载数据并且前同步信号触发，状态发生器就置 SHLD_5 为低电平，这使得 SHLD 变低，状态发生器外的 E 输入缓冲器中的数据在 CLK 的下个上升沿被装载到移位寄存器。状态控制器使串行数据流从移位寄存器流到辅助输出口 BZO 和 BOO。同时，数据缓冲器被转移，通过 DATA_SENT_5 产生一个中断，通知处理器发送缓冲器已经清空，而且三个 D 触发器中的第一个也被清除开始倒计数。如果没有从处理器接收到新的数据，就关闭系统。

在 16 位数据被移出后，位计数器溢出产生下一个中断。信号 LOAD_5 变低使移位器从缓冲器中装载数据，这次装载在中断控制器中产生一个中断，标志着缓冲器是空的。如果中断被忽略（即数据转移已经完成），考虑到下 16 字节的数据已经被移位，信号 LOAD_5 使第二个 D 触发器清零。

一个 ECLK 周期之后（最后一个字节被移出），第三个 D 触发器清零并关闭 CTS。这将停止状态机。

有一个测试模式用 M5 的遥测链接测试 M7 电路，这是必要的，因为目前还不支持 M7 链接。控制寄存器 Bit 1 引导 M5 所有的数据到 M7 的遥测通道，反之亦然。

（3）时钟产生。

一个 12MHz 的振荡器为所有模式的通信提供最基础的时钟。该时钟信号被分频产生 3 个新的时钟信号（1MHz、500kHz 和 250kHz），这对模式 2 通信是很重要的。12MHz 时钟信号也为模式 5 和模式 7 电路提供基础时钟。

（4）模式 2 发送和接收接口电路。

如图 3-14 所示（见本章末），模式 2 接口提供了一个并行输入串行输出的发送口和一个串行输入并行输出的接收口。

发送器：位置为0x804400的寄存器单元。通过写入一个16位的字装载输入缓冲器，同时一个D触发器通过一个或门被设置以使能编码器输入端。HD-6408曼彻斯特编码器通过置高发送信号（SD）响应。SD有三个功能：它为移位寄存器关闭装载功能，使能移位功能提供逻辑高电平；它为EE提供一个延迟；最后它设置中间的触发器（见模板左中间）。在接收到下一个编码移位时钟信号（ESC）的上升沿之后，第三个触发器被设置，这个动作将第一个和第二个触发器清零，这清除了对EE的原始激励，现在由SD代替这个激励，此时也会有一个中断信号INT_TX_BUF被送到中断控制器。流出的串行数据通过SDI被送到曼彻斯特IC。NRZI（The Non Return To Zero）形式的数据被转换为曼彻斯特形式，并被送回Actel的BZO_IN & BOO_IN端，然后通过一个多路调制器送到输出引脚BZO_OUT & BOO_OUT。在测试条件下，允许输入BZO_IN被直接送到UDI_OUT，这个过程然后由接收器执行，一个环就建立了。波特率按照时钟产生部分中阐明的一样进行调整。

接收器：曼彻斯特译码器是独立运行的，一旦接收到合法的曼彻斯特同步信号，译码器就置TD（Take Data）为高。在下一个上升沿，DSC（Decoder Shift Clock）信号把第一位移进一个16位的移位寄存器。这个上升沿同样为一个命令或数据字测试命令或数据同步信号并且锁存结果，全部数据被移进寄存器后，TD被关闭（置低）。这个下降沿把移位寄存器中的内容送到保持缓冲器中，TD下降沿信号把较低的D触发器的复位信号移除（置低）并且允许两个DSC上升沿，然后测试有效字（VW——Valid Word）输入引脚的有效性，这个动作被注册并通知到状态寄存器，这个VM测试时间也产生一个中断给中断控制器标志着接收缓冲器是满的。

（5）中断控制器。

TMS320C30有四个外部中断源。中断2被用来和通信板实现高速的串行连接中以传输数据；中断3用于串行连接2中（未使用）；中断0用于通信板产生标志BURST信号的结束（采集结束，由信号EN_BRST标志）；剩余的中断（INT1）用作Actel其他四个信号源的中断，这四个信号源是模式5的发送缓冲器（空的状态）、模式7的发送缓冲器（空的状态）、模式2的接收缓冲器（空的状态）、模式2的发送缓冲器（空的状态）。边缘检测中断将置位输入触发器，控制器逐次检查每个触发器并锁定在它所检测到的第一个触发器，一个中断随即产生。控制器然后等待从处理器来的IACK信号，IACK信号标志着处理器已经处理了这个中断。扫描过程然后继续扫描下一个触发器。

（6）曼彻斯特接口。

一个12MHz晶体振荡器为FPGA（U11）提供基本时钟，这是FPGA内部所有通信电路的母钟。如果处理器正确地初始化，那么时钟脉冲将会出现在编码和解码曼彻斯特芯片的输入端（分别是U13.23和U13.5）。这些是12MHz时钟的分频，分别是：编码器500kHz、解码器250kHz。图3-15图示了这些时钟。

在模式2中，从通信板（611058-000）接收到的信号（UDI-IN）通过U11.L3传到FPGA。鉴于FPGA已经被正确地初始化，同样的信号能在曼彻斯特芯片U13.8的输入端探测到。如果数据格式是合法的，一个VW将会被送到U13.1，NRZI数据也会被送到U13.4（SDO）、U13.3（TD），U13.9（DSC）为这个数据提供位时钟，这个数据序列见图3-16。这个串行数据在FPGA内被转换成并行格式。如果接收到一个字FPGA会产生一个中断，这个中断可以在JMP3或U11.N11端探测到。作为响应，处理器会发送一个IACK

信号，如图 3－17 所示。

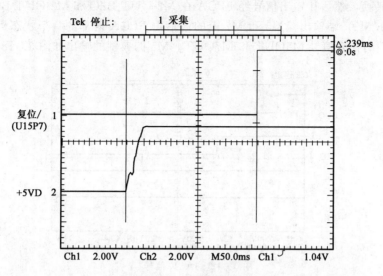

图 3－15　电源接通复位信号

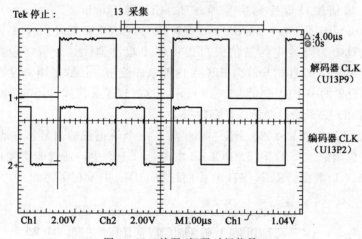

图 3－16　编码/解码时间信号

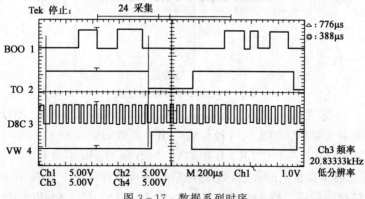

图 3－17　数据系列时序

三种模式的输出被提供：M2、M5 和 M7。每种模式都被写进第二地址总线的存储空间。处理器通过向 FPGA 写一个 16 位的字来开始一个发送序列，作为响应，FPGA 会发送数据并发出一个中断（U11.N11），标志着它需要更多的数据。M2 用 U13 来处理 NRZI 向 Manchester 的转换，然后让输出信号经 FPGA 在 M2-OUT BZO 和 M2-OUT BOO（分别为 U11.L2 和 U11.M2）端输出。M5 和 M7 上的通信由 FPGA 内部的一个状态机来处理。输出信号包括它们的补充信号 M5OUT 和 M7OUT。M5 的典型的输出如图 3-18 所示。

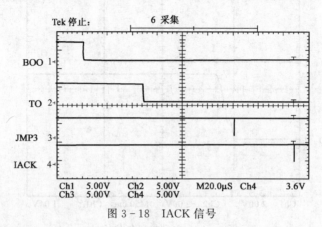

图 3-18 IACK 信号

3）通信接口

输出信号：通信接口板控制信号通过 J2（14 脚 Hughes Connector）和 J4（10 脚 Hughes Connector）连通。两个 54ACT245 缓冲 IC's（U30 和 U31）为 Actel FPGA IC 提供必要的缓冲。U31 为低速串行通信接口提供输出缓冲器，这个接口包括信号 MCLK、MDAT 和 MSTROBE。这些信号线由 FPGA 内部软件控制，目的是用来设置采集板上的通道地址。采集板设置的一个例子如图 3-19 所示。这展现了通信接口板的 MCLK ＆ MDAT 时钟数据，MSTROBE 最后被激活以锁存数据。

ASYCTX 信号是一个 RS232、8 位、非平衡、一个停止位的信号，它通过通信接口板向发射控制板下载命令。FSR1 和 SMPCLK2 由串行口 1 产生，通过通信接口板被下载到 2 块采集板以获取 A/D 数据。RUN/STOP 控制线在 HDIL 中没有用到。

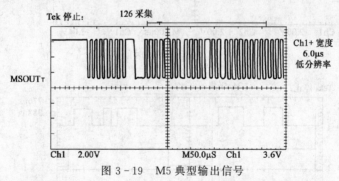

图 3-19 M5 典型输出信号

输入信号：一个高速的同步串行连接从通信接口板传送数据包。ADSCLK1 _ B 和 SDAT1 _ B 提供时钟和数据。EOC（转换结束）用来将数据锁存到 FPGA 内部的移位寄存器。第二高速同步串行连接 ADSCLK _ B 和 SDAT _ B 在 HDIL 中没有用到。

信号 DR1 是来自采集板上的数据，通过通信接口板被存储到 C30 板串口 1 的数据寄存器。这个信号正如前面所讲，被 SMPCLK2 和 FSR1 同步化。信号 SMPCLK2 从通信接口板被接收并连接到 C30 的计数器 1，以便对采集板 A/D 采集的数据计数。信号 EN _ BRST 由通信接口板产生，标志着 BURST 的结束。

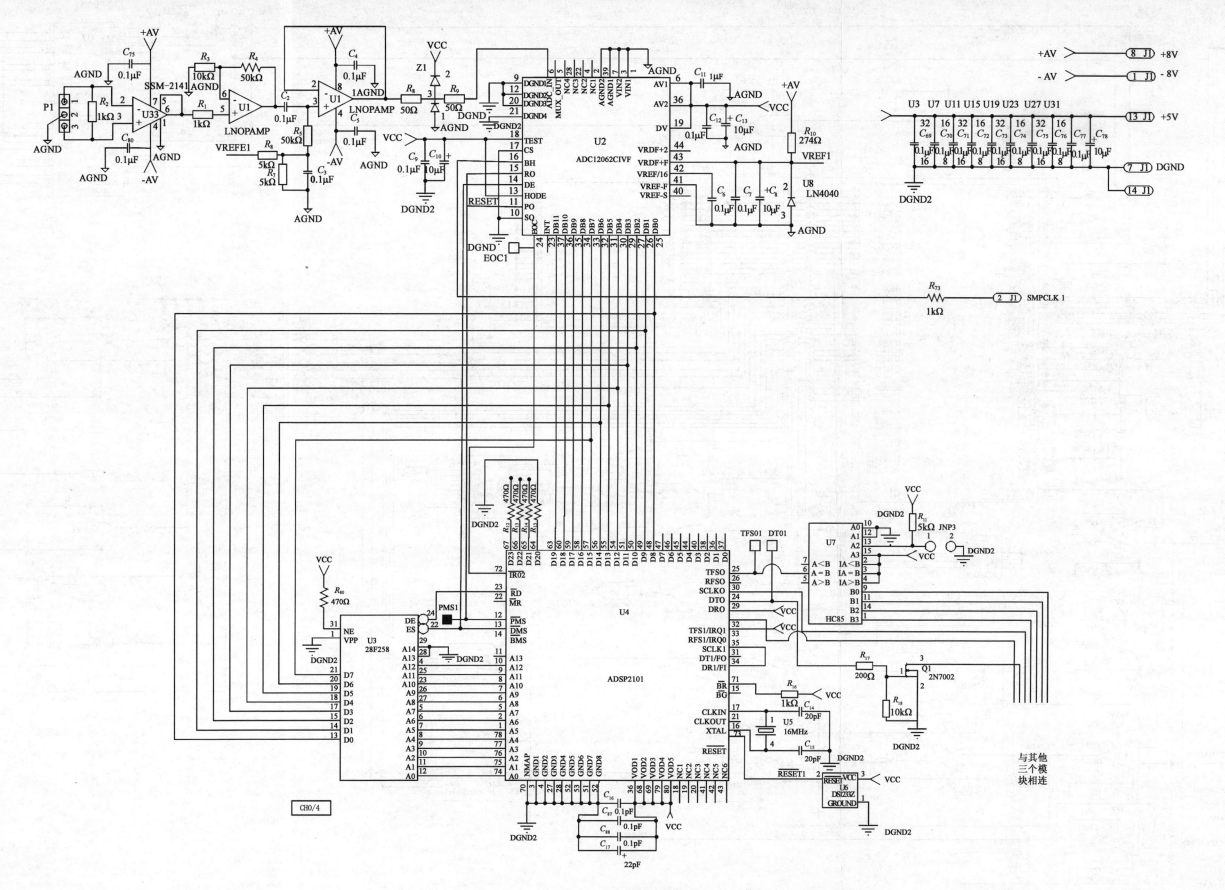

图 3-11　信号采集电路

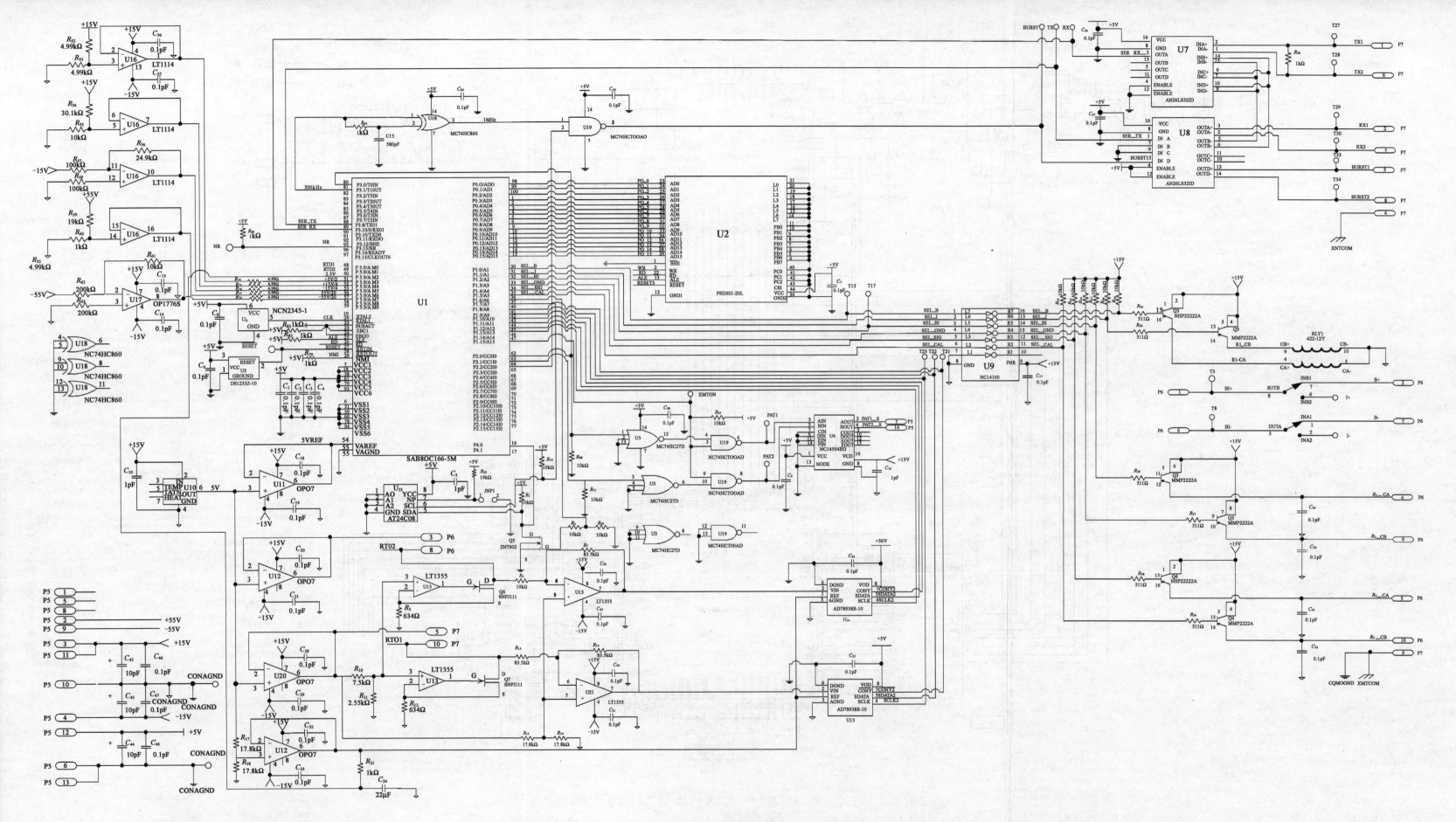

图 3-7 发送控制电路

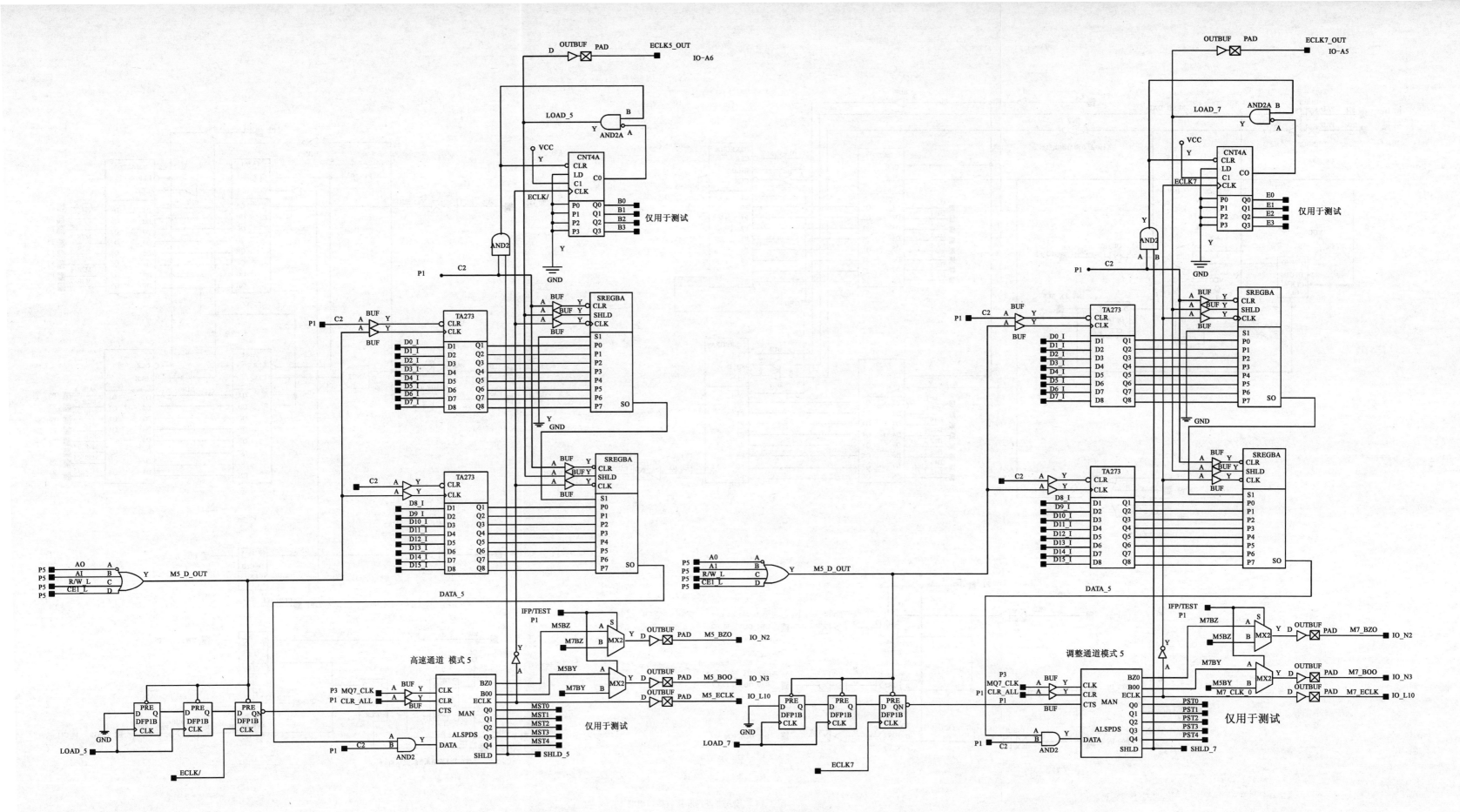

图 3-13 曼彻斯特数据发送电路

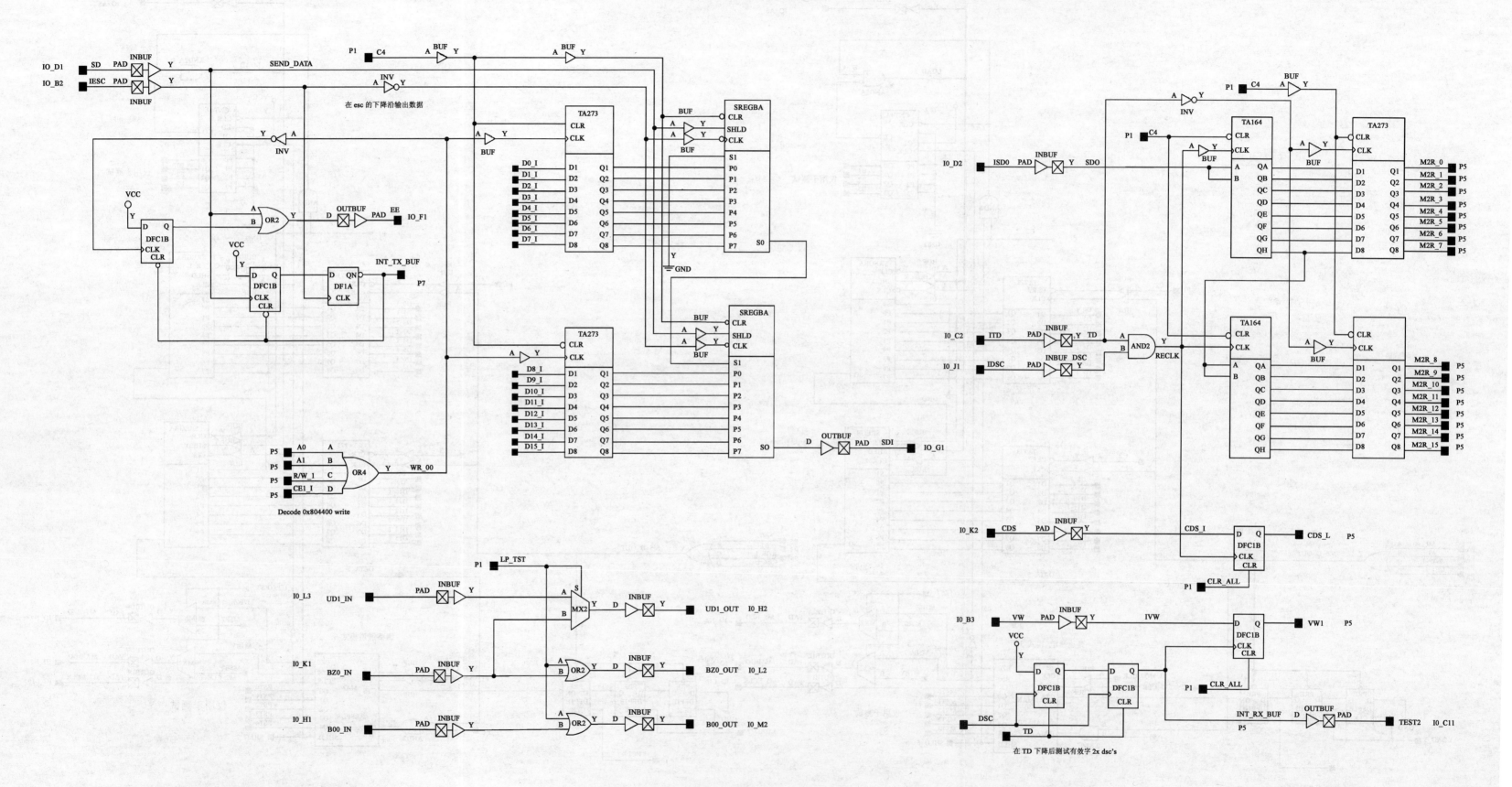

图 3-14　模式 2 发送和接收接口电路

本 章 小 结

　　本章以阿特拉斯的 HDIL 为例，介绍了阵列感应测井仪器测量原理和电路。测量原理包括线圈系结构、探测特性以及软件聚焦原理。电路及分析包括发射控制电路、发射驱动电路、接收信号预处理电路、数据采集电路、主控电路和接口电路等模块电路。通过这些电路功能的实现与配合，共同完成了多频率、多探测深度的地层感应电导率的测量。

思 考 题

1. 试述阵列感应测井的原理。
2. HDIL 阵列感应测井仪线圈系主要参数有哪些？
3. HDIL 阵列感应测井具有哪些优缺点？
4. 试画出 HDIL 阵列感应测井仪器原理框图，并简述其工作原理。
5. 试分析发送控制电路。
6. 详细分析通信接口电路。
7. 详细分析数据采集电路。

第四章 井壁电成像测井仪器

第一节 井壁电成像测井仪器测量原理

井壁电成像测井仪器最早是斯伦贝谢公司（Schlumberger）Doll 研究中心于 1986 年推出的微电阻率扫描仪 FMS，紧接着又对该仪器进行了改进，发展成为如今的全井眼地层微电阻率数字成像测井仪 FMI。另外，阿特拉斯公司（Atlas）和哈里伯顿公司（Halliburton）也相继推出了各自的井壁电成像测井仪器 Star - Ⅱ 和 EMI。这三家公司的井壁电成像测井仪器的原理相同，仪器测量极板结构相似，只是在极板数量和电极个数有所变化而已。现将它们的参数列表比较，如表 4 - 1 所示。

表 4 - 1 FMI、STAR - Ⅱ 和 EMI 仪器参数比较

参 数	Schlumberger FMI	Atlas Star - Ⅱ	Halliburton EMI
支撑臂数目	4	6	6
极板个数	8	6	6
每个极板纽扣电极（也称为电扣）数	24	24	25
纽扣电极总数	192	144	150
采样间距，in	0.1	0.1	0.1
对 8in 井眼的覆盖率	80%	60%	60%

以下以斯伦贝谢公司的全井眼地层微电阻率成像仪 FMI 为例进行介绍。

一、井壁电成像测井测量原理

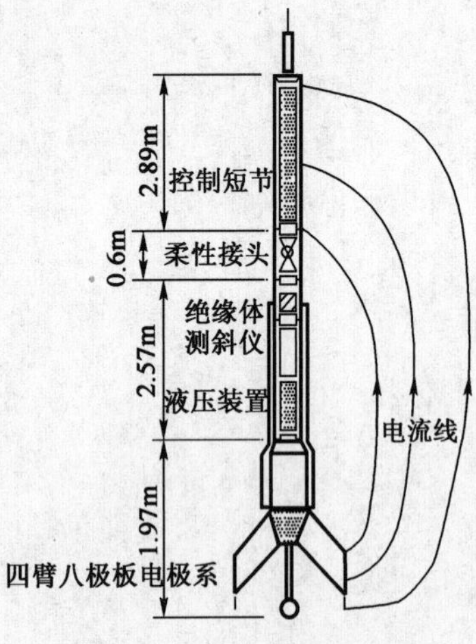

图 4 - 1 FMI 仪器示意图

全井眼地层微电阻率成像仪 FMI 主要由数字遥测电子线路、数字遥测适配器、三维加速度计、测量控制电路、柔性接头、绝缘体、磁性定位器、数据采集电子线路及极板等 9 部分组成。数字遥测电子线路和数字遥测适配器组成遥测系统，用于将测量的大量数据通过电缆准确地送至地面；三维加速度计用于记录测井过程中三维加速度信号；测量控制线路用于确保在最短时间内采集所需的数据，并自动调节发射电压和放大器倍数，以确保测量线路始终工作在线性范围内；绝缘体（图 4 - 1）用于将极板部分与上部电子线路外壳绝缘隔离，使两者有一定的电位差，以确保极板上圆形电极所发射的电流经地层回流至上部仪器外壳；磁性定位器用于测量井斜角、井斜方位角及一号极板方位角；数据采集电子线路在有效采集 192 个电极电流信号的同时除去测量信号中的直流成分，进行数字化，完成数字信号的数字滤波。

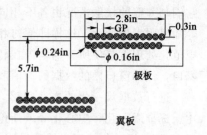

图 4-2　极板纽扣电极分布

FMI 由四臂八极板组成，其中有 4 个主极板、4 个副极板。每个极板有两排 24 个圆形电极，如图 4-2 所示，8 个极板共计 192 个电极。在测量过程中，8 个极板推靠至井壁，并保持纽扣电极和金属极板接近于等电位供电，同时测量 192 个纽扣电极电流，这些纽扣电极电流的大小反映了所贴井壁的介质电阻率变化。用这 192 个电极的电流值经过预处理、标定及成像处理，可获得井眼极板覆盖处微电阻率扫描图像。随着仪器上提，可测得全井段的数据，经过一系列处理，即可获得测量井段纵向上的微电阻率扫描图像。

二、数据预处理与井壁图像的形成

井壁电成像测井记录的数据是不同电缆深度位置上同一时刻所有纽扣电极的电流、极板电压以及放大倍数，此外还有仪器状态的有关参数，如电缆加速度、井下仪器一号极板倾斜方位和倾角等。这些数据不经过预处理是无法显示为图像的，必须经过坏电极剔除、深度对齐、电压校正、规范化处理、加速度校正、方位校正等预处理后才能以图像的形式显示出来。

1. 坏电极剔除

在井壁电成像测井过程中，仪器某一个或某几个电极可能临时性工作不正常，其测量数据不反映地层电导率的变化，在成像之前必须将其测量数据剔除，否则将在图像上产生一些干扰和假象。坏电极的数据通常表现为两种现象：一是曲线过分光滑平缓，其方差小于某一门槛值；二是曲线变化非常激烈，其方差大于某一门槛值。合理设置上下门槛值可以自动识别坏电极。坏电极数据剔除后，其测量数值用临近电极的平均值来取代。

2. 深度对齐

由于测量采用的是电极阵列，不同的电极具有不同的几何坐标，而且每次成像的数据至少包含三次采样的数据，这些数据的坐标有一部分是交叉的，因此，对这些纽扣电极必须根据它们的几何位置进行重新排列，与其坐标对应起来，以便为后面图像的生成作准备。

3. 电压校正

由于测井仪器在测量过程中，会根据各井段地层电导率的情况改变供电电压，以保证该井段内电流的大小总在有效测量范围内。因此，不同井段的纽扣电流值是不能比较的，必须经过电压影响校正后才能进行比较。电压校正的实质是将纽扣电极的电流转换为电导。

电压校正方法是将每个电极的测量电流 I 除以发射电压 V，即可得到每个电极的电阻 C_i：

$$C_i = \frac{I_i}{V_i}$$

式中　I_i——每个电极的测量值；

　　　V_i——该测量点的 EMEX 电压值。

4. 规范化处理

井壁电成像仪器的纽扣电极很多，在测井过程中，它们的响应特征很难保持一致，况且它们与井壁的接触情况也各不相同，再加上各电极表面形成的钻井液膜、油膜或其他污染物等随机因素的变化，这样即便对相同电导率的地层，各纽扣电极记录的数据也会存在差异。规范化处理就是使所有的电极在较长的井段内具有基本相同的平均响应。其方法是采用滑动窗口，计算窗口内的数据的均值和方差，使井段内的这两个参数基本保持稳定。

进行数据规一化的方法很多，如数据标准化、数据正规化、极大值规格化、均值规格化、标准规一化、中心化等。斯伦贝谢的 GeoFrame 软件采用限制统计的数据标准化方法进行 FMI 的规一化处理，处理过程中采用了窗口技术。对于给定窗长，其窗内每个电极的测量点数相同，若计为 n 点，则窗内 192 个电极的测量数据可表示为：

$$\begin{bmatrix} C_{1,1} & C_{1,2} & \cdots & C_{1,m} \\ C_{2,1} & C_{2,2} & \cdots & C_{2,m} \\ \cdots & \cdots & \cdots & \cdots \\ C_{n,1} & C_{n,2} & \cdots & C_{n,m} \end{bmatrix}$$

则其总体算术平均值 A 可表示为：

$$A = \frac{1}{n \times m - p} \sum_{j=1}^{m} \sum_{i=1}^{n} C_{i,j} \ (\text{低截止值} \leqslant C_{i,j} \leqslant \text{高截止值})$$

式中　　m——一个深度位置上纽扣电极个数，对 FMI 仪器为 192；

p——低于低截止值和高于高截止值的采样数据的个数。

各电极的测量值进行如下转换：

$$C'_{i,j} = A \left(\frac{C_{i,j} - \overline{C_j}}{\sigma_j} + 1 \right)$$

$$\sigma_j = \sqrt{\frac{1}{n} \sum_{i=1}^{n} (C_{i,j} - \overline{C}_j)^2}$$

经过上述变换，窗口内各电极的测量平均值为 A，各电极之间所测数据的平均值、均方差均相等。经过变换后可大幅度地改善 FMI 各极板之间微电阻率扫描图像分辨率，提高视觉效果。

5. 加速度校正

仪器在井中运动是非均匀的，特别是当仪器偶尔轻度遇卡继而又靠电缆拉力解卡时，井下仪器会在井眼中发生短暂停留和非均匀运动，而井口电缆仍表现为均匀运动。这将使仪器的真实深度和井口测深系统测得的深度之间存在不稳定的偏差，从而严重地干扰了曲线采样值与真深度之间的对应关系。速度校正的目的就是要消除仪器非匀速运动引起的深度误差。

用三分量加速度计可获得仪器沿井眼中心运动的加速度 a，由此可获得两相邻采样点之间的深度移动量 ΔH：

$$\Delta H = C + \iint a \, \mathrm{d}t$$

6. 方位校正

由于井下仪器在测量过程中的旋转，仪器在不同深度位置同一极板所测得的不是同一方位上的井壁，从而导致图像上的变形。方位校正就是针对这种变形而设计的校正处理。

7. 图像生成和显示

由井壁电成像测井得到的是井壁电阻率阵列，要想用图像的形式显示出来，必须将电阻率值转化为图像的灰度或颜色值。为了提高图像的显示质量，经常还需要对图像进行滤波和增强处理。

三、仪器测量响应的 LLS/SFL 标定

井壁电成像测井仪测得的纽扣电极电流要转换为地层电导率或电阻率，就必须进行标定或称为刻度。经过前面的极板电压校正后得到的一般是单位电压下的电扣电流，即纽扣电极测得的电导，其倒数为电阻。将该值转换为电导率或电阻率常采用浅侧向测井或球形聚焦测井资料来标定完成。

在某一测量井段内，假设其中一个深度点所测得的所有电扣电导率的平均值为 C_{aj}，则这一数值可表示为：

$$C_{aj} = \frac{1}{m} \sum_{i=1}^{m} C_{i,j}$$

式中　　$C_{i,j}$——第 j 个测量深度点第 i 个电极的测量电流值；

C_{aj}——第 j 个测量深度点所有电极电导率的平均值。

从浅侧向测井测量数值可以得到该点电导率值 S_j，即：

$$S_j = KK/R_j$$

式中　　S_j——第 j 个测量深度点的电导率值；

KK——浅侧向测井仪器常数；

R_j——第 j 个测量深度点浅侧向测井测得的电阻率值。

用数理统计的方式，可得到全井段 C_{aj} 和 S_j 之间的统计关系，这种统计关系可表示为：

$$S_j = a + bC_{aj}$$

由此统计关系式，可得到各电极的刻度值：

$$S_{i,j} = a + bC_{i,j}$$

式中　　$S_{i,j}$——第 j 个测量深度点第 i 个测量电扣电导率值；

$C_{i,j}$——第 j 个测量深度点第 i 个测量电扣电导值；

a，b——刻度系数。

第二节　FMI 成像测井仪

一、FMI 成像测井仪工作原理

FMI 仪器基本结构如图 4-3 所示，自下向上依次由扫描探臂（FBSS）、探臂短节（FB-SC）、倾斜测量短节（GPIC）、绝缘接头控制短节（FBCC）、遥传接头（DTA）和遥传短节（DTC）组成。扫描探臂主要用来对 192 个纽扣电极信号进行多路切换和前置放大。探臂短

节主要完成对 FBSS 送来的信号的进一步多路选择、放大、去除直流分量的功能。控制短节则用来控制井下仪器的正常工作。遥传接头和遥传短节则用于实现井下仪器和地面仪器的数据传输。

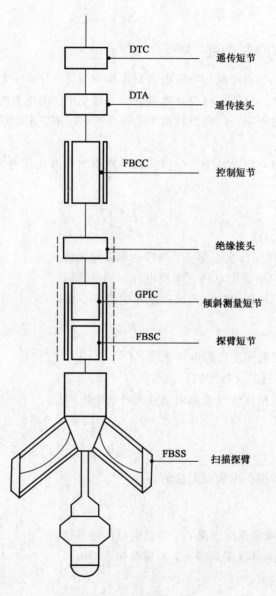

图 4-3 FMI 仪器结构图

FMI 仪器的基本电路流程可以用图 4-4 表示，主要由 FBSS 电路、FBSC 电路和 FBCC 电路组成。测量信号（192 个纽扣电极电流信号）分 4 路通过电极进入 FBSS 和 FBSC 电路。这 4 路的电路完全相同，它们都经过多路转换开关的分时选择、前置放大、再选择、再放大、去除直流分量、模数转换后进入数字处理单元，然后通过串行通信进入通用井下控制器，最后由通用井下控制器控制数据传输接口传到地面计算机中。图 4-4 的具体电路模块组成如图 4-5 所示。图 4-5 中由上往下数的第二层 GPIC 是 FMI 仪器附加的倾斜测量仪，该仪器将不介绍。

由图 4-4 和图 4-5 可以看出，FMI 仪器的前端电路由 4 路相同的电路组成，因此只

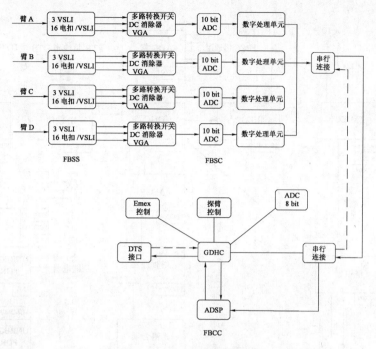

图 4-4　FMI 仪器电路流程

取其中任一路进行分析。图 4-6 给出 FBSS 和 FBSC 中的一路电路结构和各个观测点处的波形。由图可以看出，48 个纽扣电极中的每个电极得到的是一系列连续的正弦波形，而经过第一级多路转换开关的选择采集后变成 3 路由 16 个电扣的正弦波（每个电扣 6 个周期）组成的时间系列。这 3 个时间系列再经过第二级多路开关选择采集变为 1 路由 48 个电扣的正弦波（每个电扣 2 个周期）组成的时间系列。该时间系列信号经过自动增益放大和直流分量去除后进入到 FBSC 层次中。另外，在该信号进入 FBSC 前，还将慢道来的其他测量信号组合进来，通过第三级多路转换开关进一步选择进入 FBSC 电路。在 FBSC 电路中，由 48 个电扣信号组成的时间系列信号经过模数转换变为数字信号。该信号再经过多路累加器 MAC 的积分计算，得到 48 个电扣的电流测量值。这些电流测量值经串行连接送入 FBCC 电路中。

二、主要电路分析

1. 全井眼扫描探臂电路 FBSS

全井眼扫描探臂电路 FBSS 包括 4 个臂的 4 路电路。每路电路由一块电路板 FBSS001 组成，主要进行电扣信号的多路选择和前置放大功能。FBSS001 电路板电路如图 4-7 所示，它由 3 个超大规模集成电路 VLSI1、VLSI2 和 VLSI3 组成，每个 VLSI 内有 16 个电流缓冲器（每个缓冲器的输入阻抗低于 0.5Ω）。这 16 个电流缓冲器外接 16 个纽扣电极，内接同一个 16 转 1 的多路转换开关。多路开关的输出接一电流前置放大器，该放大器的输入与输出之间跨接一阻值为 2050Ω 的电阻，使得其能将 1mA 的输入电流转化 2.05V 的输出电压。

VLSI 的每个电流输入缓冲器的一个输入端均通过一个 1Ω 的电阻和电扣内部测试信号 TEST 相连接。该电阻在进行电扣内部测试时充当电流输入缓冲器的保护电阻，用来防止 EMEX 输入电流缓冲器的电流过大而损坏电流缓冲器。

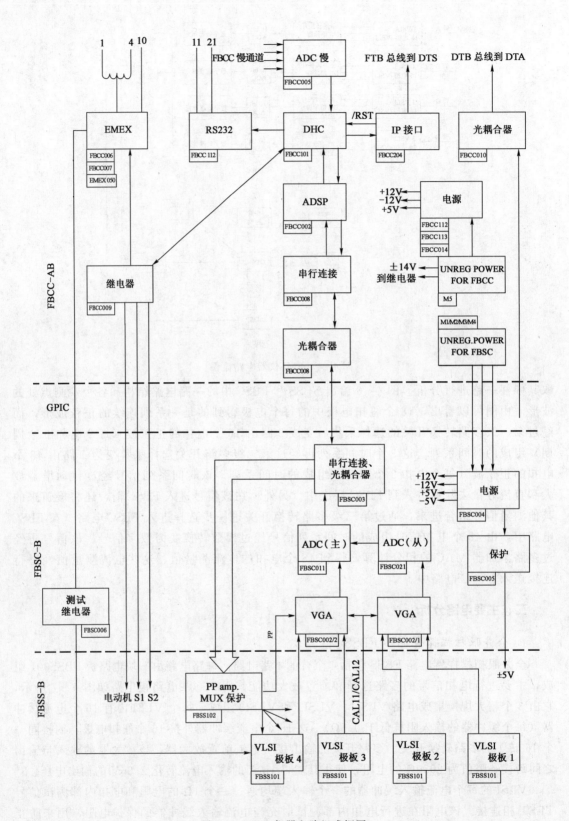

图 4-5　FMI 仪器电路组成框图

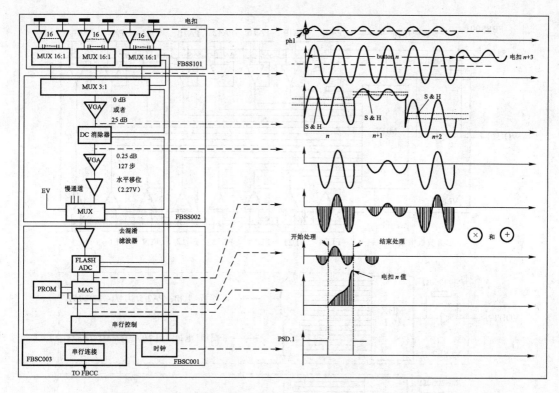

图 4-6 单一通道的 FBSS 和 FBSC 电路结构及各节点处信号波形

VLSI 内多路转换开关的地址控制由 FBSC 电路产生的 4 位数字信号（A0 至 A3）来完成。对于某一电扣的信号采集 6 个 EMEX 信号周期的波形，接通时间为 375 μs。完成对 16 个电扣的采集需要 16×375 μs=6ms。

FBSS001 电路板输出的信号为 VOUT1、VOUT2 和 VOUT3。这个 VOUT 信号类似于 EMEX 正弦信号，包含着 16 个电扣传来的信息。每路的 48 个电扣位置及其到 VLSI 的对应关系如图 4-8 所示。

2. 全井眼探臂短节电路 FBSC

全井眼探臂短节电路 FBSC 主要由自动增益放大（VGA）电路模块 FBSC102、模数转换（ADC）电路模块 FBSC011/021、光耦合串行连接电路模块 FBSC003、电源电路模块 FBSC004 和测试继电器组电路模块 FBSC006 组成。

1）VGA 电路模块

VGA 模块包括两块电路板（FBSC102/1 和 FBSC102/2），它们主要实现模拟信号可变增益放大处理。每块电路板包含 2 个互相独立的通道，每个通道承担来自一个仪器臂的模拟信号的处理。这两块电路板由于彼此独立，因而在仪器调试时可以互换使用。VGA 板装在 ADC 板的前面，主要完成以下几方面的功能：

（1）切换选择来自每个仪器臂的 3 个 VLSI 电路串行输出的信号；

（2）变增益地放大来自极板的信号；

（3）消除测量信号中由极板和电扣带来的直流分量；

（4）转换信号电平，使其适合于下一步的模数转换。

该模块包含一个输入多路转换器和一个输出多路转换器。输入多路转换器的功能是将

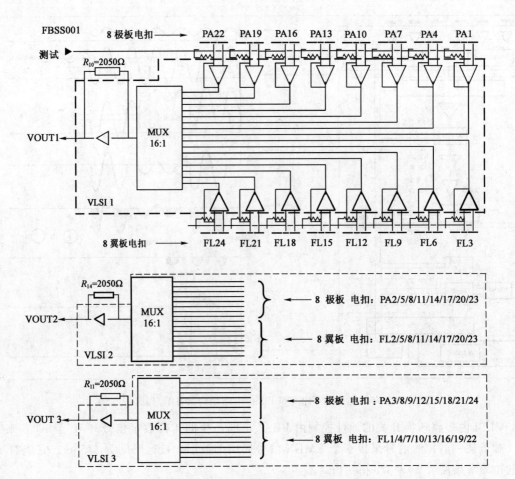

图 4-7　单一路 FBSS 电路图

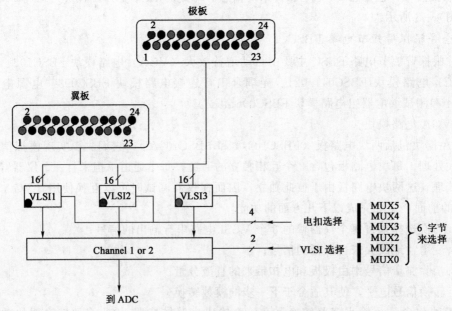

图 4-8　48 个电扣与 VLSI 的关系

VLSI 的输出串行化，而输出多路转换器则是将辅助测量信号进行串行编排。这两个多路路转换器的切换顺序有 FBSC003 模块中的 PROM（只读存储器）芯片 U1 的输出控制。

可变增益放大器由两部分电路组成：

（1）一个受 VGA 控制位 7 控制的 0/25dB 的可变增益差动放大器，该放大器一般放置在移除信号的 DC 成分之前的电路中。

（2）一个受 VGA 控制位 0～6 控制的 0～25dB 的可变增益放大器。

VGA 增益控制字节由 FBCC 电路产生并且通过串行连接传输到 FBSC003 板。DC 移除器估算可能引起电路饱和失真的 DC 电压偏移量，并加以补偿消除。该电路安置在上述两个 VGA 部分电路之间，由一个差动放大器和一个采样保持放大器构成，由 ADC 板产生的一个数字信号 RHP 控制。在一个周期的开始，为了与 16kHz 的纽扣电极信号过零点保持同步，RHP 设置了 31.25 μs 的电平以确保 DC 分量在第一个纽扣电极信号前半周期内被采样。该值将在通过差分放大器时扣除掉。

FBSC001 模块中的数模转换器（ADC）只能接收 0～4.45V 之间的模拟输入信号，因而经过扣除直流分量后的纽扣电极信号被转换为 ADC 参考电压的一半（约 2.27V）。

VGA 模块还处理了以下的辅助测量信号：

（1）VEMEX 和 VTEST 信号，它们分别代表 EMEX 信号和 EMEX 测试信号。其中 VEMEX 来自 FBSC102/1 模块，VTEST 来自 FBSC102/2 模块电路板。

（2）来自探臂短节的井径信号，为了避免 ADC（数模转换器）的饱和失真该信号，将被除以 2.36。

（3）极板压力信号。

（4）ADC（数模转换器）的参考信号，它用来消除由于温度变化引起的误差。

（5）极板电源（±5V）电压信号，经过分压器分压提供 FSVx 信号。

（6）FBSC±12V 电源信号，它经过分压器的分压产生 AVCC1 输出信号，其中 FBSC＋12V 通过分压输出 AVCC2 信号。

（7）＋5V 的逻辑电源信号，经过分压产生 VLF 输出信号。

2）模数转换电路 ADC 模块

模数转换电路模块由 FBSC011 和 FBSC021 两块电路板组成。从串行输出链接的角度来看，FBSC011 是次要的（J1 接通，J2 断开），而 FBSC021 是主要的（J1 接通，J2 断开）。每块电路板都包括有两个转换通道。该模块电路的主要功能是：

（1）去混淆滤波；

（2）极板信号的数模转换、EMEX 电压和诊断测量；

（3）ADC 输出的数字处理；

（4）串行化处理过的数据以便传输到上部短节。

滤过波的模拟信号用 8 位 ADC 转换器中以 1.024MHz 的速率采样，重新采样时采用 10 位的 ADC。一个普通的 5V 参考信号一般要被衰减到 4.54V，以符合 ADC 的输入范围。所有用于驱动 ADC 转换、数字处理和 FBSC 串行输出的时钟信号均由 CPLD 电路 U16 产生。

数字处理的目的是从输入信号中抽取频率为 16kHz 的同相位分量，而在被选中的快速通道上所进行的数字处理则抽取 90°相移的正交分量和直流分量。

3）通信模块电路模块 FBSC003

考虑到仪器的整体结构要求以及 GPIC 模块安装在 FBSC 电路和 FBCC 电路之间，需要大量的导线必须通过 GPIC 传送命令和数据，而且每个光耦合器需要一根导线来保证 EMEX 与两个短节之间的绝缘，一个双工连线大大地减少了连线的数量。

这个模块被设置在 Xilinx 芯片周围，在串行连接电路的下方。串行连接是双工的、同步的，时钟脉冲频率为 2.048MHz。除了 Xilinx 芯片之外，模块内还包含光耦合器件，用来隔离连接的上下两边和两个 PROM（只读存储器）。

4）供电模块 FBSC004

该模块通常用于产生 FBSC 短节所需的供电。所有电源的参考电压为 FBSC 机壳的接地电压，或是模拟的 L/AGNID 或是数字的 L/DGND。

两个模拟电压±12V 产生于 FBCC 标准的未稳压的±15V 电源，这种调节由安装在机壳上的微型调节器完成。

±5V 的电源供电给极板电路来自于 FBCC 标准的未稳压的±8V 电源，ADC 的参考电源从+5V 电源中提取。

用于 FBSC 的+5V 电源通过调节 FBCC+8V 电源获得。

5）保护电路 FBSC005

该模块的主要功能有两个：

（1）极板短路保护；

（2）EMEX 电压调节。

极板电路要求有两个±5V 电源，如果极板之一发生短路，就被 FBSC005 板检测到并且这个板的供电会被中断。图 4 - 9 显示的是极板保护电路，当任何一个 V5PADs 或 −V5PADs低于给定的阈值时，四象限比较器 U2 触发或门 U1，将晶体管 U4 的开关接通 MOS 极。当 U4 导通的时候，继电器 K2 打开，使电路经由限流电阻 R_{14} 和 R_{10} 再接到电源，这样可以避免电路烧坏。

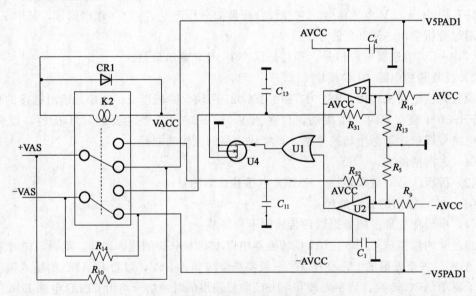

图 4 - 9　FBSC005 模块中的短路检测电路

3. FBCC 电路

全井眼控制短节（FBCC）电路原理如图 4 - 10 所示，由串行接口 FBCC008、光耦合输入电路 FBCC010、数字处理 DSP 电路 GDHC102、循环缓冲器 GDHC101、遥传接口

FBCC004、井下控制单元 GDHC101、时钟发生器 FBCC008、模数转换 FBCC005、EMEX 电源、继电器组 FBCC009、晶体振荡器和电源组成。

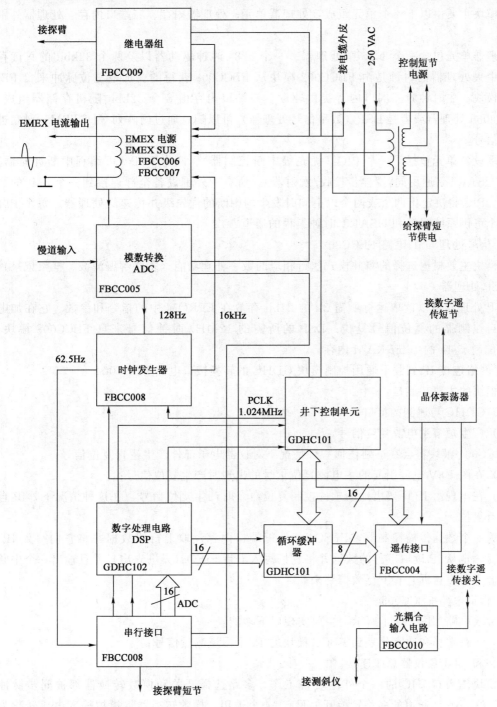

图 4-10 FBCC 的电路原理图

1）控制电路模块 FBCC001

控制电路模块 FBCC001 的主要功能是：

（1）解释多功能数据采集命令。

（2）为其他板的控制提供信号。

（3）建立遥感勘测框架。

该模块主要由以下 4 个单元组成：处理器单元、处理器内存、三端口内存、处理器外围器件。

处理器单元包含一个 8086 微处理器、一个 8284 时钟驱动器以及两个 32kbit 的只读存储器。中央处理器的时钟是由 FBCC002 模块从 FBCC008 获得的。加电复位脉冲来自 FBCC008 模块。主时钟为三端口内存提供驱动。三端口内存由 8 个 32kbit 随机存储器组成，这使得 8086 处理器或者是 DSP（数字信号处理器）可以随意通过门阵列（DSTPM）对它进行存取信号。

外围设备单元包括了一个 PIC（优先级中断控制器）、两个 PIT（可编程中断计时器）和一个 USART（通用同时/异步接收/发射器）。所有的外围设备全部连接到一个 8bit 的数据总线。PIC 将决定出两个或两个以上同时发生的中断的优先级并传递给处理器。每个 PIT 都有三个可供系统时钟和 USART 时钟编程的通道。

2）信号处理 DSP 电路 FBCC002

该模块主要根据选择的测井模式执行相应的数字处理功能（多路解编滤波、框架记录），简称 DSP 处理器。

DSP 处理器可以读取运行所需 2k 的 24bit 存放在 EPROM 中的指令和参数。它在加电时被来自控制器的复位信号复位。DSP 的所需的 12MHz 时钟信号来自 FBCC008 模块。DSP 还配制了 4k 的 16bit RAM 内存。

3）网络连接 IP 到井下通用控制模块 GDHC 的转换接口电路 FBCC004

该模块的主要功能是：

（1）GDHC 与遥测的接口；

（2）产生短节主电源复位信号。

FBCC004 模块将会在下列任何一种情况下对仪器电子部件产生逻辑复位信号：

（1）在由＋8V 电源引起的主电源复位信号的出现时产生复位信号；

（2）在出现由 IP 译码出地面软件控制复位命令时产生复位信号，在这种情况下，IP 自身并没有复位。

作为一个数据传输控制器，FBSC004 从三端口内存读取上行线数据并将它们写入 IP；另一方面，也从 IP 读取下行的数据并将它们写入下行 FIFO（先进先出）并且输出一个中断去通知处理器，告诉它有下行数据到来。

4）慢道电路 FBCC005

该模块电路如图 4-11 所示，主要实现以下功能：

（1）多路选择和数字化来到 FBCC 模块的 14 个慢道测量信号；

（2）和 GDHC 仪器总线连接。

该模块作为 GDHC 的一个外围设备工作。多路选择开关和模数转换器都被同步脉冲 RSTP 复位。16 个通道的多路转换开关只有 14 个被用。模数转换器将模拟输入电压转化为 8bit 的数据。慢道的采样频率是 6.25Hz。

5）通信电路板 FBCC008

该模块安装在 Xilinx 集成电路芯片的旁边。它与 FBSC003 模块很相似。除了 Xilinx 集成电路芯片以外，这个模块包含了绝缘 EMEX 电源用的光耦合器和在加电时自动配置、电

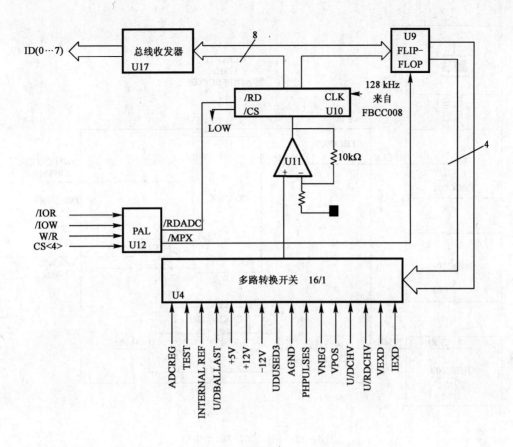

图 4-11 FBCC005 电路原理

扣选择和排序用的两个 PROM 电路 U9、U10。

该模块的主要功能是：

(1) 从 FBSC 接收上行数据，进行多路输出选择并且以中断服务方式将它们发送至数字信号处理器；

(2) 发送被写在 PROM（在 FBCC008 模块）中的快速命令到探臂短节 FBSC 去，也就是数据中断命令和 FBSC003 模块的状态请求命令；

(3) 发送由 GDHC 写入的慢速命令到 FBSC，也就是 VGA 指令；

(4) 串行连接中的上行数据和上行时钟与 EMEX 的绝缘；

(5) 充当时钟驱动器（图 4-12），接收来自 FBCC004 模块的 5MHz 的时钟信号，并产生 128kHz 时钟信号给 FBCC 模数转换器、16kHz 的信号给 EMEX 电源、62.5Hz 的信号给中断用，它自己的时钟频率是 2.048MHz；

(6) 解码来自 GDHC 的 EMEX 相位和 VGA 命令。

6) 继电器电路 FBCC009

该模块的主要功能是：

(1) 通过控制螺线管（×2）和电动继电器的位置来控制探臂动力；

(2) 控制位于 EMEX 接头的继电器去进行"测井"或者执行内部测试；

(3) 提供继电器的工作状况信息。

表 4-2 给出了允许探臂和 EMEX 控制所需要的继电器状况。

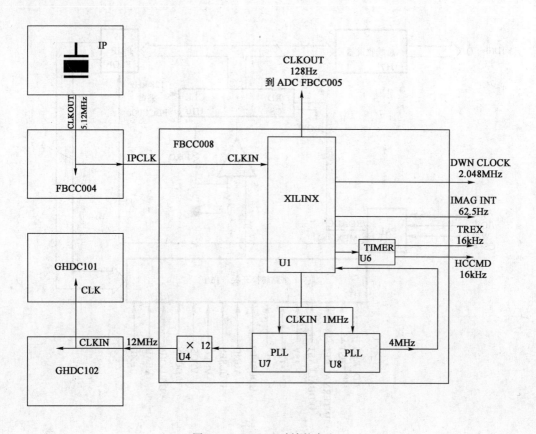

图 4 - 12　FBCC 时钟的产生

表 4 - 2　FMI 继电器操作

| 命　　令 | 需要动力和继电器的部件 | | | |
| | 螺线管 1 | 螺线管 2 | 电动机 | EMEX 继电器 |
	K1/FBCC009	K2/FBCC009	K3/FBCC009	K1/EMEX sub
开启探臂	开	开	关	
关闭探臂	关	开	开	
升高 PP	开	关	开	
降低 PP	开	开	关	
断开探臂	关	关	关	
内部测试				开

7）光电耦合电路板 FBCC010

这个模块的功能是为被 FBCC 以及 FBCC 中的 L/AGND（FBCC 供电模块 1 和模块 2 的第二面）所参考的三个 DTB（井下传输总线）信号提供电阻绝缘。这就是采用光耦合器实现只处理单极信号的。UDATAGO 信号是双向的，有赖于两个光耦合器来实现，而且 DSIGNAL 是两极性的，也需要使用两个光耦合器，因此需要 FBCC010 这个电路模块来完成。

8）电源模块电路

电源模块的电路如图 4 - 13 所示，主要由 FBSC 电源、FBCC 电源、FBCC112 和 FB-

CC113 四个模块组成。它为 FBCC 和 FBSC 提供电源。

第一个电源模块（在图 4-13 中被称为 FBSC 电源）由四个顶部变压器组成，它们为 FBSC 和 FBCC 提供电力。自上而下，最上面的变压器产生±8V 电压，第二和第三个的变压器产生±15V，第四个则产生+8V 的逻辑电压。

第二个电源模块（在图 4-13 中被称为 FBCC 电源）由两个专门为 FBCC 供电的底部变压器组成。这个模块上面的变压器产生交流电压，而下面的变压器则产生+8V 的逻辑电压。

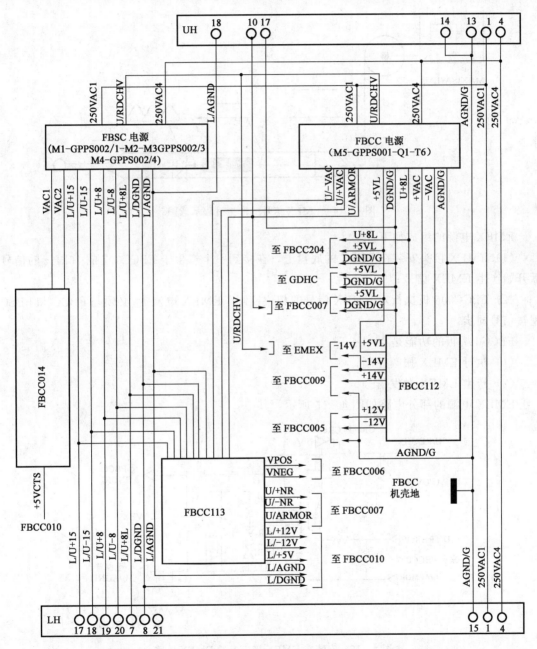

图 4-13　FMI 的电源电路

FBCC112 和 FBCC113 两块板用来调节不同的直流电压，以便当 FBSC 调节器安装在 FBSC 短节时需要。

必须说明的是，RS232 到 GHDC 的接口安装在 FBCC112 板上，而且可以通过 FBCC 的 UH11（TX）、UH21（RX）和 UH17（GND）端口进行访问。

9）EMEX 信号发生器 FBCC007

EMEX 是一个 16kHz 的电源。它的一边与 FBCC 底盘相连，另一边与探臂底盘相连。它既可以产生用于注入地层的交流电流，同时也可以产生在内部测试时供给纽扣电极的电流。EMEX 信号的产生过程如图 4 - 14 所示，由地面供给的直流信号转换为交流信号得到。

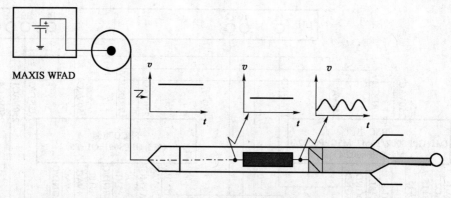

图 4 - 14　EMEX 信号的产生过程示意图

EMEX 电源的组成如下：

（1）EMEX 接头安装在 FBCC 的底盘上，在接到一个产生于 FBCC007 的 16kHz 的信号后开始产生 EMEX 信号；

（2）FBCC006 板执行对 EMEX 信号的相位控制，EMEX 电流 I_{EX} 必须与 FBCC 和 FBSC 逻辑信号同步。

FBCC007 板的功能是：

（1）执行 EMEX 振幅控制；

（2）产生 EMEX 触发信号。

EMEX 电源的部分电路如图 4 - 15 所示，其中：

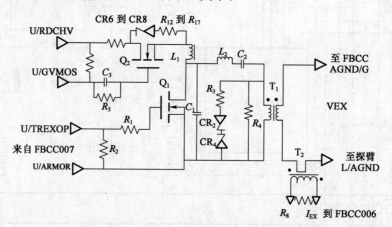

图 4 - 15　安装在 EMEX 接口上的 EMEX 电路

（1）这个电路的驱动信号是一个由 FBCC007 产生并经平衡器 Q_1 过滤的 16kHz 方波信号；

（2）扼流圈 L_1 提供直流电，抑制交流信号；

（3）并联电容 C_1 提供一个电压延迟直到一个输出稳定的正弦电流为止；

（4）电感器 L_2 和电容器 C_2 用于电路振荡；

（5）稳压二极管 CR_2、CR_4 及其相关的电阻用来限制 V_{EX} 的电压幅度以保护电压过高的危险；

（6）变压器 T_2 用来取样监控 I_{EX} 电流的。

10）IP 接口电路

IP 接口电路是连接仪器和 FTB（快速仪器总线）之间的电路。IP 接口板内部及 IP 与其他模块通信是通过一条 8 针并行总线进行的，进行读写操作及握手信号响应。IP 的驱动由 +5V 的逻辑电源经 FBCC112 板调节承担。

本 章 小 结

本章以 FMI 为例，介绍了井壁电成像测井仪器测量原理和电路原理。测量原理包括工作原理、数据预处理及图像生成。电路原理包括仪器电路总成、扫描探臂 FBSS、探臂短节 FBSC、控制短节 FBCC 以及遥传短节等电路。电路原理重点要求掌握 FMI 仪器的电路流程、单一通道 FBSS 和 FBSC 电路结构及信号特征以及单一路 FBSS 电路图原理等。

思 考 题

1. 试述井壁电成像测井仪器的测量原理。
2. 试述井壁电成像测井数据的预处理过程。
3. 试画出 FMI 仪器的基本结构。
4. 试画出 FMI 仪器的电路流程。
5. 试画出单一通道 FBSS 和 FBSC 电路的结构及各点处信号的波形。
6. 试画出单一路 FBSS 电路图。

第五章 常规声波测井仪

第一节 声波测井原理

一、岩石中声波的传播参数

声波测井是根据声学物理理论发展起来的一种测井方法。声波测井中一般采用频率数千赫兹至数万赫兹的机械波（某些特殊声波测井方法使用数十万赫兹至数兆赫兹的频率）。这个波谱的大部分在人耳能听到的范围内，因此称为"声"波测井。

对于由不同岩石组成的地层，当所施加的机械力在一定范围内时，可以近似地看成由质点组成的弹性体。因此，人们有可能应用弹性力学理论去考察声波在地层中的传播规律，进而用声波测井曲线来分析地下岩层的某些重要地质特征。

地下岩石在岩性、沉积年代、组织结构（孔、洞、裂缝）等方面的不同，导致以其为介质传播的声波在速度、幅度衰减以及频率等参数的变化。表5-1列举了石油测井中常见介质和岩性的纵波声速。一般来说，随着岩石的密度变大，胶结致密和孔隙度变低，地层埋藏变深，地质年代变老，纵波声速增加；反之，则降低。

表 5-1 测井中常见介质的纵波声速

性 质	材 料	时差 ΔT, $\mu s/m$	速度 v_p, m/s
无孔隙固体	白云岩	142.7	7010
	石灰岩	156.2	6400
	方解石	163.1	6130
	硬石膏	164	6100
	钢（厚度有限）	164	6100
	花岗岩	166.3	6010
	石膏	172.6	5790
	石英	173.6	5760
	套管	187	5350
	岩盐	218.5	4530
	水泥（固结）	273.3	3660
饱和原生水的孔隙岩石	白云岩（孔隙度5%~20%）	164~219.5	6100~4560
	石灰岩（孔隙度5%~20%）	177.2~252.3	5640~3960
	页岩	192.9~469.2	5180~2130
	砂岩（孔隙度5%~20%）	205.1~285.1	4880~3510
	砂层（未固结，孔隙度20%~35%）	285.1~364.5	3510~2740

性　　质	材　　料	时差 ΔT, μs/m	速度 v_{P}, m/s
液体	水（含 NaCl 200g/L）	596.5	1680
	水（含 NaCl 100g/L）	630.9	1590
	淡水	682.4	1470
	钻井液	620.1	1610
	石油	781.2	1280
气体	氢	772	1300
	甲烷	2187	460

图 5-1 是一个可能由声波测井仪器接收到的典型声波信号的波形。由于纵波（压缩波或 P 波）相对速度最快，因此在声波测井中往往也最容易接收和处理。普通声波测井仪一般专用来接收和测量纵波声速 v_{P}。v_{P} 可表示为：

$$v_{\mathrm{P}} = \sqrt{\frac{E}{\rho} \cdot \frac{1-\sigma}{(1+\sigma)(1-2\sigma)}} \tag{5-1}$$

式中　E——杨氏模量（定义为弹性体单位截面上所受的力与长度的相对形变之比）；

　　　ρ——介质密度，g/cm³；

　　　σ——泊松比（定义为柱状弹性体轴向受力时直径相对形变与长度相对形变之比）。

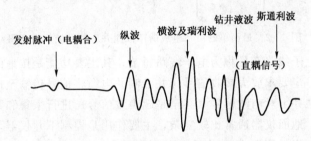

图 5-1　典型声波信号波形示意图

如果能够测得横波（剪切波或 S 波）速度 v_{S}，那么对于同一介质，v_{P} 和 v_{S} 有如下关系：

$$\frac{v_{\mathrm{P}}}{v_{\mathrm{S}}} = \sqrt{\frac{2(1-\sigma)}{1-2\sigma}} \tag{5-2}$$

因而可以进一步求出泊松比 σ。σ 是一个重要的岩石弹性参数。目前，先进的声波测井仪往往通过特殊设计的声系和一套复杂的数据处理，同时得到 v_{P} 和 v_{S} 曲线，从而估算出地层 σ 值。

纵波首波的声波幅度测量早先被用来评价水泥胶结质量。现在，测量纵波和横波在地层中传播时的衰减特性也日益受到重视，并成功地运用到对裂缝带、含气层等的地质解释中。现代电子科学技术的发展，使得对整个声波信号波列进行高速度高精度采集、传输和处理（由于计算复杂，往往是非实时性处理）成为可能，使人们致力于开展声波全波列的理论研究和解释分析技术，为油田开发提供大量的科学数据。

关于对声波测井物理机理的详细讨论，请参考有关声波测井方法原理的书籍。

二、声系设计和测量原理

为进行声波测井，往往要形成一个人工声场并设法接收通过地层传播的声波信号，这种由发射探头（即发射器）T和接收探头R组成的探测器体称为声系。图5-2是由最简单的声系组成的声波测井下井仪结构。发射、接收探头一般由磁致伸缩或压电陶瓷材料制成，起到电—声或声—电转换作用。声系和电子线路部件等组成下井仪主体，铣削了许多横槽的钢制隔声筒作为声系外壳，使通过外壳（钢是一种衰减小的高速传声介质）的声波的传播路径延长并在不断折射和反射中能量损失殆尽，以免干扰对通过地层传播的声波的测量。

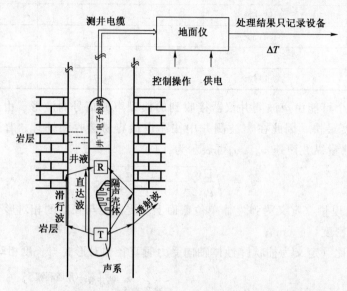

图5-2 最简单的声系组成的声波测井下井仪结构示意图

装在钢筒内的电子线路部件称为电子线路短节，其主要功能是按地面仪器的指令对发射探头进行激励，按一定要求放大接收信号，并沿测井电缆将信号传输至地面。目前，最先进的数控测井系统可在井下对声波信号（甚至是超声波信号）进行采集和数字化并传输至地面由计算机分析处理。地面仪器通常比较复杂，主要作用是控制下井仪器，接收信号并完成对信号的处理，最后在记录装置上得到同其他类型测井相似的以深度为纵坐标的声波测井曲线。图5-3为一个典型的用于测量声速的单发双收声系，本书以此讨论声系结构设计中所要考虑的主要因素。

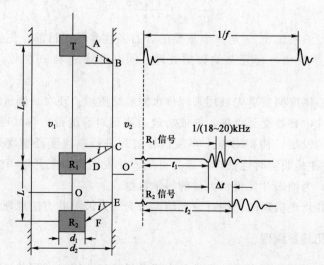

图5-3 典型的用于测量声速的单发双收声系示意图

发射探头 T 被激发后，按一定的指向特性形成逐渐扩散的声波场。根据声波测井理论，以临界角 i 入射至地层产生的所谓滑行波将最早到达接收探头（直达波除外）。由于一般情况下地层声速 v_2 总是大于井液声速 v_1，这一临界角是存在的，并满足关系式：

$$i = \arcsin(v_1/v_2) \tag{5-3}$$

发射探头 T 与其最近的接收探头 R_1 之间距离 L_0 称为源距。为了保证最先到达 R_1 的是滑行波，L_0 的选取应满足下式：

$$L_0 = (d_2 - d_1)\sqrt{\frac{1+\beta}{1-\beta}} \tag{5-4}$$

式中，$\beta = \sin i_{max} = v_{1max}/v_{2min}$。例如，设井径 d_2 为 250mm，探头直径 d_1 为 50mm，最高井液声速 v_{1max} 为 1620m/s，最低地层声速 v_{2min} 为 1830m/s，则 L_0 应大于 0.811m。国产声速测井仪（专用来测量声速的声波测井仪）的源距常选在 1m 左右。一般来说，随着源距的增大，各种波因速度不同而逐渐分开，有利于某些信息（如 v_S）的提取，但由此带来的不利因素是由于加长了声传播路径，声波的过度衰减使得所接收信号的信噪比变差，处理变得困难甚至出现错误测量（如周波跳跃）。国外研制的长源距声系由于采用了先进的技术设计及制造工艺，基本上克服了上述不利因素，因而可能得到一些在常规源距时难以得到或无法处理的测量结果。

当接收探头不止一个时，相应接收探头之间的距离 L 称为间距。声波测井仪对地层的纵向分辨能力主要由间距决定。由于声速测井仪所测量的是声波在一段地层中（图 5 - 3 中的 CE 段）传播的平均效果，因此，对于厚度大于 L 的地层能够得到正确的测量值，而对于厚度小于 L 的地层（也称为薄层）虽有响应，但测量值的动态幅度将下降，造成测量误差。间距减小有利于对薄地层的测量，即分层能力好，但若间距过小会因两道信号时间间隔小造成处理上相对误差增大，并且 L 值本身的固有机械位置误差也会导致系统精度下降。国产仪器的间距一般在 0.4～0.5m 之间，国外仪器有的达到 0.6m（2ft）左右。

此外，声系中探头与井液之间良好的声耦合能提高声能传输效率；在高温、高压力、高电压条件下的密封和绝缘等也是设计上不容忽视的内容。

观察图 5 - 3 右侧的波形示意图，可帮助简单理解声速测量过程。T 受高电压（或大电流）脉冲激励后发射声波，经 t_1 时间后，R_1 接收到这一信号并转换成电信号；经 t_2 时间后，R_2 也接收到信号。虽然由于 d_2、v_1、v_2 等因素的影响导致 t_1、t_2 不仅仅与 v_2 相关，但因双接收器的补偿作用，使得在井眼规则（d_2 为一常量）的均匀地层中 AB、BC、CD 或 EF 可看成公共传播路径，所以时间差 Δt（$\Delta t = t_2 - t_1$）中将不包含井径 d_2 和液体声速 v_1 的影响。这样，就可以利用下式：

$$v_P = \frac{L}{\Delta t} \tag{5-5}$$

求出纵波速度。测井中习惯以速度的倒数 ΔT 表示声速，故：

$$\Delta T = \frac{1}{v_P} = \frac{\Delta t}{L} \tag{5-6}$$

ΔT 也称为声波时差，常用单位为 $\mu s/m$，在这里为纵波时差。为与横波时差相区分，可分别表示为 ΔT_P 和 ΔT_S。本章中不讨论 ΔT_S，故以后的 ΔT 均代表 ΔT_P。声波测井地面仪中的电子线路对两道声信号的纵波首波（滑行波首波，也称初至波）进行识别并处理得 Δt。通常

把 R_1 与 R_2 的机械中点 O 称为记录点（即时差测量值所代表的那段地层的几何中点），但实际上的记录点应为 $\overline{CE}$ 中点 O'。显然，O 与 O' 的距离随井径 d_2 和临界角 i 的不同而变化，故测得的时差曲线在解释处理时可能需进行深度校正。值得注意的是，测井仪本身得到的时间差 Δt 以时间为量纲，而通常指的声波时差 ΔT 是速度的倒数（也可称为慢度），两者物理意义不同，应加以区别。

声波测井仪在工作中是以下井仪器的匀速上提运动和对发射器不断激励而进行的。发射器每秒钟的发射次数 f 称为发射频率（或同步频率），图 5-3 中两次发射的时间间隔即为 $1/f$。当 f 高时，在同样测速 v 时所测得的纵向分辨率好（测量精细），这是由于声波测井实际上是工作在点测状态（这是与一般电、核测井的显著区别）。例如，在 v 为 1800m/h 和 f 为 20Hz 时，相当于纵向每 2.5cm 距离就有一个测量点。另一方面，为了接收本次发射产生的纵波首波，希望上次发射时引起的余波基本平息，这对于某些硬地层往往需要数十毫秒的时间，这样也就限制了 f 的上限。通常，f 在几到几十赫兹之间。老式声速测井仪（本教材未加以讨论）由于采用的是积分式 $\Delta t - U_{\Delta T}$（$U_{\Delta T}$ 定义为代表 ΔT 的模拟电压）转换，使得 f 必须为恒定值，一般是 20Hz，并且 f 的稳定性直接影响测量精度。较为新型的仪器往往采用数字式 $\Delta t - N_{\Delta T}$（$N_{\Delta T}$ 定义为代表 ΔT 的数字量）转换、数字显示和 DAC 式模拟输出，故 f 可以根据需要调整，一般在 7~20Hz 之间。这类仪器也称为数字式声波测井仪。应注意同步频率 f 与声波信号频率之间的区别，后者通常在数十至数万赫兹的范围。

第二节　双发双收声波测井仪

随着声波测井方法理论和电子技术的发展，在 20 世纪 70 年代中期，我国开始研制双发双收声速测井仪。典型的为西安石油勘探仪器总厂的 BSS-75 型，该仪器无论在测量精度、整机功能，还是在工艺水平诸方面，较早期的单发双收声速测井仪（如 CSC-71 型）都有长足的进步。20 世纪 80 年代初期，更新型的声波测井仪——SSF-79 型双发双收声波测井仪投入批量生产。这种声波测井仪功能较强，除了可测量纵波声速外，还能进行声幅（用于检查固井质量）和噪声测量（过去称为自然声波测井，可用于探测被封堵层之间的窜槽等）。在对信号的处理中，采用了跟踪延迟、时差比较等很有特色的方法，因而具有良好的抗干扰能力和较高的测量精度。SSF-79 仪采用比较先进的（就当时水平而言）国产中小规模集成电路，工艺水平较高。下井仪可用于 7000m 以上的超深井中测量，耐温 200℃，耐压达 1200atm（1atm=101325Pa），这也是目前国内同类仪器的最高性能指标。总之，SSF-79 仪代表了我国声波测井仪的技术水平，本节主要讨论这种仪器（以下简称 79 仪）的工作原理，并对有关电路进行分析。

一、双发双收声系原理

1. 声系结构

第一节讨论的单发双收声系，在理想井眼条件下，可得到准确的测量结果。当井眼不规则（如井壁垮塌）时，若不规则部分位于运行中的 R_1、R_2 两探头之间，根据图 5-3 可知，路径 $\overline{CD}$ 与 $\overline{EF}$ 将不相等，因而造成测量误差。对于图示的发射器上置式声系，如假设 R_2 处于扩径的环境中，则 $\overline{EF}$ 大于 $\overline{CD}$。这样，到达 R_2 的信号要在井液中耗费更长的时间，导致

Δt_2增加，显然，这一增加不是由于地层声速变化引起的。如果 R_1 处于扩径环境中，结果与上述相反。根据以上简单分析可知，采用单发双收式声系的声测井仪主要缺点是受井眼条件影响大。

采用如图 5-4 所示对称排列的双发双收（或双发四接收）声系，在理想情况下可以较好地补偿因井眼变化带来的影响。因此，使用这种声系排列结构的声波测井仪也称为井眼补偿式声波测井仪。两个发射器 $T_上$、$T_下$ 是分时交替工作的。在 $T_上$ 发射时，上接收器 R_1 最早接收到信号，然后是 R_2。用这两个信号（也称为 R_1 和 R_2 信号，分别由上、下接收探头产生）可得到一个时间差称为上发射时差，记为 $\Delta t_上$。在 $T_下$ 发射时，由同样两个接收器可接收到 r_1 和 r_2 信号，可得到 $\Delta t_下$。在这里，上发射时接收的信号用 R 表示，下发射时接收的信号用 r 表示，下标 1 代表早到的信号，下标 2 代表晚到的信号，由此可对 4 种信号加以区分。仪器的输出结果是这两个时差的平均值，仿式(5-6)有：

$$\Delta T = \frac{\Delta t_上 + \Delta t_下}{2 \times L} \tag{5-7}$$

79 仪采用的源距为 0.8m，间距为 0.4m。由于源距短，声信号衰减少，可获得较高的信噪比。但这种仪器只能用于测量纵波，横波信息叠加在纵波的强续至波上，无法直接检出。

2. 井眼补偿作用

双发双收声系的井眼补偿作用可借助于图 5-5 加以说明。双发双收测量可以分解成两个独立的单发双收测量。在图示的一段井径变化的均匀地层中，井眼影响对两种不同组合呈相反的趋势，这种互补现象使人们认识到：只要将不断交替所测得的对应同一段地层（即 $\overline{CE}$ 与 $\overline{C'E'}$）的上发射时差 $\Delta t_上$ 和下发射时差 $\Delta t_下$ 取数学平均值，就能够在很大程度上补偿井径变化对测量结果的影响。

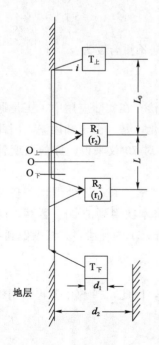

图 5-4　双发双收声系示意图

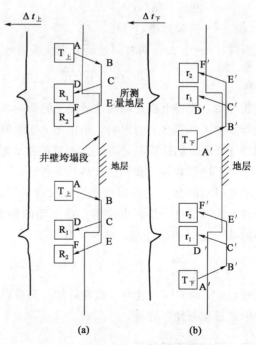

图 5-5　双发双收声系的井眼补偿作用

(a) 上发射组合；(b) 下发射组合

双发双收声系除具有井眼补偿作用外，由于其对称的排列结构，对下井仪的弯曲和倾斜、两道接收信号放大和传输过程中的不对称畸变也有一定的补偿作用。但由于声波测井采用的声波波长在井液中为厘米数量级，当因仪器弯曲、倾斜造成接收器轴线偏离井轴时，会形成明显的干涉作用，使接收信号幅度减小，信噪比变差。因此，双发双收声系仍需工作在良好居中的条件下。

3. 深度补偿问题

如前所述，要得到有意义的 ΔT，参加运算的 $\Delta t_\text{上}$ 和 $\Delta t_\text{下}$ 两值应该由同一层段（79 仪要求 0.4m 厚）取得，但实际上有两个主要因素影响这一条件的满足。

1）临界角 i 的影响

设声系处于静止状态，根据图 5-4 可知，$\Delta t_\text{上}$ 的记录点 $O_\text{上}$ 和 $\Delta t_\text{下}$ 的记录点 $O_\text{下}$ 因临界角的存在而不与理论记录点 O 重合。这种不重合度为：

$$\overline{O_\text{上}\,O_\text{下}} = (d_2 - d_1)\tan i \qquad (5-8)$$

如设 $d_2 - d_1$ 为 17cm，i 在 $11.2°\sim62.3°$ 之间变化，则 $\overline{O_\text{上}\,O_\text{下}}$ 为 $1.7\sim16.3$cm。这使得测量结果 $\Delta t_\text{上}$、$\Delta t_\text{下}$ 不为同一层位。形象地说，这时得到的 ΔT 是"模糊"的，尤其是当 i 和 d_2 均较大时（对应低速并有井壁垮塌现象的地层），对井径等变化的影响将不易得到好的补偿效果，对薄层也失去了良好的分辨能力。

2）仪器上提运动的影响

上面已提到，$T_\text{上}$、$T_\text{下}$ 是交替工作的。设 $T_\text{上}$ 先发射，那么到 $T_\text{下}$ 再发射时，仪器已上提了：

$$\Delta h = \frac{v}{f} \qquad (5-9)$$

式中　v ——测速，m/s；

　　　f ——同步频率，Hz。

所以，$\Delta t_\text{上}$、$\Delta t_\text{下}$ 两时间差所分别代表的地层的实际纵向不重合度为：

$$l = \overline{O_\text{上}\,O_\text{下}} - \Delta h = (d_2 - d_1)\tan i - \frac{v}{f}$$

由上式可知，仪器上提运动对临界角 i 的影响本身是一种补偿。在实际应用中，正是通过合理选择 v 和 f 来减少 l 的影响。但由于 i 随所测量的地层变化，是一个未知因素，因此，不采用特殊处理（如计算机处理）是不可能使 l 近似为零的。对 79 仪来说，好的深度补偿往往更依赖于操作者的经验和已知地质条件。

早先研制的 BSS-75 型声速测井仪曾采用过一种所谓"最佳补偿"处理，其基本思想是通过有选择的进一步利用仪器上提运动的补偿作用，即将本次得到的 $\Delta t_\text{上}$ 暂存，同后续循环的某一 $\Delta t_\text{下}$ 相加处理。这时可分别得到 1、3、5 或 7 倍 v/f 的补偿，并试图做到：

$$l = (d_2 - d_1)\tan i - n \cdot \frac{v}{f} \to 0$$

但同样由于 i 的未知，这种"最佳补偿"是难以真正实现的，因此，79 仪中不再采用将 $\Delta t_\text{上}$ 暂存的"最佳补偿"处理。

二、下井仪工作原理

79 仪的下井仪主要由声系和电子线路两大部分组成。仪器工作在高温高压环境下，因此要求线路设计得尽可能简单实用，以增加可靠性，对信号的复杂处理则主要由地面仪完成。

下井仪电子线路的主要功能是：根据地面仪来的同步发射脉冲去分别控制两个发射器工作；两组放大电路对接收器的接收信号进行放大并驱动电缆，将信号传输至地面仪处理。图5-6为下井仪电路原理框图，设计上作为超深井（井深可大于7km）应用的79仪采用8.5km电缆，如何解决信号在超长电缆传输中因大的线间互感引起的互扰（尤其是第一道的后续波对第二道首波的干扰）和最有效地使用缆芯是传输设计中的重要问题。为此，两道信号均采用对地可悬浮的双端平衡传输方式，并对称地使用缆芯。例如，在上发射期间，传输第二道信号的缆芯 2#、5# 均处于传输第一道信号缆芯 1#、3# 的垂直平分线上（见图 5-6 中电缆截面示意），因此，只要电缆本身几何对称性好，两道信号的互扰可降至最小。输出变压器 T_1、T_2 次级均有中心抽头，从中取出下井高压供电和控制发射的下井同步脉冲，并且不影响信号向地面传输。以 T_1 为例，地面仪向下井供电由缆芯 1#、3# 平均负担（地面仪输入变压器也采用中间抽头引入供电电压）。该电流的磁化作用在 T_1 次级绕组的两半侧互相抵消，因此对 T_1 本身对交流信号的耦合作用没有影响（所需要的只是在设计 T_1 次级导线截面时要考虑供电电流引起的铜损和加强绝缘性能）；同时缆芯 1#、5# 对第一道信号双端传输，中心抽头可看成悬浮的交流地，其绕组与缆皮 7# 绝缘，故对直流高压供电也同样没有影响。使用这种巧妙的设计方法，在仅用 4 根缆芯和缆皮的情况下，能高质量地传输包括供电在内的 4 路信号并使之互扰很小。这种方法在缆芯数有限的测井信号传输中是经常采用的。

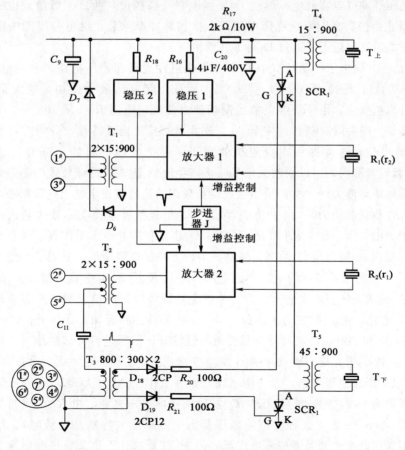

图 5-6　下井仪电路原理框图

电路工作过程如下。由地面仪供给的 180～230V 正高压通过 D_7 引导、C_9 滤波后分别送至稳压电路 1、稳压电路 2 和 R_{17}。稳压电路给放大器提供约 +30V 的单极性电源电压。R_{17} 是一只大功率线绕电阻，用于给储能电容 C_{20} 充电时限流。当忽略缆芯本身电阻时，对 C_{20} 的充电时间常数为 8ms 左右，f 最高不超过 20Hz，因此在可控硅 SCR 每次未导通之前，C_{20} 两端已充至地面仪供给的高压值。

T_2 次级中心抽头引出地面仪产生的发射方波信号，由 C_{11} 隔去直流成分，取出正负交替的突变成分后，再经 T_3 转换成一对互补的双端控制信号，接至两 SCR 的触发电极。当地面仪发来的是信号正跳沿时，通过 T_3 耦合使 D_{18} 导通，并由 R_{20} 限流后至 SCR_1 的控制极 G。SCR_1 导通后使 C_{20} 存储的电能在瞬间通过 T_4 泄放。由于 SCR_1 导通内阻和 T_4 初级阻抗均很小，故短时间内形成强烈的电流脉冲。通过 T_4 近 20 倍的升压作用使上发射器 $T_上$ 两端加有数千伏的脉冲高压，从而激励出足够强的声波脉冲射向地层。触发 $T_上$ 的同时，D_{19} 保护 SCR_2 的控制极不被反向击穿。当地面发来的同步信号负跳时，SCR_2 导通，$T_下$ 被激励。

不同岩性、物性的地层对声波的衰减有很大差别，为使向地面仪传输的信号有合适的幅度（在声幅测量时还要求波形失真尽可能小），设计了由步进器 J（可看成是一种电磁控制的波段开关）控制的井下可变增益放大器。为了不多占用缆芯，步进器线圈供电（也称为换挡，实际上是使触点组按某一固定方向切换一次）与下井仪供电占用同一回路，并由负极性高压脉冲驱动。不换挡时，D_6 阻止下井正高压加至步进继电器线圈；换挡时，一个由地面仪控制的负高压脉冲（电容放电）通过 D_6 使继电器变换挡位，两放大器增益也随之被同步地改变。D_7 阻止换挡负高压影响稳压电路等。换挡脉冲撤除后，继电器线圈失电但仍保持在该挡位，正高压又复送下来通过 D_7 对下井仪供电。

图 5-7 是下井仪电子线路短节中 $R_1(r_2)$ 探头道放大器和稳压电路部分的电路原理图。A_1 为国产 4E304HT 型高温（上限达 200℃）运放，起电压放大作用，放大倍数设计成 2～150 倍，分六挡变化，由步进继电器控制切换，使反馈电阻 R_1～R_6（10～750kΩ）分别依次接入。$R_1(r_2)$ 探头以双端方式接至 A_1。放大器的接法比较特殊，分析时可假想信号源 R_1 中间有一地电位，这样探头本身阻抗就充当了整个反馈环路的一部分。稳压二极管 D_9～D_{12} 接成背对背形式，用以限制大信号峰值以免使 A_1 输入级过载导致内部差分放大管被击穿。为了增加驱动能力（注意：虽然接成强负反馈的运放理论上输出电阻极小，但并不具备带大的电容性负载的能力），由中功率管 Q_2、Q_3 组成互补推挽功率放大器进行放大，其输出内阻小于 50Ω。D_3、D_4、R_{11} 和 R_{12} 为 Q_2、Q_3 建立合适的静态工作点，避免小信号时的交越失真。C_5 提供 A_1 输出至 Q_2 的交流通路。为使下井仪电路简单，采用了单电源供电。由 R_7、R_8、C_2 分压并滤波后得到约 +15V 的电压，通过 R_9 接至 A_1 正输入端，为 A_1 提供一偏置电位，使 A_1 正常工作和放大信号良好。为避免功放级因采用单电源（静态输出约 1/2 电源电压）使 T_1 磁化，由 C_6 隔去直流成分。4E304 主要性能指标相当于国外 μA709 型（国产类似型号有 F003 和 F005 等），其特点是交流特性较好，但需进行外部频率补偿，这种作用由 R_{10}、C_4、C_3 和 C_1 等完成，使 A_1 在整个增益变化范围内工作稳定，无自激振荡发生。Q_1、D_5、R_{16} 等组成并联式稳压电路，吸收功率放大器（工作在 AB 类状态）在静态时多余的供电电流。稳压值为 D_5 的齐纳击穿电压与 Q_1 发射结正向电压之和，由 R_{15} 值可推算出，最大吸收电流值为 30mA 左右。这种类型的稳压器由于效率低（特别是空载时）、稳压性能不好，应用远不如串联型和开关型稳压器广泛。但 79 仪要求井下负载对供电电流的使用尽量平稳，以减少缆芯间的互扰，这种简易式并联稳压器的特性正满足这一要求。对井下的高压

供电和低压供电采用同一回路，大功率线绕电阻 R_{16} 将高压降至低压。

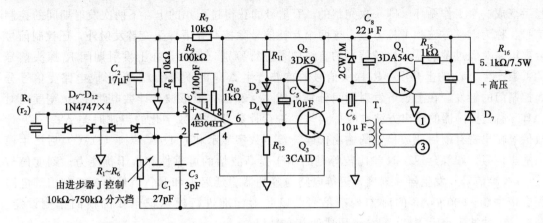

图 5-7 下井仪放大器和稳压电路电原理图

三、地面仪工作原理

声波测井地面仪的主要功能是：按一定的时序产生一系列控制信号，控制下井仪发射探头的交替发射；接收井下传输来的信号，经处理后得到声波时差。仪器的工作状态和有关信号由专用示波器监视。79 仪采用的是经过改装的国产 SR8 型双踪通用示波器。经校准后的模拟输出信号接照相记录仪进行曲线记录。

79 仪地面部分的整体由数字、模拟集成电路、晶体管等上千个元器件组成，内部信号种类较多，处理过程较为繁琐，是一种比较复杂的电子仪器。

在详细讨论各主要功能电路之前，首先应对仪器的整体结构有所了解。图 5-8 为 79 仪声速测量部分的原理框图，主要由主振荡器、指令发生器、鉴别器组、信号分离、Δt 波形成电路、时差计数电路、数字显示及模拟输出、刻度电路以及跟踪延迟、时差比较等几部分

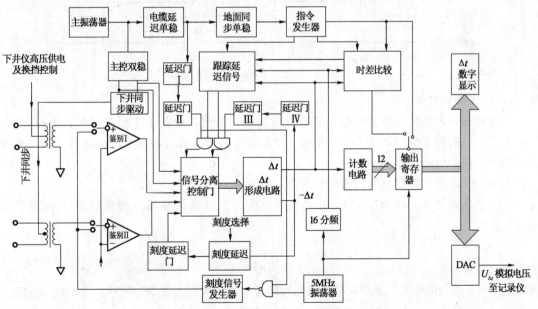

图 5-8 声速测量部分的原理框图

组成。图 5-9 是有关部分的工作波形。主振荡器决定了同步发射频率，这一信号经主控双稳后变成一个工作循环（即一次完整的 ΔT 信号的获得过程）的上、下两次发射期间的控制信号，称为上控方波和下控方波。这两个互补信号除控制井下探头交替发射外，还控制信号分离电路对经过鉴别器（比较器）的首波信号进行鉴别（例如，在上发射期间 R_1 探头信号的首波产生 $\Delta t_{上}$ 的上升沿，R_2 探头信号的首波产生 $\Delta t_{上}$ 的下降沿）。Δt 形成电路受信号分离控制门的触发，在上、下发射期间分别形成 $\Delta t_{上}$ 和 $\Delta t_{下}$ 矩形波。计数电路在 Δt 宽度内对 5MHz 高频振荡器的输出方波（时标信号）进行计数即得到数字化的声波时差 ΔT。ΔT 计数值经输出寄存器后变成稳定的输出代码，接至数字显示和经 D/A 转换（DAC）后产生模拟输出信号。跟踪延迟、时差比较等电路用于提高测量的可靠性和抗干扰能力。刻度信号（也称校准信号）发生器、刻度延迟等电路与鉴别器、延迟 I 和 II、信号分离控制门等电路配合产生 $0\sim600~\mu s/m$ 的时差校准信号，以此为标准进行模拟记录仪的横向比例设定。图 5-9 中的波形表示了 $\Delta t_{上}$、$\Delta t_{下}$ 形成的基本过程。

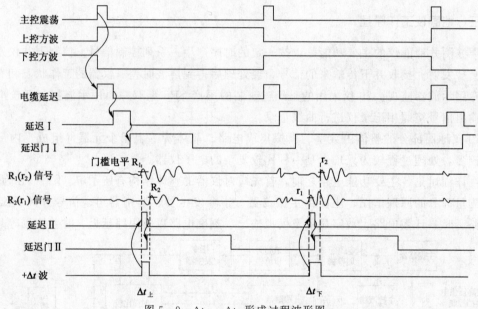

图 5-9 $\Delta t_{上}$、$\Delta t_{下}$ 形成过程波形图

1. 同步控制电路

声波测井仪内部的工作要求按一定的时序进行。为此，设置了主同步信号、上控方波、下控方波、地面同步信号和下井同步信号等"指挥"信号，保证机器有序地运行。这一系列信号由同步控制电路产生。

图 5-10 是同步控制电路的简化原理图。有关波形示于图 5-11。

由单结晶体管 $3Q_1$ 和 $3C_1$、$3R_1$ 和 $3W_1$ 等组成一个张弛振荡器，振荡周期 T 可用下式表示：

$$T = \tau \ln \frac{1}{1-\eta}$$

式中 τ——单结晶体管发射结积分电路的时间常数，在数值上为 $3C_1$ 与 $3R_1$、$3W_1$ 之和的积；

η——分压比，是单结晶体管的一个内部参数。

通过调节 $3W_1$，可以使同步频率在 $5\sim20Hz$ 内变化。为使张弛振荡器输出的脉冲与后

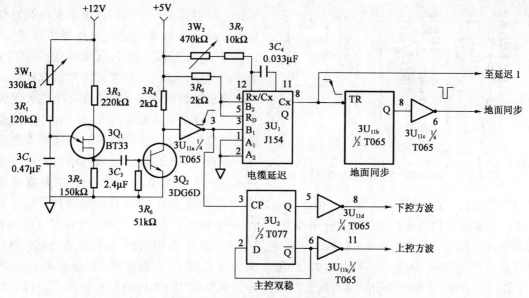

图 5 - 10 同步控制电路简化原理图

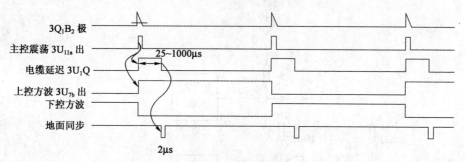

图 5 - 11 同步控制电路波形示意图

面 TTL 逻辑电路接口，使用 $3Q_2$ 等进行反相放大和电平匹配。79 仪使用超长深井电缆时，考虑到下井同步有数十微秒的额外传输时间，为便于对信号的观测和处理，设计了电缆延迟电路，使得主控振荡产生后间隔一段时间（此时下井同步脉冲正在传输中）再开始地面处理，产生地面同步信号。电缆延迟由 $3U_1$ 完成，调节 $3W_2$ 可获得 $25\sim1000\ \mu s$ 的延迟时间。$3U_1$ 采用的是 J154 型单稳集成电路，有 4 个触发输入端，所使用的 B_1 端为上升沿触发，为便于分析标以"↑"号（后面图中均为此意）。主振荡除触发电缆延迟电路外，同时触发 D 触发器 $3U_2$，该触发器接成 T 触发器形式对主控振荡分频，从 $\overline{Q}$、Q 端引出并反相后形成上控方波和下控方波。这一对互补的逻辑信号指示仪器工作在上发射还是下发射期间。例如，当上控方波为高电平时是在上发期间，这时形成的 Δt 为 $\Delta t_{上}$。

电缆延迟单稳脉冲的下降沿触发 $3U_{11b}$ 单稳电路，产生宽度为 $2\ \mu s$ 左右的地面同步信号。$3U_{11b}$ 实际上是由两个二输入端与非门 T065 组成的微分型单稳，如图 5 - 12 (a) 所示。分析可知，必须采用下跳沿触发，暂稳时间主要由 $3C_6$ 和 $3R_{10}$ 决定。由于后面内容也多次出现这种电路，因而简化成图 5 - 12 (b) 所示符号。Q 端表示在暂稳期间此端为一个正脉冲输出，$\overline{Q}$ 与之互补。

上控方波、下控方波和地面同步等是机内十分重要的控制信号。

为使井下与地面互相配合，要正确地送出下井同步信号，即在地面仪上控方波为高电平

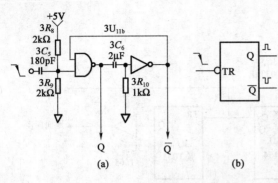

图 5-12 由与非门组成的微分型单稳

指示上发射期间，下井的同步发射脉冲必须是使上发射器工作；同时，由于长电缆对信号的衰减，必须有一定的驱动能力。图 5-13 为下井同步部分的电原理示意图。TTL 电平的上控方波、下控方波信号以双端输入方式接至运算放大器 IA_1 进行电压放大至饱和，经互补功率放大后由 IC_7 输出。因 ID_4 的反相钳位作用，下井同步信号的摆幅最大可在 $-0.7 \sim 25V$ 之间。ID_4 的齐纳击穿电压同时限制正电平幅度。由于是上控方波接至

IA_1 的同相输入端，故输出的下井同步信号与之同相位。调节 W_3 可以控制下井同步信号的幅度，电缆越长信号衰减越严重时应增加下井同步信号幅度。上控方波的上升沿经该电路放大和驱动后传至井下，使图 5-6 中的 SCR_1 触发导通。下井同步电路中的互补功率放大器和并联稳压器等部分与图 5-7 中的井下信号放大器几乎完全相同。$1R_3$ 是低功耗运放 $\times FC751C$（IA_1）的偏置电阻，该电阻值取得较小（典型值为 $10k\Omega$ 左右）是为了获得较快的压摆率（SR，大信号上升速率）。

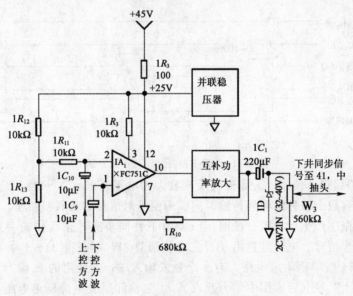

图 5-13 下井同步部分电原理示意图

2. 鉴别放大和时差形成电路

鉴别放大和时差形成电路是声波测井仪声速处理的核心部分，其主要功能是：从幅度和时间两方面压制干扰信号，正确识别各道信号首波，形成 Δt 时差波送后面电路进行进一步处理；在刻度时，参与形成刻度时差波形。该部分电路的设计思想同国产单发双收、双发双收声速测井仪是基本一致的。

图 5-14 是鉴别放大和时差形成电路原理示意图，图中有关器件引线旁的数字为管脚号（以下均同），以供参考。下面对该电路工作原理加以分析。

$4T_1$、$4T_2$ 是两只信号输入变压器，由高质量玻膜合金制作，分别接收经电缆传输上来的 R_1（r_2）和 R_2（r_1）信号并将其升压近 10 倍。同时，这两只变压器还分别从中间抽头引

入下井仪高压供电和下井同步信号。$4W_1$ 和 $4W_2$ 起到对两道输入信号的幅度调节作用，小型继电器 $4J_1$、$4J_2$ 控制鉴别电路的输入信号性质。当刻度控制端不加负极性直流电压时，两继电器释放，活动触头接测井信号（常闭位置）。

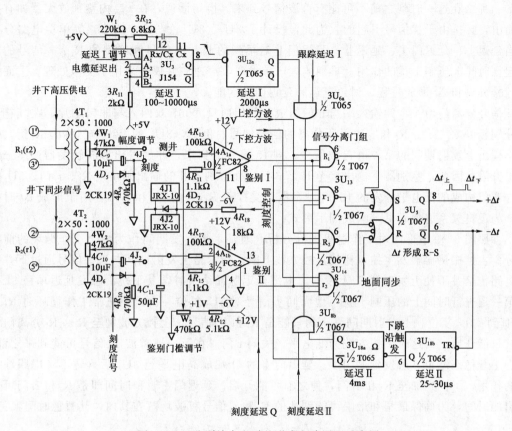

图 5-14　鉴别放大和时差形成电路原理示意图

纵波声速测井处理的主要内容是检测出接收信号的首波，但由于各种干扰因素的存在（如下井仪上提时的碰撞干扰、上次发射的余波信号、两道信号的互扰等）使得所得到的信号并不是如图 5-1、图 5-9 等所示的理想波形。为此，必须对首波信号从幅度上加以识别，使用鉴别器（电压比较器）是常用的方法。图中 $4A_1$ 即为起幅度鉴别作用的集成比较器。所用的 FC82 是一种国产专用双高速比较集成芯片（两个性能完全相同的比较器封装在一起），主要特点是开环增益较高、速度快，输出为 TTL 电平，很容易与其后逻辑电路接口。测井信号经继电器触点接至各比较器的同相输入端，反相输入端接一正极性直流电平，该电平可由 W_2 调节，也称为"鉴别门槛电压"，超过该电压的正信号被放大至饱和（也是一种整形作用），低于"门槛"的信号不能引起输出端的变化，称为被"压制"。图 5-15 为鉴别器的工作波形。

由前所述，对于幅度低于门槛电平的干扰信号，鉴别放大电路能很好地将其压制。但当干扰信号较大（例如，发射器发射时的高压电脉冲干扰常常高于滑行波首

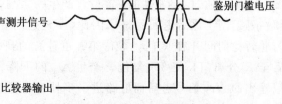

图 5-15　鉴别器的工作波形

波的幅度）时，仅采用从幅度上压制干扰的措施就显得不够了。可以想到，在向井下发送发射命令后，从发射探头发射声波到被最近的接收器接收必经过一定时间。如果估算出可能的最小值，即 t_{1min}（当取 d_{2min}、v_{Pmax}、钻井液最大声速 v_{fmax}，并考虑 L_0 最短时，可估算出 t_{1min}），那么在这一时刻之前不可能有首波信号到来。换句话说，在 t_{1min} 内鉴别放大器如有脉冲输出，必是由干扰信号引起的。为此，设计了 $3U_3$、$3U_{12a}$、$3U_{18b}$、$3U_{18a}$ 等单稳电路分别充当延迟 I、延迟门 I、延迟 II、延迟门 II 对早到的 R_1、r_1 信号和晚到的 R_2、r_2 信号的首波起在时间上压制干扰的作用。早期的国产单发双收声速测井仪也采用了类似处理。下面结合信号分离和 Δt 形成过程，讨论延迟和延迟门的功能。

信号分离由 4 个四输入端与非门组成，使用两只 T067 双四入与非门芯片，在其符号内分别标以 R_1、r_1、R_2 和 r_2 表示所分离的信号编号。例如，$3U_{13}$ 的上半个门称为 R_1 门，作用是检出上发射期间的第一道首波信号，即 R_1 信号的到来，并触发出形成触发器产生 $\Delta t_\perp$ 的上升沿。因此，鉴别器 I 输出接至 R_1、r_2 门，而鉴别器 II 的输出则接至 R_2、r_1 门，$3U_5$ 是由与非门构成的低电平触发的 R—S 触发器，受控于 R_1、r_1、R_2 和 r_2 门，用于形成 Δt 时差波。为逻辑关系清楚起见，画成图示形式。

参照图 5-9 波形图对工作过程进行分析。通常，将上发期间作为一个工作循环的前半部分。主控振荡器触发主控双稳使上控方波上跳，指示是上发射期间，这一信号通过下井同步电路传至井下使上发射器 T 上发射。电缆延迟脉冲结束时，其下跳沿触发延迟单稳 $3U_3$，对第一道进行时间上的压制干扰。地面同步信号对 $3U_5$ 复位一次，但正常工作循环时 R_1 或 r_2 门已将 $3U_5$ 复位。上发射期间到来的只能是 R_1 和 R_2 信号，上控方波加至 R_1、R_2 分离门使之有可能开启，而这时下控方波为低电平，关闭 r 门。在第一道首波 R_1 信号可能到来之前，延迟 I 暂稳态结束，触发延迟门 I。延迟门 I 的 Q 端成高电平经 $3U_{6a}$ 后（暂不考虑跟踪延迟的作用，下同）加至 R_1 和 r_1 门，使之有可能开启。延迟门 I 暂稳时间即是 R_1 和 r_1 门可能开启的时间，为确保最早和最晚可能到达的 R_1 和 r_1 信号首波均落在其内，其暂稳时间：

$$t_{延迟门 I} > t_{1max} - t_{1min} + t_{延迟门 I 的提前余量}$$

延迟门 I 实际取 2000 μs 左右。与此同时，延迟门 II 处于稳态，$\overline{Q}$ 端为高电平，故同样使 R_1、r_1 门有可能开启，但由于 r_1 门已被下控方波关闭，故现在只有 R_1 分离门可能开启，等待 R_1 首波信号的到来。R_1 信号超过鉴别门槛电平的瞬间，比较器 $4A_{1a}$ 输出上跳，R_1 分离门输出低电平使 $3U_5$ 置位，产生 $\Delta t_\perp$ 的上升沿，同时，$3U_5$ 的 $\overline{Q}$ 端（也称 $-\Delta t$ 信号端）下跳，触发延迟 II，对第二道信号从时间上压制干扰，因为当第一道信号首波到来时，第二道信号的首波肯定要经过一定时间才能到来。延迟 II 暂稳时间的确定主要考虑间距、v_{Pmax} 及某些电路要求等因素，设计值为 25~30 μs。延迟 II 工作结束后，其下跳沿触发延迟门 II。延迟门 II 的 Q 端成高电平，通过 $3U_{5b}$ 使 R_2、r_2 有可能开启，但 r_2 已被下控方波关闭。$\overline{Q}$ 端将已完成作用的 R_1 门关闭，这一控制作用是十分必要的，否则 R_1 信号的后续波列将不断通过 R_1 门对 $3U_5$ 置位，产生一系列错误的 Δt 波形。由分析可知，延迟门 II 必须在延迟门 I 之后返回稳态，因此，$t_{延迟门 II}$ 设计成 4000 μs 以上。按上面讨论，延迟门 II 暂稳期间开启 R_2 门，等待第二道首波的到来。上发射的 R_2 首波信号经 $4A_{1b}$ 鉴别放大后至 R_2 分离门，使 $3U_5$ 复位，产生 $\Delta t_\perp$ 的下降沿，上发射时差的测量即告完成。由 $3U_5$ Q 端输出的 $\Delta t_\perp$ 信号送后面电路进一步处理。尽管 R_2 的后续波不断通过 $4A_{1b}$、R_2 门对 $3U_5$ 复位，但这时对测量已没有影响。当延迟门 I、延迟门 II 先后返回稳态时，所有的信号分离门均被关闭。

后来产生的主控振荡脉冲使主控双稳翻转，下控方波成为高电平，表明已进入一个循环的下发射期间。只要注意到这时上控方波使 R_1、R_2 分离门关闭，而下控方波使 r_1、r_2 分离门有可能开启接收下发期间先后到来的小首波信号，其余的分析与上类似。

图 5-16 形象地说明了上下控方波、延迟门和鉴别放大级对信号分离门组的控制作用，便于记忆和对照分析。

3. 时差计数和输出电路

为了产生数字化 ΔT 显示，有灵活的模拟输出，并使其模拟比例因子（ΔT 与代表 ΔT 电压之间的系数）不受同步频率 f 的影响，必须对已得到的 Δt 波进行数字化（即量化或离散化）处理。这种转换实际上是与 Δt 波的产生同时进行的。Δt 波是一种时间模拟量，对这种形式信号的量化处理很简单，可以仿照一般频率计数仪器的时间—计数转换（也称 T-N 转换）方法，设计一个高精度振荡源产生时标脉冲，其周期越短，量化精度越高。

图 5-17 为 T-N 转换及数字显示部分的电路原理图。由 $6U_{11}$（SN7400）的两个门、石英晶体等组成一个高精度高频振荡器，频率为 5MHz，频稳度至少达 10^4 足以满足声测井的

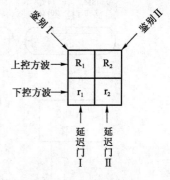

图 5-16 上下控方波、
延迟门和鉴别放大级对
信号分离门组的控制作用

精度要求。所产生的 0.2 μs 时标脉冲接至受 Δt 波控制的另一个与非门 $6U_{11b}$，其输出送到由 $6U_2$~$6U_5$ 等组成的一组计数器的低位芯片 $6U_5$ 的 CP 端。所得到的代表声波时差 ΔT 的计数值 $N_{\Delta T}$ 为：

$$N_{\Delta T} = 5 \times 10^6 \times (\Delta t_上 + \Delta t_下) \times 10^{-6} = 5(\Delta t_上 + \Delta t_下)(\mu s)$$

根据式 (5-7)，并已知 L 为 0.4m，得：

$$\Delta T = \frac{\Delta t_上 + \Delta t_下}{2 \times 0.4} = \frac{N_{\Delta T}}{5 \times 2 \times 0.4} = \frac{N_{\Delta T}}{4}(\mu s/m)$$

上式表示，计数器的计数值 $N_{\Delta T}$ 与声波时差 ΔT 是简单的线性关系，并且只要将 $N_{\Delta T}$ 除以 4，其商在数值上就与 ΔT 相等。事实上，对采用二进制逻辑的计数过程除以 4 仅需对计数脉冲二次分频即可。图 5-17 中的 $6U_5$ 采用的是 T214 型可预置四位二进制同步计数器，CP 接 $6U_{11b}$ 的脉冲输出端，使用 2 权位 Q_B 端向高位计数器组进位，即完成逢四进一功能。在这里没有使用 T214 的预置功能和两个高位计数端。$6U_2$、$6U_3$ 和 $6U_4$ 采用 T210 型四位二—十进制（BCD码）计数器，接成串行计数方式，分别充当 ΔT 的百位、十位和个位。因此，ΔT 表示范围为 0~999 μs/m，足以包括石油测井中所有类型的地层声速值。$6U_2$~$6U_5$ 这 4 片计数电路在每次计数前必须复零。这一操作由时差计数复零指令完成，产生于上发射地面同步之后 3 μs。注意，这时本次的 $\Delta t_上$ 还未到。$7U_{4b}$ 将正复位脉冲倒相，因为 T214 的复位端 C_r 是低电平有效。为避免计数器组的清零、计数等动态过程影响显示和模拟输出（造成错误输出），由 $6U_6$~$6U_9$ 等 4 片 T451 型 D 触发器（4 个 D 触发器封装在一个芯片内，电源端、清除端和 CP 端公用，D、Q 和 $\bar{Q}$ 端分别引出）组成缓冲寄存器组，对计数器计数终了状态作锁存。缓冲指令产生于复零指令之前，其上升沿将 $N_{\Delta T}$ 计数结果写入寄存器组。寄存器组输出的时差测量值经 $14U_1$~$14U_4$ 组成的译码器组译码后送到数只 SZ8 型辉光数码管作数字显示。采用的 T332 型 BCD 译码器（四一十译码器）为负逻辑高反压 OC 输出，与辉光显示器件接口极为方便。为了提高显示精度，对四分频器 $6U_5$ 的输出也进行了相应处理。$6U_5$ 每计 4 个脉冲代表 1 μs/m 的时差值，

其 0、1、2 和 3 四个状态就分别表示小数点后 0 μs/m、0.25 μs/m、0.5 μs/m 和 0.75 μs/m。由于增加两个小数点位没有太大意义，将 0.25 和 0.75 分别显示为 0.3 和 0.8。表 5-2 说明了这一计数、锁存、译码和显示之间的关系。7U$_{4a}$ 作一级译码用，要注意几个器件的连线方式。14SM$_6$ 是一只小白炽灯，指示小数点位置。

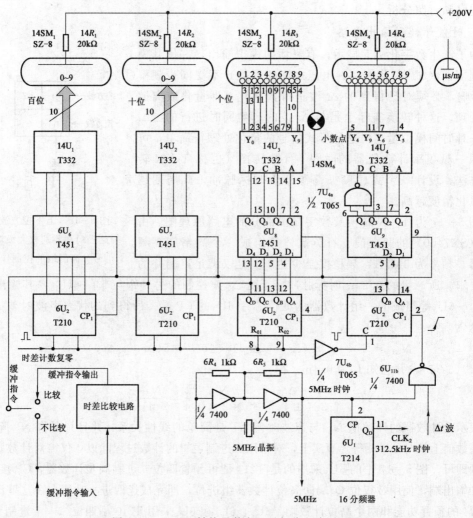

图 5-17　T-N 转换及数字显示部分电路原理图

表 5-2　计数、锁存、译码和显示之间的关系

分频计数	6U$_9$ 出		14U$_4$ 入				BCD 码显示	
	Q$_1$	Q$_2$	A	B	C	D		
0	0	0	0	0	1	0	4	0
1	1	0	1	0	0	1	9	3
2	0	1	0	1	1	0	6	5
3	1	1	1	1	0	0	3	8

　　获得与 ΔT 成正比的模拟输出电压由 D/A 转换电路完成，如图 5-18 所示。虽然 D/A 转换是一种很普通的处理技术，但这里需作几点说明。如前所述，为显示处理方便采用了 BCD 计数方法（由于通常使用硬逻辑进行多位的 B 至 BCD 转换并非易事），故所用的 D/A 转换电路也必须能适应这种代码。图中的 DAC12QZ 是一种专用的负逻辑 BCD 码（8、4、

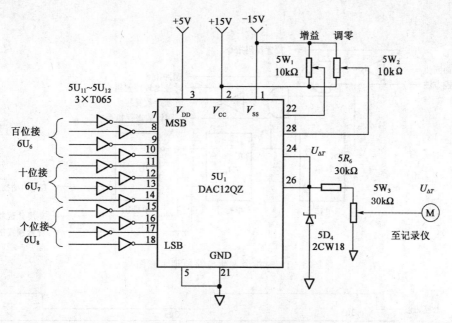

图 5-18 模拟输出电路原理图

2、1) 输入型厚膜集成电路,内部为权电阻开关网络。12 条输入线包括 3 个十进制数量级,代码输入范围为 0～999,分别接至图 5-17 中 $6U_6$～$6U_8$ 等 3 个缓冲寄存器的输出端。$5U_{11}$～$5U_{13}$ 对三阶 BCD 码反相以适应 DAC12QZ 的负逻辑输入。ΔT 的模拟输出电压的分辨率为 1 μs/m,这个大约 0.1% 的满刻度相对精度对于一般模拟记录来说已经足够。$5W_1$ 和 $5W_2$ 是 $5U_1$ 工作状态微调电位器。调节 $5W_2$ 可使输入代码为 0 时输出模拟电压也近似为零(失调最小),$5W_1$ 用于校准输出的模拟比例因子。例如,调节 $5W_1$ 可使模拟电压 $U_{\Delta T}$ 满足:

$$U_{\Delta T} = \frac{\Delta T}{M} = \frac{\Delta T}{100}(V)$$

式中 M——模拟比例尺,其值为 100 (μs/m) /V。

这样,当 ΔT 在 0～999 μs/m 之间时,$U_{\Delta T}$ 为 0～9.99V。上两个电位器出厂时已调好,使用中一般不动。由于这一电压与常用的 JD581 多线仪测量道配接时太高,因此用 $5R_6$ 降压并经 $5W_3$ 进一步调节才送往模拟记录设备。

4. 指令发生电路

声测井仪内部需要一些有序的定时控制操作。例如,上面讨论的计数和缓冲寄存必须在计数器已获得 $N_{\Delta T}$ 后才能将其输出状态写入缓冲寄存器组;也必须是在本次 $N_{\Delta T}$ 已寄存后,但还要在下次 $\Delta t_\perp$ 波到来之前,将计数器组清零。指令发生电路的主要功能是对 ΔT 计数和缓存、刻度计数、跟踪延迟、时差比较等电路作出时序上的控制。所谓"指令",只不过是预先安排好的一些定时控制脉冲信号而已。

图 5-19 是指令发生电路的原理示意图。由 3 个设计有 3 μs 左右定时的单稳电路形成时间间隔,通过几个门电路选通即得到如图 5-20 所示的控制波形。这些指令的大部分要到下面内容的讨论中才用到。计数 $N_{\Delta T}$ 包括 $\Delta t_\perp$ 和 $\Delta t_\top$,故缓冲指令和时差计数复零指令在一个工作循环中仅出现一次。图 5-20 中还画出了 ΔT 波参考对照,不难看出,当对上次的 ΔT 计数值 $N_{\Delta T_{i-1}}$ 在缓冲指令的上升沿被写入缓冲寄存器组 3 μs 后,计数器组被复零,为计本次时差计数 $N_{\Delta T_i}$ 做好准备。

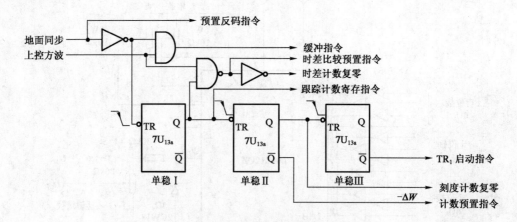

图 5 - 19　　指令发生电路原理示意图

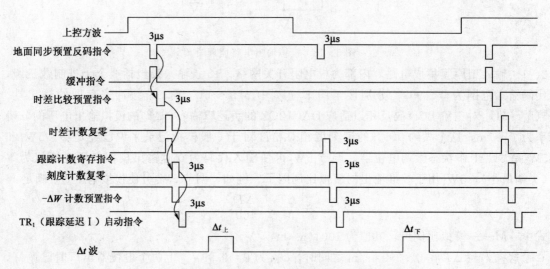

图 5 - 20　　指令发生电路波形示意图

指令发生电路本身虽很简单，但掌握所产生的控制信号（还包括前面讨论的同步控制信号）对各电路的时序控制作用是深刻理解 79 仪工作过程的关键一环。

5. 跟踪延迟电路

如前所述，为了在时间上压制干扰信号（主要是指超过鉴别器门槛电平的较大幅度的干扰信号），采用了两组延迟和延迟门来控制信号分离逻辑。前面已经指出，为使在高速地层测量中不把首波关在相应门外，延迟 Ⅰ 和延迟 Ⅱ 必须有一个可靠的提前余量。这样，在延迟门已受延迟单稳触发而进入暂稳态但首波信号还未到来的期间内，大的随机干扰就可能通过鉴别器和信号分离门使 Δt 形成触发器翻转造成错误的测量，往往地层声速越低时这种可能性就越大。老式声速测井仪一直未能解决这一问题。因而，在测量环境较差、井眼条件不好（碰撞干扰大）时，就只好降低测速和采用人工密切监视的办法，但往往得不到好的效果。可以设想，既然从时间上压制干扰的方法是一种十分有效的手段，能否进一步利用这一处理思想呢？答案是肯定的。事实上，在声速测井中，由于测量的是声波在两接收探头之间传播的平均效果，即使存在着地层声速突变的界面，如忽略临界角的影响，获得的测井曲线是一

条梯形的渐变，如图 5-21 中的实线所示。图 5-21
中的虚线示出的理想响应是不存在的，实际是在间
距 L 纵向距离内达到应有的横向偏转（忽略附加的
滤波处理及模拟记录仪的响应速度）。显然，在这
段时间内，仪器已经过了多次发射—测量循环，测
量曲线实际上是呈小的阶梯形（如果记录设备响应
足够快）。换句话说，因两次测量中仪器上提运动
距离较小（约数厘米），ΔT 值是不可能有大的突变
的。为此，可用电子器件"记忆"从延迟开始到首
波到达这段时间，取一个很小的提前量（称为窗
口，其宽度记为 $-\Delta W$）作为下次延迟时间，这就
是跟踪延迟（跟踪相应首波的抗干扰延迟）处理的

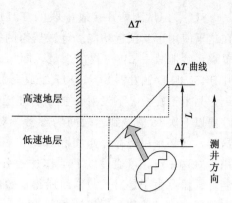

图 5-21　声波测井曲线在地层界面响
应示意图

基本原理，地层声速变化使首波到达时间变化，这种延迟时间也相应动态地变化，因而也称
为"活动延迟"。相应的，把采用单稳电路的延迟Ⅰ、延迟Ⅱ称为"固定延迟"。为对早、晚
两道信号进行干扰处理，跟踪延迟也分为Ⅰ和Ⅱ两组与固定延迟相对应。

图 5-22 为跟踪延迟电路示意图。为突出电路的实质和便于分析，对原电路进行了一些
简化，同时由于跟踪延迟Ⅰ、延迟Ⅱ两部分电路的主要结构相同，故对跟踪延迟Ⅱ中与跟踪
延迟Ⅰ相同的部分以框图形式表示。跟踪延迟采用的是一种计数定时方法，下面主要以跟踪
延迟Ⅰ为例进行讨论。

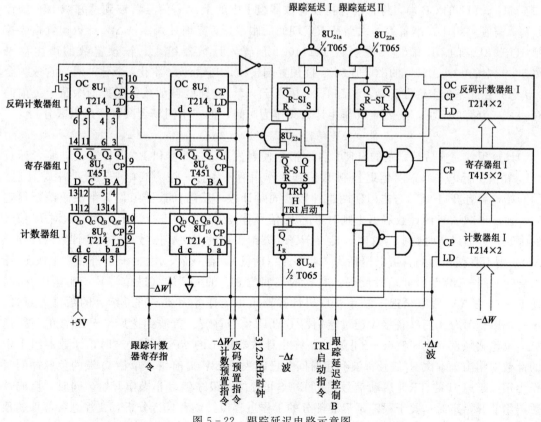

图 5-22　跟踪延迟电路示意图

$8U_9$、$8U_{10}$ 为两片接成串联的 T214 计数电路，称为计数器组 I，容量为八位二进制，在这里使用了其预置功能。计数器组的作用是：对本次的首波到达时间进行测量，并利用预置端巧妙地减去 ΔW（提前余量，即 $-\Delta W$），为下次上发期间的跟踪延迟时间提供依据。两片 T451 四 D 触发器 $8U_5$、$8U_6$ 组成一个八位寄存器，称为寄存器组 I。之所以使用寄存器组，是由于在上、下发射时要分别进行所对应的跟踪延迟，即本次上发期间对 R_1 信号的跟踪要以上次 R_1 信号到达时间为参考，对 r_1 也是如此。测量是以上、下发射交替地进行的，这样，就必须用寄存器组将相邻结果寄存起来。因此，寄存器组起到缓冲（一次遮挡）作用。对这一点，可通过以下工作过程分析来理解。$8U_1$、$8U_2$ 也是由 T214 组成的八位二进制计数器，由于是对计数器组所得计数的反码（使用 T451 的 $\overline{Q}$ 端输入）进行计数，利用溢出作用定时，故称为反码计数器组 I。由计算基础可知，对于一个数，如以 $N_{原}$ 表示原码，$N_{反}$ 表示其反码，那么：

$$N_{原} + N_{反} + 1 \rightarrow 进位（溢出）$$

根据这一原理，如果把与需要定时长度成正比的 N 变为反码 $N_{反}$ 后预置到反码计数器组中，当以同样时钟频率再计 $N_{原}$ 加 1 个脉冲后产生溢出，这样就再现了这一时间（加 1 的误差忽略）。为减少计数器的位数，将 5MHz 时钟 16 分频为 3.2 μs 周期方波后作为跟踪延迟系统的计数时钟，最大延迟（不包括 $-\Delta W$）可为 $3.2 \times 2^8 = 819$ μs，延迟精细度为 3.2 μs，这在一般情况下已足够。参考图 5-23 分析跟踪延迟的工作过程，反码预置指令（也是地面同步信号）加到 $8U_1$、$8U_2$ 的 LD 端，将寄存器组 I 中寄存的上次 R_1 信号到达时间并预减 ΔW 的反码预置入反码寄存器组 I，为本次跟踪延迟定时做好准备。随后到来的跟踪计数寄存指令加至 $8U_5$、$8U_6$ 的 CP 端，将目前保持在计数器组 I 中的上次 r_1 信号首波到达并减 ΔW 的计数写入寄存器组 I，准备为本次循环下发期间的跟踪延迟定时使用。$-\Delta W$ 计数预置指令控制 $8U_9$、$8U_{10}$ 的 LD 端将二进制数 11111001 预置入计数器组 I，该预置数的产生参见图 5-22 中的 $8U_9$、$8U_{10}$ 的 A、B、C、D 预置端接线。当给计数器组 7 个脉冲时，它成为全 0 状态并在此基础上继续计数。11111001 相当于 -7，这样就自动减去了提前余量。提前的时间是（为简单起见，把 ΔW 既作为计数又作为时间，但在不同场合其含意可以区分）：

$$\Delta W = 7 \times 3.2 = 22.4 \ （μs）$$

计数预置完成后，紧跟的 TR I 启动指令使触发器 R-S I 和 R-S II 置位。前者通过 $8U_{21a}$ 输出一低电平（跟踪延迟控制 B 信号的作用暂不考虑，设为高电平）说明跟踪延迟 I 的开始，后者开启 $8U_{23}$ 与非门使两组计数器同时计数。反码计数器组作为本次跟踪延迟定时，而已预减 ΔW 的计数器组 I 则对本次 R_1 信号首波到达时间进行测定，为下次对 R_1 信号的跟踪延迟提供定时数据。这时，已存于寄存器组 I 中的上次 r_1 信号首波到达计数（已预减 ΔW）则不受任何影响，可以概括为"测一个（时间），存一个，用一个"。经过"上次 R_1 首波到达时间 $-\Delta W$"时间后，反码计数器的高四位 $8U_1$ 的 OC 端（进位端）产生溢出脉冲，使 R-S I 复位，跟踪延迟 I 结束，反码计数器组 I 的任务完成，再继续计的数已无意义。这时，R_1 信号分离门准备接收通过鉴别器 I 的 R_1 信号首波。首波到达后，$-\Delta t$ 波的下跳使 $8U_{24}$ 单稳被触发并立即使 R-S II 复位，终止计数器组 I 的 CP 脉冲。这时，计数器组 I 中的计数即相当于本次 R_1 信号首波到达时间并已减去了 ΔW 提前量，单稳 $\overline{Q}$ 端的负脉冲同时作为跟踪延迟 II 的 TR II 启动信号，使 R-S II 置位，跟踪延迟 II 操作开始。同时，反码计数器组 II 开始定时。关于跟踪延迟 II 部分的工作过程留给读者自行分析，要注意各部件的预置指令、时钟脉冲和时差测量中的相互时序关系，其余与上面讨论的过程相似。

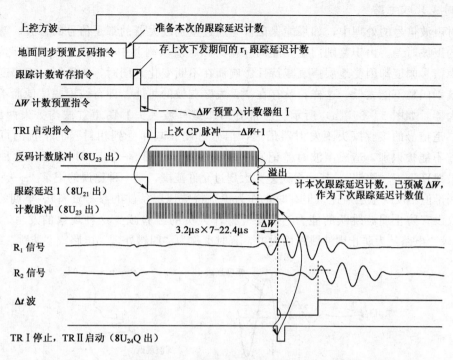

图 5-23　跟踪延迟工作波形示意图

参照图 5-14 和图 5-22 两电路，不难得出固定延迟和跟踪延迟两种控制的实际作用结果。图 5-24 以 R_1 信号为例作出说明。图中虚线表示禁止跟踪延迟（当图 5-22 的跟踪延迟控制 B 端为低电平，$8U_{21a}$ 和 $8U_{22a}$ 被关闭时，跟踪延迟不起作用）时，以延迟 I 作为抗干扰延迟。当跟踪延迟 I 有效时，虽然延迟 I 已触发延迟门 I，但跟踪延迟 I 使 $3U_{6a}$ 关闭，直到 R_1 信号首波到来之前 ΔW 的时刻（设地层声速未变化）才使 R_1 信号分离门有可能开启。总之，这是一种"谁晚谁有效"的自动作用过程。

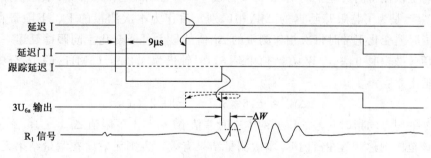

图 5-24　R_1 信号跟踪延迟工作示意图

通过对跟踪延迟过程的分析可知，这种方法虽然可以跟踪首波信号的到达，但本身并没有对首波的识别能力。也就是说，如果因某种原因使 Δt 波偶然不是由首波而是因干扰信号造成的，将形成错误的跟踪，这是必须加以防止的。在实际应用中，操作人员通过示波器观察证明 Δt 波确实是信号首波触发（可以通过调节固定延迟时间和鉴别门槛电平做到这一点）时，才按下"跟踪"控制开关，使跟踪延迟有效。为防止测井运行中因首波丢失（例如，因地层信号的衰减使首波幅度突然低于鉴别门槛电平）造成误测，跟踪延迟电路往往同将要讨论的"时差比较"电路相配合，才能得到令人满意的结果。

6. 时差比较电路

在对声波信号的处理中，如果能保证首先通过鉴别放大器的都是信号的首波，就可以得到正确的声波时差。由于鉴别门槛一经调好就为固定值（测井中一般不允许随时调整），而实际的声信号幅度却因受地层声衰减特性影响而在不断变化；同时，为压制一定幅度的干扰信号，鉴别门槛不能太低。这样，就存在"丢失"首波的可能，即首波因幅度低而不能通过鉴别放大器，如图 5 - 25（a）所示。通常有第二道首波丢失和两道首波均丢失两种情况。产生第二道信号的接收探头距发射器最远，信号过度衰减和受到相对强的干扰的可能性最大。首波不能被识别，造成声波时差记录曲线的跳变，如图 5 - 25（b）所示。这种现象称为"周波跳跃"或"跳波"，其测量误差大大超过允许范围，是一种错误的记录。一般情况下，这时的测量值不反映地层声速（但有时也作为识别特殊地层条件的参考资料）。早期的国产声速测井仪没有防止周波跳跃的能力，只能凭操作人员的经验减少这种现象的发生。79 仪的"时差比较"电路是为防止周波跳跃而设的，有时也称为"纠错处理"电路或"防跳"电路。

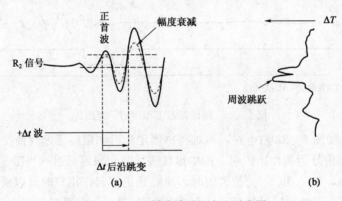

图 5 - 25 "周波跳跃"产生示意图

时差比较处理的基本依据同跟踪延迟相似，即测量中声波时差不应有大的突变。实际处理时，假将上次测得的时差平均值 Δt_{i-1}（为 $\Delta t_{上i-1}$ 与 $\Delta t_{下i-1}$ 之和，下标 i 表示次序）加、减 $\Delta W'$（加 "'" 是为了与跟踪延迟的 ΔW 相区别）后作为本次测量的上、下限寄存。其中，$\Delta W'$ 考虑了时差变化正常时每次相邻测量的 Δt 值的最大可能变化。同跟踪延迟一样，时差比较也采用计数定时方法。$\Delta W'$ 在数值上是 6，时钟仍为 3.2 μs（5MHz 的 16 分频），时差窗宽在数值上是：

$$\pm \Delta W' = \pm 6 \times 3.2 = \pm 19.2 \ (\mu s)$$

注意，此处的时差均指时间差。得到的本次时差值 Δt_i 后与上下限值 $\Delta t_{i-1} \pm 19.2$ μs 相比较，如不超过该范围则称"落在窗内"，本次测量结果有效，否则无效。在测量结果无效时，禁止缓冲寄存指令发到输出寄存器组，D/A 转换输出和数字显示内容仍保持 ΔT_{i-1} 值。如果这种超限连续发生 6 次，则认为跳变不是因偶然因素产生的，允许输出（即使是周波跳跃），并向操作人员告警。

图 5 - 26 为时差比较电路简化原理图。由标有"Ⅰ"、"Ⅱ"的两列计数器组、寄存器组和反码计数组构成上限比较和下限比较两部分，计数定时电路同跟踪延迟中的几乎完全相同。下面参考图 5 - 27 波形示意图讨论时差比较处理过程。

地面同步指令发出后，时差比较预置指令同时作用于 4 组计数电路的 LD 端，并使 R - SⅠ 和 R - SⅡ 置位，此时 R - SⅡ 的 $\overline{Q}$ 端关闭缓冲指令控制门 9U$_{24}$。$+ \Delta W'$ 码 00000110

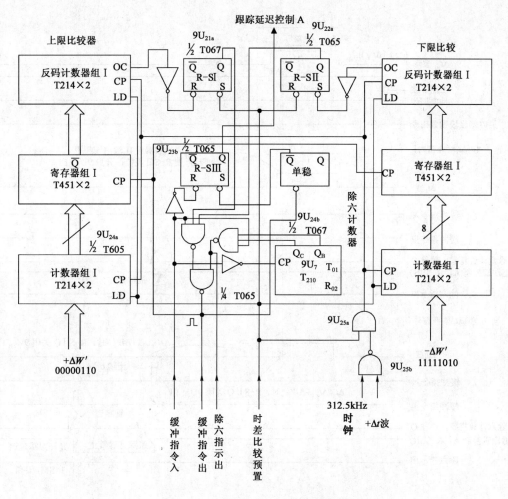

图 5-26 时差比较电路简化原理图

（十进制的 6）预置入计数器组 I，在下次比较中反码计数器组要多计 6 个脉冲（实际上是 7 个）才产生溢出，因此 $+\Delta W'$ 加上本次 Δt 计数后就规定了下次比较的上限。$-\Delta W'$ 的补码为 11111010（十进制的 -6）预置入计数器组 II，预减了一个下限窗宽。在本次的 $\Delta t_{上i}$ 和 $\Delta t_{下i}$ 分别到来时（图 5-27 中为分析方便将其画在一起）开启 $9U_{25b}$，而 $9U_{25a}$ 门已在时差比较预置指令无效后被开启，3.2 μs 时标脉冲被 4 组计数器组同时计数。其中，计数器组 I、II 分别计时 $\Delta t_i \pm \Delta W'$，而反码计数器组 I、II 则在已预置 $\Delta t_{i-1} \pm \Delta W'$ 的反码基础上计时 Δt_i。时差比较由 R-SI 和 R-SII 的判溢出操作完成。如果 Δt_i 满足：

$$\Delta t_{i-1} - \Delta W' < \Delta t_i < \Delta t_{i-1} + \Delta W'$$

则如图 5-27 的（a）部分。由 $\Delta t_{i-1} - \Delta W' < \Delta t_i$ 的成立使反码计数器组 II 溢出（超过下限），R-SII 复位，其 $\overline{Q}$ 端开启 $9U_{24a}$ 门。由 $\Delta t_i < \Delta t_{i-1} + \Delta W'$ 使 R-SI 仍处于置位状态，Q 端对 $9U_{24a}$ 门没有影响，缓冲指令到来，使 $9U_{24a}$ 出低，同时使除六计数器 $9U_7$ 计数和使 R-SII 复位，跟踪延迟控制 A 暂时失效。除六译码门 $9U_{24b}$ 因 $9U_7$ 输出不满足译码状态而出高，开启缓冲指令输出门 $9U_{23b}$。缓冲指令由 $9U_{23b}$ 输出至图 5-17 中的缓冲寄存器组，新的测量值被承认。同时，该指令使计数器组 I、II 所计的本次上下限值写入寄存器组 I、II，在第 $i+1$ 循环中使用；触发单稳电路使 R-SII 置位，跟踪延迟控制 A 为高电平，允许跟踪延迟，

— 171 —

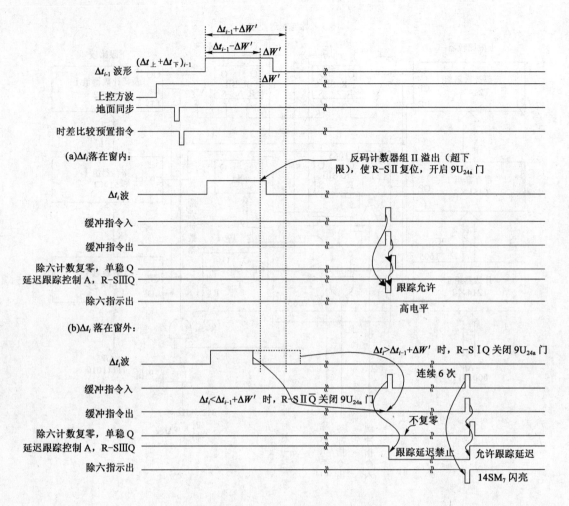

图 5-27　时差比较电路工作波形图

$9U_7$ 复零。因此，当 Δt_i 不超限时，时差比较对于输出缓冲指令和跟踪延迟处理是"透明"的。

图 5-27 中的（b）部分表示 Δt_i 超限的情况。$\Delta t_i < \Delta t_{i-1} - \Delta W'$ 或 $\Delta t_i > \Delta t_{i-1} + \Delta W'$ 将分别造成 R-SII 不复位或 R-SI 被复位，在这两种情况下，均使缓冲指令控制门 $9U_{24a}$ 被关闭，输入的缓冲指令被阻断；寄存器组 I、II 没有 CP 脉冲，本次所计的上下限值无效并将在下循环开始的时差比较预置指令作用下被冲掉。由于单稳电路不被触发，缓冲指令输入时复位的 R-SII 不置位，跟踪延迟功能被禁止（防止对错误首波跟踪），$9U_7$ 也不复零。如果再次获得的 Δt_{i-1} 满足：

$$\Delta t_{i-1} - \Delta W' < \Delta t_i + 1 < \Delta t_{i-1} + \Delta W'$$

则获得输出，如前所述。当 Δt_{i+1} 直到 Δt_{i+6} 均超限，即连续 6 次后，$9U_{24b}$ 对 $9U_7$ 状态译码，被缓冲寄存输入指令选通后，迫使缓冲指令输出门 $9U_{23b}$ 输出一"特许"的缓冲寄存指令，跟踪延迟被允许，$9U_7$ 复零，寄存器组 I、II 接收本次的上下限值作为再次比较的依据。同时，$9U_{24B}$ 还输出一个除以六指示负脉冲，使一指示灯闪亮，通知操作人员注意观察示波器看时差信号是否由首波触发。

与跟踪延迟处理相对照，时差比较除处理内容和控制信号不同外，还应注意的是：时差比较在上、下发射的每个循环中进行一次，而跟踪延迟Ⅰ、Ⅱ则各工作两次。在此，寄存器组的作用是避免4组计数器同时预置时，±ΔW直接进入反码计数器组而使已储的上下限值被冲掉。当然，如果能在时间上将时差比较预置分为两步，先反码计数器组后计数器组，则寄存器组可不用，但超限时的处理与上有别。

上述分析均是对同时使用跟踪延迟和时差比较功能而言的，实际上这两种功能是否采用及采用方式可由操作人员借助于开关加以选择。

图 5-28 为 79 仪跟踪延迟和时差比较的操作控制电路，有以下 4 种不同的组合。

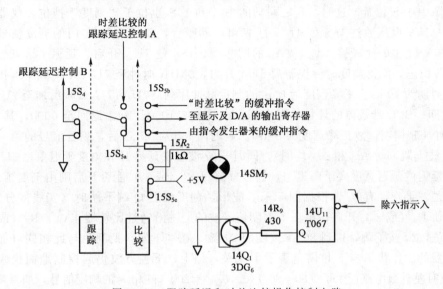

图 5-28　跟踪延迟和时差比较操作控制电路

(1) 不跟踪延迟，不时差比较。"跟踪"、"比较"两键均在释放位置。跟踪延迟控制 B 信号为低电平（$15S_4$ "刀" 接地）使图 5-22 中 $8U_{21a}$、$8U_{22a}$ 两门关闭，禁止跟踪延迟。由指令发生电路产生的缓冲寄存指令通过 $15S_{5b}$ 的 "刀" 位直接加至时差输出缓冲寄存器组，使每次测量值均得到输出。

(2) 时差比较，不跟踪延迟。"比较"控制键按下，时差输出寄存器组的 CP 脉冲来自比较电路的缓冲指令输出门。如果本次测量的时差落在窗内，则缓冲寄存指令通过图 5-26 的 $9U_{23b}$ 和图 5-28 的 $15S_{5b}$ 使新测量值有效，否则被禁止。

(3) 跟踪延迟，不时差比较。"跟踪"控制键按下，跟踪延迟控制 B 信号通过 $15S_4$、$15S_{5a}$、$15R_2$ 接至 +5V 电平，图 5-22 中的 $8U_{21a}$、$8U_{22a}$ 开启，允许跟踪延迟处理。这种选择是一种不可靠的处理方式。

(4) 跟踪延迟，时差比较。两控制键均被按下。跟踪延迟控制 B 信号通过 $15S_4$、$15S_{5a}$ 接至时差比较电路的跟踪延迟控制 A 信号。Δt_i 落在窗内，允许跟踪延迟，新的测量值被输出。这是 79 仪进行声速测量时功能最强的应用形式。

时差比较作为一种纠错处理，其基本设计思想已在国外多种声测井中得到应用。例如，德莱塞公司的 1656 型声波测井面板中采用了所谓"纠错处理"电路，由加法运算器、数字比较器等组合逻辑对测量结果进行判断处理。斯伦贝谢公司的数控测井系统对测量值进行了更复杂的计算机判断处理，称为"DDT 尖峰抑制"。

7. 刻度信号产生

同其他类型测井仪器一样，79仪也具有刻度输出功能，用于对仪器内部有关工作状态的检查和标定模拟记录仪的横向比例。79仪可有选择的以 100 μs/m 为间隔输出 0～600 μs/m 的刻度信号（也称校准信号）。

根据 Δt 与 ΔT 的关系可知，每 40 μs 宽的 $\Delta t_{上}$ 和 $\Delta t_{下}$ 相当于 100 μs/m 的声波时差。刻度信号电路设计得与仪器某些电路相配合，产生一系列标准的 Δt 时差波。图 5-29 为有关简化电路。以下结合波形图（图 5-30）和信号分离与时差形成电路图（图 5-14）等讨论刻度信号的产生过程。为了便于分析，将声速刻度控制开关组 16S 作了简化。设把键"200"按下，见图中 16S$_c$ 位置。这时，与之联动的 16S$_a$ 和 16S$_b$ 也位于"刻度"挡位，仪器进入刻度状态。－15V 电压通过 16S$_b$ 使 4J$_1$、4J$_2$ 两继电器吸合，使得 7U$_{11a}$ 与门的刻度信号输出分别接至图 5-14 中的比较器 4A$_{1a}$、4A$_{1b}$ 的同相端。16S$_a$ 使 7U$_{11a}$ 开启。延迟I结束后，延迟门I进入暂稳态，使得刻度时钟控制门 6U$_{11c}$ 开启，5MHz 时钟经 7U$_1$、7U$_2$ 和 7U$_3$ 作 200 分频后得到周期为 40 μs、正峰宽度为 8 μs 的刻度脉冲序列（7U$_3$、7U$_2$ 分频后加至 7U$_1$ 的时钟为 4 μs 周期，BCD 计数器的计数状态由 0000、0111、1000、1001 返回至 0000，其 Q$_D$ 端高电平为两个 CP 周期，故正峰宽度为 8 μs）。延迟门I开启 32 μs 后，刻度信号的第一个上升沿使＋Δt 波上跳（对 $\Delta t_{上}$ 和 $\Delta t_{下}$ 均同），同时－Δt 波触发延迟II和刻度延迟单稳 3U$_4$。由于此时刻度延迟的延迟宽度大于延迟II，信号分离门 R$_2$（或 r$_2$）能否开启则由刻度延迟决定，这显然也是"谁晚谁有效"。根据图 5-30 波形，刻度延迟 Q 端下跳时（实线部分），刻度延迟门波使 R$_2$（或 r$_2$）开启，第三个刻度信号波的上跳沿通过比较器 4A$_{1b}$、R$_2$（或 r$_2$）门使 3U$_5$ 复位，Δt 波下跳，得到 80 μs 宽度的 Δt 波。在"下发"期间也与此相同（加引号表示此时仪器的工作状态与下井仪是否发射无关，但上、下控方波仍起控制地面仪线路的作用）。通过时差计数电路产生了 $(80+80)/(2\times0.4)=200$（μs/m）的刻度信号，如果刻度值选择按键置挡位"100"，则相应波形为图 5-30 中虚线所示，产生的是 100 μs/m 的刻度输出值。这样，刻度延迟 3U$_4$ 的暂稳宽度 t_C 决定了刻度输出值，设 ΔT_C 代表时差刻度输出值，显然有：

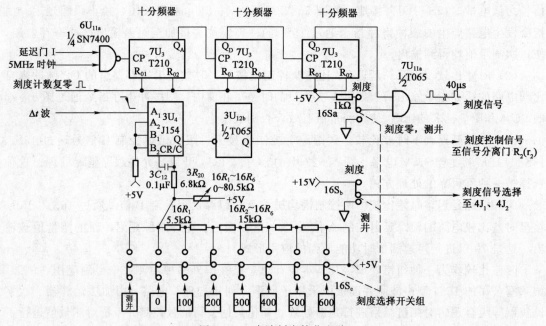

图 5-29 声波刻度简化电路

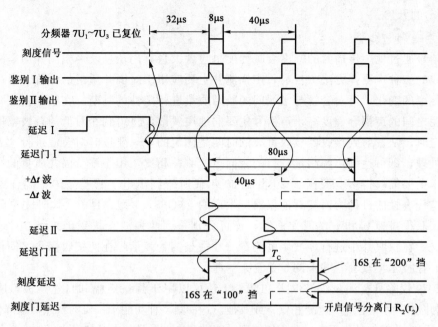

图 5 - 30 声波刻度电路波形图

$$\Delta T_C = \begin{cases} 100, & t_C < 40 \ \mu s \\ 200, & 40 \ \mu s < t_C < 80 \ \mu s \\ \cdots \\ 600, & 200 \ \mu s < t_C < 240 \ \mu s \end{cases}$$

虽然 t_C 决定 ΔT_C 的输出，但 ΔT_C 的精度却取决于 5MHz 脉冲分频后的刻度信号。t_C 由 $16R_1 \sim$ $16R_6$ 等 6 只电阻确定。由上式可知，这些电阻选择的自由度较大（即允许有一定的误差）。可以想到，如果直接用单稳态电路产生 ΔT_C，则要求 $3C_{12}$、$16R_1 \sim 16R_6$ 等具有相当高的精度和稳定度，这在实际制造中即难于调整，精度也不易得到保证。因此，这种 ΔT_C 刻度输出的产生方法在构思上是十分巧妙的。这种刻度方法的另一个优点是可以检查从鉴别放大器入口起整个电路工作是否正常。按下 "0" 键刻度基值时，$16S_a$ 接地使 $7U_{11a}$ 关闭，没有刻度信号输出，Δt 波恒为低电平，故 ΔT_C 为零。这时也可进行 D/A 转换器的零点调节。显然，在刻度时不应使用跟踪延迟和时差比较功能。

应该指出，上述电路所产生的 ΔT_C 信号虽然能用于标定横向比例和检查系统的线性，但由于它是地面仪本身产生的，与下井仪无关，因而是一种 "假" 的响应值。这种方法并不反映仪器的整体精度，也无法了解下井仪的工作状态。对声速测井仪整体精度和整机工作状态的检查最好采用 "实体刻度" 的方法（上面的方法也称为 "模拟刻度"）。把下井仪器吊入已知声速的铝或钢筒中并进入测井状态，测得的时差值同已知标准值相对比，就反映仪器的整体精度。例如，对 79 仪要求在特制铝刻度筒内的测量值为 $(182 \pm 2) \mu s/m$ 方为合格。实际测井中，由于鉴别门槛电平对信号首波触发相位等因素的影响，测量误差往往比上值大得多。

进入测井状态时，$16S_a$ "刀" 接地将 $7U_{11a}$ 关闭，$16S_b$ "刀" 接地使 $4J_1$、$4J_2$ 断电，两比较器恢复与测井信号的连接。同时，$3R_{20}$ 通过 $16S_C$ 直接与 $+5V$ 相连，使得刻度延迟单稳 $3U_4$ 暂稳时间小于延迟 II。也就是说，刻度延迟门早于延迟门 II 被触发而不再影响信号分离

门 R_2 和 r_2 的开启。

8. 声幅测量电路

声信号通过地层传播时的幅度衰减程度也包含大量有用信息，声幅测井即是测量声信号幅度曲线的一种声测井方法。目前，声幅测井主要应用于对固井质量的评价。通过测量套管滑行波幅度的变化，可对套管与水泥间的胶结质量进行定性的判断。在胶结良好时，套管和封固水泥之间的声耦合程度高，声信号主要向地层发散，将得到相对低的首波幅度值。套管直径一定时，从发射到接收器接收首波的时间是固定的，只要按时对首波进行"采样"和一些其他处理，即可达到声幅测量的目的。同声速测井相比，用于评价固井质量的声幅测井在处理技术上要简单得多。我国于 20 世纪 60 年代所研制出电子管、晶体管混合式声幅测井仪，具有代表性的机种为西安石油仪器厂生产的 CSG68-1 型。目前，国外先进的声波测井技术不仅获得声速 v_P 和 v_S 的时差曲线，还可分别得到两种波衰减变化曲线，对地质分析有很大意义。在裸眼井中进行声波幅度测量（往往是测量声信号在两接收探头之间传播时的相对衰减）在技术上较套管井中测量要复杂一些。

SSF-79 仪除具有测量纵波时差功能外，还可以用于测量声幅和自然声波，所以被称为"声波测井仪"而不是"声速测井仪"或其他。这种集多种功能于一机的特点可以降低仪器的制造成本（因有些部件是公用的）和方便使用，能做到这一点是与电子技术水平的发展分不开的。

声幅测井工作在单发单收方式，利用 79 仪的双发双收声系可有 $T_上 R_1$、$T_上 R_2$、$T_下 r_1$ 和 $T_下 r_2$ 等 4 种形式，可按实际需要加以选择。这种选择由地面仪开关控制。

图 5-31 为声幅测量部分的原理框图。通过电缆传输的信号经 $4T_1$、$4T_2$ 升压后分别加至由场效应晶体管组成的源极跟随器 I、II，$17S_7$ 用于信号选择。这两个跟随器还为示波器观测波提供信号，倒相放大后经 $10S_1$ 可分别送到声幅测量或自然声波测量电路。对声幅测量时的信号进行非线性放大并缓冲后送到采样门。采样门是受门控延迟级控制的电子开关。由延迟电路使开门时间对准首波的到达时刻，门控延迟使采样门对准首波负峰期间内开启"采样"。之所以对负首波进行采样处理，是由于这个波对胶结程度的相关性最好（最灵敏）。由于所记录的首波信号宽度仅几十微秒，且最高同步频率为每秒 10 次（因为只使用单一的发射和接收器，循环中的另一次发射无效），普通模拟记录设备不能对占空比如此小的"脉冲"信号进行记录。为此，必须对首波信号在时间上予以扩展（也称信号保持）。采样后的信号（也称 B 信号）经跟随器缓冲后进行展宽处理再送记录仪记录，当 $10S_2$ 控制延迟电路的触发方式选用上发射信号时，下发射器并不停止工作，只是因延迟、门控延迟不被触发，采样门不开启而无效。虽然 R_1 和 r_2 占用同一信道，但所测量的层段和到达时间不同，因此对如图 5-31 所示的电路结构来说不能同时利用。以下结合 79 仪的声幅测量部分电原理图（图 5-32）和图 5-33 波形示意图讨论电路的工作原理和信号处理过程。

声波信号经 $17S_7$ 选择后加至幅度衰减调节电位器 W_6。$10A_1$ 对信号进行反相放大，并使再经 $10A_2$ 反相放大后的极性与输入信号相同。由 $10A_2$、$10D_1$ 和 $10R_{13}$ 等组成非线性反相放大器。由于二极管 $10D_1$ 接入 $10A_2$ 的反馈支路，使该级的放大倍数随信号幅度不同而变化。进行非线性放大的目的在于补偿后面 $10D_5$、$10Q_6$ 等组成的展宽级在小幅度信号时的非线性，可以定性地对此加以分析。当经 $10R_8$ 输入的正波信号（在 $10A_1$ 前和 $10A_2$ 后是负极性）较小且 $10D_1$ 未达到正向导通时，放大倍数主要由 $10R_{14}$ 与 $10R_8$ 的比值决定，是一个较大的值。当输入的正波幅度较大使 $10D_1$ 逐渐趋于正向导通时，相当于增加了由 $10R_{13}$、$10D_1$ 构成的另一条反馈支路，使大信号时的正向放大倍数下降。对于负波输入信号（正极性输出），因

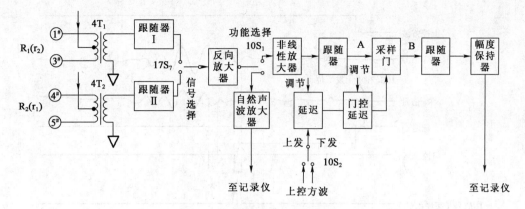

图 5-31 声幅测量部分原理框图

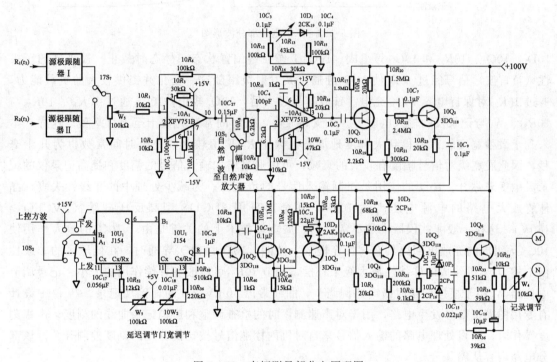

图 5-32 声幅测量部分电原理图

$10D_1$ 处于反向而没有这种非线性作用。但声幅测量不对该极性波进行采样处理，因而对非线性补偿效果无影响。形象地说，经 $10A_2$ 放大输出后的负波形变"胖"了。$10C_3$、$10C_4$ 为非线性反馈支路隔直流，避免因 $10A_2$ 的偏置对 $10D_1$ 导通有影响。$10R_{12}$、$10R_{15}$ 为 $10D_1$ 提供直流通路。因此，这是一种动态（交流）的非线性放大器。$10W_1$ 用于补偿 $10A_2$ 的失调电压，非线性放大后的信号再经 $10Q_1$ 进行反相放大，使负首波变为正极性，经跟随器 $10Q_2$ 输出至由 $10Q_3$、$10D_2$ 组成的采样门。所谓采样门，实际上是晶体管并联式电子开关，本身并不具有保持功能。对首波进行采样时，$10Q_8$ 输出负脉冲经 $10C_{24}$ 耦合到 $10Q_3$ 使之暂时截止，对正极性信号的短路作用消失。该信号通过 $10Q_4$、$10Q_5$ 等组成的级联射极输出电路后加到展宽极，由于 $10Q_3$ 仅对正极性信号具有短路作用，故用 $10D_2$ 对输入的负极性信号提供短路（衰减在 $10R_{25}$ 中），采用锗二极管减少交越间隙。$10C_{11}$ 为 $10D_2$ 提供交流地。信号展宽级由

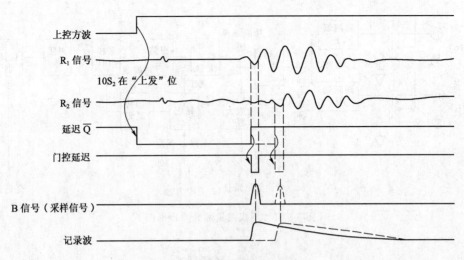

图 5-33 声幅测量部分波形图

$10D_5$、$10Q_6$、$10R_{35}$ 和 $10C_{16}$ 等组成。$10Q_6$ 工作在零偏置状态，静态时截止。被采样的正极性（负首波）信号经过 $10D_5$ 使 $10Q_6$ 导通，其发射级跟随这一变化并提供较大的负载能力，通过 $10R_{35}$ 对保持电容 $10C_{16}$ 充电。首波信号过去后，$10Q_6$ 截止，$10C_{16}$ 通过 $10R_{36}$、$10R_{35}$ 与 $10R_{34}$、W_4 与记录仪的输入电阻等 3 条支路放电，其时间常数为数十至上百毫秒。这样，本来几十微秒宽度的首波得到大幅度地展宽。因 $10R_{35}$ 取值较大，充电时间常数也为几十毫秒，因此展宽级对信号幅度有较大的衰减，可以通过增加输入信号的幅度和提高记录仪的记录灵敏度来弥补。$10D_4$ 的作用是钳制输入信号的负畸变。为减少处理中的非线性失真，晶体管放大电路的电源电压高达 100V，并全部采用 3DG118 型高反压硅管（BVCEO≥180V），这在一般测井仪器中是不常见的。展宽级技术上的关键是由于 $10Q_6$ 的放大作用使 $10C_{16}$ 等组成的充放电回路具有"快充慢放"性能。$10D_5$、$10Q_6$ 导通时，在低压区的非线性由上述 $10A_2$ 等组成的非线性放大级来补偿，调节 $10R_{13}$ 可以改变补偿作用的大小。记录调节电位器 W_4 用于模拟记录时横向比例调节，曲线常以 50mV/cm 的比例尺记录。79 仪中设计有专用的模拟信号发生电路，用于对声速测量时的检查调整和声幅记录曲线的刻度。声幅刻度操作时，测量处理电路的输入信号来自对机内标准信号按比例分压的刻度控制开关。该部分电路内容从略。

延迟级由 $10U_1$ 等组成。$10S_2$ 控制对 $10U_1$ 单稳的触发。J154 单稳集成电路有多个触发输入端，其中 A 端为下跳沿触发，B 端为上跳沿触发。当 $10S_2$ 处于图示的"上发"位置时，上控方波加至 $10U_1$ 的 B_2 端使之为上升沿有效，这时通过 $10S_7$ 的选择可处理 R_1 或 R_2 信号，如图 5-33 中所示波形。当 $10S_2$ 处于"下发"位置时，上控方波的下跳沿通过 A_1 端触发 $10U_1$，则只在下发期间对首波进行处理。调节 W_5 可使延迟级的暂稳态正好在某道负首波到来时结束。由 $10U_2$ 等组成的门控延迟级受 $10U_1$ 触发，其暂稳宽度由 $10W_2$ 调节使之为 30 μs，正好对准首波宽度。$10U_2$ 的 Q 端输出经 $10Q_7$ 反相放大和 $10Q_8$ 缓冲后加至采样门级。延迟及门控延迟两级暂稳时间的正确调节要借助示波器进行。

9. 噪声测量电路

噪声测井是一种被动式无源（指人工声源）测井方法，过去称为自然声波测井。目前，这种测井主要应用在套管井中。通过对噪声声波信号记录的分析，可确定因固井质量不良造成的高压油、气、水层间的窜漏（也称窜槽）的位置，等等。

接收探头作为"话筒"使用。由于探头固有谐振频率的机械滤波作用，使得这种传感器对高频噪声特别敏感。测量电路如图5-34所示，主要由10A$_3$、10D$_6$、10Q$_9$等组成。10A$_3$和10D$_6$配合完成精密整流及放大，将交流输入信号转换成较大幅度的单极性信号，以便于直流记录仪器记录，采用正极性输出。10Q$_9$发射结接在10A$_3$的反馈环路内，增强正向电流驱动能力且不附加直流失调。10W$_4$对10A$_3$进行失调补偿，在无信号输入时，应调节10W$_4$使B点为零电平。10R$_{43}$、10C$_{25}$等组成的低通滤波电路除去10Q$_9$输出的单极性信号的高频成分，再经10W$_3$调节输出强度后送往记录仪。因此，所记录的曲线实际上是自然声波信号强度的包络，如图5-35所示。

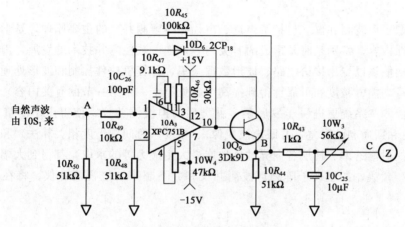

图5-34　噪声测量电路原理图

经以上讨论，再参考图5-8，可对整个声速测量处理过程有比较详细的了解。其中关键是掌握上控方波、下控方波、地面同步、缓冲寄存、预置反码、跟踪延迟控制等十余种控制指令的作用及时序关系。信号分离处理和Δt波形形成是声速处理的核心内容。下井仪电路、ΔT输出的显示及D/A转换则比较简单。跟踪延迟和时差比较是79仪中有特色的处理功能，在分析上有一定的难度，要抓住时序关系并结合其他处理环节才能对这些电路的工作原理有比较透彻的理解。实

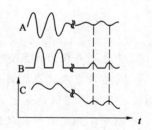

图5-35　噪声测量曲线示意图

际上，SSF-79仪的整体规模还是相当复杂的，因而没有必要也不可能在有限篇幅内对仅具有一定基础知识的读者全面加以介绍，以上内容均对原电路作了适当的简化，以突出其设计思想和技术的实质。各小节之间逻辑上的关系则严格遵从原设计，上述内容可串成一有机整体。

79仪电子线路设计具有一个明显的特点：虽然电路复杂，但所用的集成电路型号种类却不多。例如，门电路几乎全部由二输入四与非门T065（SN7400也与之兼容）或四输入二与非门T067担任，计数芯片采用T210（BCD计数）或T214（二进制可预置），寄存器采用T451，等等。这给备件的购置、储备，仪器的维修带来方便。79仪所使用的电子元器件基本上达到了国产化。

一台完整的仪器还包括电源供电电路及操作、连接部件。为监视仪器运行并使之工作在最佳状态，声测井仪必须配用专用或通用示波器，这是与其他类型测井仪应用时的不同之

处。老式声波测井仪中往往带有专用的示波显示电路，其技术指标较低，多采用了 3in 示波管。79 仪配套的示波器为经过改装的国产 SR8 型晶体管通用双踪示波器，功能较全且体积小。改装内容包括增加 Z 轴调辉信号和把地面同步信号直接引入 X 扫描通道等。通过示波器可以稳定地观察到以上讨论的大多数波形，给现场操作带来方便。由于 79 仪同步频率不高且有些控制脉冲的占空比很小，因此对声波测井仪的调试最好使用双时基通用示波器（如 SR37 型）。

本 章 小 结

本章介绍了声波测井仪（包括了声速、声幅和噪声测井）的主要原理，是学习声波测井仪器的基础性内容，特别是时差形成的有关内容。随着数控测井技术的发展，声波测井仪器地面面板的功能被以专用接口电路、波形数据采集、计算机软件控制和波形处理的方式所取代，使得测量功能、精度和可靠性得到提高（参见第十一章第一节的有关内容）。

现代成像测井系统更进一步发展了多种类型的声波测井仪，使得声学测量参数的种类（纵波、横波和斯通利波时差，井眼声波成像）、精度（时间—慢度相关算法）和解决地质问题的能力（如对渗透率、地层各向异性、地层最大主应力等的求取）都得到大幅度提高，这类仪器的典型代表，如多极子阵列声波测井仪和井下超声波电视测井仪，将在后续章节中讨论。

思 考 题

1. 声速测井仪的声系有哪些主要类型？各自的特点是什么？

2. 简述双发双收声波测井仪的井眼补偿原理。获得最佳补偿的条件是什么？

3. SSF79 井下仪是如何受控发射、放大和传输模拟声波信号的？

4. 以下发期间为例，试说明发射同步、延迟和延迟门组、鉴别放大和时差形成等电路协同工作获得 $\Delta t_下$ 的逻辑过程。

5. SSF79 仪器的时差输出有哪几种形式？

6. 跟踪延迟电路的功能是什么？ ΔW 延迟量是如何确定和实现的？

7. 时差比较电路的功能是什么？什么情况下周波跳跃后的时差值被强制输出？

8. 声幅测量电路是如何获取首波幅度的？

9. 噪声测量电路是如何得到输入波形信号的包络的？

第六章　多极子阵列声波测井仪

第一节　多极子阵列声波测井仪测量原理

　　岩石的纵波速度、横波速度是地层评价中不可替代的工程测量参数。传统的单极子声波测井仪只能测量地层的纵波波速，且有其自身的缺点。对于硬地层来说，可以通过对长源距声波全波测井资料的分析、处理，获得纵波速度、横波波速，但在地层横波波速小于井孔流体波速的地层（软地层）中无法获得横波速度。通过多极子测量技术，可以测量地层的横波，进而计算岩层弹性及非弹性参数、地应力参数、孔隙度、渗透率等。

　　20 世纪 90 年代以来，国外几大专业测井服务公司陆续推出了多极子阵列声波测井仪器，例如 Schlumberger 的 DSI、Baker Atlas 的 MAC 及 XMAC 系列、Halliburton 的 LFD 等，这类测井仪器既可进行传统的单极子声波测井，又可进行以测量地层横波波速、评价地层各向异性为目的的偶极子声波测井，有的还能够进行四极子测量。多极子阵列声波测井技术开创了声波测井新的应用领域，不仅具有单极子测量和偶极子测量的全部功能，可测量横波波速（或切变模量），还可以通过测量环向各向异性来分析地层的应力场、探测裂缝，甚至进行套管外面水压致裂效果的评价。

　　21 世纪初，国产多极子阵列声波测井仪（Multi - Pole Array Acoustic Logging Tool，简称 MPAL）研制成功，并已经投入现场测井服务。MPAL 可发射单极子、偶极子和四极子模式声波，并具有在较长源距条件下以宽频带阵列式组合接收多种模式声波信号的能力；可以按照测井施工的要求，以多种模式在裸眼井和套管井中单独或者组合测量；一次测井可同时完成单极子全波、偶极子和交叉偶极子挠曲波波列等的采集，不仅能够实时获取准确的纵波时差，可在各种地层中提取纵波、横波和斯通利波波速，还能够获得地层各向异性特征，进而在储层地质评价中提供包括孔隙度求取和渗透率估算、岩性识别、力学特性预测等一系列重要参数。

一、软地层中单极测量的局限性

　　单极子测量使用的声源一般为圆管状压电换能器或磁致伸缩换能器，它一般对称振动而向外辐射声波。这种声源相当于一个点声源，在裸眼井中可激发起纵波（P 波）、横波（S 波）、伪瑞利波和斯通利波等。通过波形处理技术，可以提取接收波形中的 P 波、S 波和斯通利波波速。单极子声源及其在现场测井中测得的波形见图 6 - 1 所示。

　　声波在井壁界面上的传播规律与声波在平面界面传播规律相似，可近似用图 6 - 2 表示，当单极子声源发出的声波从井眼液体倾斜射入井壁地层时，一部分能量继续以纵波模式传播，另有一部分能量由纵波模式转换为横波模式传播，并且它们的传播规律遵循斯奈尔（Snell）折射定律，即：

$$\frac{\sin\alpha}{\sin\beta} = \frac{v_0}{v_P}$$

$$\frac{\sin\alpha}{\sin\lambda} = \frac{v_0}{v_S}$$

式中　α——入射角；

β——纵波折射角；

γ——横波折射角；

v_0——井眼液体声速；

v_P——地层纵波速度；

v_S——地层横渡速度。

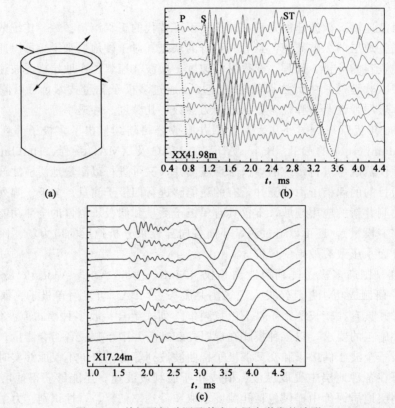

(a)　　　　　　　　　　　　　　(b)

(c)

图 6-1　单极子振动源及其在地层中激发的波形

（a）单极子声源；（b）硬地层中的单极子波形；（c）软地层中的单极子波形

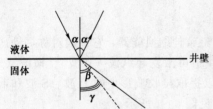

图 6-2　声波在液固界面上的反射、
折射以及波型转换示意图

在硬地层中，$v_P > v_S > v_0$，$\beta > \gamma > \alpha$，因此当入射角 α 加大时，纵波折射角 β 和横波折射角 γ 都会变成 90°，即地层纵波和横波都将会平行于井眼传播，并有部分能量重新返回井眼液体中被传感器所探测，所以，在硬地层中可同时获得地层纵波和横波的信息。

在软地层中，地层横波速度小于井眼液体声速，$v_P > v_0$ 而 $v_S < v_0$，$\gamma > \alpha$ 而 $\beta < \alpha$，因此当入射角 α 加大时，纵波折射角 β 会变成 90°，而横波折射角 γ 将永远小于 90°，即地层纵波将会平行于井眼方向传播，并有部分能量重新返回井眼液体中被传感器所探测，而地层横波将离开井筒向地层深处传播，根本不可能被单极子仪器所探测，这就是在软地层中单极子测量时固有的局限性。

二、多极子横波测量特点

目前使用的多极子声源一般包括偶极子声源和四极子声源。偶极子声源和四极子声源示意图如图6-3所示，偶极子声源由振动相位相同的2个声源组成，四极子声源则由相邻的振动相位相反的4个声源组成。与单极子声源向井眼发射球面对称纵波不同，偶极子声源一般作弯曲振动产生弯曲模式波向外辐射，使井壁水平振动产生挠曲波。挠曲波正弦状沿井眼传播，采用这种挠曲波推导横波速度。四极子声源产生螺旋波，在截止频率附近，螺旋波的波速等于地层S波的波速。较低频率的四极子声源有抑制纵波的作用，对于横波测井非常有利。

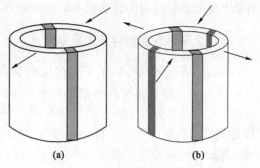

(a)   **(b)**

图6-3 多极子振动源示意图

(a) 偶极子声源；(b) 四极子声源

多极子声波的主要特点是：(1) 多极子声源激发有截止频率的频散模式波，在截止频率附近，多极子声波的波速等于地层S波的波速。(2) 多极子声波的截止频率与井壁介质性质及井径有关。四极子声波的截止频率 f_{4c} 比偶极子波的截止频率 f_{2c} 高，f_{2c} 一般为几千赫兹，而对于特软地层，f_{2c} 只有几百赫兹。(3) 多极子源激发的声波能大大抑制P波，使准S波为首波。只有在截止频率附近的多极子声波的相速度才接近于S波的波速，且越接近截止频率，多极子声波频散越小。

挠曲波具有频散性，也就是说，其传播速度与频率有关。在低频时，挠曲波以横波的速度传播；而在高频时，挠曲波以低于横波的速度传播。图6-4表示在12in（305mm）的井眼中，挠曲波传播速度随偶极子声源发射频率变化的情况。从图中可以看到，当频率低于1.2kHz时，挠曲波以地层横波的速度传播；当频率为3kHz时，挠曲波以低于地层横波的速度传播，在这种情况下，需对原始测量值加上8％的校正量才能得到真正的地层横波速度。

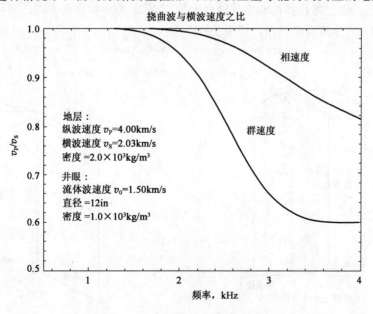

图6-4 挠曲波波速与频率的关系

由此可见，偶极子横波测井实际上是通过挠曲波的测量来计算地层的横波速度。为了减小频率的影响，偶极子发射器应尽量降低发射频率以确保横波速度的测量精度。

目前，国内外现场测量仪器使用的单极子声源、偶极子声源和四极子声源均是相互独立的单个换能器，具有不同功能的声波换能器布置在仪器的不同位置。

三、正交偶极各向异性测量原理

岩石的各向异性可以用简化的横向各向同性（TI，即 Transverse Isotropy）模型来研究，TI 各向异性也是声波测井中普遍采用的模型。此时的各向异性介质有一个对称轴；与该轴垂直的任何方向上的介质性质相同。在石油勘探中，最常见的 TI 有两种情况：一种是 TI 地层的对称轴与井轴平行，称为垂向 TI 或 VTI（Vertical Transverse Isotropy）；另外一种对称轴与井轴垂直，称为水平 TI 或 HTI（Horizontal Transverse Isotropy）。图 6-5 表示了目前最常用的 HTI 地层中四分量正交偶极子测井示意图，测量时记录四个分量的偶极子声波数据。在四分量方式测量的偶极子波形数据中，包括两个相同方向的分量 XX 和 YY，以及两个交叉方向的分量 XY 和 YX。第一个字母表示偶极子声源的指向，第二个字母表示接收器的指向。利用测得的四分量波形数据，可以确定快横波的方位 θ 和地层各向异性的程度。

假设仪器在井中居中，X 方向源—接收器平面与快横波偏振面的夹角为 θ。当 θ 不为 0°时，声源激发的横波在各向异性地层中分裂为快横波和慢横波，两种波都沿井轴方向传播，其偏振方向分别为 HTI 地层的快、慢主轴方向。在实际测量中，X 方向源—接收器平面与快横波偏振面一般不会重合。当 θ 等于 0°或者 90°时，偶极子发射源的偏振方向与地层快横波面或者慢横波面重合，偶极子声源激发的只有快横波或者慢横波。X 方向与 Y 方向声波发射的工作原理相同，下面以 X 方向为例分析。

如图 6-6 所示，假设 X 方向偶极子声源激发的声波信号为 u，由于各向异性效应，当传播到地层中时，该波分裂为分别沿快横波面和慢横波面偏振的快横波 $u\cos\theta$ 和慢横波 $u\sin\theta$。经过从偶极子声源到接收器的传播距离后，对应的声波信号分别是快横波 $u * g_{\mathrm{F}}\cos\theta$ 和慢横波 $u * g_{\mathrm{S}}\sin\theta$。将快横波和慢横波分别投影到 X 和 Y 接收器方向，可得到接收器所接收到的 XX 和 XY 分量波形数据，记为 $xx(t)$ 和 $xy(t)$：

$$\begin{cases} xx(t) = u * g_{\mathrm{F}}\cos^2\theta + u * g_{\mathrm{S}}\sin^2\theta \\ xy(t) = -u * g_{\mathrm{F}}\sin\theta\cos\theta + u * g_{\mathrm{S}}\sin\theta\cos\theta \end{cases} \tag{6-1}$$

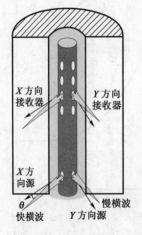

图 6-5　各向异性地层中的正交偶极子四分量测量原理图　图 6-6　各向异性地层中的横波分裂现象

将角度 θ 以 $\theta+90°$ 替代，可得到 YY 和 YX 分量的波形数据，即 $yy(t)$ 和 $yx(t)$。由得到的四分量数据，可以得到快横波和慢横波，即 $FP(t)$ 和 $SP(t)$：

$$\begin{cases} FP(t) = xx(t)\cos^2\theta + [xy(t) + yx(t)]\sin\theta\cos\theta + yy(t)\sin^2\theta \\ SP(t) = xx(t)\sin^2\theta - [xy(t) + yx(t)]\sin\theta\cos\theta + yy(t)\cos^2\theta \end{cases} \quad (6-2)$$

第二节　多极子阵列声波测井仪 MPAL

一、MPAL 仪器结构

图 6-7 是 MPAL 测井仪的井下仪器结构示意图，从仪器底部依次向上主要包括发射电子线路、发射声系、隔声体、接收声系和主测控电子线路等几部分。另外，测井时必须使用扶正器，以保证仪器居中测量。

发射电子线路激励单极子、偶极子和四极子发射换能器发射声波信号。

发射声系包括一个单极子压电陶瓷换能器、两个相互垂直的同深度压电陶瓷偶极子换能器及一个四极子换能器。四极子工作方式的最小源距是 2.591m，最大源距为 3.655m。偶极子工作方式的最小源距是 3.124m，最大源距为 4.188m。全波单极子工作方式的最小源距是 3.658m，最大源距为 4.722m。在发射激励电路的控制下，四极子换能器可工作于单极子或者四极子方式。

隔声体是能够同时隔离纵向和横向剪切振动的特殊机械结构，能够有效地衰减和延迟有害的直达声波干扰。另一方面，隔声体的柔性结构允许仪器在斜井和水平井中使用。

接收声系包括 8 个宽带接收换能器组，间距为 0.152m。每组有两对接收器，一对与 X 方向偶极发射器同方向，另一对与 Y 方向偶极发射器同方向。接收换能器可分时接收单极子信号、同方向或者交叉方向的偶极子信号以及四极子信号。

主测控电子线路短节包括以 DSP 为核心的控制电路、数据采集电路、信号接收电路及井下低压供电电路等几部分。信号接收电路处理来自 8 个接收换能器组的 32 个接收器信号，对它们进行缓冲、信号合成、模式选择、放大（衰减）、滤波后，将输出的 8 道信号连接到数据采集电路。数据采集电路在接收到启动采集命令后，完成 8 通道声波信号的同步采集，保存采集结果。系统控制电路接收遥测电路下传的命令，并将接收到的命令译码后通过命令总线发送到其他电路单元。同时，系统控制电路读取采集数据，处理后暂存到本地存储器，井下遥测短节请求数据时将其上传。

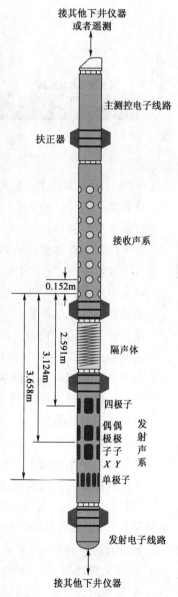

图 6-7　MPAL 组成结构示意图

仪器井下数据传输总线和地面实时控制、处理软件与中国石油 EILog 先进成像测井系统完全兼容,后期波形处理软件集成到中国石油 LEAD2.0 测井信息处理平台。

由发射换能器阵列、隔声体和接收换能器阵列构成仪器的声系,声系与电子线路的信号连接关系如图 6-8 所示。由图示连接关系可以看出,仪器命令总线(TCB)由系统主控制器操作,贯穿连接仪器电子线路的各个功能单元模块,用于设定仪器系统各个功能电路的工作参数。高速局部数据总线(HLB)是数据采集电路和系统控制电路之间的采集数据传输通道。

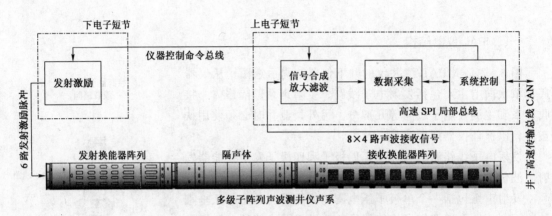

图 6-8 MPAL 仪器信号连接关系示意图

MPAL 的主要技术指标如下:

仪器最大直径:99mm。

仪器长度(测井长度):8.33m。

井下仪器工作温度:最高 155℃。

井下仪器耐压:100MPa。

供电要求:220V 交流电。

电缆要求:7 芯电缆。

测量井眼范围:11.4～53.3cm。

遥测通信方式:CAN 总线方式。

可测井斜范围:垂直到水平。

垂向采样间隔:20 采样点/m。

近单极子最小源距:2.591m。

偶极子最小源距:3.124m。

全波单极子最小源距:3.658m。

接收换能器:压电陶瓷换能器,8 组 32 个,间距 0.152m,带宽 0.5～30kHz。

发射换能器:压电陶瓷换能器,单极子 1 个,带宽 1.0～20.0kHz;四极子(可工作于单极子)1 个,带宽 1.0～20.0kHz;偶极子 2 个,交叉方向,同深度,带宽 0.5～5.0kHz。

最大测速:600m/h。

A/D 采样速率:4～1024μs,实际使用 4～32μs。

A/D 通道:8 个。

A/D 分辨率:14 位。

二、仪器连接总线分析

MPAL 中使用到的连接总线包括井下仪器互连总线、电子线路单元之间的控制命令互连总线和局部电路板之间的高速数据传输互连总线，以下分别对这些互连总线进行分析。

1. 井下仪器互连总线

在测井作业过程中，一般使用多种功能的仪器串接同时进行测量，其特点是一点对多点进行操作，通常是井下遥测短节对其他仪器。遥测短节担当主控器的作用，实现与地面仪器的接口，发送地面下发的控制命令到各支仪器，并依次从每支仪器请求数据。多极子阵列声波测井仪与中国石油 EILog 高性能成像测井系统兼容，使用 CAN 总线作为井下仪器系统互连接口，传输速率是 800kbps。

多极子阵列声波测井仪与遥测电路接口如图 6-9 所示。测井时通常都挂接自然伽马（GR）测井仪，根据实际需要也可以同时挂接其他类型的仪器。数字信号处理器（2407A DSP）内部集成了 CAN 控制器，通过 CAN 收发器连接到 CAN 总线。在仪器串终端接匹配电阻，以防止信号反射。

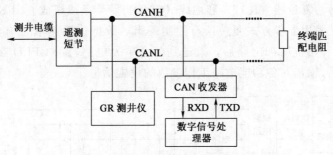

图 6-9　测井仪与遥测电路接口

TMS320LF240xA 中的 CAN 控制器模块是一个 16 位的专用外设模块，符合 CAN2.0B 协议，支持标准和扩展标识符，含有数据长度为 0~8 个字节的 6 个邮箱，其结构框图如图 6-10 虚线框中所示，虚线框外是 CAN 控制器与 CAN 总线的连接方法。CAN 控制器通过收发器与 CAN 总线相连，使用的 CAN 收发器是 MAXIM 公司的 MAX3050，与 ISO 11898 标准兼容，是一种速度达 2Mbps 的高速驱动芯片，内部有过热保护和自动关闭功能，可以连接多个节点，内部控制可有效减小射频干扰。

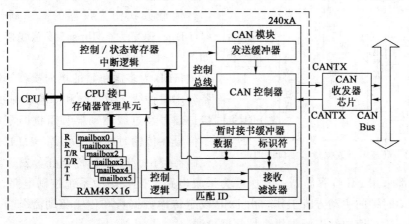

图 6-10　TMS320x240xA CAN 模块框图

井下遥测短节包含有 CAN 接口，是井下系统的主节点。来自地面的各种控制命令由主节点译码后发给各井下仪器。井下仪器则有各自独立的唯一地址，当接收到的请求和命令的地址与节点本身的地址一致时，做相应处理，否则不响应。主节点通过发送远程帧向井下仪器请求数据，井下仪器上传数据前先设置好节点标识符（即地址），井下主节点在接收数据时可判断出该数据来自哪个仪器。CAN 控制器内部有接收屏蔽寄存器，对仪器可接收的地址范围进行设置和屏蔽，保证接收到遥测发送给特定仪器的设置命令和控制系统下发的全局广播命令。

2. 控制命令互连总线

MPAL 的主测控电子线路短节和发射电子线路短节之间有发射声系、隔声体和接收声系，主测控电子线路短节内部分为控制电路和接收采集电路。这种跨短节和同一短节不同电路单元之间的控制连接是一种一点对多点的串行连接，由仪器命令总线（TCB）完成。控制单元通过 TCB 向发射电路、接收电路和采集电路等发送控制命令和参数设置命令。TCB 的接收由各功能电路单元的 CPLD 器件完成，采用计数译码识别方式对命令位进行接收。

图 6-11 为 MPAL 中的串行命令总线的连接示意图。该总线由串行时钟线（CLK）、串行数据线（DATA）、复位线（RST）和地线（GND）等 4 条线组成。CLK 上升沿锁存串行数据 DATA；RST 采用异步方式复位所有控制逻辑，数据传输速率为 100kbps。串行接口信号经过驱动电路和阻抗匹配电路后，发送到各个单元电路，由 CPLD 器件对串行接口信号进行锁存和译码，输出对各功能电路工作参数的设置信号。

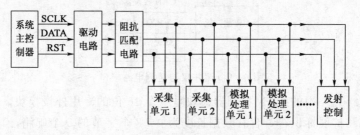

图 6-11　控制命令总线与受控单元接口

3. 高速局部数据传输互连总线

MPAL 的数据采集功能分布到两块电路板中（每板 4 个并行采集通道），而所采集的波形数据必须经过 DSP 控制板处理后并通过高速井下仪器总线传输到地面系统。MPAL 采用串行传输方式作为仪器的高速局部数据总线（HLB），速率为 5Mbps，该总线接口原理框图如图 6-12 所示。

HLB 为多源单目的单向操作，所连接的设备公用时钟线、数据线和源端选择线各自独立，接口信号经过线驱动器和阻抗匹配电路，保证了信号在传输时的稳定可靠。HLB 发送和接收控制器都由 CPLD 器件担任，发送和接收端的

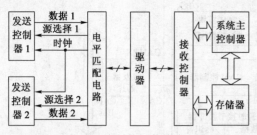

图 6-12　高速串行数据传输接口原理图

数据缓存全部采用 FIFO 存储器。发送端为采集电路，接收端为系统控制电路。HLB 采用目标设备驱动时钟的主动方式工作，由 DSP 设定传输数据量和传输驱动命令。在全部读数工作完成后，输出读数结束标志供主控制器检测。

HLB 的工作流程是 DSP 首先设置数据传输量到接收控制器，接着发送传输启动命令；接收控制器接收到传输启动命令后，产生源选择信号和串行读数时钟；发送控制器在源选择信号有效时，从 FIFO 存储器分别读取每个通道的采集数据，在串行时钟的同步下依次按位串行发送；接收控制器在产生源选择信号和串行读数时钟的同时，按位读取数据，经过串并转换后保存到 FIFO 存储器；达到 DSP 设定的数据传输量后，接收控制器停止驱动时钟，输出读数结束标志。

三、系统控制电路

系统控制电路是仪器的控制与传输中心，完成与遥测短节的接口，控制仪器整体协调工作，并提供一定的缓存能力保存处理后的数据。

控制电路的核心处理器是 TI 公司的 16 位定点 TMS320LF2407A 型 DSP。TMS320LF2407A 具有 40MIPS 的指令执行速度，内部具有 32K 字的 FLASH 程序存储器、2K 字的数据/程序 RAM、可扩展的外部存储器总共 192K 字（64K 字程序存储器空间、64K 字数据存储器空间、64K 字 I/O 寻址空间）、CAN 和 SCI 及 SPI 接口模块、40 个可单独编程或复用的通用输入/输出引脚（GPIO）、10 位 2M 采样速率的 ADC。TMS320LF2407A 本身具有 CAN 控制器接口模块，通过 CAN 驱动器与遥测电路接口。

图 6-13 是系统控制电路和遥测接口电路的构成原理图，由 TMS320LF2407A DSP、CAN 驱动器、FIFO 存储器、RAM 存储器、高速数据接收控制器等组成。

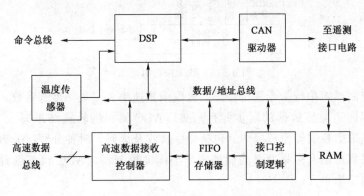

图 6-13 DSP 控制电路原理图

DSP 担当仪器的控制核心，实现仪器全局控制、数据处理和遥测接口等功能。遥测接口由集成在 DSP 中的 CAN 总线接口模块实现，接收地面通过遥测短节下传的采集控制命令，在遥测请求数据时把 RAM 中的数据发送到 CAN 总线上。在深度中断的驱动下，DSP接收到新的采集命令后通过发送相应的串行控制命令实现采集循环，该命令主要完成接收电路的单极子、偶极子、交叉偶极子、四极子、测试和单站等接收模式的选择和各通道增益的设定，控制单极子、偶极子及四极子等发射方式并启动发射，设置数据采集通道的采集速率及采集深度并启动数据采集。采集结束后，DSP 通过高速数据接收控制器读取采集结果并进行滤波、抽取等处理，通过对采集结果数据进行分析实现井下自动增益控制。

高速串行数据总线接收控制器和接口控制逻辑由 CPLD 实现。高速串行数据总线接收控制器受 DSP 控制，采集结束后，由 DSP 向高速数据接收控制器设置数据传输参数，并启动数据传输。具体工作过程参考仪器连接总线章节的分析。

四、数据采集电路

数据采集电路对模拟信号接收处理电路输出的 8 道信号进行同步采集，采用 2 个功能完全相同且独立的数据采集板，如图 6-14 所示，每块采集板由 4 个采集通道组成。采集参数由系统控制电路通过串行命令总线进行设置，采集到的数据由板间高速串行数据总线发送到系统控制电路。

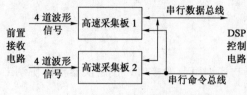

图 6-14　数据采集系统组成结构图

四通道高速同步数据采集电路原理框图如图 6-15 所示，主要由高性能宽带缓冲运算放大器、高精度模数转换器、FIFO 存储器、采集控制器和高速数据传输接口等组成。采集控制器和数据传送接口由 CPLD 编程实现。

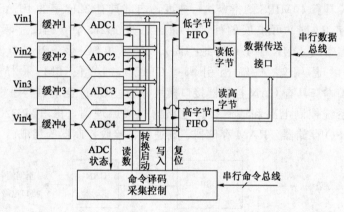

图 6-15　数据采集原理图

采集通道控制器对串行命令进行译码，提取采集速率、采集深度等参数，接收到采集启动命令后完成四通道波形数据的同步并行采集。ADC 输出的转换结果写入 FIFO 存储器。图 6-16 是数据采集控制器原理框图，包括命令接收及译码、时钟分频、采集深度及速率参数寄存器组、采集启动及采集速率控制器、采集深度控制器、ADC 状态检测和读取采样结果并存储等控制逻辑单元。

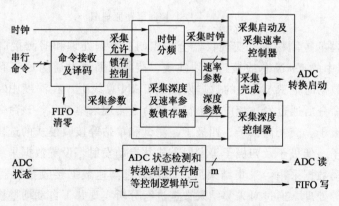

图 6-16　采集控制器逻辑图

时钟分频：高速时钟经过分频后为采集控制提供合适的工作时钟。

命令接收及译码：接收系统控制单元发送的各种采集命令并对其译码，产生采集允许、

FIFO 清零等信号，并设置采集参数。

采集参数寄存器组：保存采集速率及采集深度参数。

采集启动及采集速率控制器：当采集允许后，根据采集速率参数设定采样间隔，依次发送采集启动命令。

采集深度控制器：对采集启动命令进行计数，达到设定的采集深度后产生采集完成信号，从而停止采集。

ADC 状态检测和读数并存储控制逻辑：检测 ADC 的转换状态，当转换结束后依次读取每个通道的采样结果，并存储到 FIFO 存储器。

高速串行数据发送控制器从 FIFO 存储器并行读取数据，并锁存到数据寄存器，在串行移位时钟的同步下按位依次发送到系统控制电路。

五、模拟信号接收处理

仪器接收换能器阵列由 8 组共 32 个换能器单元组成，每组采用同一深度相隔 90°的 4 个宽带声波接收换能器接收声波信号，通过电路处理合成单极子、偶极子和四极子声波信号，接收换能器结构如图 6-17 所示。

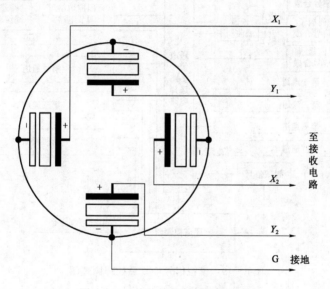

图 6-17　接收换能器构成原理图

1. 通道构成及原理

模拟信号接收处理电路包括 2 块电路板共 8 个通道，每个通道除了命令译码及通道设置不同外，其他硬件完全相同。图 6-18 是仪器接收电路结构。

图 6-19 为 4 个模拟信号接收及处理通道的原理框图。接收到的模拟信号主要经过输入缓冲放大、信号合成、多路信号选择、程控增益调节、带通滤波器等处理。通道控制器把串行总线命令转换成控制信号，用来选择单极子、偶极子、四极子、单站和内测试等接收模式，设置各个通道的增益。

每组接收换能器 X 和 Y 方向的各两道信号首先连接到缓冲放大电路，信号合成电路对缓冲放大器输出的信号进行处理，合成单极子信号、四极子信号、X 和 Y 方向偶极子信号，偶极子信号合成电路后的低通滤波器用于衰减可能存在的高频单极信号。缓冲放大器的输出

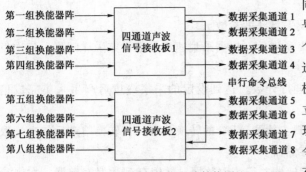

图 6-18 MPAL 接收电路结构图

同时作为换能器独立分量信号连接到信号选择电子开关。测试信号发生器为每个通道产生相同的内部测试信号。多路选择电子开关从单极子、偶极子 X、偶极子 Y、四极子、测试信号和换能器独立分量信号中选择一种信号进行后续处理，电子开关的控制信号由串行控制命令总线中的模式选择命令进行设置。所有通道只能同时处理一种模式的信号，所以，每个通道的模式选择命令相同。

模式选择多路开关输出的信号经过程控增益调节电路和滤波电路等处理后输出到数据采集电路。每个通道的程控增益调节电路由放大和衰减电路构成，各个通道的放大和衰减参数由通道控制器根据串行控制命令的相关控制位独立设置。

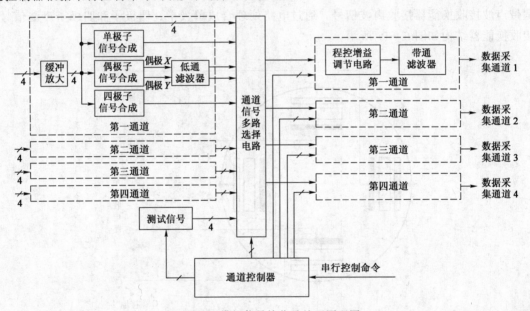

图 6-19　模拟信号接收及处理原理图

2. 缓冲放大电路

输入缓冲放大电路由输入保护和选频放大等电路构成，如图 6-20 所示。换能器接收到的声波信号输入到由电阻 R_1 和二极管 D1、D2 等组成的输入保护电路，运放、电容 C_1、电阻 R_2 和 R_3 等构成选频放大电路。缓冲放大级输出的信号合成偶极子、单极子和四极子信号。另外，缓冲放大级电路的输出也直接连接到多路选择器，实现测量换能器阵列某个单元的单站测量模式。

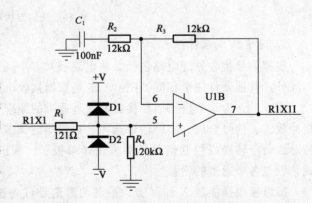

图 6-20　缓冲放大电路原理图

3. 信号合成

偶极子信号合成电路原理图如图 6 - 21 所示，图中的输入信号 R1X1I 和 R1X2I 分别是换能器组 1 的 X 方向声波信号经过缓冲放大电路处理后输出的信号，以下单极子和四极子信号合成以及独立分量信号中信号的表示方法都与此相同。

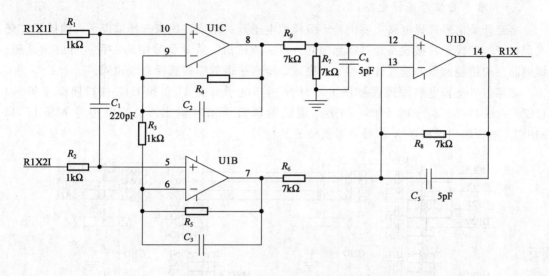

图 6 - 21　偶极信号合成电路原理图

由 U1D、U1B 和 U1C 等组成的仪器放大器对 X 和 Y 方向的声波信号分别进行求差运算，产生 X 方向和 Y 方向的偶极子信号，计算公式如下：

$$R_nX = X_2 - X_1$$
$$R_nY = Y_2 - Y_1$$

式中　X 和 Y——X 和 Y 方向接收换能器接收到的信号；

　　　n——接收换能器组的编号 1～8。

单极子信号合成采用将 X 和 Y 方向的声波信号反相相加方式实现，电路原理图如图 6 - 22 所示，完成 $M_n = (X_1 + X_2) + (Y_1 + Y_2)$ 处理，求和电路的增益由 R_{14} 与 R_9、R_{10}、R_{11} 和 R_{12} 的阻值计算得到。

四极子信号合成采用差分方式相加，X 分量换能器信号的和与 Y 方向换能器信号的和相减，即完成 $Q_n = (X_1 + X_2) - (Y_1 + Y_2)$ 处理。电路原理图如图 6 - 23 所示。

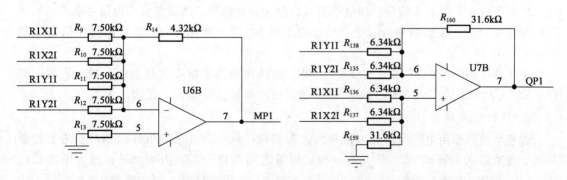

图 6 - 22　单极信号合成电路原理图　　　　图 6 - 23　四极子信号合成电路原理图

4. 测试信号发生器

测试信号是由运算放大器对通道控制器输出的两路数字信号处理产生的模拟信号，同时接入各个通道作为内部测试模式的信号进行选择。测试信号的频率由通道控制器调节，幅度调节由整个通道的增益设置功能实现。

5. 多路开关信号选择电路

多路开关信号选择电路主要由若干级模拟电子开关组成，用来选择单极子、偶极子、交叉偶极子、四极子、接收换能器单元独立分量、测试信号或地信号中的一种进行后续处理。该电路在通道控制器的模式选择控制下完成，所有通道的模式选择命令相同。

多路信号选择电路原理图如图 6-24 所示。电子开关 U46 和 U47 选择偶极子信号，U47-3 和 U47-8 分别是第一和第二通道的偶极子信号输出，由控制信号 MSEL5 和 MSEL4 选择输出偶极子 X 信号或者偶极子 Y 信号。

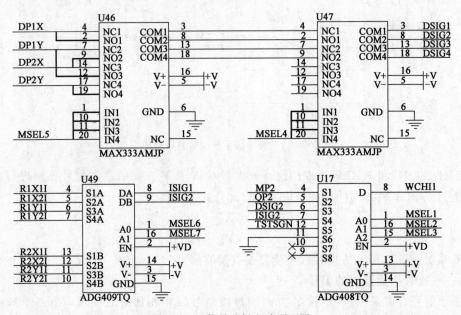

图 6-24 信号选择电路原理图

经过缓冲放大处理后的换能器独立分量信号连接到电子开关 U49，MSEL6 和 MSEL7 选择 U49-8 输出一个换能器组 4 个独立分量中的一个，U49-9 输出为第二换能器组 4 个独立分量中的一个。

单极子信号、偶极子信号、四极子信号、独立分量信号、测试信号和地信号输入到八选一电子开关 U17，控制信号 MSEL1、MSEL2 和 MSEL3 选择 U14-8 输出这些信号中的一种。

上述的控制信号 MSEL7～MSEL1 由模式选择控制器根据接收到的命令进行设置，如 [MSEL7..MSEL1] = [XXXX000] 时，选择输出单极信号 MP1，X 表示无关项。

6. 程控增益调节

程控增益调节由电阻网络衰减器和放大器实现，从 -21dB 到 48dB 以 3dB 步进量连续调节。衰减器从 0dB 到 -21dB 共有 8 级，每级之间都以 -3dB 为增加量；放大电路提供 0dB、24dB 和 48dB 三级放大倍数。如需要实现 21dB 程控增益，则衰减为 -3dB，放大为 24dB 即可实现。

每个通道的增益由通道控制器分别单独控制，实现各个通道的独立设置，因此增益设置命令中每个通道对应单独的控制位。这些控制命令由系统控制电路以串行的方式按位发送。

7. 信号滤波器

信号滤波器由两级高通滤波器和两级低通滤波器组成有源带通滤波器。图 6-25 是二阶高通滤波器和二阶低通滤波器的电路原理图。C_{107}、C_{108}、R_{146} 和 R_{147} 用于高通滤波网络，R_{154} 和 R_{158} 构成信号放大网络；同样地，在低通滤波电路中，R_{192}、R_{193}、C_{116} 和 C_{115} 用于低通滤波网络，R_{155} 和 R_{159} 构成信号放大网络。整个滤波器的通带频率大约为 $250\,\mathrm{Hz}\sim20\,\mathrm{kHz}$，高、低边带分别具有 $80\mathrm{dB/dec}$（四阶）的理论衰减率。

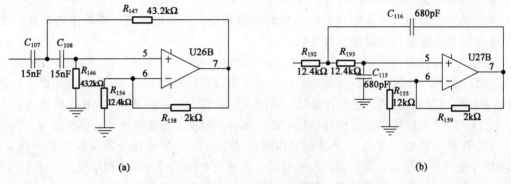

图 6-25　滤波器电路原理图
（a）高通滤波器；（b）低通滤波器

六、发射电子线路

发射电子线路位于仪器最底部，是声波换能器的高压激励信号源，输出一定频率和强度的脉冲激励信号，用于激发各种工作模式的声波发射换能器。发射电子线路主要包括命令译码及发射逻辑控制器、驱动电路、大功率激励电路、高压脉冲变压器组、高压储能电路、电源等组成，其原理图如图 6-26 所示。

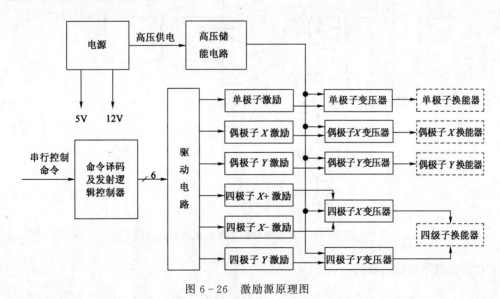

图 6-26　激励源原理图

命令译码及发射逻辑控制器由 CPLD 实现，对串行命令总线中的单极子、偶极子 X、偶极子 Y、四极子 $X+$、四极子 $X-$ 及四极子 Y 发射控制位进行译码并锁存，接收到发射启动命令后，根据锁存的发射控制位产生对应模式的换能器激励控制信号，发射脉冲的宽度也由串行命令总线设置。四极子工作模式需要两路激励信号同时工作，当四极子 $X-$ 与四极子 Y 激励信号同时工作时形成四极子换能器激励模式，而四极子 $X+$ 与四极子 Y 激励信号同时工作形成近单极激励模式。

驱动电路由电平转换电路和互补 MOS 管电路构成。电平转换电路把 CPLD 输出的 TTL 逻辑信号转换为 12V 的 CMOS 逻辑信号，加快互补驱动电路的响应速度。互补 MOS 管驱动电路为激励电路中大功率器件提供驱动信号。

高压储能电路由大功率限流电阻和储能电容构成。发射电源变压器输出的高压经滤波后，通过限流电阻给发射储能电容充电。

发射激励电路由大功率 MOS 管组成，分别产生单极子、偶极子 X、偶极子 Y、四极子 $X+$、四极子 $X-$ 及四极子 Y 的激励信号。驱动控制信号加到相应 MOS 管的栅极上，控制 MOS 管的导通或截止。MOS 管导通时，储能电路通过变压器的初级与 MOS 管放电，在脉冲变压器次级产生高压换能器激励信号。高压脉冲发射变压器由单极子、偶极子 X、偶极子 Y、四极子 X 及四极子 Y 等 5 个变压器构成，其中四极子 X 有两个控制信号 $X+$ 和 $X-$，必须与四极子 Y 变压器组合控制四极换能器，构成近单极子或四极子激励模式。图 6-27 是储能电路和单极发射电路原理图，其他模式的发射电路原理与此类似。

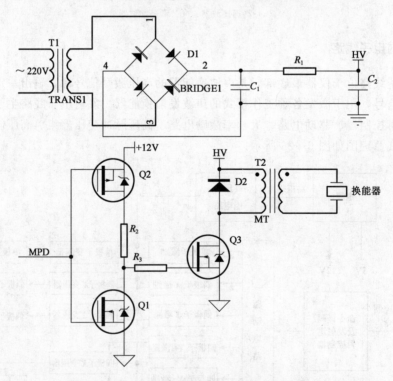

图 6-27　储能电路和单极发射电路原理图

七、数据采集组合模式

MPAL 的数据采集组合模式有多种，所有组合模式列于表 6-1。采集组合模式有内刻度模式、单站 X1 模式、单站 X2 模式、单站 Y1 模式、单站 Y2 模式、数字声波模式、常规模式、四极子模式和专家模式等。这些组合模式中的内刻度模式用来测试仪器的工作状态，检测仪器与遥测的通信；单站模式主要用来测试各个模拟信号处理通道和换能器本身的一致性。现场测井时，一般使用的模式有数字声波模式、常规模式和专家模式等。测井中具体使用的数据采集组合模式根据测井施工的要求由地面采集控制软件中的仪器参数设置模块以人机交互的方式设定。

表 6-1 数据采集组合模式

采集组合模式	接 收 模 式	说 明
内刻度	电路内部产生测试波形	检测仪器的工作情况
单站 X_1	X_1 方向换能器接收到的波形	检测换能器和电路的一致性
单站 X_2	X_2 方向换能器接收到的波形	检测换能器和电路的一致性
单站 Y_1	Y_1 方向换能器接收到的波形	检测换能器和电路的一致性
单站 Y_2	Y_2 方向换能器接收到的波形	检测换能器和电路的一致性
数字声波	近单极子工作	处理源距最小四道单极波得形到纵波时差
常规模式	远单极子＋XX 偶极子＋近单极子	全波单极子、同方向偶极子、数字声波
四极子模式	四极子工作	
专家模式	远单极子＋XX 偶极子＋XY 偶极子＋YY 偶极子＋YX 偶极子＋近单极子	全波单极子、同方向和交叉偶极子、数字声波

第三节 交叉多极子阵列声波测井仪 XMAC Ⅱ

一、XMAC Ⅱ 性能指标

XMAC Ⅱ（XMAC ELITE）是 Baker Atlas 公司在 XMAC（Cross Multipole Array Acoustilog）的基础上推出的声波成像测井仪器，是该公司 ECLIPS 测井系统下井仪器中的重要组成仪器之一。国内多家测井公司先后引进了 XMAC Ⅱ 仪器，并在现场生产服务中取得了比较好的应用效果。

XMAC Ⅱ 的基本技术指标如下：

仪器最大直径：99mm。

仪器长度（测井长度）：10.93m。

井下仪器工作温度：最高 177℃，8h。

井下仪器耐压：137.9MPa。

供电要求：180V 交流电。

电缆要求：7 芯电缆。

测量井眼范围：11.4～45.5cm。

遥测通信方式：与 WTS 仪器总线兼容，命令和仪器状态使用模式 2 传输，数据使用模式 5 或者模式 7 传输。

可测井斜范围：垂直到水平。

垂向采样间隔：2 个采样点/ft。

近单极最小源距：2.591m。

偶极最小源距：3.124m。

全波单极最小源距：3.658m。

接收换能器：压电陶瓷换能器，8 组 32 个，间距 0.152m，带宽 0.5～30 kHz。

发射换能器：压电陶瓷换能器，单极子 1 个，带宽 1.0～20.0 kHz；四极子（可工作于单极子模式）1 个，带宽 1.0～20.0 kHz；偶极子 2 个，同深度，带宽 0.5～5.0 kHz。

最大测速：28 ft/min（512m/h）。

A/D 采样速率：5～250μs。

A/D 通道：8 个。

A/D 分辨率：16 位。

数据压缩：12 位数据压缩，即传输到地面的数据实际分辨率为 12 位。

XMAC Ⅱ 提供的测井服务与国产 MPAL 仪器相似，但仪器电子线路的组成和实现方法各有特点。在 MPAL 仪器中，主要的控制逻辑由大规模复杂可编程逻辑器件（CPLD）实现，集成度高，实现方法灵活。XMAC Ⅱ 中使用了较多的移位寄存器等器件进行命令接收和设置，电路元器件较多。该仪器每个采集通道都有各自独立的数字信号处理器（DSP），井下处理能力比较强。

二、仪器总体结构

XMAC Ⅱ 主要由控制采集电路、接收电子线路、声系和发射电子线路构成。声系包括接收声系、隔声体和发射声系，声系构成结构与 MPAL 类似，具体参考 MPAL 相关章节的介绍。接收电子线路与接收声系通常连接在一起，称为接收短节。在测井施工中，XMAC Ⅱ 一般包括控制采集电子线路（1677EA）、接收短节（1678MB）、隔声体（1678PA）、发射声系（1678BA）、发射电路（1678FA）和扶正器等 6 部分，XMAC Ⅱ 构成框图如图 6 - 28 所示。

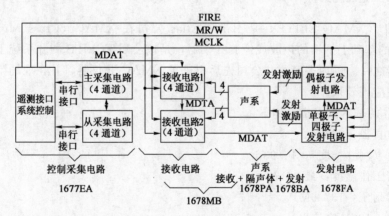

图 6 - 28 XMAC Ⅱ 构成框图

XMAC Ⅱ 在测井中必须居中测量，仪器必须配接有扶正器，一般使用橡胶扶正器或者灯笼体扶正器，扶正器的大小根据井眼的尺寸而定。测井时，为了取得比较好的居中效果，一般至少使用 5 个扶正器，仪器底端发射电路部位一个，隔声体底部、接收声系底部、接收声系上部和控制采集电路部位各一个。

分析仪器构成框图可知，XMAC Ⅱ中的命令设置和数据交换采用了串行接口方式。仪器中的串行接口有两种：一种是仪器短节之间的控制命令连接，由控制采集电路发送到接收电路和发射电路，主要发送设置命令，信号组成是时钟 MCLK、读写控制 MR/W、数据 MDAT 和发射控制 FIRE，数据线 MDAT 以菊花链的形式连接到各个功能电路，而其他串行信号线以并行的方式同时连接到各个功能电路；另外一种是短节内部系统控制电路和采集电路之间的串行接口，该连接双向传输数据，系统控制电路发送采集参数命令给采集电路，采集电路通过该接口传输采集数据到系统控制电路。每个采集电路板与系统控制电路之间的串行接口互相独立，两个采集板可以同时接收或者发送数据。

接收声系、隔声体和发射声系示意图如图 6-29 所示。测井施工时，隔声体处于发射声系和接收声系之间，隔离直达的声波信号。接收声系包括 8 组间距为 0.152m 的接收换能器组，8 通道的接收电路处于接收换能器组的上部。发射声系中包括一个单极发射换能器 T1，两个同深度、交叉方向的偶极换能器 T3（X 偶极子）和 T4（Y 偶极子），一个四极子换能器 T2。从图中可以看出，单极子源距最大，偶极子次之，而四极子测量的源距最小。

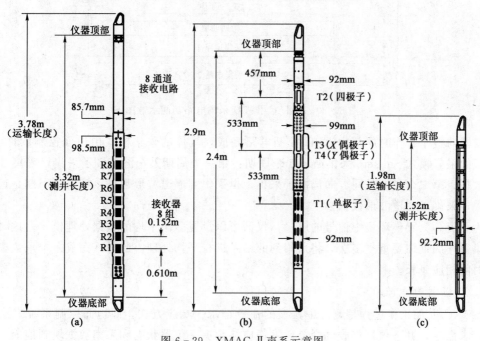

图 6-29 XMAC Ⅱ声系示意图
（a）接收声系；（b）发射声系；（c）隔声体

波形信号接收电路的基本实现原理参考 MPAL 章节的介绍，以下对仪器各个功能电路的分析只涉及了接收电路中各个通道的增益设置和模式控制等工作参数的设置原理。

三、控制采集电路

控制采集电路的主要功能是实现 WTS 遥测接口，采集 8 通道的模拟声波信号，实现串行接口，DSP 对采集的数字化信号进行处理。控制采集电路包括 CPU 控制电路、两块 DSP 采集电路和供电电路，构成原理框图如图 6-30 所示。DSP 采集电路包括 8 个采集控制通道，由 2 块采集板构成。CPU 控制电路产生仪器短节之间的串行控制命令连接，CPU 控制电路与每个 DSP 采集电路之间有一个独立的双向串行接口，用于双向传送命令及采集的数据。

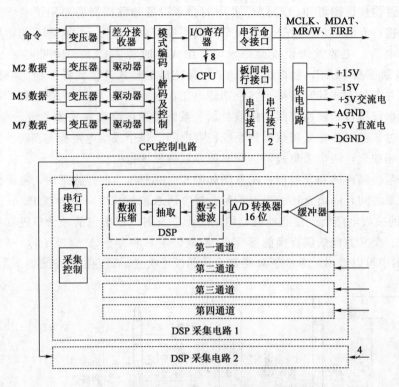

图 6-30　XMAC Ⅱ 控制采集电路功能示意图

仪器的整个工作时序都由 CPU 控制电路完成，具体的采集模式由地面控制软件设置。如典型的采集模式 Subset6 采集循环 3 个周期：第一个周期是全波单极子采集，采集 8 通道波形数据；第二个周期是同方向偶极子采集，也采集 8 通道波形数据；第三个周期是近单极子采集，采集 4 通道波形数据。

为了提高大噪声环境中信号的质量，仪器可以设置多次平均的数据处理模式。这时每一个采集循环周期需要重复多次，将采集到的结果进行平均处理。此时，完成一个采集模式所需的时间相应延长。

1. CPU 控制电路

XMAC Ⅱ 的工作过程是测井中典型的命令请求—响应方式，即地面控制系统发送一个数据请求命令，井下仪器接收到命令后发送应答数据、仪器状态和采集数据块到地面。遥测接口采用的是 WTS 曼彻斯编码方式，使用的遥测通信模式有模式 2、模式 5 和模式 7。CPU 控制电路的主要构成器件是 80C186EC 单片机、FPGA 芯片 A1280XL、数据存储器、程序存储器、各个传输模式的驱动芯片和耦合变压器，实现的具体功能如下：

（1）为 CPU 和 DSP 产生上电/掉电复位信号；

（2）提供 24MHz 时钟；

（3）实现 M2、M5 和 M7 与 CPU 的接口；

（4）提供 256K 字数据存储器和 256K 字程序存储器；

（5）提供 2 通道速率为 4Mbps 同步串行输入/输出接口，分别与两块 DSP 采集板连接，用于设置采集命令和读取采集结果；

（6）提供 1 通道速率为 100kbps 同步串行输出接口，该串行接口向仪器其他短节发送控制命令。

FPGA 实现控制和接口逻辑。CPU 与存储器的接口控制信号、曼彻斯特解码/编码、板间串行发送/接收接口、仪器短节间的串行命令接口等功能都由 FPGA 实现。

1) WTS 总线接口

在模式 2 中，接收的数据和命令由地面下发，通过变压器耦合和差分接收器后产生信号 MD2UDI。等效于 6408 芯片的模式 2 编码/解码器对曼彻斯特协议格式的数据进行解码，并将接收到的串行数据转换为并行。FPGA 实现的模式 2 功能框图如图 6-31 所示。如果接收到有效数据，产生中断 M2RXIRQ 给 CPU。CPU 将数据读到存储器中，并复位中断信号。当需要通过模式 2 向地面传输数据时，CPU 使能中断 M2TXIRQ，发送 16 位数据到模式 2 编码发送接口的缓冲区。将并行数据转换为串行格式，由曼彻斯特编码器通过 MD2BZO 和 MD2BOO 编码输出，该信号经过驱动器和变压器耦合到 WTS 总线。发送完一个字节数据后，向 CPU 产生中断 M2TXIRQ，CPU 将待发送的下一个数据写到模式 2 编码发送接口的缓冲区，如此循环直到发送完所有数据。C_250_CLK 是模式 2 编码/解码工作时钟，频率为 250kHz。各种模式发送和接收接口电路原理图参考测井数据传输章节的相关介绍。

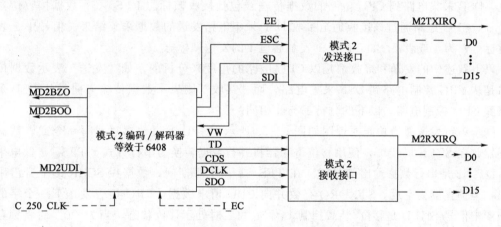

图 6-31　模式 2 功能框图

模式 5 与模式 7 的发送接口及编码原理相同。模式 5 功能框图如图 6-32 所示。两种模式都可以使用 DMA 方式发送数据。SMD57DRQ 对模式 5 或模式 7 的选择使用 DMA 传输方式：SMD57DRQ 为 "0" 时，模式 5 使用 DMA 通道；为 "1" 时，模式 7 使用 DMA 通道。DMA 申请信号为 MD57DRQ。SMD57DRQ 由程序根据地面命令的设置进行设定。

当接收到地面发送的数据传送命令后，CPU 使能 DMA 通道，写 16 位并行数据到模式 5 接口缓冲器，转换为串行后输入到等效于 6409 曼彻斯特编码器的编码逻辑，编码输出信号 BZ05 和 BOO5 连接到驱动器，接着经过变压器耦合到 WTS 总线。当发送接口缓冲器为空时，MD57DRQ 有效，CPU 写下一个发送的数据到缓冲器。模式 7 的工作原理与此相同。

模式 5 和模式 7 可以同时发送数据。模式 5 使用 DMA 通道，由 MD57DRQ 向 CPU 请求数据；模式 7 使用中断驱动方式，由 MD57IRQ 向 CPU 请求数据。

2) 同步串行接口

CPU 电路有 3 个通道的同步串行通信接口，两个用于 CPU 电路和 DSP 采集电路之间的板间双向数据传输连接，一个用于 CPU 电路与仪器接收短节和发射短节之间的命令设

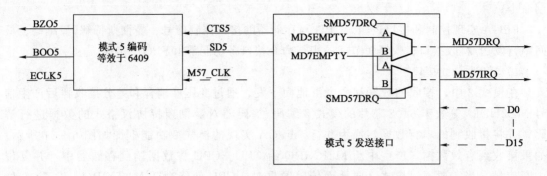

图 6-32 模式 5 功能框图

置连接。

板间双向数据传输串行总线共用一个串行时钟 SCLK，时钟速率可由程序设置。4MHz 时钟用于采集设置和数据传输功能，1MHz 时钟作为 DSP 的 FLASH PROM 的编程。每个采集板有一个独立的串行连接接口，每个串行连接中用于 CPU 电路到 DSP 采集电路数据发送的串行通道包括表示开始和结束传输的发送帧标志 TFS _ x、数据发送信号线 DT _ x；相应地，DSP 采集电路到 CPU 电路的数据传输线包括接收帧标志 RFS _ x、数据接收信号线 DR _ x，CPU 电路通过该接收通道接收 DSP 采集电路发送的数据采集结果。信号中 x 表示通道标号，为 1 或者 2，如 TFS _ 1 表示通道 1 的发送帧标志。

以上叙述中的发送和接收都是以 CPU 电路的角度来分析的，如"发送"表示数据传输方向是从 CPU 控制电路到 DSP 采集电路，而"接收"则表示数据传输方向是从 DSP 采集电路到 CPU 控制电路，以下的分析都与此相同。

同步串行发送通道功能原理图如图 6-33 所示。CPU 通过数据总线写命令或者数据到锁存器，在 SCLK 同步下，使用移位寄存器将并行数据转换为串行方式。TFS _ x 低电平有效，DT _ x 是串行数据输出信号线。在 TFS _ x 低电平期间，数据在 SCLK 的上升沿串行移出，当锁存器为空后，STXDRQ 有效并向 CPU 请求数据，CPU 接着发送下一个字的数据。图中信号 SHLD 是移位/装载控制，当为"1"时处于移位状态，当为"0"时将锁存器中的数据装载到移位寄存器；信号 SWR 用于向锁存器写并行数据。

同步串行接收通道 1 示意图如图 6-34 所示，通道 2 的原理与此相同。RFS _ 1 信号在高电平有效时，串行数据接收信号 DR _ 1 在串行时钟 SCLK 的同步下，移位到 16 位串行输入/并行输出的移位寄存器。移位输出的并行数据输入到 16 位锁存器，信号 S1RXDRQ 连接到 CPU，是接收到数据的标志。CPU 判断该标志有效时，读取数据并同时清除该标志。

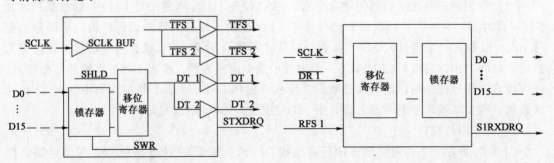

图 6-33 串行接口发送通道功能框图   图 6-34 串行接口接收通道功能框图

2. DSP 采集电路

XMAC Ⅱ包括 2 个 DSP 采集电路板，每个板都包括 4 个 DSP 采集通道。2 个 DSP 板完全相同，但在功能上将其分为主采集板和从采集板，这种区别在安装电路板时由一些相关的地址跳线设置。分主从采集板的目的主要是为了保持 8 个 DSP 采集通道同步但又相互独立，使得 CPU 可以对每个采集通道单独寻址。DSP 采集电路的功能框图如图 6-35 所示。

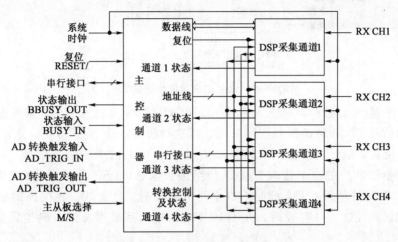

图 6-35   DSP 采集电路功能框图

信号 AD_TRIG_OUT 是 DSP 采集板产生的采样时钟，但是仅使用主采集板的 AD_TRIG_OUT 作为 2 个采集板的共用采样时钟。AD_TRIG_IN 信号用于产生 A/D 转换器的采样触发信号，主采集板的 AD_TRIG_OUT 同时驱动 2 个采集板的 AD_TRIG_IN，这样保持 8 个通道的所有 A/D 同步工作。由此可以看出，主采集板的 AD_TRIG_OUT 信号连接到主、从采集板的 AD_TRIG_IN，而从采集板的 AD_TRIG_OUT 信号悬空。CPU 电路通过检测 BBUSY_OUT 信号判断 8 个 DSP 采集通道的状态，主采集板的 BBUSY_OUT 信号是所有通道状态信号 BUSY 和 BUSY_IN 的逻辑与，主采集板的 BUSY_IN 是从采集板的 BBUSY_OUT 状态信号。这样，主采集板的 BBUSY_OUT 信号连接到 CPU 电路的 BBUSY，从采集板的 BBUSY_OUT 信号连接到主采集板的 BUSY_IN，从采集板的 BBUSY_IN 信号不用连接。

DSP 采集电路包括主控制器和 4 个 DSP 采集通道。主控制器由一片 Xilinx 公司的 FP-GA 芯片实现，所有 DSP 采集通道与 CPU 电路之间的双向数据交换都通过主控制器实现，同时主控制器完成接口控制、状态信号产生等功能。主控制器输出的复位信号对所有通道进行复位，CPU 电路也可以通过信号 RESET/复位 DSP 采集电路。系统时钟为 FPGA 和所有 DSP 提供工作时钟。M/S 信号的连接关系决定了当前的采集板是主采集板还是从采集板，接地表示主采集板，悬空表示从采集板。M/S 信号与板上的其他 2 个信号共同决定了 DSP 采集通道的编号，这样 CPU 电路可以对每个采集通道进行单独直接寻址。串行接口与 CPU 电路的串行接口对应，双向传输数据。

DSP 采集通道的功能框图如图 6-36 所示。每个 DSP 采集通道分别由 DSP、程序存储器、A/D 转换器、参考电压等组成。DSP 采集通道缓冲输入模拟波形，将波形由 A/D 转换器进行数字化，DSP 对数字化的数据进行处理。DSP 接收 CPU 板发送的命令，并按照命令执行相应的参数设置和数据采集操作。

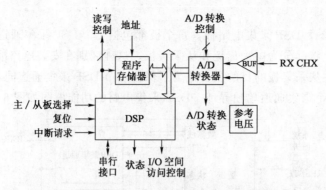

图 6-36　DSP 采集通道功能框图

主控制器根据 A/D 触发时钟输入信号 AD_TRIG_IN 分别为每个采集通道的 A/D 转换器产生片选信号 CS/和转换控制信号 R/C,由这些信号启动 A/D 转换。主控制器对 A/D 转换器的转换状态信号进行监测,转换结束后产生 DSP 的中断请求信号,DSP 接收到中断后读取转换结果。在 DSP 读取 A/D 转换结果数据时,DSP 采用 I/O 读的方式通过主控制器发送 A/D 片选信号 CS/,此时 I/O 空间访问控制信号有效,转换控制信号 R/C 处于读状态。在读和片选信号有效时,A/D 转换结果输出到数据总线。典型转换时序如图 6-37 所示。

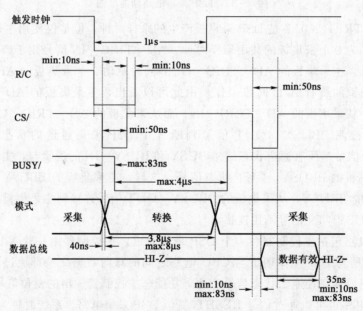

图 6-37　数据采集时序示意图

四、串行命令设置原理

CPU 电路与仪器接收短节、发射短节之间的命令连接采用串行总线的方式实现,由 CPU 控制电路依次按位向发射电路和接收电路发送发射控制参数、接收模式和增益选择等参数。接口信号由 IMCLK、IMR/W、IMDAT 和 FIRE 等组成,其中 FIRE 用于控制发射触发,仅有发射电路接收。CPU 控制电路中的串行命令发送接口的信号构成如图 6-38 所示。

(1) IMR/W：控制数据传输的方向。在 XMAC Ⅱ 中，只用到了 CPU 向其他短节发送命令的单向传输。

(2) IMDAT：串行数据传输线。

(3) IMCLK：时钟线，速率 100kHz，数据在上升沿移位。

CPU 通过 8 位数据总线写数据到 8 位移位寄存器，在 100kHz 时钟 IMCLK 上升沿的同步下，数据 IMDAT 移位输出。当数据移出后，信号 S3TXIRQ 向 CPU 申请中断，CPU 写下一个字节到移位寄存器，接着将其串行输出。所有字节都发送完后，CPU 发送一个写锁存信号 SER3WR，发送控制器在下一个时钟的下降沿发送 IMR/W 将所有数据锁存到对应的移位寄存器。

图 6-38　串行命令接口功能框图

仪器接收电路和发射电路以串行移位的方式接收 CPU 控制电路下发的命令参数，命令设置原理框图如图 6-39 所示，图中表示了串行数据的传送路径以及命令的字节顺序在接收短节、发射短节中的具体作用位置。IMCLK 和 IMR/W 并行连接到接收短节和发射短节。Fire 信号穿过接收声系传送到发射电路板。系统控制电路串行写 10 字节数据到接收电路和发射电路。串行数据通过接收板上的移位寄存器组移位到发射短节中单极子/四极子和偶极子发射电路板的移位寄存器中。串行数据先由接收板 2（通道 5~8）接收，通过电路中的 4 个移位寄存器移位到接收板 1（通道 1~4）。接着通过接收板 1 中的 4 个移位寄存器移位到发射电子线路。通过这种方式，串行数据中的第一个字节在移位到偶极发射控制板的过程中经过了 9 个移位寄存器。第一个字节选择并控制偶极的发射，第二个字节选择并控制单极子和四极子的发射，第三、四、五、六字节选择接收电路板 1 的接收模式、信号衰减和放大，第七、八、九、十字节控制接收电路板 2 的接收模式、信号衰减和放大。

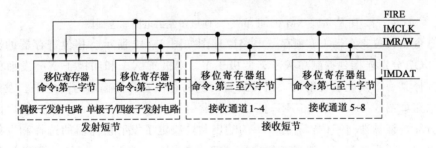

图 6-39　串行命令设置原理图

五、发射电路

发射电路由高压调整电路、偶极子发射电路、单极子/四极子发射电路等 3 部分电路组成，信号连接关系如图 6-40 所示。

高压调整电路提供大约 410V 直流高压，由储能电容 C_1 输出发射电压 HV 到发射控制电路和脉冲变压器。偶极子发射电路控制 X 偶极子 TX3 和 Y 偶极子 TX4 的发射，单极子/四极子发射电路控制单极子 TX1 和四极子 TX2 的发射，四极子发射控制又分为 Y 方向 PQ-Y、X 正向 PQ-X（＋）和 X 负向 PQ-X（－）。

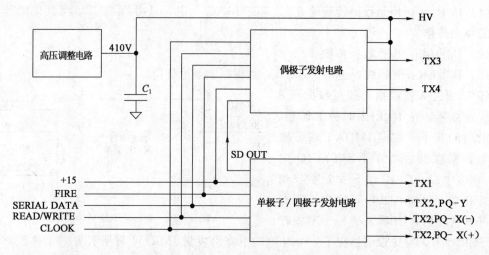

图 6-40　XMAC Ⅱ 发射电路构成框图

单极子/四极子发射电路原理框图如图 6-41 所示。串行命令信号 MCLK、MDAT、MR/W 以及发射触发信号 FIRE 都由控制电路输出。偶极子发射电路原理与此类似，不同之处一方面是偶极发射电路串行命令中的数据线输入 MDAT 是单极子/四极子发射电路移位寄存器的输出 SDOUT，另一方面是发射脉宽定时的参数不同。

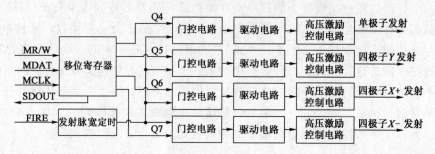

图 6-41　XMAC Ⅱ 单极子/四极子发射电路原理框图

串行命令由移位寄存器 U1 锁存，电路原理图如图 6-42 所示。移位寄存器的输出 Q4、Q5、Q6 和 Q7 分别连接到控制单极子、四极子 Y、四极子 $X+$ 和四极子 $X-$ 发射的门控输入端，当选择某一个换能器发射时，需要设置对应的移位寄存器输出为高电平。发射脉冲宽度定时器电路如图 6-43 所示，FIRE 信号触发发射脉冲宽度定时器 U2 使其输出固定宽度的高电平脉冲，该脉冲与移位寄存器 U1 的输出共同决定了发射换能器的选择和发射脉冲的宽度。发射门控、驱动和高压激励控制电路原理图如图 6-44 所示，U3 为门控器件，驱动电路由 2 个互补的 MOS 管 IRFD120 和 IRFD9120 组成，其输出用于控制高压激励控制电路中的大功率 MOS 管 Q9 的导通与截止。

四极子换能器分为对称的 4 个部分，当 Y 方向换能器的激励信号与 X 方向换能器的激励信号同相位时工作于单极子方式，此时源距比全波单极子的源距小，所以称为近单极子；而当 Y 方向换能器的激励信号与 X 方向换能器的激励信号反相位时工作于四极子方式。X 方向激励信号的相位由高压激励控制电路输出的 $X+$ 和 $X-$ 激励控制信号决定，当 $X+$ 与 Y 同时有效时使用单极子激励方式，而当 $X-$ 与 Y 同时有效时工作于四极子激励方式。

高压激励控制电路的输出连接到发射声系中的脉冲变压器，由脉冲变压器升压后产生激发换能器的高压激励脉冲。

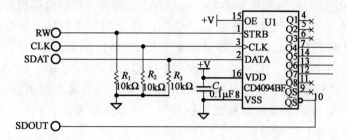

图 6-42　发射电路移位寄存器电路原理图

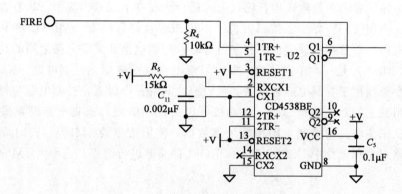

图 6-43　发射脉冲宽度定时电路原理图

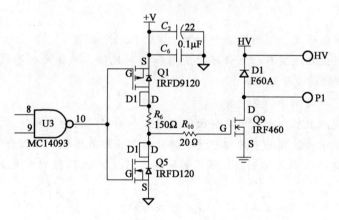

图 6-44　发射门控及驱动电路原理图

本 章 小 结

多极子阵列声波测井仪的基本测量原理是该类型仪器设计制造的基础，在第一节从软地层中单极子测量的局限性、多极子横波测量的特点和正交偶极子各向异性测量原理等方面进行了分析。第二节主要分析了国产多极子阵列声波测井仪 MPAL 的整体构成原理以及各部分功能电路的具体实现方法。Baker Atlas 公司生产的交叉多极子阵列声波测井仪 XMAC II 在国内应用比较多，在第三节也对其构成原理和部分电路的功能进行了分析。

这两种仪器在电路设计和实现方法上各有特点。MPAL 主要使用复杂可编程逻辑器件 CPLD 担任各部分电路的控制和接口功能，电路集成度较高，仪器电路板尺寸较小，进而减小了仪器的总长度，有利于测井现场施工。XMAC II 使用较多的移位寄存器等器件对控制命令进行译码，电路板面积较大，仪器总长度多出 MPAL 仪器大约 2.6m。MPAL 使用一片 DSP 作为仪器的主控制器，其他的采集控制工作都由 CPLD 完成，XMAC II 的主控制器是单片机 80C186EC 和 FPGA 芯片 A1280XL，其采集电路中每个通道都有一个 DSP 芯片 ADSP2181KST-133 作为采集控制和数据处理器，数据处理能力比较好，可以对采集数据进行滤波和压缩等处理，但同时也增大了电路板的尺寸。

MPAL 和 XMAC II 都使用串行总线作为跨密封短节的命令连接，以及短节内部电路板之间的数据传输或者命令传输。串行连接方式适合于在井下仪器中应用，具有容易屏蔽、抗干扰能力强、占用线路资源少、接口方便、电磁兼容性好等优点。MPAL 使用串行命令总线控制采集电路、前置接收放大电路和发射电路，控制电路和采集电路之间的高速串行数据传输（速率 5Mbps）是一种单向传输，即由采集电路发送数据到控制电路。XMAC II 使用一组串行命令总线用于控制电路和仪器其他短节之间的命令设置，控制电路与每块采集电路之间都有一组独立的双向串行总线。该总线可以由控制电路向采集电路设置采集参数等命令，也可以从采集电路向控制电路传输采集数据，传输速率为 4Mbps；同时，该总线可以实现控制电路对采集电路中 DSP 的 flash PROM 存储器进行编程，速率为 1Mbps。

思 考 题

1. 图示说明单极子源、偶极子源和四极子源的振动方式。

2. 图示说明声波在液固界面上传播的反射和折射规律，并据此说明软地层中无法采用单极子测量方式探测横波的原因。

3. 试述多极子声波测井的主要特点。

4. 试述挠曲波频散性的含义以及挠曲波在低频和高频传播的主要特点。

5. 四分量偶极子声波测井中的四分量数据包括哪些？具体代表什么含义？

6. 岩石的各向异性用简化的 TI 模型来研究，试述石油勘探中常见的两种 TI 模型的特点。

7. MPAL 仪器包括哪些短节？各短节有什么功能？

8. 试述 MPAL 发射声系和接收声系的特点。

9. MPAL 主测控电子线路短节包括哪些功能模块？

10. 图示说明 MPAL 与遥测短节的接口方式。

11. 图示说明 MPAL 控制命令互连总线的原理。

12. 图示说明 MPAL 局部高速数据传输互连总线的原理。

13. 试述 MPAL 仪器 DSP 控制电路的功能及其构成。

14. 试述 MPAL 仪器数据采集电路的功能及其构成。

15. 试述 MPAL 仪器中接收处理电路对模拟声波信号处理的主要环节。

16. 试述 MPAL 仪器单极子、偶极子以及四极子信号的合成方法。

17. 试述 MPAL 程控增益调节的实现方法，并举例说明如何实现 21dB 程控增益。

18. 试述 MPAL 发射电子线路的组成模块。发射电子线路输出的激励信号有哪些?

19. 试述 MPAL 数据采集组合模式，并说明专家模式中包括哪些接收模式。

20. XMAC II 仪器包括哪些短节?

21. XMAC II 仪器中的串行总线有哪些? 分别有什么功能?

22. 试述 XMAC II 控制采集电路的主要功能及其构成。

23. 试述 XMAC II 四极子换能器的结构以及仪器工作于单极子和四极子时的激发方式。

24. 图示说明 XMAC II 串行命令设置的流程。

25. 图示分析 XMAC II 单极子/四极子发射电路的工作原理。

第七章 超声波扫描成像测井仪

第一节 超声波扫描测量原理

　　井周声波成像测井仪可以比较直观地反映地层的一些物理特性，如裂缝分布、岩性界面、孔洞的发育和分布情况，因此可以用来寻找破碎带，以帮助确定有利的油气藏地段；在套管井中，可以检测射孔部位、孔分布情况及射孔质量等。由于井下作业和地下水的腐蚀等原因，可能会造成套管变形和腐蚀破损，影响油井的正常生产。井周超声成像测井图像可为修井作业提供重要信息资料，如寻找套管破损位置、估计套管变形和破损程度等等，这些资料将为套管修复作业提供重要依据。

　　当超声波在非均质介质中传播时，如果遇到波阻抗不连续的界面，就会发生超声波反射现象。这样，可以测量反射信号的幅度和从发射到接收到回波信号的时间。

　　声波换能器固定在可以绕井周旋转的机械结构上，该换能器兼有发射和接收的双重作用。用一定时间间隔和宽度的电脉冲激发换能器，该换能器将向井壁发射超声波脉冲束，当遇到套管或者井壁时则产生反射，沿着与入射波相反的方向回到换能器，并被同一换能器接收下来，形成所谓的回波，可以从接收到的回波信号中提取回波幅度和回波时间。反射回来的声波信号的幅度大小取决于套管或井壁的情况。一般来说，光滑致密的表面比粗糙的表面反射信号强，与探头表面平行的井壁比与探头表面倾斜的井壁反射信号强。同时，也可以从回波时间信息中获得有关井径和裂缝的资料，可以根据这些资料来解决如套管变形评价的问题。

　　测量时，电动机带动换能器以一定的角速度旋转，仪器上提，即换能器由下而上螺旋式运动。在运动过程中换能器进行连续测量，完成对整个井壁的探测。如图 7-1 所示，（a）是换能器扫描测量的运动轨迹示意图，（b）表示了回波幅度和回波时间两个待测量的含义。将回波幅度和回波时间信号传输到地面采集控制系统，对其进行一系列处理后，按井周 360°方位显示成像，可得到整个测量井壁的成像图。图中色彩的明暗与回波幅度大小及回波时间对应。

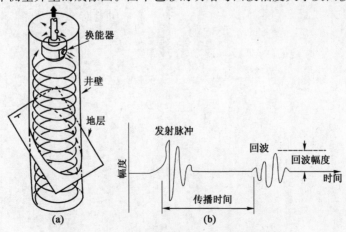

图 7-1　井壁声波成像测井扫描测量示意图

图 7-2 表示了不同裂缝所对应的井壁测量图像，图中上面部分是井壁图示模型，下面是对应的从 A 点展开的图像。由图可见，当裂缝与井眼垂直时，测量的图像中显示的是一水平直线；水平时，显示垂直直线；斜角时，显示倒"S"形曲线；当井壁上有孔洞等存在时，图像中显示为暗色斑点。

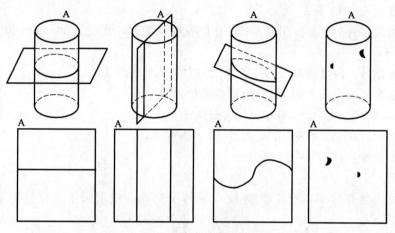

图 7-2　不同裂缝对应的井壁成像图像

第二节　数字井周成像测井仪 DCBIL

一、仪器指标及整体组成结构

数字井周成像测井仪（Digital Circumferential Borehole Imaging Log，DCBIL）是 Baker Atlas 公司推出的用于测量井壁或者套管直观图像的声波成像测井仪器。脉冲回波换能器发射高频声波脉冲，用同一换能器接收反射回波信号，测量反射回波的幅度和时间。反射波的幅度受井眼表面情况的影响，传播时间反映了从声波换能器到井壁的距离。声波换能器固定在旋转部分，通过旋转测量可以实现对全井眼 360°的扫描，从而生成关于回波幅度和回波时间的图像。

回波幅度图像反映井眼表面的特征：高反射性特征的地层在图像上表现为白色；低反射特征的地层则显示为黑色；处于两者之间的值以灰度表示，灰度值与测量到的幅度值成比例关系。该图像对于探测如裂缝等低反射特征尤为有效。反射波的幅度也受到钻井液衰减、仪器偏心和井眼粗糙度等影响。

回波时间图像对井眼几何形状、粗糙度和仪器位置敏感，通过对钻井液时差的测量、处理，回波时间可用于得到比较精确的井眼半径。回波时间图像的灰度与仪器到井壁的距离成比例，较大的井眼对应较暗的灰度。回波时间的测量也受到钻井液时差、仪器偏心和井眼粗糙度等因素的影响。

数字 CBIL（DCBIL）主要技术指标如下：

井下仪器耐温：200℃，6h；

井下仪器耐压：137.88MPa；

仪器最大直径：9.21cm；

仪器最大长度：5.52m；

供电电源要求：180V交流电，60Hz，0.6A；

电缆要求：7芯电缆；

每周采样点：250/125；

扫描速度：每秒11圈；

声波换能器：两个聚焦换能器，每一个既发射又接收，分别是38.1mm和50.8mm，工作频率250kHz；

方位参考信号：内部的磁通门或者专门的方位测量短节4401；

流体速度参考：内部250kHz压电陶瓷换能器；

测速、垂向分辨率：10ft/min，60次扫描/ft；

径向分辨率：在8in井眼中，每英寸10个采样点；

可测井眼范围：139.7～304.8mm；

最大井斜：90°；

井下数据采集分辨率：回波幅度12位采样分辨率，波形采集8位分辨率，回波时间100ns分辨率。

DCBIL由1671EB电子线路短节和1671MB声系短节两部分组成。1671MB自下向上依次由旋转部分、钻井液测量子部分和电子线路部分组成。

1671EB电子线路短节包括WTS总线驱动器、CPU控制电路、PHA电路、Flash转换电路板和低压电源供电；

1671MB电子线路部分包括发射及回波信号接收电路、磁力计信号处理电路和电动机供电电路。

以上各部分的逻辑框图如图7-3所示。

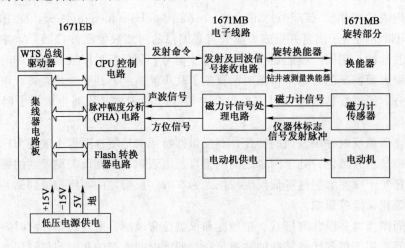

图7-3 CBIL功能框图

WTS总线是Baker Atlas的ECLIPS测井系统中使用的仪器接口总线，参考测井数据传输章节的介绍。WTS总线驱动电路实现仪器与WTS总线的接口功能。

仪器装有两个聚焦发射/接收换能器，工作时只能选择其中之一。1.5in换能器在机械结构上对应于仪器体上的标志线，2.0in换能器则与1.5in换能器相隔180°。当选择2.0in的换能器时，为了与方位信号同步对齐，采集到的回波幅度（用BHTA表示）和回波时间

（BHTT表示）应该移动180°，由仪器控制软件实现。在小直径井眼中，为了增强聚焦，可以用1.25in的换能器替换1.5in或者2.0in换能器。

仪器提供两种参考方位：

（1）内部的磁力计（MAG）提供磁北极的参考方位。

（2）透声窗上部仪器体上的物理标志（TBM），配接专门的方位测量短节。

在套管井或者与地磁向量平行的井中，通常需要使用TBM方位参考方法，这时要配接专门的方位测量短节。在井斜小于65°的裸眼井中，可以使用MAG方位参考方法。当方位参考信号产生时，启动数据采集。在选择TBM仪器体标志信号有效时，开始采集数据；而当选择MAG时，以磁北极信号为参考进行数据采集。

二、CPU控制电路

CPU控制电路是仪器的控制中心，处理的任务包括数据采集控制、井下数据分析以及与地面的通信控制。它可以分为以下几个功能模块：存储器映射、通信接口、I/O总线、A/D控制和串行通信。处理器是Intel的16位微控制器LA80C196KB-12，外部输入时钟12MHz。使用32k×8位EPROM作为程序存储器，数据存储器则由2片32k×8位RAM存储器构成。在遥测传输中，T2模式使用6408曼彻斯特编码/解码器，下传（至仪器）速率为20.8kbps，上传（至地面）速率41.6kbps；T5模式由6409曼彻斯特编码器实现，上传（至地面）速率93.75kbps。串行通信接口由串行数据、时钟和R/W等信号组成。A/D控制器输出可编程控制采样速率62.5kHz～8MHz，可编程控制采样点1～4095。CPU控制电路通过地址和数据总线与其他电路板交换数据和设置命令，包括用于I/O控制的8位数据总线、4位地址总线以及A/D转换时钟等。CPU控制电路功能框图如图7-4所示。

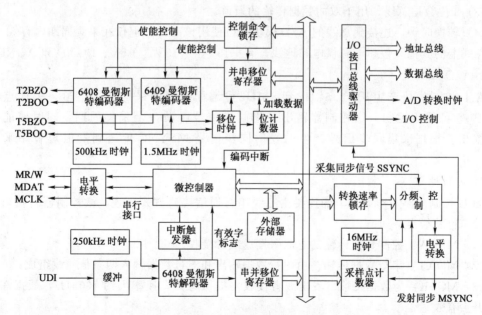

图7-4　CPU控制电路功能示意图

1. 通信接口

通信接口包括T2和T5两种模式，以微控制器为接口控制器。T2模式由6408曼彻斯特编码/解码器实现，T5 模式发送由 6409 曼彻斯特编码器实现。

1）解码

6408 曼彻斯特芯片解码部分接收地面下发的命令和数据。250kHz 时钟作为解码器的时钟输入（6408 第 5 脚）。UDI 信号通过缓冲后输入到 6408（6408 第 8 脚），数据以串行的方式接收，通过监测接收到的数据获得有效的同步模式。一旦接收到有效的同步模式，编码器就通过触发器向 CPU 产生中断。接收到中断后，微控制器通过读并串移位寄存器的并行输出读取接收到的数据字，在读低字节期间，清除产生的中断。由微控制器监测有效字（VW，6408 第 1 脚）输出标志，以判断接收到字的有效性。

2）编码

向地面传输数据由曼彻斯特芯片 6409（T5 模式）或者 6408（T2 模式）的编码部分实现。T2 模式编码器的时钟输入（6408 第 23 脚）为 500kHz，T5 模式编码器时钟输入（6409 第 12 脚）为 1.5MHz。

控制命令锁存单元接收并锁存由微控制器设置的各种命令，通过设置控制锁存单元相应的位使能 T5 模式编码器或者 T2 模式编码器。两部分编码器（6408 和 6409）输出的编码移位时钟输入到并串转换移位寄存器组和位计数器。位计数器用于对移位时钟计数来判读是否发送完一个字，当发送完一个字后对 CPU 产生中断，并加载下一个字到移位寄存器。

2. I/O 总线

CPU 板使用 20 芯连接器通过总线集线器板连接到外围电路板，CPU 通过该连接器访问与其连接的外围电路板。该连接器中的信号由以下几部分组成：

（1）I/O 控制线，允许每个板的译码逻辑连接到总线。

（2）4 位地址总线，用于译码特定的电路板及电路板上的具体设备。

（3）8 位数据总线，用于双向数据传输的通道。

（4）转换时钟，连接到总线的 A/D 模块都可使用该时钟，但仅在采集周期内有效。

总线上的其他线包括电源供电和地线，有 +15V、−15V、+5V、DGND 和 AGND 等。

3. A/D 控制

A/D 控制模块产生从 62.5kHz 到 8MHz 可编程控制的采样转换信号，采样点数从 1 到 4095 可编程控制。微控制器输出采集同步信号启动一个采集周期，同时使能转换时钟输出。根据采集同步信号产生的发射同步信号 MSYNC 传送到发射短节用来启动发射。

4. 串行通信

CPU 控制电路与声系短节的连接由三线串行通信接口方式实现，微控制器对接口进行管理。串行总线定义如下：

（1）MR/W：控制数据传输的方向（发送或者接收）；

（2）MDAT：串行数据传输。由串行数据输出和串行数据输入两条信号线组成；

（3）MCLK：为数据传输（发送或者接收）提供时钟，速率大约 100kHz，数据在时钟的上升沿有效。

串行通信电路原理图如图 7-5 所示。以上这些串行信号通过电平转换芯片（IC6）转换为 +15V 电平信号，输出到发射短节。输入到 CPU 板的串行数据由电平转换芯片（IC39）转换为 5V 电平信号，串行 MR/W 线控制 IC39 的使能输入第 2 脚，MR/W 线处于读状态

（高电平）时使能 IC39。在每次采集之前，执行一个序列的设置命令，该命令设置接收通道选择及发射换能器选择等电路。

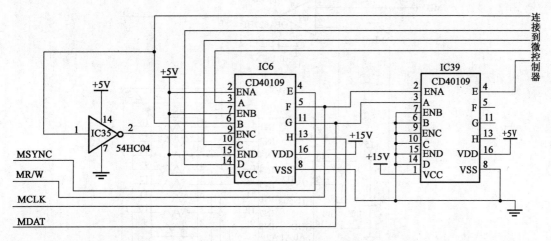

图 7-5　串行通信电路原理图

三、脉冲幅度分析（PHA）

脉冲幅度分析电路由增益控制、峰值检测、A/D 转换、首波检测和控制逻辑等构成。PHA 电路进行超声波换能器脉冲回波幅度和到时的测量，脉冲回波信号由发射板电路接收后输入到 PHA 电路。PHA 电路原理图如图 7-6 所示。

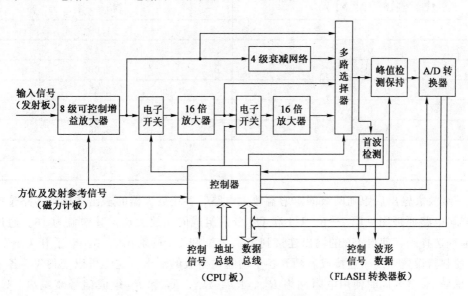

图 7-6　PHA 电路原理框图

1. 增益控制

在脉冲回波信号处理电路中，第一级增益控制由运放、电子开关和电阻网络等相关元件实现，由控制器产生增益控制码。如图 7-7 所示，U1、U2 和 RN01 组成 8 级程控放大网络，其增益控制码和增益值对应关系见表 7-1。

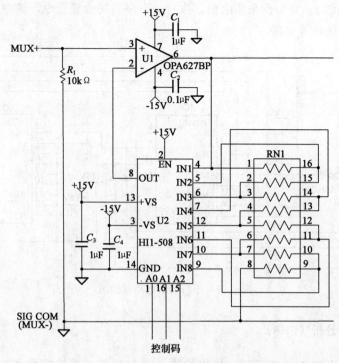

图 7 - 7　8 级可控增益放大电路原理框图

表 7 - 1　U2 控制码与增益的对应关系

U2 控制码（A2 A1 A0）	增　益
0　0　0	1.00
0　0　1	1.41
0　1　0	2.00
0　1　1	2.82
1　0　0	4.00
1　0　1	5.66
1　1　0	8.00
1　1　1	11.31

第一级放大输出后跟随两级固定增益放大电路。各级放大器的输出连接到多路选择电子开关 U5，电路原理图见图 7 - 8。U3 和 U4 分别组成同相放大器，其增益为 16。通过控制 U5 的地址选择码，使得 U5 的输出连接到 U1、U3 和 U4 的输出之一。电子开关 K1 和 K2 由逻辑控制器设置，用于连接或者断开各个增益调整级的输出，这样可以使得 U5 各个输入端的串扰最小。U5 同时使用电阻网络 R_{38}、R_{39}、R_{40}、R_{41} 和 R_{42} 组成信号衰减级。U5 第 8 脚输出信号的各种可能组合与控制码的关系见表 7 - 2。

表 7 - 2　输出信号与控制码的关系

U5 控制码（A2 A1 A0）	U5 第 8 脚输出	开关 K1、K2 状态
0　0　0	AGND	K1、K2 均断开
0　0　1	第一级 U1 输出	K1、K2 均断开

U5 控制码（A2 A1 A0）	U5 第 8 脚输出	开关 K1、K2 状态
0 1 0	U1 输出的 16 倍	K1 接通，K2 断开
0 1 1	U1 输出的 256 倍	K1 接通，K2 接通
1 0 0	U1 输出/1.414	K1、K2 均断开
1 0 1	U1 输出/2.0	K1、K2 均断开
1 1 0	U1 输出/2.8	K1、K2 均断开
1 1 1	U1 输出/4.0	K1、K2 均断开

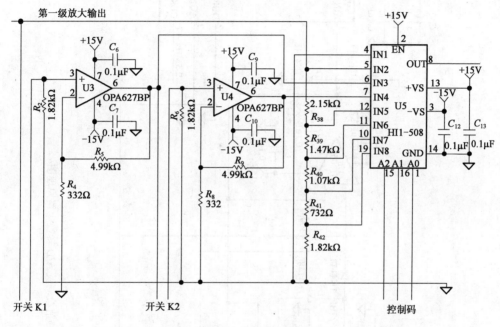

图 7 - 8　固定增益放大及多路信号选择电路原理图

由以上分析可见，PHA 增益电路的最大增益为 $11.31 \times 16 \times 16 \approx 2895 = 69$dB。

2. 峰值检测及 A/D 转换

峰值检测电路原理图见图 7 - 9。峰值检测电路由 U6、U7 和 U8 组成。该电路检测并保持多路选择器输出的脉冲回波信号的正峰值电压。当集成电子开关 U6 的第 15 脚为高电平时，电路处于峰值检测模式。U7 输出的正峰值电压通过二极管 D2 后由电容 C_{23} 保持，并通过缓冲器 U8 及输入保护二极管 D4 和 D5 连接到 12 位 A/D 转换器 U9。A/D 转换结束后，第一个 A/D 读，HBEN 低电平将 A/D 转换器的低字节转换结果输出到总线，第二个 A/D 读，HBEN 高电平将高 4 位 A/D 转换结果输出到总线。当 U6 的第 15 脚为低电平时，电路处于复位模式，C_{23} 通过 U6 的第 3、4 脚和 D9 放电，放电结束后电路随之处于准备检测下一个峰值的状态。

3. 首波检测

首波检测电路原理图如图 7 - 10 所示，主要由集成电路 U10 和 U11 组成。U10 用作缓冲器。比较器 U11 将输入信号和门槛电压进行比较，门槛电压值的范围是直流电压 0.2～3.1V。当检测到脉冲回波信号的首波时，比较器的输出为高电平，控制器中的 10MHz、16

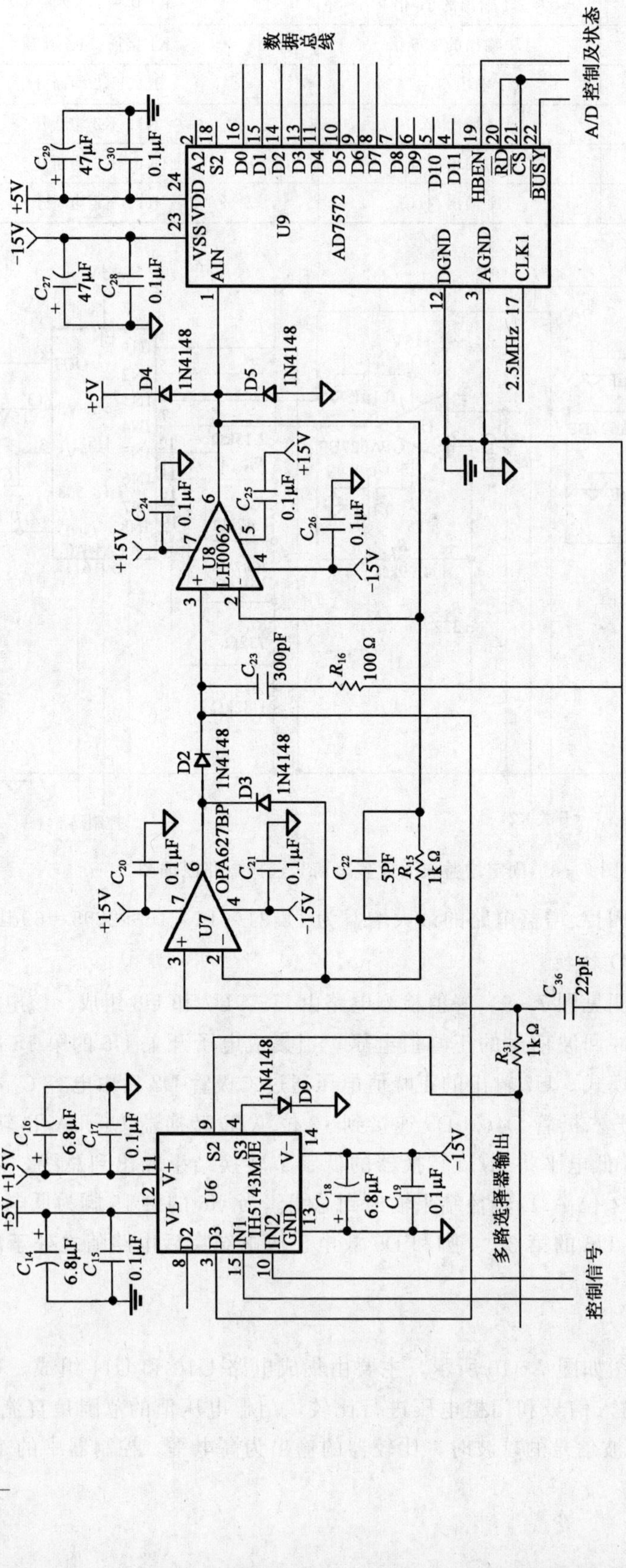

图 7-9 峰值检测及 A/D 转换电路原理图

位计数器随之停止计数。此时，计数器的值就表示从换能器发射到脉冲回波信号首波到达之间的时间间隔。脉冲回波信号经过 R_{11}、R_{12} 和 R_{13} 电阻网络后输出到 FLASH 转换器板。

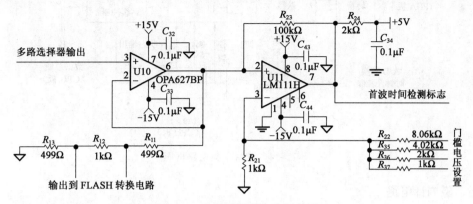

图 7-10　首波检测电路原理图

4. 控制器原理

控制器采用 Actel 公司的可编程逻辑器件实现，通过地址总线、8 位数据总线、控制线 MSYNC 与 CPU 板接口，介绍如下：

(1) 10MHz、16 位二进制计数器，用于测量首波的到达时间。当接收到信号 MSYNC 时，计数开始，首波检测器 U11 的第 7 脚输出高电平后停止计数。

(2) 状态寄存器，包括的状态有 NORTH（磁北极）、MARK（仪器体标志）、TREF（发射参考信号）、BUSY（A/D 转换状态）、CTR_OVR（内部计数器溢出）和 STOP_CLK（计数器停止）等，CPU 通过接口总线读取这些状态。

(3) 时钟分频逻辑，产生 2.5MHz 信号，输出到 A/D 转换器。

(4) 解码 PCU 板设置的命令用于输出控制信号为 HBEN（A/D 转换器 U9 的高/低字节输出切换信号）、CS（A/D 转换器 U9 的片选信号）。

(5) RESET PK，用于设置峰值电压保持电路工作于采集或者复位模式。

(6) 对地址线进行译码，产生内部计数器和寄存器复位、增益控制码、峰值保持电容复位、首波检测门槛电压设置和读取回波时间等控制信号。

四、波形采集

波形采集及储存电路对从 PHA 板输入的回波信号进行数字化，并保存到先进先出（FIFO）存储器。采用的转换器是 FLASH 型低功耗高速 8 位 A/D 转换器 MP7684，典型的转换时间是 50ns。主要功能模块包括时钟/复位控制、FLASH 转换器、译码器、电平转换等，原理框图见图 7-11。

时钟/复位控制接收来自 PHA 板的 A/D 时钟信号，处理后输出 FLASH 转换器的时钟，同时产生 FIFO 存储器的写入信号。在每个 MSYNC 周期的正脉冲期间，来自 PHA 板的 A/D 转换时钟及控制信号有效。转换结束后，通过读 FIFO 将这些数字化的转换结果输出到数据总线。

译码逻辑对 CPU 的输入/输出控制线和地址线进行译码，产生的信号有 FIFO 读、FIFO 重发、FIFO 复位和读 FIFO 状态等。

FLASH 转换器的输入要求是 0 到 +5V 的单极性信号，这就需要将来自 PHA 板的 ±2.5V 双极性信号进行 +2.5V 的电平移动。

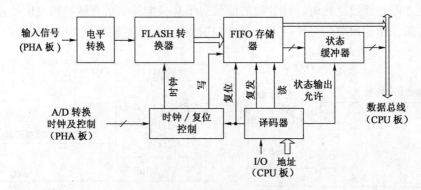

图 7-11　波形采集电路框图

五、磁力计电路

磁力计电路接收旋转部分产生的磁力传感器信号，处理后得到的信号是：

(1) MARK：仪器体标志信号；

(2) TREF：发射参考脉冲（触发换能器发射）；

(3) NORTH：地磁方位。

仪器体上的标志刻线在旋转部分的外表面，由差分放大电路和比较器对仪器体标志磁力传感器产生的信号进行处理。当 1.5in 换能器旋转通过标志刻线时，比较器输出高电平，产生 MARK 脉冲。

信号 TREF 源自于旋转部分。该信号由磁检测换能器产生，磁检测换能器由旋转轴上的索引轮激发。索引轮有 25 个孔，成像换能器组件每旋转一周，索引轮旋转 5 周。换能器每秒大约旋转 6 周，磁检测换能器则每秒产生大约 750 个周期的模拟信号，即 $6 \times 125 = 750$ 周期/秒。信号 TREF 送到 PHA 板，以触发被选超声换能器的发射。

对于地磁场磁通线，铁合金磁芯和线圈类似于磁通门，使用该磁通门检测磁北极信号。当线圈中没有驱动电流时，磁通门是打开的，磁通线趋向于集中在磁芯中；当有足够大的电流加到线圈使得磁芯饱和时，对于地磁场磁通线而言，磁通门关闭，磁通线恢复到未受磁芯影响的原始路径。原理见图 7-12 所示，图中 (a) 是线圈和磁芯的结构，(b) 是磁芯饱和时的磁通线，(c) 是磁芯未饱和时的磁通线。

磁通门磁力计线圈驱动及信号检测电路框图如图 7-13 所示。频率为 42.5kHz 的晶体振荡器，经 2 分频分别产生 21.25kHz 的同相信号和反相信号。反相信号用于磁力计信号的解调，同相信号经处理后驱动线圈。同相信号经过 2 分频后的处理电路原理图见图 7-14，通过由电阻和电容 R_{27}、C_{12}、R_{26} 组成的网络，将 0V 到 +15V 信号转换为 +7.5V 到 -7.5V 的方波信号。U2、Q1 和 Q2 组成功率放大电路对电流进行放大，使得磁力计线圈在激发时快速饱和。电阻 R_{22} 用于对 Q1 和 Q2 进行限流保护。

接收到的磁力计信号滤除其中的直流成分后连接到模拟乘法器的输入端，同时输入到乘法器的信号是经过分频后的反相 21.25kHz 信号，这样就构成相敏检波器。相敏检波器的输出包括不需要的频率成分信号，由低通滤波器将其滤除。低通滤波器及比较器电路见图 7-15。电阻 R_{46}、R_{47}、R_{48}、R_{49} 以及电容 C_{24}、C_{25} 与 U1 组成 2 阶 Butterworth 型滤波器，该滤波器的截止频率大约为 1kHz。U1-7 输出的模拟信号经过电压比较器 U3 处理后产生方位信号 "NORTH"。

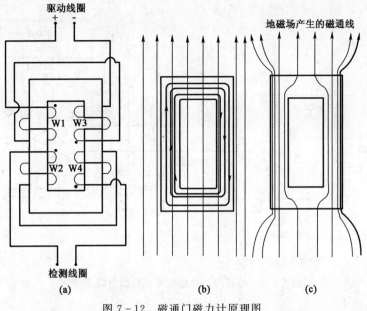

驱动线圈

检测线圈

(a)   (b)   (c)

地磁场产生的磁通线

图 7－12　磁通门磁力计原理图

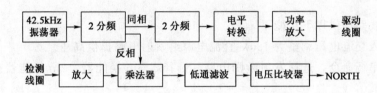

42.5kHz 振荡器 → 2 分频 → 同相 → 2 分频 → 电平转换 → 功率放大 → 驱动线圈

反相

检测线圈 → 放大 → 乘法器 → 低通滤波 → 电压比较器 → NORTH

图 7－13　磁通门磁力计驱动及检测电路框图

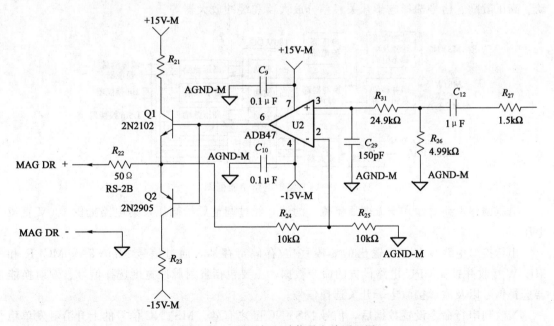

图 7－14　磁通门驱动信号电路原理图

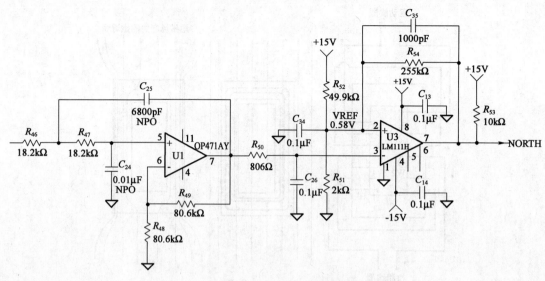

图 7-15　磁通门信号滤波及比较器电路原理图

六、发射电路

发射电子线路提供以下功能：

（1）将输入交流电压调整为 180V 直流电源给发射电路提供高压。

（2）接收串行命令，选择发射激励电路，选择 1.5in 换能器、2in 换能器或者流体测量换能器发射声波信号。

（3）接收换能器的波形信号，选择与激励通道对应的信号进行缓冲等处理。

图 7-16 为发射电子线路的功能框图。由图可以看出，主要模块有电压调整电路、驱动、高压激励、信号选择电子开关、差分放大器和缓冲放大器等。

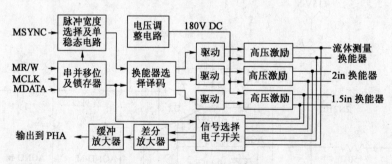

图 7-16　发射电路功能框图

电压调整电路对输入交流电压整流、滤波，经过调整后给高压发射电路提供 180V 直流电压。

串行接口电路具有三态输出的 8 段移位/存储寄存器，通过信号 MDATA、MCLK 和 MR/W 接收并锁存 CPU 电路设置的命令数据，主要包括发射脉冲宽度选择信号、发射换能器选择信号以及波形接收电子开关选择信号。

接收到串行命令设置数据后，信号 MSYNC 随之有效。MSYNC 信号的上升沿触发单稳态电路产生宽度为 1.8 μs（默认模式）或者 0.6 μs 的脉冲，两种脉冲宽度选择由锁存的命令完成。同时，换能器选择译码单元根据保存在串并移位及锁存器中的命令选择 3 个发射电路中的一个工作。

驱动及激励电路原理图如图 7-17
所示,图中表示了 3 道电路中的一道,
其余两道与此类似。储能电压由储能电
容提供,通过变压器 T3 将其存储的能
量传递到换能器。激发脉冲由换能器选
择译码电路输出。场效应管 Q8 和 Q9
是电流放大器,用于驱动 Q10。当激发
脉冲有效时,场效应管 Q10 导通,被选
变压器初级的 180V 直流电压在 1.8 μs

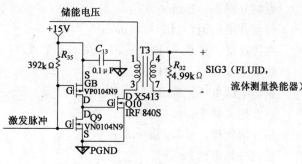

图 7-17　发射激励电路原理图

内变为 0V,该脉冲在变压器次级产生峰值 600~700V 的高压脉冲,高压脉冲激发选定的换能器。限流电阻 R_{35} 保护 Q8 和 Q9。

接收信号的选择与发射选择对应,即激发哪个换能器,就选择处理该换能器接收到的声波信号。图 7-18 是信号选择及缓冲电路原理图。电子开关 U2 选择 4 个差分输入中的一个,U2 的控制码由串并移位及锁存器设置。电阻 $R_{11} \sim R_{12}$,$R_{13} \sim R_{14}$ 和 $R_{15} \sim R_{16}$ 是增益设置网络的组成部分,同时,这些电阻对通过二极管 D2~D3,D4~D5 和 D6~D7 的电流有限制作用。D2~D7 限制了 U2 各个输入端的电压,在换能器发射过程中起到保护输入端的作用。U1 是差分单位增益缓冲放大器。U7 是缓冲/线驱动器,其输出信号传送到 PHA 板。

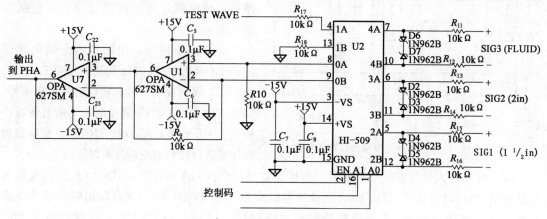

图 7-18　多路信号选择电路原理图

第三节　EILog 超声成像测井仪

国产超声井壁成像测井仪在井下声波电视的基础上发展而来,在油田现场应用比较广泛。以下以中国石油天然气集团公司 EILog 超声成像测井仪为例进行分析。

EILog 超声成像测井仪测量的主要信息也是回波幅度和回波到达时间,其主要技术指标如下:

井下仪器耐温:155℃;

井下仪器耐压：100MPa；

裂缝分辨率：1mm；

可测井眼范围：115～240mm；

扫描速度：每秒 10 圈，一圈采集 256 个点；

供电电源频率：50Hz；

供电电源电压：220V；

声波探头频率：0.5MHz、1.0MHz；

钻井液密度：$<1.25\mathrm{g/cm^3}$；

适应井斜范围：$<6°$；

仪器外径：89mm；

仪器长度：6.152m；

探头：两个（0.5MHz、1.0MHz），每一个既发射又接收。

一、仪器总体构成

EILog 超声成像测井仪电路主要由电源、发射电路、信号放大检测电路、同步电路（磁通门检测电路）、控制电路等几部分组成，构成框图如图 7－19 所示。仪器与遥测短节之间的连接采用 CAN 总线方式。

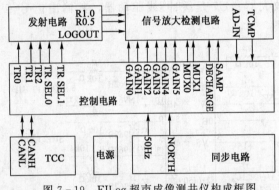

图 7－19　EILog 超声成像测井仪构成框图

控制电路是整个仪器的控制中心，各部分电路的工作时序都由其控制，控制电路与其他电路之间的连接信号主要包括以下几部分：

（1）同步信号，由同步电路输出同步信号 NORTH 和 50Hz 到控制电路。

（2）发射控制信号和接收选择控制信号。TR0、TR1 和 TR2 分别控制 3 个发射通道中的一个工作，TR SEL0 和 TR SEL1 根据发射换能器选择接收对应的反射回波信号。

（3）信号放大检测电路控制信号，包括增益控制信号 GAIN0 至 GAIN5（控制放大检测电路的增益）、输出信号 AD＿IN、选择控制信号 MUX0 和 MUX1（选择输出峰值信号或者波形信号到采集电路）、噪声采样控制信号 SAMP、清除保持的峰值电压控制信号 DECHARGE、首波到达信号 TCMP。

控制电路的主要功能有：

（1）接收地面通过遥测单元下发的仪器控制命令，主要控制仪器的工作频率选择、地磁/电源同步方式选择、模拟信号前端处理增益选择等；

（2）接收同步信号，产生电路的整体工作时序；

（3）幅度、噪声的采样控制；

（4）将测量到的回波幅度、回波时间及仪器舱温度等信息按照一定的数据格式发送到 CAN 总线，由遥测单元传输到地面。

发射电路实现的主要功能是在点同步的控制下受控产生 1.0MHz 或者 0.5MHz 激励信号，激励换能器。

信号放大检测电路的主要功能有：

（1）选择 1.0MHz 或 0.5MHz 接收信号进行放大；

（2）对回波信号实现可控增益放大；

（3）跟踪回波幅度并对其数字化，测量回波到达时间。

同步电路的主要功能是产生每周行起始的同步，使地磁北极与探头的旋转起始位置一致。在套管井中测量时，地磁信号被屏蔽，由 50Hz 电源分频产生同步信号。

供电电源单元通过供电变压器、整流、滤波和电压调整等电路产生 ±15V、±5V 和 3.3V 等电子线路工作电源，以及 +200V 高压发射电源。这部分的工作原理可以参考阵列声波章节中相关电源电路的介绍。

二、发射电路

为适应不同井况的测井要求，EILog 超声成像测井仪配有 2 个频率为 0.5MHz 和 1.0MHz 的超声换能器。发射电路根据地面下发的工作换能器选择命令，选择 1.0MHz 或 0.5MHz 换能器工作，点同步信号经过控制电路处理后产生换能器发射点火命令。

图 7-20 是 EILog 超声成像测井仪发射电路框图。控制电路设置的发射触发信号输入到发射电路板，经过电平转换、脉冲宽度调整和信号驱动等电路处理后，控制发射激励电路，由发射激励电路产生的高压脉冲激发声波换能器。

图 7-20　EILog 超声成像测井仪发射电路框图

电平转换电路将控制电路产生的 5V 电平信号转换为 +15V 电平信号，实现与后续处理电路的电平匹配。脉冲宽度调整功能由单稳态电路实现，决定发射控制脉冲信号的宽度。信号驱动电路与发射激励电路的原理可参考 CBIL 相关章节的介绍。所有换能器接收到的信号都经过后续共用的处理通道。接收信号选择电路由多路选择电子开关构成，选择当前工作换能器的输出信号并使其通过电子开关。差分放大器电路将换能器输出的信号转换为单端方式，经过缓冲驱动后的信号 LOGOUT 由放大检测电路进行处理。

三、放大检测电路

放大检测电路对发射电路输出的声波信号 LOGOUT 进行放大处理，由回波峰值检测电路跟踪并保持峰值。该峰值即为回波幅度，由 A/D 转换器进行数字化。首波到时检测电路根据放大处理后的信号判断首波到达时间。放大检测电路原理框图如图 7-21 所示。

电路中的程控增益控制信号、电子开关控制信号、多路选择器控制信号、噪声采样控制信号和峰值保持器清空信号等控制逻辑信号都由控制电路设置。

可变增益放大电路由 3 级放大器组成，第一级为 8 挡程控放大器，第二、三级为固定增益放大器。3 级放大器之间的电子开关电路根据控制信号的设置连接或者断开前后增益调整级，这样可以使得多路选择器的各个输入端串扰最小。衰减网络对第一级程控放大器的输出分压得到 4 级衰减信号。通过对多级放大和衰减的灵活控制，可实现在比较大的动态范围内对输入信号进行调整。

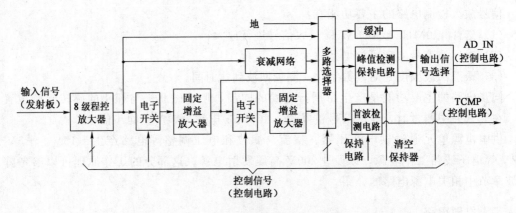

图 7 - 21 EILog 超声成像测井仪放大检测电路框图

通过框图和以上分析可以看出，输入到多路选择器的信号有 8 路，分别是地信号、第一级放大输出信号、4 级衰减信号、第二级放大输出信号和第三级放大输出信号。电路选择器主要的构成电路是 8 选 1 电子开关，由控制电路选择需要进行后续处理的信号。

峰值检测保持电路主要的构成器件是高速运算放大器、峰值保持电容和电子开关。电子开关的作用是在 A/D 转换器对保持的峰值数字化后清除保持电容的电压，以准备对下一个峰值进行跟踪。

首波检测电路分为系统噪声采样保持电路和时间比较器电路两部分。每次发射结束后，经过一定时间回波信号或多次反射的信号幅度将接近于 0。此时，电路中的信号主要是系统噪声。为了使时间比较器能够对到达的首波准确检测，采用一个噪声采样保持电路，在对峰值进行跟踪保持之前先采样保持系统噪声。噪声采样保持电压叠加一定门槛电压作为时间比较器电路的比较门槛电压，与多路选择器输出的信号进行比较，得到回波到达信号 TCMP。

峰值检测保持电路的输出电压需要由 A/D 转换器进行数字化，同时在检测固井质量时，需要对声波波形进行分析。通过输出信号选择电子开关选择两种信号中的一种输入到控制电路进行数字化采集。

四、同步电路

井壁超声成像测井仪的测量结果必须与方位信息对应才有实际的应用价值，仪器工作时需要用方位信息作为同步信号。EILog 超声成像测井仪提供两种同步方法：在套管井或者与地磁向量平行的井中，将电源的 50Hz 交流信号经过分频作为同步信号；在裸眼井中，使用磁通门产生同步信号。有关磁通门作为方位同步信号的相关知识，参考前面章节的介绍。

磁通门传感器由探测器、励磁电路及检测电路等组成。励磁电路提供交流信号源驱动励磁线圈，检测电路对检测线圈接收到的信号进行处理得到方位参考信号。磁通门励磁电路和检测电路原理框图如图 7 - 22 所示。

磁通门激励电路包括 60kHz 方波信号产生电路、2 分频电路、无源滤波电路和功率放大电路等 4 个部分。信号发生器产生频率为 60kHz 的方波信号，经过 2 分频的 30kHz 用于检测信号的解调，经过 4 分频的 15kHz 信号用于驱动激励线圈。0V 到 +15V 的方波信号经过无源滤波电路处理输出 +7.5V 到 -7.5V 的方波信号，同时滤除信号中可能存在的高频成分。为了加快励磁线圈的饱和速度，在激励信号加到线圈前

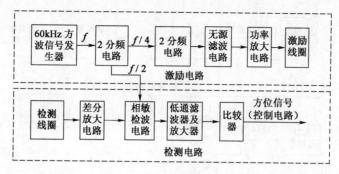

图 7-22　EILog 超声成像测井仪磁通门电路框图

必须进行功率放大。

　　磁通门信号检测电路的功能是对磁通门检测线圈接收到的信号进行处理，从中得到反应地磁信号变化的磁通门信号。当声系旋转时，输出信号应该为 10Hz 的周期性数字方波。磁通门信号检测电路包括放大器、相敏检波电路、低通滤波器和比较器等 4 个部分。差分放大电路对磁通门检测线圈接收到的信号进行放大，相敏检波器主要由乘法器组成，检波器的输出信号含有多种频率成分，由低通滤波器将高频信号全部滤除，得到的低频分量信号的大小就反应了地磁信号的强弱。由于地磁信号的强弱又是随着声系的旋转而变化的，因此这个低频信号的幅度随着旋转角度的变化而变化，声系的旋转速度为 10 圈/s。低频信号经过比较器电路后输出频率为 10Hz 的数字信号，该数字信号连接到控制电路板，作为一个可选的行同步信号。

五、系统控制电路

　　系统控制电路主要由数字信号处理器（DSP）、现场可编程逻辑器件（FPGA）和 A/D 转换器等构成。系统控制电路原理框图如图 7-23 所示。

　　DSP 的主要功能是：实现与遥测短节的通信；从 FPGA 中读取幅度采集数据、波形采集数据和回波时间数据；将地面发送的控制命令发送给 FPGA，控制 FPGA 的工作模式。系统选用的 DSP 是 TI 公司的 2000 系列 TMS320LF2407A。该器件包括的外围设备和接口比较丰富，集成的 CAN 模块实现与遥测电路的接口，SPI 接口可以与温度传感器直接连接，内部 FLASH 存储器用来保存程序代码，内部 RAM 存储器作为数据缓存。外部扩展 RAM 可以用作程序存储器和数据存储器，方便仪器开发阶段的调试。

　　FPGA 主要完成对井下其他电路的控制逻辑，包括对发射电路的设置、放大检测电路的参数设置、回波时间记录、数据采集控制、采集结果缓存以及接口控制等功能。系统采用的 FPGA 为 Actel 公司的 APA075-100I，是一块内部带有 FLASH 存储器的芯片，芯片的编程数据下载到 FLASH 中，避免外接配置芯片，提高了可靠性和安全性。该芯片的内部含有丰富的逻辑资源，可以满足控制电路对于逻辑资源的需求。此外，内部还有存储器资源，用来实现 FIFO 存储器，保存 A/D 转换器的采集结果。

　　A/D 转换器将放大检测电路输出的模拟信号 AD_IN 转换为数字信号，通过串行接口与 FPGA 连接，实现采集控制和传输采集结果。

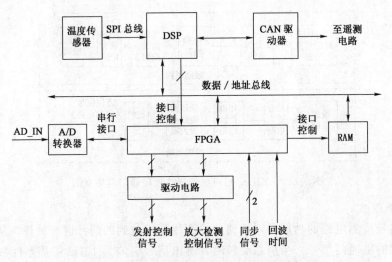

图 7-23　EILog 超声成像测井仪控制电路框图

本 章 小 结

　　本章介绍了国内广泛使用的进口和国产超声成像测井仪的构成和电子线路的实现方法。第一节对井周超声成像测井的测量原理进行了简要介绍；第二节分析了 Baker Atlas 公司生产的数字井周超声成像测井仪 DCBIL 的整体结构和各部分功能电路的具体实现方法，对一些典型电路也进行了详细的分析；第三节对中国石油天然气集团公司的 EILog 超声成像测井仪的总体构成原理、各部分功能电路的原理以及模块之间的接口等进行了简要分析。在学习中，如果掌握了一种仪器的设计思想和典型电路的实现方法，对于学习同类型的其他仪器应该能够触类旁通。

　　DCBIL 使用两个直径不同的聚焦换能器，工作频率均为 250kHz；EILog 超声成像测井仪则使用了频率为 0.5MHz 和 1.0MHz 的两个换能器。

　　DCBIL 提供了磁通门和方位测量短节两种同步方法；EILog 超声成像测井仪也使用两种可选的同步方法，一是由磁通门检测电路提供，二是对电源 50Hz 频率信号进行分频得到同步信号。

　　DCBIL 使用高速 FLASH 型 A/D 转换器对波形进行采集，对回波峰值的数字化由逐次逼近 A/D 转换器实现，两者可同时进行。EILog 超声成像测井仪由电子开关和高速 A/D 转换器对波形和回波峰值选择采集，同时使用 DSP 和 FPGA 作为系统控制核心，集成度高，电路板尺寸较小，控制灵活。

思 考 题

　　1. 简述超声波扫描测量的原理。

　　2. 试述 DCBIL 测得的两种图像及其分别反映的井眼特征。

3. 以功能框图的形式分析 DCBIL 各个短节的组成结构。

4. 试述 DCBIL 测量使用的两种参考方位及其使用条件。

5. 试述 DCBIL 仪器 CPU 电路处理的任务以及 CPU 电路的功能模块。

6. 试述 DCBIL 仪器 CPU 电路与声系短节的通信方式以及信号线的定义。

7. 试述 DCBIL 仪器 PHA 电路的功能以及该电路主要包括的模块。

8. 试述 DCBIL 仪器 PHA 电路中控制器实现的功能。

9. 图示分析 DCBIL 仪器波形采集电路的功能及其主要构成模块。

10. 图示分析 DCBIL 仪器磁通门磁力计驱动及检测电路工作原理。

11. 试述 DCBIL 仪器发射电路实现的功能。

12. 图示分析 DCBIL 仪器发射电路的主要功能模块。

13. 试述 EILog 超声成像测井仪电子线路的主要构成，请结合功能框图进行分析。

14. 试述 EILog 超声成像测井仪信号放大检测电路的主要功能。

15. 试述 EILog 超声成像测井仪控制电路的主要功能。

16. 试述 EILog 超声成像测井仪提供的同步方法以及同步电路的主要功能。

17. 请结合 EILog 超声成像测井仪发射电路框图，分析发射电路的功能构成。

18. 试述 EILog 超声成像测井仪放大检测电路的主要功能和主要组成部分，请结合功能框图进行分析。

19. 分析 EILog 超声成像测井仪和 DCBIL 仪器使用的换能器的特点。

20. 试述 EILog 超声成像测井仪和 DCBIL 仪器同步方法的特点。

第八章　自然伽马能谱测井仪

第一节　自然伽马能谱测井测量原理

一、岩石的自然放射性

伽马射线是一种高能电磁波。自然伽马射线是由某些元素在没有外来激发的情况下自然放射出来的。岩石的自然伽马射线主要是由铀系和钍系放射性元素以及钾 40 （^{40}K）产生的，自然伽马测井测量地层总的天然放射性；而自然伽马能谱测井测量地层中铀（U）、钍（Th）、钾（K）的含量，以此提供更多的测井信息，解决地质和油田开发中的问题。

粘土矿物中 Th 和 K 的含量较高。因此，泥岩的放射性通常比砂岩高。但是，当泥岩含有机物时，粘土颗粒对铀离子的吸附增强，使铀含量增高。

地壳中 U、Th、和 K 的平均丰度为^{232}Th＝12mg/kg，^{236}U＝4mg/kg，$^{39+40}$K＝2％。砂岩和碳酸盐岩放射性元素含量低。某些岩石、矿物的 U、Th 和 K 的含量见表 8－1。

表 8－1　某些矿物、岩石的 U、Th 和 K 的含量

岩石矿物名称	K，%	U，mg/kg	Th，mg/kg
典型的泥岩	2.4～4.0	2.0～6.0	8.0～16.0
膨润土	<0.5	1.0～20.0	6.0～50.0
蒙皂石	0.16	2.0～5.0	14.0～24.0
高岭石	0.42	1.50～3.0	6.0～19.0
伊利石	4.5	1.50	—
黑云母	6.7～8.3	—	<0.01
白云母	7.9～9.8	—	<0.01
绿泥石	<0.05	—	—
硬石膏	0.1～0.2	0.5	0.8～1.40
岩盐	0.1～0.2	0.5	0.8～1.40
砂岩	0.7～3.8	0.2～0.6	0.7～2.0
碳酸盐岩	0.1～2.0	0.1～9.0	0.1～7.0

岩石中的 Th 和 U 的含量比以及 Th 和 K 的含量比对解决某些地质问题特别有用。用 Th 和 K 的比值可识别各种粘土矿物，如图 8－1 所示，用 Th 和 U 的比值可研究沉积环境，从化学沉积物到碎屑沉积物，Th 和 U 的比值增大。据统计，碳酸盐岩的 Th/U 为 0.3～2.8，粘土岩的 Th/U 为 2.0～4.1，砂岩的 U 含量变化范围很大，因而 Th/U 值变化范围也大。

如前所述，地层中的自然伽马射线几乎全由铀系、钍系元素和^{40}K 产生。^{40}K 只辐射能量

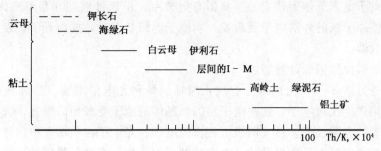

图 8-1　各种粘土矿物的 Th/K

为 1.46MeV 的伽马射线，铀系和钍系的各种元素发射不同能量的伽马射线，有些元素还发射多种能量的伽马射线，因而铀系和钍系的伽马射线能谱是复杂的，如图 8-2 所示。

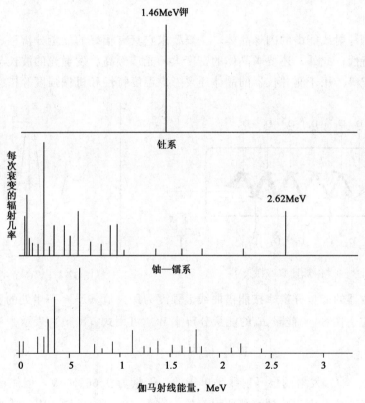

图 8-2　U、Th 和 ^{40}K 的伽马射线能谱

铀系和钍系元素在放射性平衡状态下，不同能量的伽马射线的相对强度也是确定的，因此可以选定铀系和钍系的某一特征能量来识别铀和钍。通常在铀系中选 ^{214}Bi 发射的 1.76MeV 的伽马射线来识别 U，选钍系中 ^{208}Tl 发射的 2.62MeV 的伽马射线来识别 Th。

二、自然伽马能谱测井仪测量原理

1. 伽马射线探测器

伽马射线与物质的相互作用主要有光电效应、康普顿散射和电子对效应，这 3 种效应使伽马光子把能量传给从原子核外层轨道飞出的电子或形成的电子对。这些次级电子能引起物质中原子的电离和激发。利用这两种物理现象可以探测伽马射线。

利用次级电子电离气体而建立的探测器有电离室、正比计数器和盖革—弥勒计数器等。利用次级电子使原子核的外层电子受激发，当原子返回基态时，放出光子，发生闪光，因而建立了闪烁计数器。

测量伽马能谱使用闪烁计数器。

闪烁计数器见图8-3，由两部分组成：闪烁晶体和光电倍增管。当伽马射线射入晶体后，与物质作用产生次级电子，这些电子使闪烁晶体的原子受激而后发光，大部分光子被收集到光电倍增管的光阴极上，从光阴极上打出光电子。光电子在倍增管中倍增，最后，电子流在光电倍增管的阳极上形成电脉冲。电脉冲被放大计数。光电倍增管输出脉冲的幅度与伽马射线能量成正比，而脉冲计数率与射入晶体的伽马射线强度成正比。

为了使更多的光子被收集到光电倍增管的光阴极上，在闪烁晶体和光阴极之间涂硅油，增加光耦合。

1）闪烁晶体

对于探测伽马射线能谱的闪烁晶体，主要要求它具有很好的能量分辨率、时间分辨率和能量正比响应特性；此外，还要求晶体的密度大、光产额高、发射光的波长与光电倍增管的光谱响应相匹配等。用于测井仪器的晶体还要考虑温度特性和机械强度等指标。

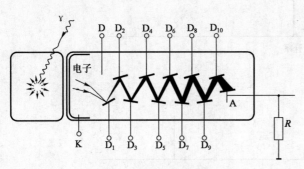

图8-3 闪烁计数器探头

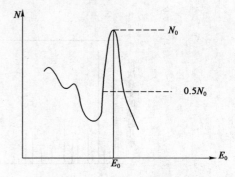

图8-4 ^{137}Cs 的 γ 能谱曲线

对闪烁计数器的能量分辨率按能谱曲线上强度为最大值（E_0）一半处的宽度 ΔE 与能量 E_0 的比值来确定。图8-4能量 E_0 的能量分辨率 $W_{1/2}$ 可用式（8-1）表示。

$$W_{1/2} = \frac{\Delta E_{1/2}}{E_0} \times 100\% \tag{8-1}$$

理想情况下，^{137}Cs 发射的伽马射线是单能的，能量为0.661MeV，但能谱曲线上却是具有一定宽度的峰，这是由于统计涨落所引起的。由式（8-1）可知，$W_{1/2}$ 越小，能量分辨率越高。

需要强调的是，式（8-1）所确定的能量分辨率是闪烁计数器的总分辨率。它包括了闪烁晶体的本征分辨率、光电倍增管放大倍数、光子数的统计涨落以及光子转换成电子的转换效率的涨落等。表8-2所列的能量分辨率是指晶体的分辨率而非探头的总分辨率。

表8-2 几种闪烁晶体的特性比较

闪烁晶体	BaF_2	CsF	BGO	NaI（Tl）	CsI（Tl）
密度，g/cm^3	4.89	4.64	7.13	3.67	4.51
光衰减时间，ns	0.6（快） 620（慢）	5	300	250	600

闪烁晶体	BaF$_2$	CsF	BGO	NaI（Tl）	CsI（Tl）
发射光波长，nm	225（快） 310（慢）	390	480	410	560
折射系数	1.56	1.48	2.15	1.85	1.79
能量分辨率，511keV	13%	25%	20%	9%	10%（662keV）
点源的时间响应	300ps	400ps	2.5ns	1ns	—
光产额，光子/MeV	8.5×10^3		2.8×10^3	4×10^3	
辐射长度，cm	2.1	2.2	1.1	2.6	—
潮解性	无	无	无	有	无

闪烁晶体发光的衰减时间越短，时间分辨率就越高。

能量响应正比特性是指已知能量的伽马射线的光电峰道址（即输出脉冲幅度）与能量的对应关系。

表8-2是几种闪烁晶体的特性比较。自然伽马能谱测井仪大都用 NaI（Tl）晶体，也有用 CsI（Tl）的。从表8-2可知，NaI（Tl）晶体各种特性都比较好，但能量正比响应特性比其他几种晶体差。NaI（Tl）是一种无机晶体，有很好的透明度，可制成大晶体。晶体中掺有 0.1%～0.5% 的铊（Tl）作为激发剂。当伽马射线射入晶体时，与晶体物质作用产生次级电子，这些次级电子使晶体的原子受激，电子激发到高能级，退激时电子返回基态，将能量转换成光的辐射。对于 NaI（Tl）晶体，当次级电子能量在 1.001～6MeV 范围内时，其输出脉冲幅度与次级电子能量成正比。

2）光电倍增管

如图8-3所示，闪烁晶体发射的光子通过光耦合射到光电倍增管的光电阴极上。通常，光电阴极是由光致发射材料制作而成的，例如将铯化合物喷涂在玻璃管壳内部形成半透明薄膜层，它接受入射的光子后，发射出光电子。在聚焦电极 D 的作用下，光电阴极上轰出的光电子聚焦到电极 D$_1$。D$_1$ 至 D$_{10}$ 是相同的电极而依次递增相等的电压（80～150V）。这些电极称次阴极或打拿极，用以产生二次电子。当电子轰击这些电极时会产生 3～6 倍的二次电子。从每一极打出的二次电子又被加速轰击后一级电极，产生出更多的电子。这个过程一直继续下去，可以将光电阴极所发生的电子倍增到极大的数目。最后在阳极 A 的电阻 R 上输出电脉冲。

光电倍增管的主要性能指标是放大倍数、灵敏度、暗电流和光谱响应。

光电倍增管的放大倍数就是阴极所收集到的光电子为光阴极射出的光电子的倍数。由于次阴极级间电压是固定的，次阴极每级的放大倍数是相同的，于是总的放大倍数可表示为：

$$\eta = (\sigma\theta)^n \tag{8-2}$$

式中　n——次阴极级数，一般为 9～14；

　　σ——次阴极每级的放大倍数；

　　θ——次阴极每级收集前级电子的效率；

次阴极每级的放大倍数约为 3～6，所以光电倍增管的放大倍数为 10^5～10^8。显然，次阴极级间电压的大小会显著影响放大倍数，因此，光电倍增管高压的稳定性是很重要的。如果要求放大倍数的稳定度为 $1\% \sim 0.1\%$，高压的稳定度则为 $0.1\% \sim 0.01\%$，也就是说电压的稳定度要比放大倍数的稳定度提高一个数量级。

光电倍增管的灵敏度是用来描述光电倍增管的光电转换性能的，有两种概念，一是指光阴极灵敏度，另一是指总灵敏度。光阴极灵敏度是指一个光子在光阴极上打出一个电子的几率。总灵敏度是指入射一个光子在阳极上收集到的平均电子数，单位是 μA/lm（微安/流明）。光电倍增管的灵敏度实际上与入射光的波长有关，波长过长或过短的光子入射到光阴极打出电子的概率都极低。光阴极发射光电子的效率随入射光波长而改变的现象称光电倍增管的光谱响应，因此，闪烁晶体和光电倍增管配用时，必须注意这点。光电倍增管的灵敏度和光谱响应都和光阴极的材料有关。

上面的讲述都是按理想情况考虑的，即光电倍增管没有入射光时，阳极上不会有电流。实际上，阳极上仍有微小电流流过，约为 $10^{-9} \sim 10^{-7}$A，这个电流称为暗电流。产生暗电流的主要原因是次阴极的热电子发射，因此，应该降低光电倍增管的工作温度和提高其灵敏度。

2. 自然伽马能谱测井测量原理

如前所述，由光电倍增管输出电脉冲，其幅度与闪烁晶体中吸收的伽马射线能量成正比。使用固定参考电压的高速比较器实现不同能量窗口的设置。各能窗的计数率通过下井仪器送到地面。处理这些数据，可给出地层 U、Th 和 K 的含量。

由于晶体和光电倍增管对温度十分灵敏，温度变化将引起光电倍增管输出脉冲幅度的改变，等效于能谱的漂移。因此，在测量过程中，要通过调整电压和电子线路参数保证能量谱的稳定。

需要指出的是，由于伽马射线通过地层时要发生散射和吸收，它的能谱已不像图 8-2 那样简单而更复杂了。当用 NaI（Tl）晶体探测伽马射线能谱时，由于伽马射线与物质的 3 种作用产生次级电子的能量不同，因此即使是单能伽马光子，其脉冲幅度仍有一个很宽的分布。实际的能谱曲线是连续的，称仪器谱。在能谱曲线上，除了光电效应造成的光电峰或全能峰外，还有康普顿散射产生的峰、穿过晶体的伽马射线反射回来产生的光电峰以及电子对效应产生的逃逸峰等，因此，在自然伽马能谱测井仪中，为了能测量 U 和 Th 的特征能量峰和 ^{40}K 的能量峰，仪器在高能域设置 3 个能窗——W_3、W_4 和 W_5，分别探测 1.46MeV、1.76MeV 和 2.62MeV 主要峰；在低能域再设置 2 个能窗——W_1 和 W_2，探测地层中康普顿散射后的伽马射线。实际测得的仪器谱如图 8-5 所示。它是连续谱，与初始谱相比，已有很大的差别。

由于闪烁计数器的探测效率低，按计数率计算，高能部分仅占能谱的 10%，为了减小统计起伏和提高计算 U、Th、K 含量的精度，按 5 个窗口的计数率用下列方程组求解 U、Th、K 含量：

$$\begin{cases} ^{232}\text{Th} = a_1 W_1 + a_2 W_2 + a_3 W_3 + a_4 W_4 + a_5 W_5 \\ ^{238}\text{U} = b_1 W_1 + b_2 W_2 + b_3 W_3 + b_4 W_4 + b_5 W_5 \\ \text{K} = c_1 W_1 + c_2 W_2 + c_3 W_3 + c_4 W_4 + c_5 W_5 \\ \text{GR} = W_1 + W_2 + W_3 + W_4 + W_5 \end{cases} \qquad (8-3)$$

式中　a_i，b_i，c_i——系数，$i = 1, 2, 3, 4, 5$。

为了确定系数 a_i、b_i 和 c_i，要采用实体模型刻度。配制 U、Th、K 含量不同但却为已知值的模拟地层，用自然伽马能谱仪对这些地层进行测量，就可在 5 个能窗口得到 15 个不同的计数率。以此可解出方程组（8-3）的系数 a_i、b_i 和 c_i。

上述计算 U、Th、K 含量的方法称逆矩阵法。

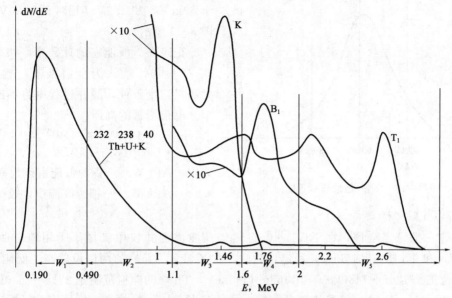

图 8-5　自然伽马能谱测井仪测得的仪器谱

第二节　NGT-C 自然伽马能谱测井仪测量原理

斯伦贝谢公司生产的 NGT-C 自然伽马能谱测井仪与旧型号 NGT-BB 相比，有了不少的改进。首先，新型号和电缆通信系统 CCS 或 CTS 兼容，CSU 的计算机直接控制数据的传输，而 NGT-BB 的输出信号通过核测井模块 NSM 和 CSU 的计算机交换信息。其次，NGT-C 型仪器的稳谱措施比旧型号仪器更完善，不仅采用 ^{241}Am 源产生 60keV 的标准峰作为稳谱峰，还利用地层产生的 K 峰（1460keV）和 Th 峰（2615keV）进一步细调能窗门槛值，提高稳谱效果。第三，NGT-BB 仪器的刻度主要在实验完成，而 NGT-C 仪器采用 GSR-U 刻度器辐射 Th 能谱，取其主峰作为刻度峰。

一、稳谱原理

在第一节中已经叙述，由于闪烁晶体和光电倍增管的对温度十分灵敏，由于温度的变化会导致谱信号记入错误的能窗，因此，稳谱措施是自然伽马能谱测井仪设计中很重要的一环。

NGT-C 自然伽马能谱测井仪采用 2 种稳谱方法。

1. Am 源稳谱

为了使能谱信号处于能窗的正确位置，采用调整光电倍增管高压的办法，使输出脉冲幅度有所改变。为此，选用一个单能伽马源作为能量参考，记录它的能量谱，实现稳谱。仪器把 50 μCi（改进后用 5 μCi，1Ci＝3.7×10^{10}Bq）的 ^{241}Am 源紧靠着闪烁晶体，它产生没有散射的 60keV 的单峰,这个峰也不受地层谱的影响。在 60keV 峰的两旁设置 2 个能窗,低能窗是 40～60keV,高能窗是 60～80keV。在电路上用 3 个比较器来实现,比较器的参考电压分别为 0.8V(相对于 40keV)、1V(相对于 60keV)和 1.2V(相对于 80keV),如图 8-6 所示。

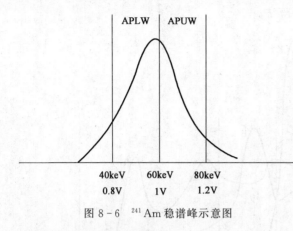

图 8-6 ^{241}Am 稳谱峰示意图

记录高、低能窗的计数率,如果满足式(8-4),就认为全谱处于正确位置。为满足这个条件,测井过程中将不断地调节光电倍增管的高压。

$$\frac{APLW - APUW}{APLW + APUW} = 0 \qquad (8-4)$$

式中 APLW——锎源低能窗计数率;

APUW——锎源高能窗计数率。

2. K、Th 能谱峰稳谱

为了进一步稳定全谱,在 NGT-C 自然伽马能谱测井仪中又增添了用地层的 K 峰(1460keV)和 Th 峰(2615keV)稳谱,为此,在 K 峰和 Th 峰的两侧设置高、低能窗,K 峰的能窗范围是 1365～1460keV 和 1460～1590keV,Th 峰的能窗范围是 2515～2610keV 和 2610～2740keV。和 ^{241}Am 峰稳谱原理一样,测量 K 峰和 Th 峰的高、低能窗的计数率,如果高、低能窗计数率相等,则全谱稳定。如高、低能窗计数率不等,则调节能窗比较器的门槛电压。和用 ^{241}Am 源通过调光电倍增管高压实现稳谱相比,这是一种稳谱的"细调"。

K 和 Th 稳谱峰高、低能窗的宽度是不相等的,低能窗宽 95keV,高能窗宽 130keV。这是因为考虑到高、低能窗康普顿散射本底值不同,低能窗的康普顿散射本底值高。

上述能窗的设置都是通过比较器电路实现的,对于环路信号(^{241}Am 稳谱峰信号),比较器的参考电压是 1V 对应于 60keV(或 16.67mV 对应于 1keV)。对于测量来自地层的谱信号,以 Th 峰比较器的参考电压计算,5.2V 对应于 2615keV(或 2mV 对应于 1keV)。

二、NGT-C 自然伽马能谱测井仪测量原理和框图

NGT-C 自然伽马能谱测井仪的原理框图如图 8-7 所示。仪器由两部分组成:探头部分和电子短节部分。NTD-A 或 NGD-B 是探头部分,主要由 NaI 晶体、光电倍增管、前置放大器和高压倍增器等组成。50 μCi 的 ^{241}Am 稳谱源紧贴在晶体的一端。NGC-C 是电子短节部分,主要的电子线路都放在这里,由测量、稳谱和接口 3 大部分组成,包括谱信号和环信号放大器(NGC-051)、测量谱信号的能窗逻辑(NGC-052)、计数率寄存和传输(NGC-054)、高压控制和谱误差控制(NGC-053)、CCS 接口(NGC-055)和电源(NGC-056)。

由光电倍增管输出的计数脉冲包含了地层的自然伽马谱信号和稳谱源 ^{241}Am 的谱信号。经 U_{10}、U_{11} 组成的放大级放大后,地层的谱信号送 NGC-052 测量信号比较器。Am 源的信号再经 U_{12} 和 U_{13} 组成的放大级放大后作为控制光电倍增管高压的环信号送环信号能级比较器 U_1、U_2、U_3。比较器的参考电压分别为 1.2V、1V、0.8V,对应的能级为 80keV、60keV、40keV。经窗口逻辑电路后输出 ^{241}Am 峰高(60～80keV)和低(40～60keV)能窗的计数率值 N_2 和 N_1,N_2 和 N_1 的差值通过电路或软件指令改变高压值使 ^{241}Am 峰稳定在 60keV。

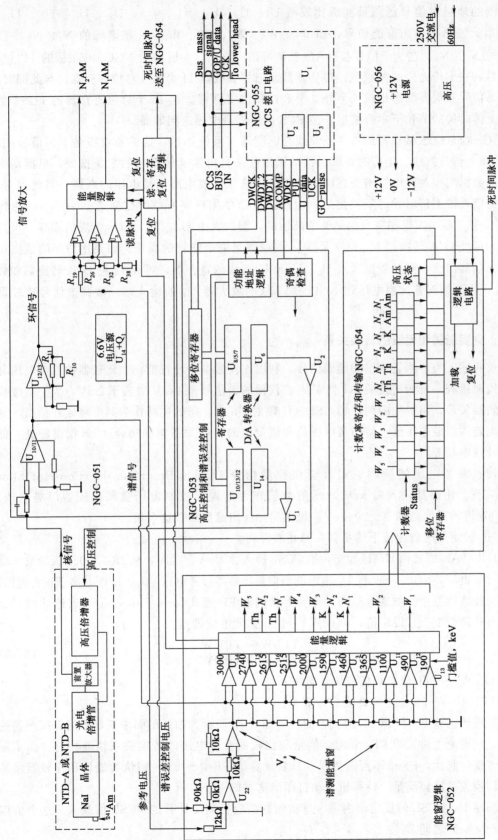

图 8-7 NGT-C 原理框图

被测的地层谱信号送测量能级比较器 U_1、U_2、U_3、U_4、U_{11}、U_{12}、U_{13}、U_{14}、U_{15}、U_{16} 和 U_{17}，输出 9 个能窗的信号，即 W_1、W_2、W_3、W_4、W_5，K 稳谱峰的 N_1、N_2，Th 稳谱峰的 N_1、N_2。这 9 个信号与 ^{241}Am 稳谱峰的 N_1、N_2 一道加至 NGC - 054 板的 11 个 8 位计数器，在下传命令的控制下，再从计数器信号加载进 11 个 8 位移位寄存器。与此同时，高压状态信号和仪器状态也载入另外 3 个 8 位移位寄存器。这 14 个移位寄存器的 112 个数据位在上传时钟的节拍下串行输出，经 CCS 接口板沿电缆送到地面。

NGC - 055 CCS 接口板通过 3 条总线与电缆通信系统连接。这 3 条总线是下传信号线、Go 脉冲和上传数据线、上传时钟线。接口板接收来自电缆通信系统的 2 条指令，根据指令中的控制数据实现对光电倍增管高压的调节和谱信号比较电路门槛电压的微调，与此同时，把测量的信号按上传时钟的节拍传送到电缆上。指令用户字所载的数据送 NGC - 053 板的 16 位移位寄存器。如果控制数据是调节高压的，则送入由 U_{10}、U_{13}、U_{12} 组成的锁存—可逆计数器，再经 D/A 转换器 U_{14} 和放大器 U_1 去调整光电倍增管的高压；如果用户字的数据用来微调比较器门槛，则把数据送入 U_8、U_5 和 U_7 组成的寄存器，再经 12 位 D/A 转换器和放大器 U_2，作为谱误差控制电压送 NGC - 052 板的放大器 U_{22} 的输入端，微调谱信号比较器的门槛。

三、刻度能量和电压的转换关系

如前所述，为了测量地层的能谱信号，利用比较器电路设置能窗。比较器的参考电压与伽马射线能量有一定的转换关系，NGT - C 仪器的谱信号是 1keV 对应于 2mV。为了刻度检查这种转换关系，用轻便的刻度器 GSR - U 辐射 Th 谱。谱的主峰作为刻度峰，并稍微改变比较器电路的门槛电压值，使门槛电压值和能量值的转换关系精确吻合，Th 稳谱峰高、低能窗的计数率相等。

比较器参考电压的微调通过计算机控制指令 PCSL（Programmable Constant Slow Loop）实现。用键盘输入以 keV 表示的数值作为谱误差控制电压微调比较器门槛电压，PCSL 设定值的可调范围是 ±204keV，每次测井前用键盘加载这个值。

PCSL 设定值的确定按下述步骤在测井前得到。

(1) 用 ^{241}Am 源峰调节高压稳谱，给 PCSL 键入 204keV。此时，从 NGC - 053 板的放大器 U_2 输出 9V 电压，NGC - 052 板 U_{21} 输出的谱信号比较器参考电压 V_s 为 6.5V，高于正常电压。

(2) 计算机测量并按式（8 - 5）计算形状因素 FF 值（Form Function）。若形状因素太大，则自动降低 PCSL 设定值，再计算 FF 值，如此继续搜索。

$$FF = \frac{TPLW - TPUW}{TPLW + TPUW} \qquad (8 - 5)$$

式中　TPLW——Th 稳谱峰低能窗计数率；

　　　TPUW——Th 稳谱峰高能窗计数率。

(3) 形状因素 FF 和 PCSL 的关系曲线如图 8 - 8 所示。曲线的斜率正比于闪烁探测器的分辨率。从理论上讲，当 FF=0 时，能量和比较器参考电压的转换关系精确相符。而实际上，由于统计起伏，FF 值不可能为零，只要计算的 $FF < \pm0.1$，则认为能量和比较器参考电压的转换关系已经满足。计算机自动打印出这时的 PCSL 值。

在程序中，PCSL 的设定值为零，每次测井前应把刻度计算的 PCSL 值载入。这个值应在 $-50\sim50$keV 之间。

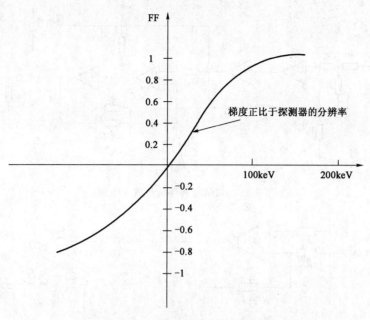

梯度正比于探测器的分辨率

图 8 - 8 形状因素与 PCSL 的关系

（4）如果 | FF | ＜0.1，| PCSL | 大于 50keV，则应重新调节环信号放大器的增益，调整光电倍增管高压。这是通过改变 NGC－051 板上的环路放大器反馈电阻 R_{10} 实现的。环增益改变后，再按上述的（1）、（2）、（3）步重新搜索刻度，直到所得到的 PCSL 值在－50～50keV 之间。

当更换闪烁晶体或需要重新调节环路放大器增益时，都需要按上述步骤重新进行刻度检查。环增益的改变不能超过 6％，若大于此值，则认为是晶体损坏或某些电路失效所致。

第三节 NGT－C 自然伽马能谱测井仪电路分析

一、环信号放大、比较逻辑电路

如前所述，光电倍增管输出的脉冲幅度正比于入射闪烁晶体的伽马射线的能量。这些脉冲既包括被测地层的谱信号，也包括了稳谱源[241]Am 辐射的伽马射线。这些脉冲经过前置放大后加到电子线路短节的 NGC－051 板的输入端，再经过放大分别送谱信号比较逻电路和环信号比较逻辑电路。这几级放大电路构成的原理都一样，如图 8－9 所示。由于光电倍增管输出的是 250ns 的尖脉冲，因此，每级放大器都由 2 个运算放大器组成同相放大器，U_{10} 和 U_{12} 是 HA2620 宽带放大器，U_{11} 和 U_{13} 是 LH0002 电流放大器。这样的组合既考虑到放大脉冲的高频成分，又照顾到增大脉冲输出功率，同时要求这两级放大器在动态范围内有很好的信噪比。经过 U_{10}、U_{11} 放大输出的谱信号送测量比较逻辑电路，谱信号的动态范围是 0～3000keV，环信号经过再一级的放大（U_{12} 和 U_{13} 组成）后送环信号比较逻辑电路，环信号的动态范围是 0～400keV。反馈电阻 R_{10} 用来调整环路增益以便调整高压。

环信号比较逻辑电路如图 8－10 所示。从放大器输出的信号送比较器 U_1、U_2 和 U_3 的反相输入端。这 3 个比较器的同相端接参考电压的分压电阻，使得这 3 个比较器的门槛电压分

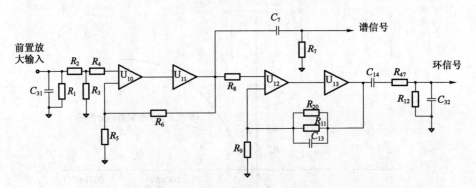

图 8-9　谱信号和环信号放大电路

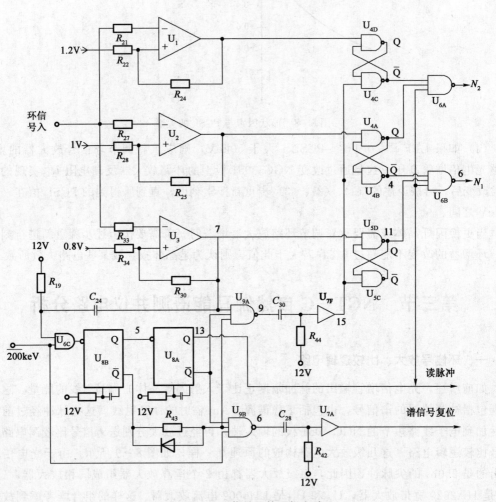

图 8-10　环信号比较逻辑电路

别为 1.2V、1V 和 0.8V，对应于能级 80keV、60keV 和 40keV。

若输入环信号幅度在 0.8~1.0V，即相当于核脉冲能量在 40~60keV，比较逻辑电路工作的时序如图 8-11 所示。

无信号输入时，3 个比较器的输出都是高电平，每个比较器输出端的 R-S 触发器置零。

当输入脉冲电压幅度高于 0.8V 时，比较器 U_3 的输出（脚 7）跳到低电平，使 U_{5D} 和

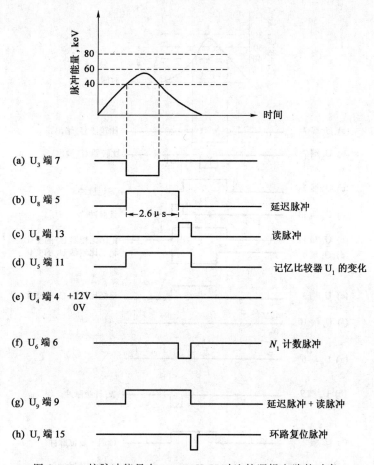

图 8-11 核脉冲能量在 40～60KeV 时比较逻辑电路的时序

U_{5C} 构成的 R-S 触发器置 1，它锁存比较器的状态 [图 8-11 (a)、(d)]。与此同时，U_3 输出脉冲的下跳边触发单稳 U_{8B}，它的 Q 端输出一个 2.6ns 宽的延迟脉冲 [图 8-11 (b)]，这个脉冲的下跳边再触发 U_{8A}，U_{8A} 的脚 13 输出正的读脉冲 [图 8-11 (c)]。

由于输入脉冲幅度小于 1V，比较器 U_1 和 U_2 的输出仍维持高电平。与非门 U_{6B} 的三个输入端分别接比较器 U_2 和 U_3 输出端的 R-S 触发器的 $\overline{Q}$ 端和 Q 端以及单稳 U_{8A} 的读脉冲输出。由于 U_2 和 U_3 输出端的 R-S 触发器的 $\overline{Q}$ 端和 Q 端都是高电平，因此，正对读脉冲期间，U_{6B} 输出一个负脉冲 [图 8-11 (f)]，这就是计数脉冲 N_1。

与非门 U_{9A} 的输入接单稳 U_{8A}、U_{8B} 的 $\overline{Q}$ 端和比较器 U_3 的输出端，因此，在延迟脉冲和读脉冲期间，它输出为高电平 [图 8-11 (g)]。U_{9A} 输出脉冲的下跳边也就是读脉冲的下跳边，经过 R_{44} 和 C_{30} 构成的微分电路，通过门 U_{7F} 输出复位脉冲 [图 8-11 (h)]，复位由 U_{5D} 和 U_{5C} 构成的 R-S 触发器，使与非门 U_{6B} 关门。

如果输入脉冲幅度大于 1.0V 小于 1.2V，即对应于核脉冲能量大于 60keV 小于 80keV，比较逻辑电路的各级时序如图 8-12 所示。比较器 U_2 和 U_3 都会翻转变为低电平，U_2 和 U_3 输出端所接的 R-S 触发器的置位。由于 U_{4B} 的第 4 脚是零电平，与非门 U_{6B} 被堵塞，N_1 没有输出。与上面的分析类似，比较器 U_3 输出脉冲的下跳沿触发单稳 U_{8b} 输出延迟脉冲，延迟脉冲的下跳边触发单稳 U_{8A} 输出读脉冲，它同时加到与非门 U_{6A} 和 U_{6B}。U_{6B} 被堵塞，U_{6A}

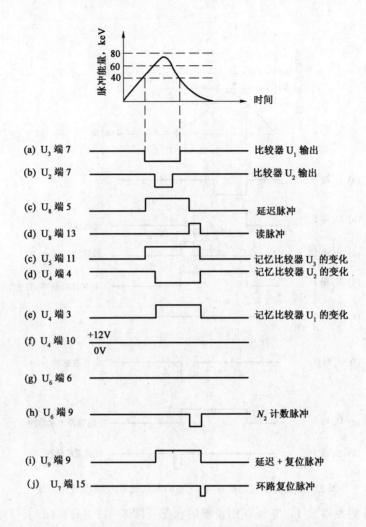

图 8 - 12 核脉冲能量在 60～80keV 时比较逻辑电路的时序

的另外两个输入端都是高电平，于是正对读脉冲的位置输出计数脉冲 N_2。单稳 U_{8A} 和 U_{8B} 的 $\overline{Q}$ 端接与非门 U_{9A} 的输入端，正对读脉冲的后沿，U_{9A} 的输出跳到低电平，通过微分电路 $R_{44}-C_{30}$ 和门 U_{7F} 输出复位脉冲，复位 R - S 触发器。

从上面的分析不难看出，当脉冲能量处于 40～60keV，即 ^{241}Am 的低能窗时，有计数脉冲 N_1 输出；当脉冲能量在 60～80keV，即 ^{241}Am 的高能窗时，有计数脉冲 N_2 输出。通过计算机按式（8 - 4）进行计算，可通过硬件和软件两种方式调节高压实现稳谱。

比较器电路的参考电压源由运算放大器 U_{14} 构成，电路如图 8 - 13 所示。运算放大器 U_{14} 的输出接晶体三极管 Q_1 以增强功率输出。Q_1 接成射极跟随器，其输出分别接运算放大器的同相端和反相端，构成正反馈和负反馈回路。正反馈回路提高电压源的输出阻抗，负反馈回路调节电路的放大倍数。同相输入端接 5.1V 的稳压管作为参考电压，负反馈回路的反馈电压与之相比较，通过调节电阻 R_{16} 输出稳定的 6.6V 电压，经电阻分压后分别作为环信号比较器和谱信号比较器的门槛电压。

二、谱信号比较逻辑电路

谱信号比较逻辑电路与环信号比较逻辑电路相似，如图 8 - 14 所示。由 11 个比较器给

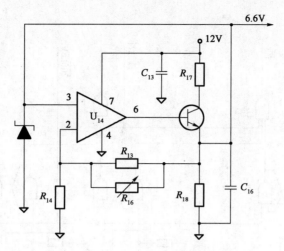

图 8-13　比较器参考电压源电路

出 9 个输出值，按能窗顺序是：

W_1	200～500keV
W_2	500～1100keV
K 稳谱 N_1	1363～1460keV
K 稳谱 N_2	1460～1590keV
W_3	1100～1590keV
W_4	1590～2000keV
Th 稳谱 N_1	2515～2610keV
Th 稳谱 N_2	2610～2740keV
W_5	2000～3000keV

　　从图 8-9 输出的信号送至各比较器的反相端，各个同相端在接参考电压源的各个分压电阻上产生不同的比较器门槛电压。图 8-13 输出的 6.6V 参考电压送到图 8-14 中 U_{22} 的反相端。反相端的另一个输入是程序 PCSL 设定值所提供的谱误差控制电压，其变化范围是 0～9V。这两个输入电压经 U_{22} 求和，再经 U_{21} 的 1∶1 放大和功率输出接各分压电阻。

　　与图 8-11 和图 8-12 的分析相似，当谱信号高于 200keV 低于 500keV 时，U_{13} 的输出为低电平，使 U_{10D} 和 U_{10C} 构成的 R-S 触发器置位。同时，输出的 200keV 信号送到图 8-10 的与非门 U_{6C} 的输入端（U_{6C} 的另一端此时为高电平），触发单稳 U_{8B} 产生出延迟脉冲，延迟脉冲的下沿再触发单稳 U_{8A} 产生读出脉冲，输到图 8-14 的与非门 U_{8B} 的第 5 脚，产生 W_1 计数脉冲。在读出脉冲的后沿，图 8-10 的门 U_{7A} 输出窄的谱信号复位脉冲，使 U_{10D} 和 U_{10C} 构成的 R-S 触发器复位。其余情况按此原理类推。

三、高压环路控制和谱误差控制

　　在 CSU 数控测井系统中，测量和控制都是由地面计算机进行的，从电缆通信系统 CCS 的井下部分送出两条指令给下井仪器。这两条指令是用户字（UDW）和基本指令字（BIT），每条指令 16 位。基本指令字的 9～15 位是地址位。各种下井仪器有不同的地址，NGT-C 仪器的地址是十进制数 7。下井仪器通过电路识别地址后，才接受指令。指令的其他位根据不同仪器而异。

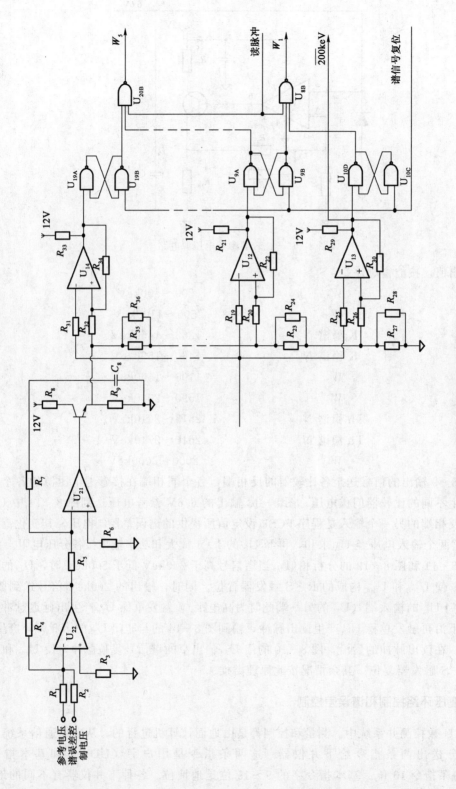

图 8-14 谱信号比较逻辑控制电路

CCS 井下部分的接口首先向下井仪器传用户字，再传基本指令字。

NGT－C 仪器的用户字的 4～15 位是数据位，载有控制高压或谱误差控制电压的数据；0～3 位是功能地址，表明 4～15 位的数据是用来控制高压还是用作谱误差控制，其功能见表 8－3。

表 8－3 用 户 字

数据位 15～4	地址位 3210	说 明
X～X	0001	加载数据进高压控制寄存器
X～X	0010	加载数据进谱误差控制寄存器
1	0011	用硬件控制高压
0	0011	用软件控制高压
1	0100	禁止 Am 环路控制
0	0100	允许 Am 环路控制

16 位用户字在时钟 $\overline{\text{DWCK}}$ 的节拍下送入串行输入并行输出的移位寄存器 U_{11} 和 U_9，如图 8－15 所示。用户字的 4～15 位是载入寄存器 U_{12}、U_{13} 和 U_{10} 还是载入寄存器 U_7、U_5 和 U_8，取决于用户字的 0～3 位。用户字的 0～3 位由移位寄存器 U_9 送给译码器 U_3，U_3 的输出是十进制译码数 0～9。由表 8－3 可知，功能地址位的二进制数经译码后是十进制数 1～4。其中，1 是加载数据进高压寄存器，2 是加载数据进谱误差控制寄存器，3 是高压控制方式，4 是 ^{241}Am 环路控制是否允许。U_3 的 4 个输出分别接与门 U_{4A}、U_{4B}、U_{4C} 和 U_{4D} 的一个输入端，这 4 个与门的另一输入端接与门 U_{27A} 的输出。U_{27A} 的输入接 ACOMP 信号和奇偶检查信号。

如前所述，当 NGT－C 仪器识别了基本指令字的 NGT 地址后，才允许指令进入。接口电路识别地址 7 后，ACOMP 信号为高电平，同时奇偶检查无误，才使 U_{27A} 的输出为高电平。此时，若译码器 U_3 的输出为 2，则通过与门 U_{4D} 使用户字加载进寄存器 U_7、U_5 和 U_8，再经 D/A 转换器 U_6，输出谱误差控制电压去细调谱信号比较器的门槛电压。同时，U_7、U_5 和 U_8 的 11～15 位作为谱误差控制状态位输出。

如果译码器 U_3 的输出为 1，则应加载数据进高压控制寄存器。但是，对高压的控制可以通过两种方式进行：硬件控制或软件控制。硬件控制时，U_{12}、U_{13} 和 U_{10} 作可逆计数器用，不锁存用户字的数据位，只有软件控制高压时才锁存用户字的数据位。由表 8－3 可知，当用户字 0～3 位和十进制译码输出为 3，而且数据位 4 的二进制为 0 时，才是软件控制高压，在图 8－15 上通过与非门 U_{28A}、与门 U_{4D} 和 D 触发器 U_{26B} 得以实现。U_{26B} 的 D 端接移位寄存器 U_9 的数据位 4 的输出，用来记忆数据位 4 的状态。当位 4 为二进制 0 时，译码器输出 3 作为 U_{26B} 的时钟使其 $\overline{Q}$ 端为高电平，这是与非门 U_{28A} 的一个输入。U_{28A} 的另一个输入是译码器 U_3 的输出 1。当这两个输入都是高电平时，U_{28A} 输出低电平，控制寄存器 U_{12}、U_{13} 和 U_{10} 的加载端加载用户字的 12 位数据位，再经 D/A 转换器 U_{14}，从三极管 Q_1 的射极输出高压控制电压。同时，U_{12}、U_{13} 和 U_{10} 的 12 位输出作为高压控制状态位输到 NGC－054 板。

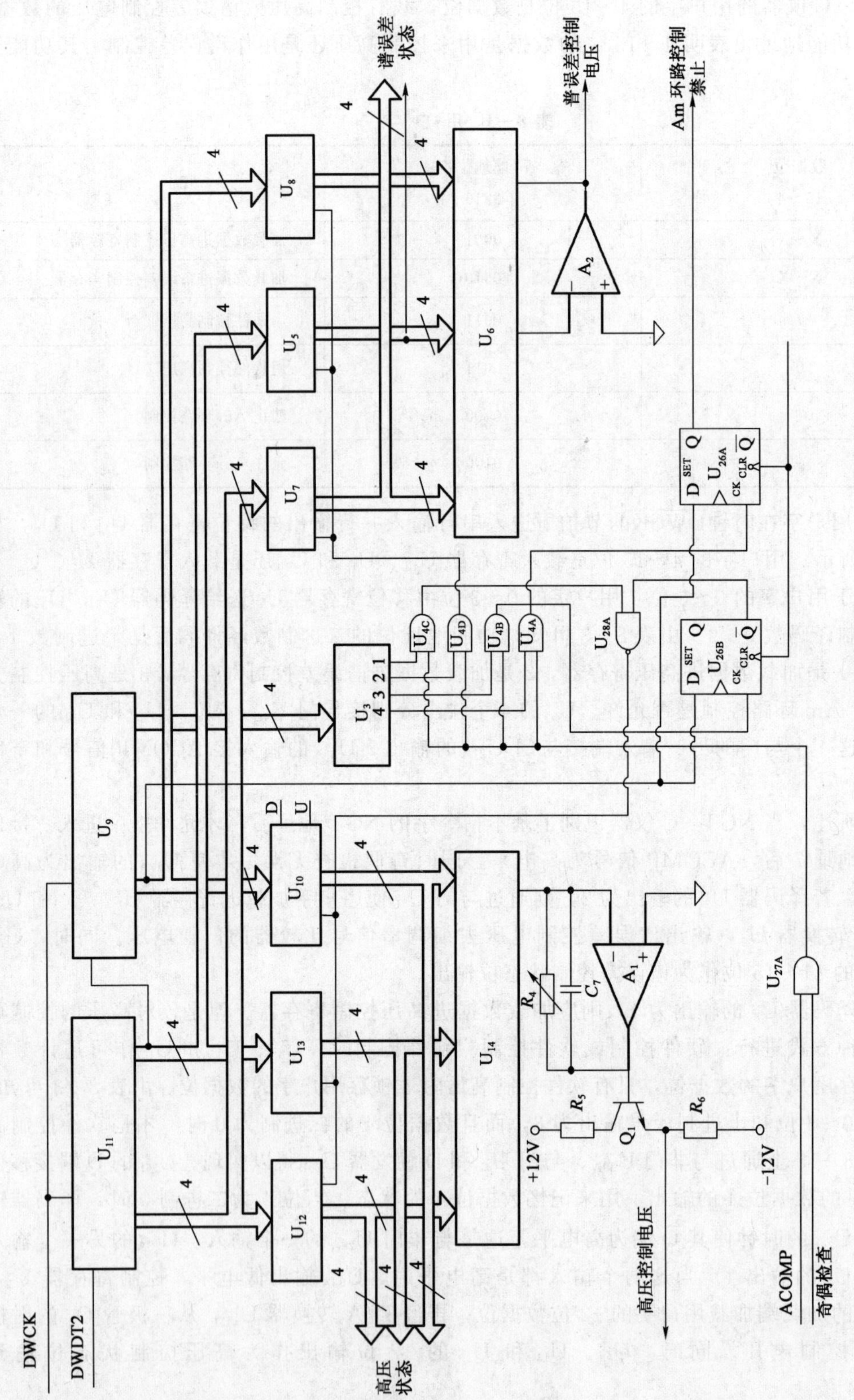

图 8-15 高压控制和谱误差控制原理图

如果用户字数据位 4 是二进制数 1，在译码器 U_3 的二进制输出 3 作为时钟控制下，D 触发器 U_{26B} 置位，$\overline{Q}$ 端为低电平，堵塞与非门 U_{28A}，U_{28A} 输出高电平，U_{12}、U_{13} 和 U_{10} 不锁存用户字的数据位，而作为可逆计数器对高压进行硬件控制。

D 触发器 U_{26A} 用来产生 Am 环路控制禁止还是允许的控制电平。用户字数据位 4 接到 D 端，译码器 U_3 的十进制输出 4 作为时钟。当 D 输入端为 0 时，在时钟控制下，Q 端输出为低电平，允许 Am 环路控制；当 D 输入端为 1 时，Q 端输出为高电平，禁止 Am 环路的控制。

光电倍增管高压的软件控制过程前面已经讲过，而硬件控制过程用图 8-16 予以说明。由 Am 环路信号比较逻辑电路输出的 ^{241}Am 峰高、低能窗的计数率 N_1 和 N_2，通过与非门 U_{23} 和 U_{24} 分别输给可逆计数器 U_{22} 的加、减端，以便根据 N_1 和 N_2 的差值自动调节高压使 ^{241}Am 峰处于正确位置。

这种自动调节只有在仪器选用硬件控制高压，图 8-15 中 U_{26B} 的 Q 端输出高电平使图 8-16 的与非门 U_{24A} 的输入端 2 和 U_{24B} 的输入端 3 为高电平，同时，移位寄存器 U_{15} 的输出端 Q_{4B} 为低电平，即电路处在锁定状态下，U_{24A} 的输入端 1、U_{24B} 的输入端 5、U_{23C} 的输入端 13 和 U_{23D} 的输入端 12 为高电平，计数率 N_1 和 N_2 才能进入可逆计数器的加、减输入端。

图 8-16 中的组件 U_{20}、U_{18}、U_{16} 和 U_{15} 就是用来检测高能窗 N_2 的计数率使电路处于锁定状态。电路工作过程如下。

两个非门 U_{19} 组成 2.5kHz 的多谐振荡器，当选用硬件控制高压和 U_{15} 的 Q_{4B} 为高电平时，2.5kHz 脉冲通过与非门 U_{23A} 和 U_{24A} 使可逆计数器 U_{22} 加计数，高压增加，计数率 N_2 增大，用二进制计数器 U_{16} 检测 N_2。

多谐振荡器的输出脉冲输给二进制计数器 U_{20}，每当计数脉冲 128 个时，输出端 Q_7 输出一个脉冲 [图 8-17 (a)]，U_{20} 的输出 Q_7 作为环行计数器 U_{18} 的输入。U_{18} 是除 8 的环行计数器，每输入 8 个脉冲，Q_0 输出一个脉冲 [图 8-17 (b)]。Q_0 的输出又作为移位寄存器 U_{15} 的输入时钟，同时又接计数器 U_{16} 的复位端。根据 2.5kHz 的时钟频率，可算出环行计数器 Q_0 输出的两个脉冲之间的时间为 358.4ms，这就是计数器 U_{16} 的计数时间。在这段时间里，计数器 U_{16} 对 N_2 进行计数。当 N_2 的计数率超过 $357s^{-1}$（即 358.4ms 的间隔时间里，输入的脉冲数多于 128）时，U_{16} 的 Q_8 输出 1 个脉冲 [图 8-17 (d)]，使 U_{15} 复位，Q_{4B} 为低电平。这才是硬件控制高压所需的电路状态。

为了消除放射性统计起伏的影响，电路必须锁定在这个状态。这靠 U_{15} 的 8 级移位状态实现。由于 U_{15} 的数据输入端接高电平，时钟端接环行计数器的输出，因此，只有计数器 U_{16} 连续 8 次以上的计数脉冲都高于 $357s^{-1}$，才能使 Q_{4B} 输出维持低电平，电路处于锁定状态。这就避免了由于统计起伏偶尔改变电路状态。

当 Q_{4B} 锁定在低电平时，N_1 和 N_2 通过与非门 U_{24C}、U_{24A} 和 U_{23D}、U_{24B} 分别送到可逆计数器 U_{22} 的加、减输入端。U_{22} 的加、减输出再送给图 8-15 的可逆计数器 U_{10}、U_{13} 和 U_{12} 进行可逆计数，其值经过 D/A 转换从图 8-15 的 Q_1 管的射极输出，调整光电倍增管高压。当 $N_1<N_2$ 时，作加计数增加电压；当 $N_1>N_2$ 时，作减计数减小高压，直到 $N_1=N_2$ 的稳定状态为止。

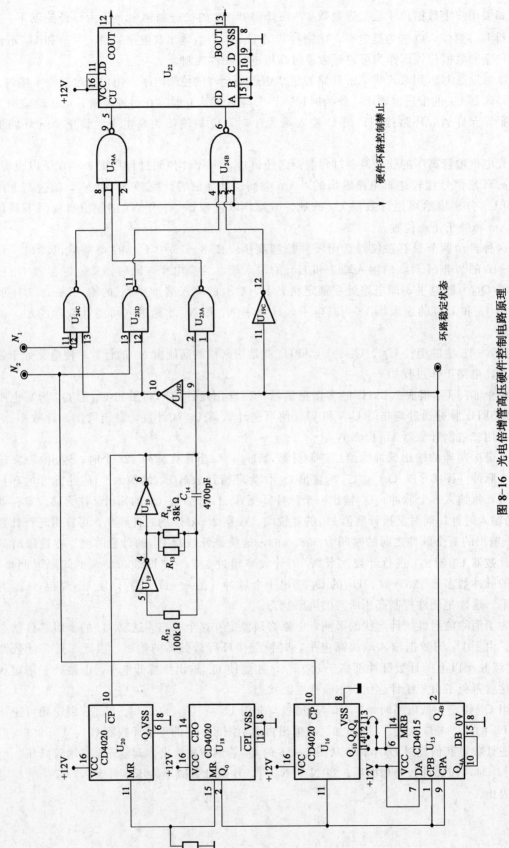

图 8-16 光电倍增管高压硬件控制电路原理

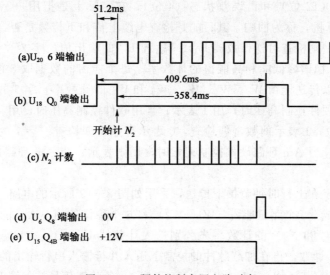

图 8-17　硬件控制高压电路时序

四、能窗计数率的发送

NGT-C 仪器的测量数据按帧沿电缆发送至地面。NGT-C 仪器的一帧由 7 个字组成，每字 16 位，按图 8-18 的顺序在上行时钟节拍控制下由上传数据总线传送。最先上传的第

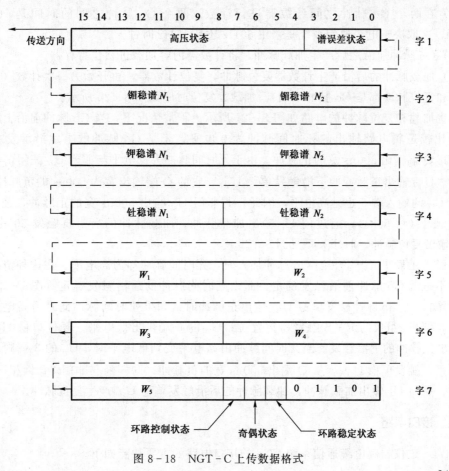

图 8-18　NGT-C 上传数据格式

一个字是高压状态（12位）和谱误差状态（4位），它实际上是把用户字所给出的数据位（12字）再传回计算机，称为回响，其目的是检查电缆上传和下传数是否会出错。如果高压调节采用硬件实现，则检查可逆计数器 U_{10}、U_{13} 和 U_{12} 的输出值。字2、字3、和字4分别传送 Am、Th 和 K 稳谱峰低能和高能窗的计数率。每个能窗的数据取8位。字5、字6和字7的8～15位用以传送能窗 W_1、W_2、W_3、W_4 和 W_5 的计数率。字7的第7位传送环路的控制状态。当用硬件控制高压时，用1表示；当用软件控制高压时，用0表示。字7的第6位传送奇偶状态位，1表示偶数奇偶检查，0表示奇数奇偶检查。字7的第5位传送环路控制的稳定性状态，当 Am 环路硬件控制搜索时，用1表示；当 Am 环路硬件控制锁定时，用0表示。

为了实现上述字在上行时钟节拍下传送，采用如图8-19所示的电路。电路主要由计数器和移位寄存器组成。5个测量能窗（W_1～W_5）和6个稳谱能窗（Am 的 N_1 和 N_2、K 的 N_1 和 N_2、Th 的 N_1 和 N_2）的计数率先分别送入计数器 U_{24}、U_{22}、U_{20}、U_{18}、U_{16}、U_7、U_5、U_3、U_{28} 和 U_{26} 计数，再在加载脉冲的控制下送入并行输入串行输出的移位寄存器 U_{25}、U_{23}、U_{21}、U_{19}、U_{17}、U_8、U_6、U_4、U_2、U_{29} 和 U_{27}，各状态信号按如图8-18所示的顺序分别送入移位寄存器 U_{13}、U_{14} 和 U_{15}。所有移位寄存器串接，并在上行时钟 $\overline{UCK}$ 的节拍控制下按如图8-18所示的顺序经过接口沿电缆传送至地面。

为了使计数和加载不致混淆，采用加载和复位脉冲控制电路，时序安排是：

（1）计数器复位。

（2）在两个 Go 脉冲之间计数器进行计数。两个 Go 脉冲之间的时间是 16.7ms 或 66.7ms，这取决于电缆通信系统是采用 60Hz 还是 15Hz 时钟。

（3）Go 脉冲前沿之后产生加载脉冲，将计数器内容加载进移位寄存器。

（4）加载脉冲的后沿产生计数器复位脉冲，复位计数器，再开始另一次计数（注意：加载脉冲和复位脉冲都是 Go 脉冲期间）。加载、复位时序如图8-20所示。

产生加载和复位脉冲的电路如图8-21所示。正常情况下，当 Go 脉冲前沿上跳时，由环信号比较逻辑电路输出的死时间脉冲为0电平，于是 Go 脉冲的上跳沿触发单稳电路 U_{11A}，其 Q 端输出 500ns 宽的正脉冲。由于死时间脉冲为低电平与非门 U_{9A} 关闭，单稳 U_{10A} 不工作。U_{11A} 输出正脉冲的下沿触发单稳 U_{11B}，它的 $\overline{Q}$ 端输出宽为 500ns 的负脉冲，此时，与非门 U_{9D} 的输入端5也是高电平，因此，与非门 U_{9D} 输出 500ns 宽的正脉冲，经 R-C 积分电路延迟（约 50ns），通过门 U_{12} 输出加载脉冲。加载脉冲的后沿再触发 500ns 的单稳 U_{10B}，输出复位脉冲，时序关系见图8-22。

然而，在某些情况下，当 Go 脉冲加入时，死时间脉冲却为高电平。在这种情况下，加载脉冲不是由 Go 脉冲前沿触发确定，而由死时间脉冲的后沿触发确定（图8-23）。从图8-21可知，在 Go 脉冲触发单稳 U_{11A} 输出正脉冲时，如果死时间脉冲此时为高电平，由与非门 U_{9A} 和 U_{9B} 组成的 R-S 触发器被置位；U_{9C} 的3端输出低电平，复位单稳 U_{11B}，阻止 U_{11A} 输出正脉冲的下沿触发。当死时间脉冲由高电平变到低电平时，U_{9C} 的3端则由低电平到高电平，触发单稳 U_{10A}，从 $\overline{Q}$ 端出 500ns 宽的负脉冲，同样经与非门 U_{9D} 倒相，R-S 积分延时，从门 U_{12} 输出加载脉冲，加载脉冲的后沿触发单稳 U_{10B} 产生复位脉冲。

五、接口电路

NGT-C 仪器和电缆通信系统 CCS 的接口电路的主要功能如下。

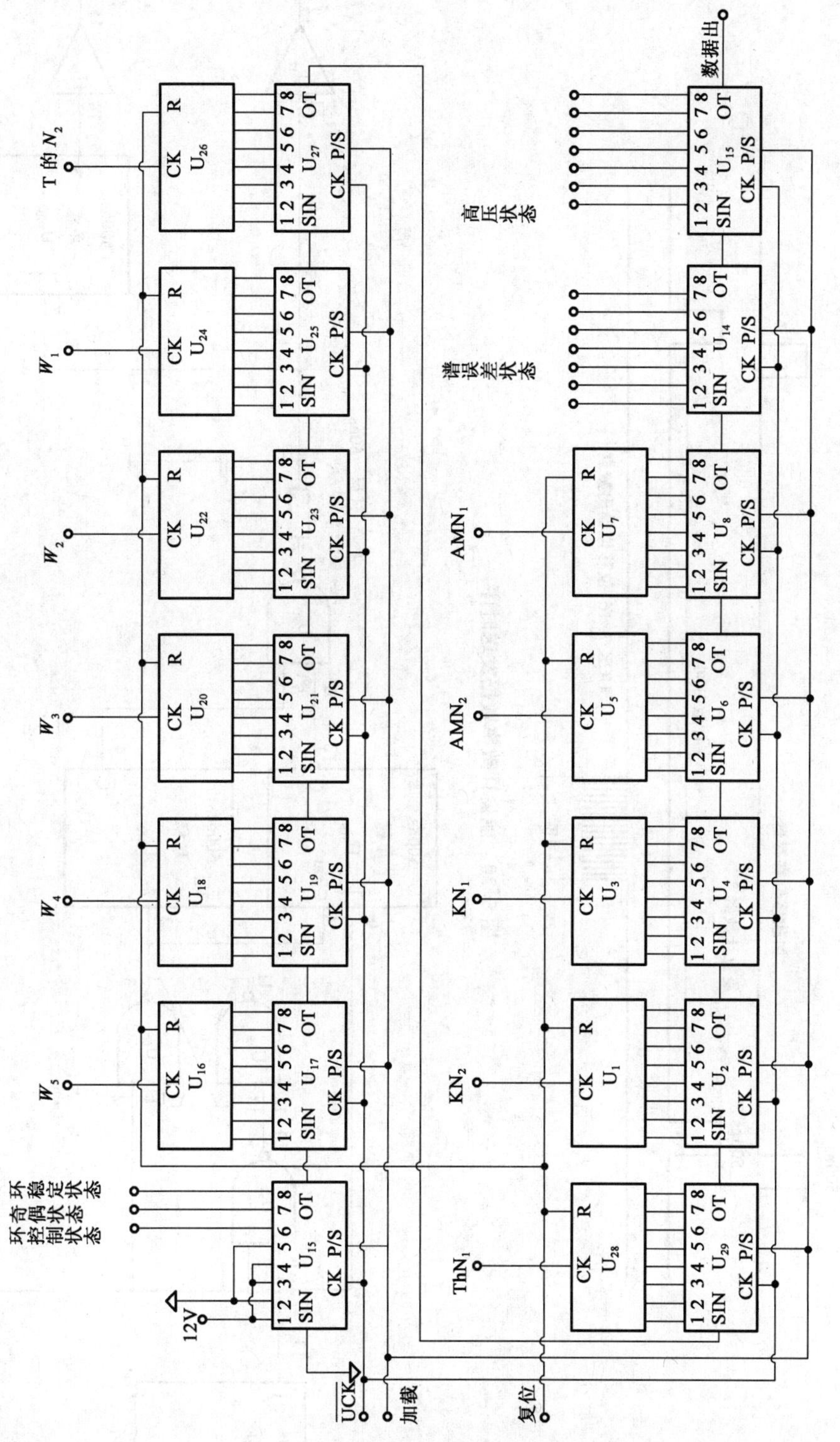

图 8-19 能窗计数率发送电路

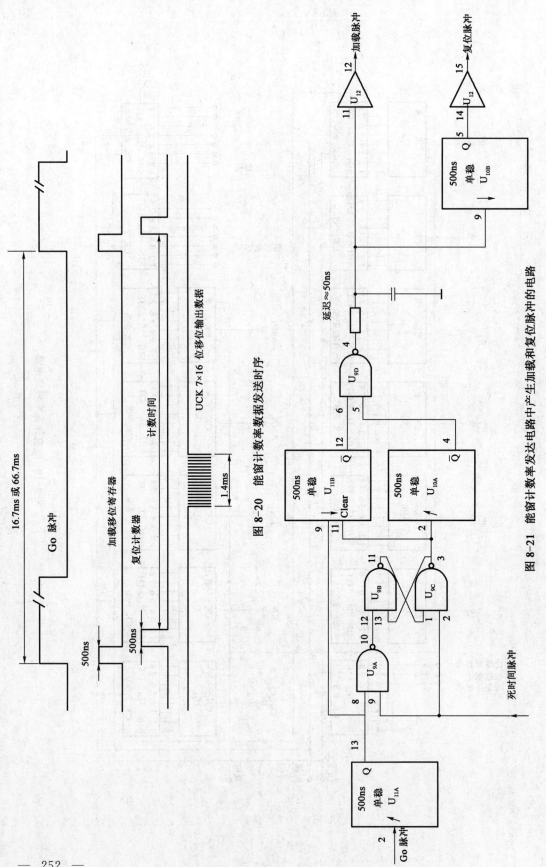

图 8-20 能窗计数数据发送时序

图 8-21 能窗计数数据发送电路中产生加载和复位脉冲的电路

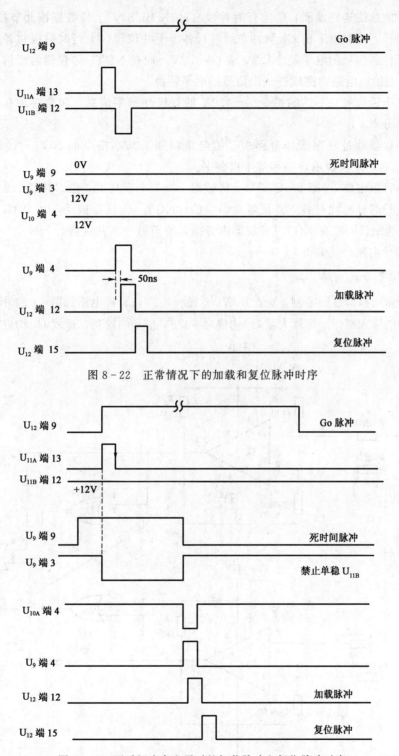

图 8 - 22　正常情况下的加载和复位脉冲时序

图 8 - 23　死时间为高电平时的加载脉冲和复位脉冲时序

（1）完成电平的转换。电缆通信系统井下部分与 NGT - C 仪器通过 3 条总线传递信息：①下传信号总线（D SIGNAL BUS），下达计算机的指令（用户字和基本指令字）；②上传数据下传 Go 脉冲总线（U DATA GO BUS），NGT - C 仪器接到 Go 脉冲后，就将上传的数据帧经此总线送到地面；③上行时钟线（UCK BUS），上传数据按此节拍脉冲传递。下传信号总线和上传数据下传 Go 脉冲总线并接各个下井仪器，上行时钟线将各下井仪器串接。在总线上传送信号的电平是±1.2V 或 0～1.2V，而在 NGT－C 仪器内部信号高电平是12V。因此，在接口电路内完成进、出信号的电平转换。

（2）分离下传信号。下达的指令是±1.2V 的双极性归零信息，包含时钟和信号，在接口电路中将其分离。

（3）识别仪器地址。在接口电路中，用电路识别了基本指令的 NGT－C 的设备地址（十进制数 7）后，才接收用户字和基本指令字。

上行时钟计数电路，NGT－C 仪器上传数据一帧 7 个字共 112 位，共需 112 个上行时钟脉冲。由于上行时钟总线对各下井仪器是串接的，NGT－C 仪器接受 112 个 UCK（上行时钟）脉冲后，就让 UCK 在 NGT－C 仪器内旁路，传至另一下井仪器。

现就各部分电路分述如下。

1. 下传信号分离电路

下传信号采用双极性归零制，1 是 1.2V，0 是－1.2V，分离电路如图 8－24 所示。信号加到两个比较器的输入端，运算放大器 U_1 构成对＋1.2V 信号的检测，运放 U_2 构成对－1.2V 信

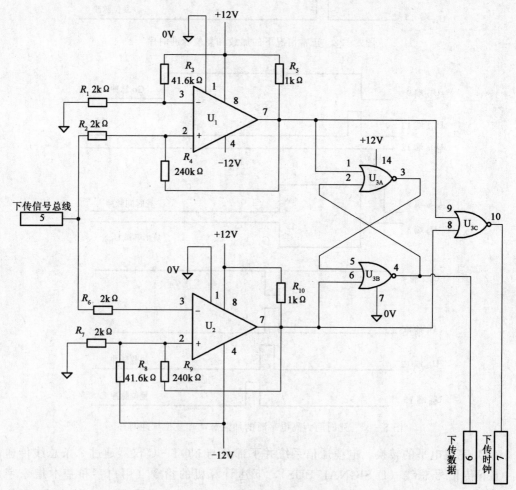

图 8－24　下传信号分离电路

号的检测。U_1 和 U_2 的输出都是 12V 的脉冲，即 U_1 检测 1 信号，U_2 检测 0 信号。U_1、U_2 的输出分别接 U_{3A} 和 U_{3B} 的输入，或非门 U_{3A} 和 U_{3B} 构成 R – S 触发器。U_1 输出的 12V 信号使 U_{3B} 的输出为 1 电平（12V），U_2 输出的 12V 脉冲使 U_{3B} 的输出为 0 电平（0V）。因此，由 U_{3B} 的 6 端输出的是将 ±1.2V 电平转换成 0～12V 电平的单极不归零的下传信号。U_1 和 U_2 的输出加至或非门 U_{3C} 的两个输入端，因此，U_{3C} 的输出的是下行时钟 DCK。

2. 上传数据电平变换电路

由 NGT – C 计数率发送电路输出的数据是 0～1.2V 的脉冲，而上传数据总线上传输的信号电平是 0～12V。为此，将 NGT – C 输出的上传数据通过图 8 – 25 的电平变换电路后再送上传数据总线。12V 的上传数据电平通过或非门 U_5（在移位输出上传数据期间，$\overline{\text{TALK}}$ 为低传平）加到绝缘栅场效应管 Q_1 的栅极，调节漏极电阻使 Q_1 源极输出的数据信号电平为 1.2V，送数据上传总线。这条总线同时下传 Go 脉冲，Go 脉冲电平是 3.6V。由比较器

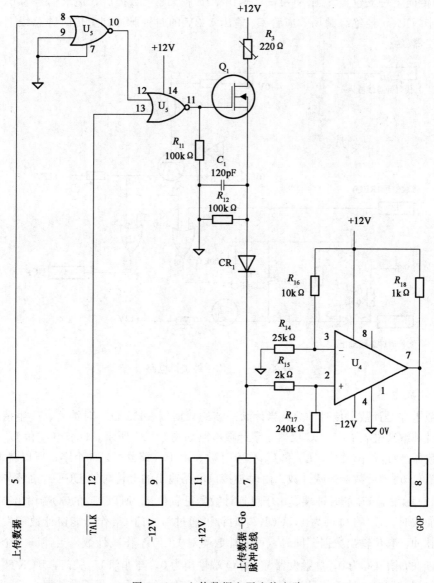

图 8 – 25 上传数据电平变换电路

U_4 识别 Go 脉冲，由于比较器的参考电压（即门槛电平）是 2.4V，因此，检测 Go 脉冲，并从 U_4 输出 12V 的 GOP 脉冲，供 NGT - C 仪器用，而总线上的上传数据是 0～1.2V 电平，不为比较器 U_4 检测。

3. 上传时钟接口电路

上传时钟接口电路的功能是：一方面，将 1.2V 的时钟电平转换成 12V 时钟电平供 NGT - C 仪器使用；另一方面，当 NGT - C 接收了 112 个时钟脉冲后，UCK 不再传向 NGT - C 仪器，而通过总线传给另一支下井仪器。电路如图 8 - 26 所示。

1.2V 的上传时钟加到三极管 Q_2 的基极，Q_2 工作在开关状态。Q_2 集电极输出的是倒相（12V→0）时钟，再经 U_5 倒相，输出 +12V 时钟脉冲 $UCKT_1$，作为 NGT - C 仪器移位输出数据的节拍脉冲。由计数器对 $UCKT_1$ 进行计数，当计满 112 个脉冲后，产生请求信号，加到与非门 U_5 的输入端 1。NGT - C 仪器移位输出数据时，请求信号（REQ）为 1，阻止 UCK 脉冲传向下一支仪器。当 NGT - C 输出 7 个字 112 位数据后，请求信号为 0，UCK 脉冲通过与非门 U_5，经绝缘栅场效应管 Q_3 输出 1.2V 的时钟脉冲到上传时钟总线上，传给另一支下井仪器。

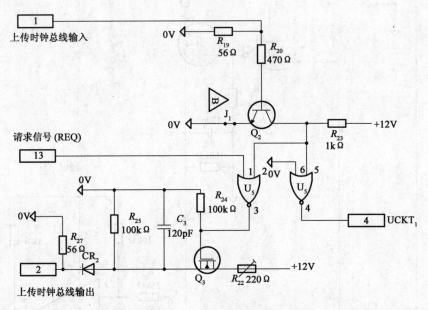

图 8 - 26　上传时钟接口电路

4. 字计数电路

字计数电路是计数上传时钟数，当计满一帧的数据位（112 位）时钟后，产生请求信号并阻止上传时钟继续进入 NGT - C 仪器。字计数电路如图 8 - 27 所示。U_{10}、U_{11} 和 U_{12} 是可置位的可逆计数器。U_{10} 作位计数，U_{11} 和 U_{12} 作字计数。由于一帧数据是 7 个字，所以将 U_{11} 的 P_1、P_2 和 P_3 置 1。可逆计数器作减计数。由时钟接口电路输出的上传时钟 $UCKT_1$ 加至与非门 U_{14} 的 12 端和 D 触发器 U_9 的时钟端。由于可逆计数器已置位 7，所以 U_{12} 的 $\overline{CO}$ 端输出高电平。当上传时钟加载时，U_9 的 Q 端为 1，$UCKT_1$ 时钟可通过与非门 U_{14} 作为能窗计数率发送电路的移位时钟脉冲，移位输出数据。同时，可逆计数器对 $UCKT_1$ 作减计数。当计满 7 个字 112 个脉冲时，U_{12} 的输出 $\overline{CO}$ 为 0，D 触发器 U_9 的 Q 端输出为 0，与非门 U_{14} 关门，$UCKT_1$ 不能进入 NGT - C 仪器。同时，请求信号为低电平，允许上行时钟传至另一根下井仪器。

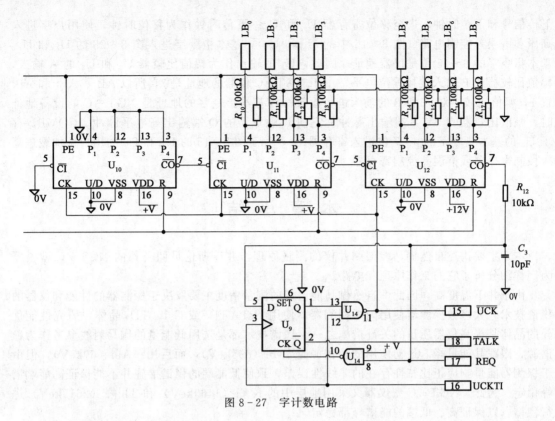

图 8-27　字计数电路

5. 地址识别电路

地址识别电路如图 8-28 所示。从总线上下达的用户字和基本指令字经分离电路后成为

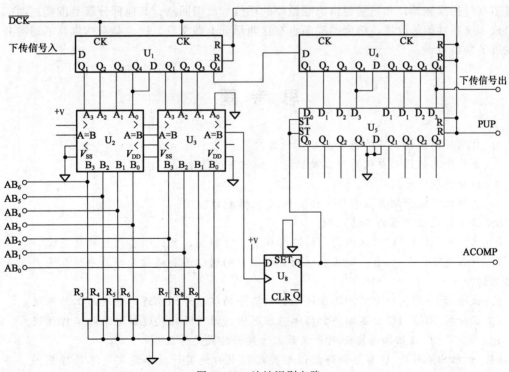

图 8-28　地址识别电路

下传信号和下传时钟，送至移位寄存器 U_1 和 U_4。下传时钟作为移位时钟，使用户字进入高压和谱误差控制电路（图 8-15 中的 U_{11} 和 U_9），基本指令字进入图 8-28 的 U_1 和 U_4。基本指令字的 9～15 位是仪器地址，因此，U_1 的输出作为幅值比较器 U_2 和 U_3 的 A 输入，幅值比较器的 B 输入端接置位电平。由于 NGT-C 仪器的地址是 7，所以 AB_0、AB_1 和 AB_2 置 1，幅值比较器对 A 和 B 的输入进行比较。当基本指令字的地址是 NGT-C 的设备地址时，幅值比较器的 A＝B 端输出脉冲。它使 D 触发器的 Q 端输出高电平脉冲 ACOMP，存于 U_4 的基本指令字的 0～7 位进入寄存器 U_5，存于图 8-15 的 U_{11} 和 U_9 的用户字加载进高压控制寄存器或谱误差控制寄存器。

本 章 小 结

本章主要讲述自然伽马能谱测井仪的测量原理，并以斯伦贝谢公司的 NGT-C 型仪器为例详细分析了它的工作原理和电路。

由于井下温度高，因此，自然伽马能谱仪的测量精度主要取决于探测器的性能和仪器的稳谱技术。大多数探测器使用闪烁探测器，使用 NaI（Tl）或 CsI（Tl）晶体。研究性能优异的晶体是提高仪器质量的关键措施之一。稳谱技术都是选用低能量的伽马射线参考作为稳谱源，跟踪其能量峰。最初使用的稳谱源是 ^{54}Mn（835keV），而后 ^{241}Am（60keV），但由于探测器能量响应正比特性存在的非线性误差，致使低能端的稳谱措施并不能保证高能端谱峰稳定。为此，NGT-C 型仪器又采用地层中的 K 峰（1460keV）和 Th 峰（2615keV）进行稳谱，以保证高、低端的能谱峰都稳定。

从仪器设计来看，稳谱技术是一个自动调整环路。它可以用硬件实现，也可用软件实现。因此，自然伽马能谱测井仪主要由两大部分组成：测量地层自然伽马能谱信号的谱信号测量道（包括探测器）和测量稳谱源能量峰的环信号反馈回路。其他部分都是围绕这两部分而组成。仪器性能的改进、精度的提高也在这两部分上做文章，这也是自然伽马能谱测井仪器发展的立足点。

思 考 题

1. 自然伽马能谱测井的物理基础是什么？
2. 自然伽马能谱测井仪为什么要稳谱？如何实现稳谱？
3. 试分析硬件稳谱过程。
4. 自然伽马能谱测井仪为什么还要利用 K 峰稳谱？
5. 试分析高压电源的工作原理。
6. 试画出 NGT-C 自然伽马能谱测井仪器原理框图，并说明各部分的功能。
7. 什么是 NGT-C 自然伽马能谱测井仪器中的谱信号和环信号？其中环信号是用来做什么用的？
8. 试分析 NGT-C 自然伽马能谱测井仪器中的环信号比较逻辑电路的工作原理。
9. 试分析 NGT-C 自然伽马能谱测井仪器中的谱信号比较逻辑电路的工作原理。
10. NGT-C 自然伽马能谱测井仪器上传数据格式是什么？
11. 试画出 NGT-C 自然伽马能谱测井仪器中的能窗计数率发送电路原理框图，并说明其工作过程。

第九章　补偿中子测井仪

第一节　测量方法原理

在地下储集层中，孔隙空间不是充满了水，就是充满了油或气或其混合物。无论水、油和气都含有氢，因而通过测量岩石的含氢量，可以确定岩石孔隙度。补偿中子测井仪（双中子测井仪）就是通过测量下井仪周围地层含氢量的一种孔隙度测井仪器。

由于氢原子的质量近似等于中子质量，在中子和氢原子发生弹性碰撞时损失能量最大，故氢在衰减快中子能量方面比其他元素影响大，换句话说，氢对快中子的减速能力最强。快中子被减速就会变成超热中子和热中子。因此，含氢量不同的地层，中子源周围热中子随源距变化的分布不同。补偿中子采用长、短不同的两个源距，两个源距的探测器测得热中子计数率的比值，代表了地层中中子密度随源距衰减的速率。实验表明，短源距（即近源距）和长源距（即远源距）计数率的比值在线性坐标纸上与石灰岩孔隙度有近似的线性关系（图 9－1）。补偿中子孔隙度测井仪及其相应的软件系统便是根据这种关系设计的。

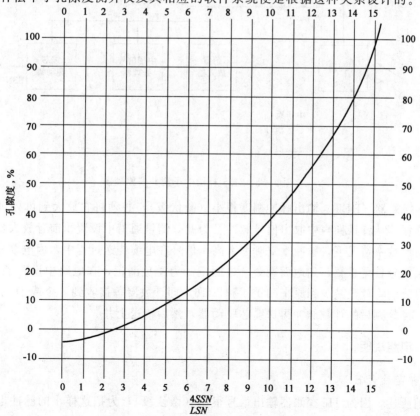

$$\frac{4SSN}{LSN}$$

图 9－1　补偿中子计算孔隙度曲线

探测中子要用中子探测器。由于中子不带电，没有电离能力，因此，不能用普通正比计数管探测器。中子测井一般用^{3}He正比计数管，它是利用^{3}He（n·p）T核反应来测量中子的。也可用闪烁晶体探测器，其晶体采用碘化锂（LiI）闪烁晶体。

补偿中子测井仪测量两个探测器计数率的比值，而不是测某一探测器的绝对计数率。这种比值法的优点是减少了由环境因素造成的测量误差。

第二节　2435 补偿中子测井仪

一、仪器测量原理

如图 9-2 所示，高压和低压电源从地面用 180V 交流供电，输出＋1150V 直流高压供^{3}He探测器，＋24V 直流电压下井仪器各单元电路提供工作电源。

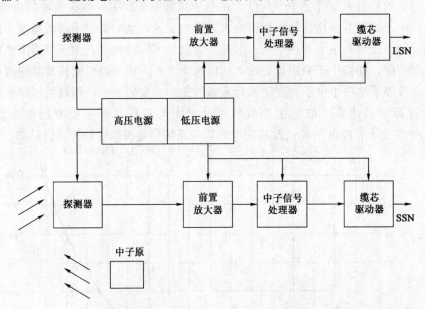

图 9-2　2435 补偿中子测井仪原理图

^{3}He 探测器（DET）输出脉冲幅度很小（微伏级），必须将它放大到可处理的电平，然后经过鉴别，从背景噪声中取出信号脉冲。为此，测量通道中设置了前置放大器和鉴别器。

在高计数率情况下，脉冲重复频率太高。信号在电缆传送过程中，因电缆充电和衰减影响会造成信号首尾重叠，到地面就会产生漏记。为避免漏记，在电路中设置了分频器，长、短计数道分别将计数减少到原来的 1/4 和 1/16，即计数器每接收到 4 个或 16 个脉冲输出一个脉冲。经分频后的计数脉冲再送缆芯驱动器，然后传送上井。

二、电路说明

1. 前置放大器

如前所述，因为^{3}He 探测器输出信号很小（微伏级），为把这样小的脉冲电平转换成与鉴别器相容的电压脉冲，在探测器的输出端接了一个前置放大器。用于小信号放大的前置放大器必须具有低噪声性能。为此，该放大器由两级具有良好低噪声性能的运算放大器组成。第一级是一个电荷灵敏放大器，具有很低的输入阻抗，以便减小输入寄生电容影响。为进一步降低噪声，要求反馈电容 C_3 要小，电路中它只有 5pF。这样不仅可以减小噪声，还可提高脉冲的分辨率，但对频率较高的脉冲放大倍数小。为获得足够的电压增益，设置了第二级放大器。整个前置放大器的增益大小可通过调节电阻 R_6 的数值来选择，放大器输入端电容 C_2 用于隔直（图 9-3），用 D_1 和 R_3 保护 IC_1 的输入级。

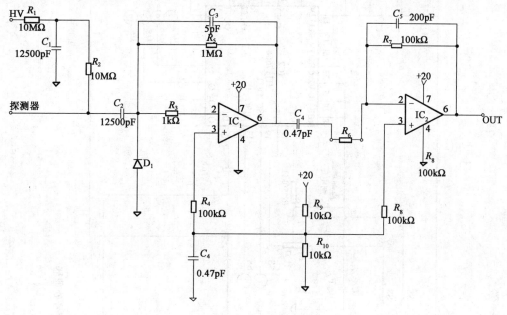

图 9-3　前置放大器

2. 中子信号处理器

中子信号处理器是长、短源距测量通道中的中子脉冲处理电路，主要功能是对脉冲进行幅度鉴别和分频。构成中子处理器的主要器件是混合电路 IC_1 和 IC_2（图 9-4）。IC_1 和 IC_2 是两个相同的集成电路块，它们均由射极限随器、电压参考电路、电压比较器、分频器和单稳电路组成。射极跟随器输入阻抗高，输出阻抗低，用作前置放大器和比较器的阻抗匹配。电压参考电路为电压比较器提供参考电压，调节电位器 R_2（R_5）可使参考电压在 $-40mV$ 到 $-1V$ 范围内变化。比较器用作脉冲幅度鉴别，当输入脉冲幅度超过参考电压时，比较器输出大约 12V 的中子脉冲。

从鉴别器（比较器）输出的中子脉冲经触发器分频以减小传输到地面的脉冲数，这样既可减少漏记，又可降低电缆驱动器的功率损耗。长、短源距计数分别除以 4 和 16。最后，经分频后的脉冲用脉冲后沿触发单稳整形，输出幅度约为 12V、宽为 40 μs 的脉冲到缆芯驱动器。

3. 缆芯驱动器

如图 9-5 所示，中子脉冲输入缆芯驱动器的晶体管 Q_1 和 Q_2，变压器 T_1 和 T_2 对测井电缆提供阻抗匹配。驱动器输出正脉冲，周期大约是 38 μs，幅度为 20V。注意，它的输出是通过 C_2 和 C_4 耦合的交流，按规范连接它们的是浮动地。输出负边（引脚 6 和 10）用外跨接线短路，如果要改变脉冲的极性，可以改变跨接线的连接。

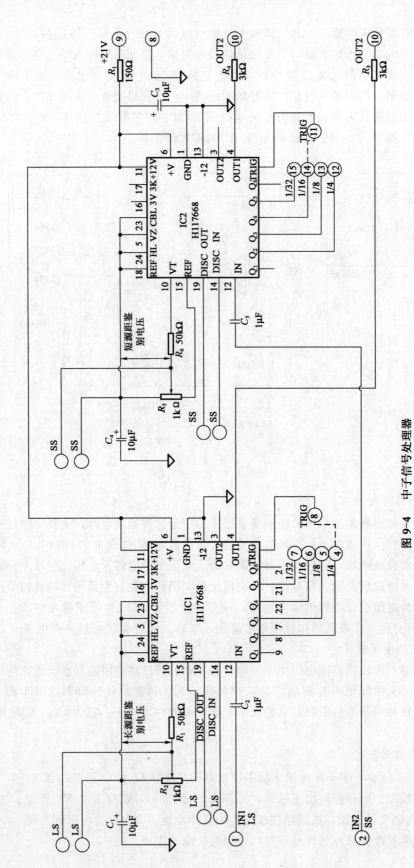

图 9-4 中子信号处理器

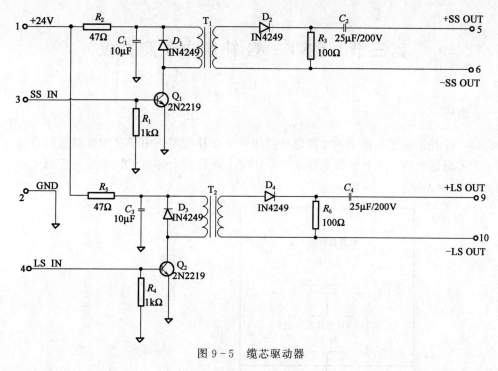

图 9-5　缆芯驱动器

4. 电源

下井仪器电源由地面 180V、60Hz 交流通过缆芯 4、6 供电。如图 9-6 所示，变压器有两个次级绕组。低压绕组连接桥式整流器，滤波器和齐纳二极管调节器对整个电子电路提供 24V 直流电。高压绕组输出经高压桥式整流和滤波提供高压。这个高压首先由稳压器稳定到直流 1350V，然后再经第二级稳压器稳定到最终工作电压直流 1150V。第二级稳压器和前面的前置放大器、中子信号处理器以及缆芯驱动器都安装在保温瓶内，以防止井下高温对器件的影响。

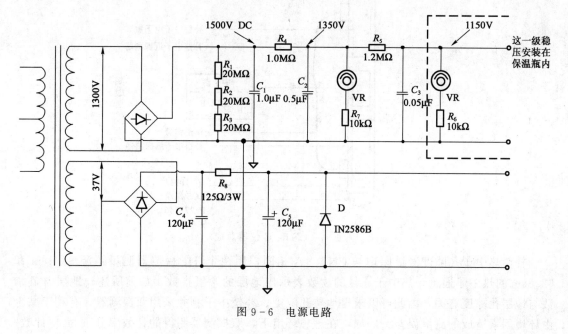

图 9-6　电源电路

第三节 CNT－G补偿中子测井仪

一、概述

CNT－G补偿中子孔隙度测井仪把补偿热中子和补偿超热中子孔隙度测量结合在一起。它有4个探测器，两个近中子探测器位于源室的上面，两个远中子探测器位于源室的下面，如图9-7所示。

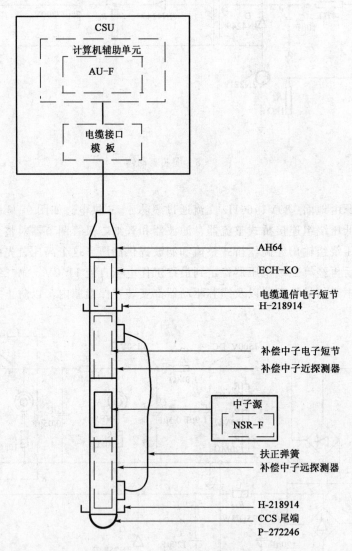

图9-7 CNT-G仪器总成

补偿热中子孔隙度测量原理与CNT－A相同，用两个³He探测器测量距源38.1cm和62.8cm的热中子通量，热中子通量的读数表示出地层的含氢指数。如前所述，地层含氢指数与地层孔隙度有关，因此可以求得地层孔隙度。补偿中子测井采用双探测器，有利于减少由环境因素造成的测量误差。例如，在理想环境下，双探测器测得的计数率分别为 N 计数/

s 和 F 计数/s，比值为 N/F。如果因泥饼厚度增加使近探测器计数率有 20% 的误差，同样，远探测器计数率也有 20% 的误差，所以，在泥饼增厚条件下的比值（$1.2N/1.2F = N/F$）和在理想条件下的比值是相同的，这就消除了测量误差。当然，完全消除测量误差是不可能的，实际上只能大大减小。

超热中子孔隙度测量与热中子测量一样，使用双探测器测量距源一定距离的超热中子通量。为防止热中子进入探测器，通常在探测器外面包了一层镉。由于镉对热中子的俘获截面很大，因此用镉过滤器可以滤掉热中子，而只让超热中子通过。在镉过滤器与 ^{3}He 计数管之间还有用耐热的尼龙制成的减速层，超热中子经减速成热中子之后由 ^{3}He 计数管检测。

根据热中子测井的物理基础，热中子测井受热中子吸收剂（盐水中的氯和页岩中的稀土元素）影响很大。因此，在盐水井中用热中子测井的效果较差。对比之下，超热中子测井受热中子吸收剂的影响很小。因此，在盐水井中用超热中子测井可以得到较可靠的响应曲线，在页岩中测井可以获得和密度测井孔隙度相当的结果。但补偿超热中子比补偿热中子分布范围小，探测范围浅。CNT-G 将补偿热中子和补偿超热中子结合在一起，可以获得比单一的某种补偿中子测井更好的效果。

CNT-G 需要用电缆通信电子短节 CCC-A 或 CCC-B 或 CTS 遥测电子短节 TCC-A。它可以同任何和 CCS 或 CTS 相容的仪器组合测井。

二、仪器工作原理

仪器原理框图如图 9-8 所示。

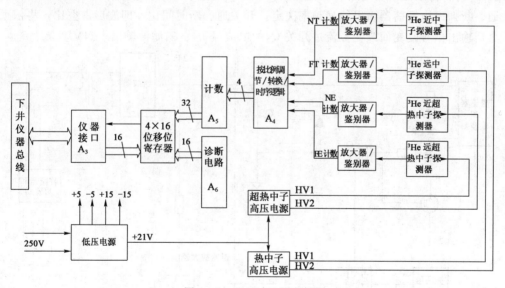

图 9-8　CNT-G 原理框图

CNT-G 有 4 道相同的测量电路，每道电路主要由探测器、前置放大器、鉴别器和分频器组成。中子射线由探测器检测输出中子脉冲，经前置放大器放大，鉴别器鉴别以便去除热噪声干扰。从鉴别器输出电平为 5V 的中子脉冲至分频器分频，然后通过计数和移位寄存器完成脉冲计数和并—串变换，串行数据经仪器接口电路将逻辑电平变成总线电平后，通过下井仪器总线送至电缆通信短节或遥测短节发送上井。传送上井的数据一次包含 4 个字，1 号字是回响指令字，2 号字是诊断数据字，3 号字是近探测器的热中子和超热中子计数，4 号字是远探测器的热中子和超热中子计数。向上数据传送是在仪器接口电路每次收到 GOP 命令之后，由上传数据时钟 UCK 驱动完成的。地面送到下井仪器的命令也是以数据字形式向井下仪器发送的，送至 CNT‑G 仪器的命令字一次只有两个，1 号命令字主要控制 A/D 转换的电压选择和测试；2 号命令字主要选通设备地址，产生控制改变高压的控制命令等。

低压电源将 250V 交流转换成 ±5V 和 ±15V 直流电，为下井仪器各单元电路提供工作电源，其中 +24V 为高压电源电路的工作电源。

CNT‑G 有两组电路完全相同的高压电源，即热中子高压电源和超热中子高压电源。它们输出大约 2500V 的直流高压为探测器提供工作电源。为了便于调节高压，保证探测器工作电压始终处在坪特性曲线的中央，这两组高压都是可控的，由计算机控制高压输出的变化范围为 ±150V。

CNT‑G 四个探测器的正常工作电压分别为：近热中子 1200V，远热中子 1400V，近超热中子 1500V，远超热中子 1400V。

三、电路分析

1. 低压电源

低压电源是一个开关型电源，用串联开关调节器限流保持稳定输出 +24V，然后经过 DC/DC 变换器输出 ±5V 和 ±15V 低压电源。

如图 9‑9 所示，从整流和滤波器输出电压大约 +40V 到开关调节器。开关调节器主要由开关管 Q_3、占空比控制电路、误差放大器和振荡器 U_1 组成。Q_3 工作在开关通、断方式，开关通、断频率由振荡器输出信号频率决定。开关通、断时间比，即波形占空比，将依据误差放大器输出信号改变而改变。流过开关 Q_3 的电流经 L_2、C_8 滤波输出 +24V 直流。

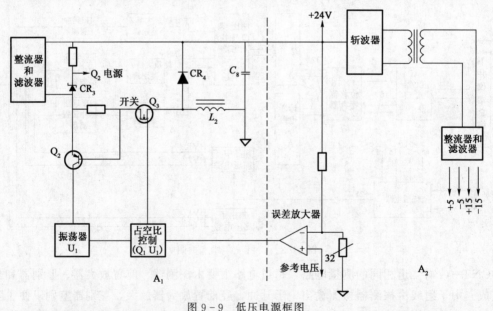

图 9‑9　低压电源框图

误差放大器将滤波输出的 +24V 电压和参考电压比较、放大。若是正好为 24V，误差放大器输出控制占空比为某一定值。当滤波输出低于 +24V 时，误差放大器输出控制占空比增大；相反，就控制占空比减小。经这样调节，使 +24V 稳定输出。这 +24V 电源分两路输出，一路经斩波、变压、整流和滤波产生±5V和±15V直流，另一路送至高压电源电路。

低压电源的实际电路示于图9-10和图9-11，它由以下5部分组成：

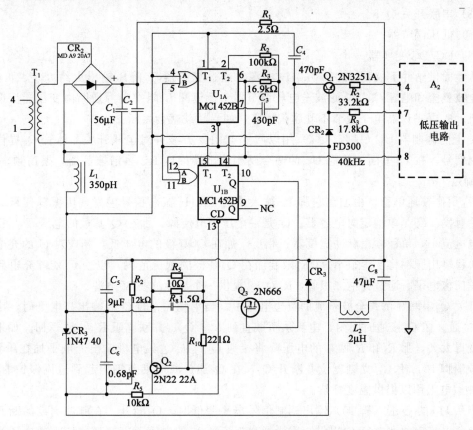

图9-10 低压输入电路 A_1

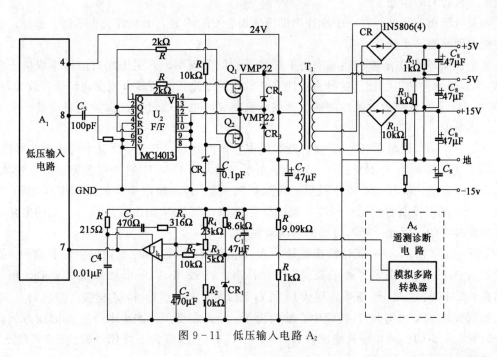

图9-11 低压输入电路 A_2

（1）变压器和整流、滤波器；

（2）振荡器和脉宽调节器，即 U_{1A} 和 U_{1B}；

（3）串联开关 Q_3；

（4）低压调节器；

（5）DC/DC 变换器。

从地面供给井下仪器 250V、60Hz 电源，通过变压器 T_1 降压输出大约 38V，再经 CR 桥式全波整流和电容 C_1、C_2 滤波送电压调节器。扼流圈 L_1 阻塞电源通断由变压器反馈耦合的电流。R_1 保护仪器电子短节不受超载损害，如果超载就会熔断。

A_1 上的调制器 U_1（U_{1A}、U_{1B}）用以产生 40kHz 方波并对串联开关晶体管 Q_3 提供一脉宽调制信号。在 U_1 里面的单稳 U_{1A} 的两个反相输出端接成 RC 多谐振荡器，振荡频率由 R_5 和 C_3 确定。

U_{1B} 用作普通单稳，由加在它脚 12 输入端的 40kHz 振荡信号触发，用振荡信号波形的上升沿触发。C_4 是单稳定时电容器。Q_1 是一个压控电流源。加在 Q_1 基极的电压高，相应 C_4 的充电电流小，单稳输出脉冲宽度宽；相反，加在 Q_1 基极的电压低，相应对 C_4 的充电电流大，单稳输出脉冲将变得很窄。CR_2 限制加在 Q_1 基极的低压范围，以便 C_4 能够充电到单稳的触发门槛电平。通过齐纳二极管 CR_3 对 U_1 提供一个浮地的 10V 电源。

开关 Q_3 串联在桥式全波整流的负边电路中，当单稳 U_{1B} 的 Q 端输出高电平时，串联开关 Q_3 接通。在 Q_3 接通时间内，电流从负载直到 L_2、Q_3、并联电阻 R_9 和 R_8 返回。如果负载电流变得太大，那 R_8 和 R_9 两端的电压降将接通 Q_2，从 Q_2 集电极输出低电平加在单稳 U_{1B} 的复位端脚 13，使 U_{1B} 立刻复位并断开 Q_3，在 Q_3 通、断周期范围内起到过流保护的作用。R_9 是热敏电阻用以提供温度补偿。

当从 U_{1B} 的 Q 端（脚 10）输出调制信号电平变低时，Q_3 断开。在脉冲周期的断开时间内，负载电流由滤波电容 C_8 提供。因为通过扼流圈 L_2 的电流不能突变，L_2 上的电压增加直到续流二极管 CR_4 接通。

如果电源负载很轻，在一个脉冲周期内二极管 CR_4 不通，串联开关也不通，那么，这时将在扼流圈两端产生振铃波。

以上说明开关 Q_3 通断的频率取决于振荡器的振荡频率，开关通断时间比率取决于单稳 U_{1B} 输出调制脉冲的占空比。这种占空比在正常情况下是依据负载电流变化经误差放大器 U_1（在图 9-11 上）取样放大来控制的。负载电流突变时也可通过过流保护电路使某一个周期的占空比突变。

低压开关调节器是受开关 Q_3 通、断时间占空比控制的，而占空比又由低压调节器控制。

调节电位器 R_3 取出 24V 的一小部分送至误差放大器 U_1，U_1 将它和参考电压比较放大。参考电压由齐纳二极管 CR_1 稳压提供，由运算放大器 U_1 的输出提供的控制电压加到 A_1 上 Q_1 的基极，用以控制占空比。所以，通过改变 R_3 来调节 24V 输出。注意，A_2 上的电路是以系统地作参考的，因此，可以直接接示波器观察。

如图 9-11 所示，DC/DC 转换器是由 A_1 上振荡器 U_{1A} 输出的 40kHz 信号驱动的。这个信号加到 A_2 的脚 8，由电容器 C_5 提供必要的隔离。U_2 接成"T"形触发器对 40kHz 信号分频输出 20kHz 的方波。该信号分别从 U_2 的 Q 和 $\overline{Q}$ 端输出连到 Q_1 和 Q_2 栅极，控制 Q_1、Q_2 交替接通调节的 24V 电源从 T_1 初级中心抽头接入。于是在变压器次级中产生 20kHz 方波，通过二极管 $CR_5 \sim CR_{12}$ 两组桥式整流和 $R_{11} \sim R_{14}$、$C_8 \sim C_{11}$ 滤波为下井仪器提供 ±5V 和 ±15V

电源。

2. 高压电源

CNT-G 有两组电路完全相同的高压电源，一组供远、近热中子探测器，另一组供远、近超热中子探测器。它们由高压振荡器、十级倍压整流器、高压调节器和电阻分压网络等电路组成，见图 9-12 所示。

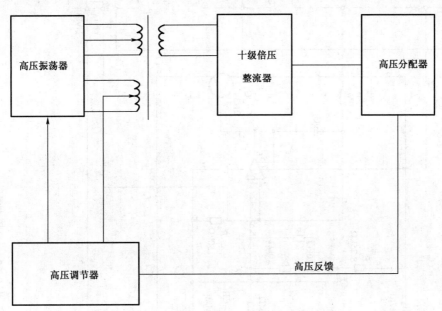

图 9-12　高压电源原理框图

高压振荡器是自激式的，调节振荡器电源电压的大小可改变振荡器振荡输出的方波幅度，改变电源电压大小可使振荡输出幅度从 150V 变到 250V（峰—峰值）。高压调节器的功能在于依据输出高压的变化控制加在振荡器上的电源大小，并控制振荡器斩波管的基极电流大小，使振荡器振荡输出幅度变化，这种作用是一负反馈过程，用以控制高压的稳定度。

振荡器输出经升压变压和十级倍压整流得到直流高压大约 2500V。

电压分压网络可在较宽的高压范围内调节，使每个探测器工作在坪区电压的中间值。

通过电阻分压器网络送回到高压调节器的高压反馈电压，控制高压输出的稳定性。

由指令控制可改变坪特性高压向上或向下变化最大 150V。

图 9-13 是一组实际的高压电源电路。高压振荡器由 Q_1、Q_2 和变压器 T_1 组成。U_1 比较器和开关管 Q_3、稳压管 CR_1 及其电阻、电容器件构成高压调节器，由高压二极管 $CR_1 \sim CR_{10}$ 和高压电容 $C_{101} \sim C_{110}$ 构成十级倍压整流器。高压分配器由电阻分压网络构成（实际电路省略）。下面首先分析高压调节器的工作原理。

从 A_2 低压输出的 +24V 电源经 L_1 和 C_5 滤波供给高压调节器，L_1 和 C_5 的存在既减小了外部对高压电源的干扰，又防止了斩波器噪声对 +24V 电源的污染。

高压调节器的核心是 U_1 比较器。U_1 把高压反馈电压同参考电压进行比较放大，其输出加在 Q_3 基极，控制 Q_3 的管压降变化，相应改变加在高压振荡器斩波管的电源。加在 U_1 端的直流参考电压由电阻 R_9 和齐纳二极管 CR_1 产生。调节 R_{10}，参考电压可从 +6.4V 变到 +3.2V（齐纳电压的一半）。

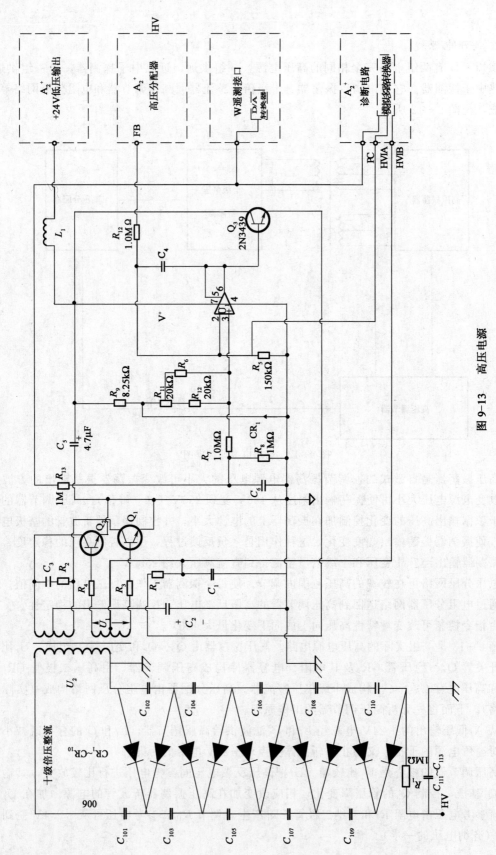

图 9-13 高压电源

运算放大器将试图驱动 Q_3，在其两个输入端产生相同的电压。因为固定的参考电压加在它的同相输入端，来自分配器板的反馈电压经 R_{12} 和 R_{15} 进一步分压后加在它的反相输入端。由斩波器和倍压整流器将驱动产生高压，使其反相输入端的电压和同相端相同。

电阻 R_7、R_8、R_{13} 和电容 C_6 滤波并适当地分压出 -8.75 到 $+8.75$V 的坪检查（pc）电压，坪检查电压可以被预置。使用坪检查电压改变加在运算放大器同相输入端的参考电压，可改变高电压 ±150V 之多。

在高压调节器电路上的串联晶体管 Q_3 对振荡器的晶体管斩波器电路提供一直流电压，斩波器电路驱动可饱和的铁芯变压器 T_1。该斩波器和在别的中子仪器中高压电源使用的斩波器电路很相似。它把通过 Q_3 提供的直流电压转换成近似的方波在变压器次级输出。方波幅度与由 Q_3 提供输入的直流电压成正比。斩波器的工作过程如下：

如果一个斩波器晶体管饱和导通，导通晶体管的集电极电流将按变压器和周围电路确定的速率增大。这样，增大的电流通过变压器绕组感应耦合对斩波晶体管提供基极驱动。变压器绕组的极性是使导通管的基极处于正向偏置，截止管基极处于反向偏置。这种正反馈作用将使斩波管的集电极电流迅速增大。当电流达到铁芯饱和点时，绕组之间的感应耦合消失，对饱和管的基极驱动电流减小，进而引起饱和管截止。

当导通管截止时，变压器铁芯中的磁场消失，变化的磁场耦合进入截止管的基极绕组，使它导通。两个晶体管交替接通和断开，周而复始。这样产生的方波电压通过变压器升压到最大值，大约为 250V（峰—峰值）。

十级倍压整流器由十级高压二极管和十级倍压高压电容组成。倍压电容 C_{101} 承受的电压为 $\sqrt{2}U_2$，其他电容 $C_{102} \sim C_{110}$ 承受的电压力 $2\sqrt{2}U_2$。每个二极管 $CR_1 \sim CR_{10}$ 承受的反向电压为 $2\sqrt{2}U_2$。十级倍压整流输出的电压极大值为 2500V，再经 R_1 和 $C_{111} \sim C_{113}$ 滤波后输出。

从十级倍压整流器输出的高压加到高压分配器电路板上。高压分配器是一个多级的电阻分压网络，每一级比前一级电压降低大约 50V。由 $R_{10} \sim R_{12}$ 构成 4 级精密的电阻分压，用于输出电压的细调。加到高压调节器的高压反馈（FB）是输出高压最大值的大约 1/60。

3. 测量电路

如前所述，CNT‑G 有 4 道测量电路，它们的组成相同，每道均由中子探测器、前置放大器和鉴别器电路组成，现以如图 9‑14 所示热中子测量道电路为例，分析其工作过程如下：

当 ^{3}He 探测器探测到热中子后，从阳极输出数量级为 0.1nC 的电荷脉冲，该脉冲通过电容 C_2 耦合进入放大器 U_1。U_1 是一个输入阻抗很低的电荷灵敏放大器，它将来自探测器的电荷脉冲放大并转换成电压脉冲。这些幅度变化的输出脉冲是正脉冲。在正常测井中，最大脉冲幅度通常小于 100mV。在高计数率时，有的脉冲消失很慢并叠合成大幅度的脉冲。为防止大幅度的脉冲击穿 U_1 的输入级，在 U_1 的输入端接入了 R_2、CR_1 和 CR_2，用以对输入脉冲限幅。

U_2 是一个高增益的微分放大器，C_8 是微分电容，调节 R_6 和 R_7 可改变放大器总增益到大约 200。从 U_1 放大输出的中子脉冲经 U_2 微分放大送至鉴别器 U_3 的同相端，U_3 采用的是 LM111H 比较器，这种器件的结构如图 9‑15 所示。

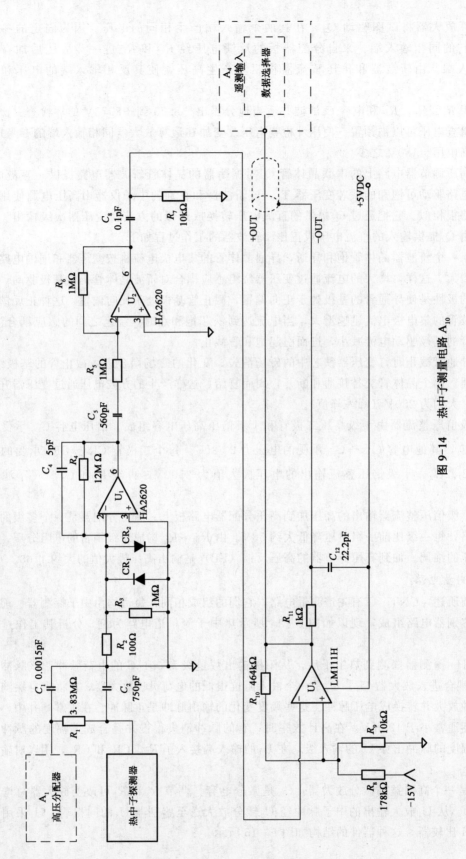

图 9-14 热中子测量电路 A_{10}

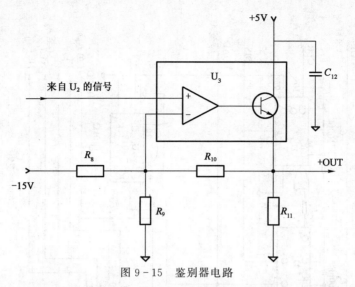

图 9-15 鉴别器电路

比较器输出取自输出管的发射极。C_{12} 用于电源滤波,由电阻 R_8 和 R_9 调整鉴别器的门槛电平,R_{11} 是有效负载电阻。鉴别器初始门槛电平由 R_8 和 R_9 对 $-15V$ 电源分压固定在大约 $-0.8V$。当来自 U_2 的负脉冲超过这个电平时,输出晶体管导通,由鉴别器输出高电平。该输出电压经 R_{10} 反馈耦合,使门槛电平降低到 $-0.7V$,以便可靠计数低幅度的脉冲。从鉴别器输出 $+5V$ 脉冲送至遥测输入电路 A_4。

4. 上传数据模式及电路

1) 数据选择和测试电路

如图 9-16 所示,数字计数从测量电路的鉴别器输出到遥测输入电路 A_4,在 A_4 被送至两个双 4 选 1 数字多路开关 U_3 和 U_4,U_3 和 U_4 用作数据选择器。送到数据选择器的信号还有 UCK 时钟和由 10kHz 振荡器 U_1 及分频器 U_2 产生的一组测试信号。这一组测试信号频率为 0.312kHz、0.625kHz、1.25kHz 和 5kHz,它们用于测试。数据选择器由命令位 A 和 B 控制,选择通过测试信号或实际探测器的探测计数信号。命令位不同,选择通过信号的组合也不同,具体参见表 9-1。

2) 除 8 分频和锁存器

探测器计数(或测试信号)通过数据选择器到达两个除 8 分频器 U_3 和 U_6,信号在这里被分频后再加到锁存器 U_7。这是一个四 R-S 触发器。如果在数据寄存器加载期间,锁存器的输入电平改变,它至多保存分频计数的一种从高到低的变换,见保持锁存器的时序波形,即图 9-17 中的情况 1。

大多数(时间)HOLD 信号是高电平,因 HOLD 信号加在锁存器 U_7 的 4 个 R 端,使得锁存器的输出紧跟其输入,即触发器 Q 端随 S 端改变而改变。然而,在遥测信号 GOP 到达后,如果输入改变,它允许锁存器输出从低到高变化,但不允许输出从高到低变换。因为计数器允许从高到低跳变触发,它们不会在 HOLD 信号是低电平时计数。如果在保持期内发生了从高到低的变化,一旦 HOLD 信号再次变成高电平,它将立刻出现在锁存器的输出端,如图 9-17 中的情况 2 所示。

3) 定时逻辑电路

A_4 上的定时逻辑电路由一对单稳电路 U_{9A}、U_{9B} 和双稳触发器 U_8 组成,用以产生 HOLD、LOAD 和 CLEAR 时序信号,其时序波形如图 9-18 所示。

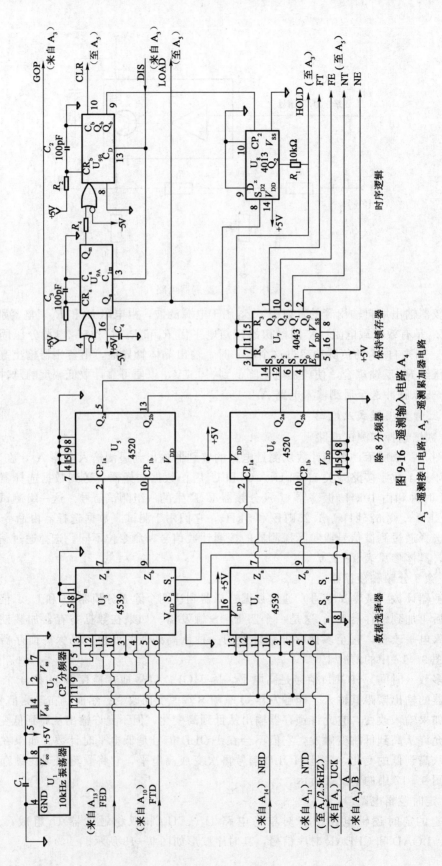

图 9-16 遥测输入电路 A₄

A₃—遥测接口电路；A₅—遥测累加器电路

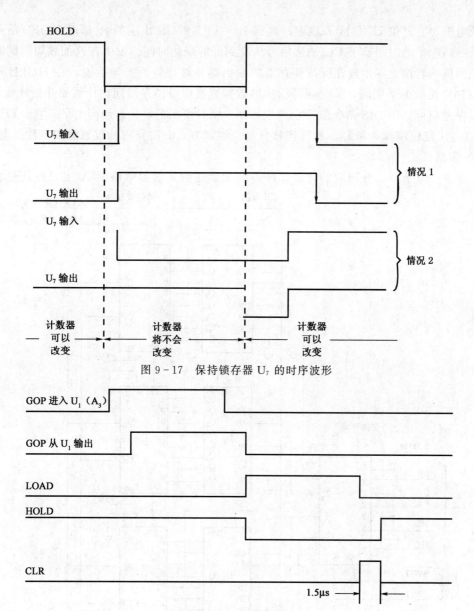

图 9 - 17 保持锁存器 U₇ 的时序波形

图 9 - 18 时序波形

当在遥测接口电路板 A_3 上的"对话器"混合电路 U_1（图 9 - 20）检测到 UDATAGO 线上的 GOP 脉冲信号时，就把它转换成 5V 逻辑电平信号。GOP 信号每秒钟要发出 60 或 15 次，具体取决于仪器组合的要求。在遥测总线上，GOP 脉冲的正常幅度是 3.6V，它准许通过设置一个到中间值的鉴别门槛，把它同正常的 1.2V 的 UDATA 信号分离开。

检测到 GOP 标志数据周期的开始。GOP 通过 U_{5D} 反相，然后传送到遥测输入电路 A_4 上 U_{9A} 的输入端。在 $\overline{GOP}$ 的上跳沿触发单稳 U_{9A} 产生高电平有效的 LOAD 信号，该信号加到 A_4 上移位寄存器 U_4、U_5、U_8 和 U_9 的并行加载端（PL 端）。

LOAD 信号脉宽大约 8 μs，这是移位寄存器输入端的安全状态时间。LOAD 信号还加到 U_8 引起 HOLD 信号变低。当 U_{9A} 定时输出 8 μs 以后，LOAD 变低加载移位寄存器，并且也触发 U_{9B} 迫使 CLEAR 信号电平变高。

CLEAR 保持高电平大约 1.5 μs，以清除 A_5 上的计数器。当 U_{9B} 定时输出时，CLEAR

返回低电平,它复位 U_8 使 HOLD 返回高电平。接 U_8 的 $\overline{Q}$ 输出端的 R_1 延迟 HOLD 信号,使得它返回高电平的时间晚于 CLEAR 信号从高到低的变化时间。发生在这加载周期期间的任何从低到高的转换立即出现在保持锁存器的输出端并被计数。换句话说,在 HOLD 是高电平、LOAD 是低电平期间,从分频器输出的数据直接通过锁存器到达计数器并被计数。

时序逻辑可以用 DIS 命令位禁止产生,DIS 控制线在正常状态是高电平,它分别连接到 U_{9A} 和 U_{9B} 主复位端脚 3 和 13。这样连接只是在测试方式时防止用计数数据加载移位寄存器。

4) 多路开关

如图 9-19 所示,分频后的计数脉冲连续加到遥测累加器电路板 A_5 上,在这里它们通

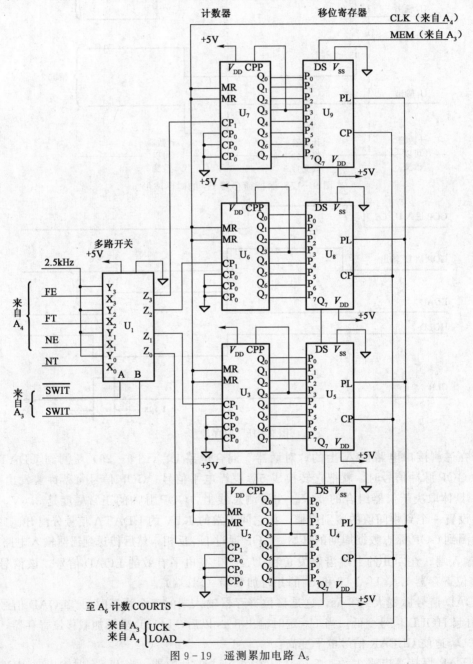

图 9-19 遥测累加电路 A_5

过 4 个二输入多路开关 U_1，按它们各自的路线到达二进制计数器 U_2、U_3、U_6 和 U_7。该多路开关依据别的测试特性允许固定的 2.5kHz 信号从 A_4 上的计数器 U_2 越过 A_4 上的分频器和保持锁存电路，直接加到该计数器。

多路开关受 SWIT 命令位控制，SWIT 命令沿 SWIT 和 $\overline{SWIT}$ 和控制线传送，它来自遥测接口电路板 A_3（图 9-20）。在测井方式时，SWIT 是低电平；在测试方式时，它是高电平。连接 A_3 上 SWIT 控制线的反相器 U_{5F} 输出 $\overline{SWIT}$ 信号。这样输入到 A_5 上的 U_1 保证多路开关将只以两种方式运行，即不是测井方式便是测试方式。

5）计数器和移位寄存器

分频后的计数脉冲最后到达 A_5 上的双二进制计数器 U_2、U_3、U_6 和 U_7，在输入信号的下跳沿计数。应注意，这些器件的时钟输入端接地，计数脉冲加到它们输入端 CP_1。当第一个半块计数器计满时，它的 Q_3 端输出加到第二个半块计数器的输入端（CP_1 端），以便连续计数。

当 HOLD 信号是低电平时，正如前面讨论过的那样，该计数器冻结（不计数），因为 A_4 上保持锁存器 U_7 停止了负的变换。在 LOAD 信号负跳变时，它们的计数结果从每个计数器加载到与它们对应的 8 位移位寄存器 U_4、U_5、U_8 和 U_9。然后，计数器被 CLEAR 信号清除，为开始下一个数据累加计数周期做好准备。

计数器清除后不久（最短 160 μs），A_3 上遥测"对话器" U_1（图 9-20）检测到遥测 UCLK IN 信号，并把它转换成 5V 逻辑电平。UCKOUT 信号立刻传送到 A_5、A_6 和 A_3 上的 8 个移位寄存器，并把计数数据开始朝 A_3 上的"对话器"混合电路 U_1 移动。A_6 为诊断电路，见图 9-21。

串行移动的数据从 A_5 上的移位寄存器出来，通过两组寄存器，即诊断电路板 A_6 上的移位寄存器 U_2 和 U_3、遥测接口电路 A_3 上的回响指令移位寄存器 U_4 和 U_8。

A_3 的移位寄存器 U_4 和 U_8 依据从"对话器"混合电路 U_1 接收的 GOP 信号，用当前命令加载。它们从监听器混合电路 U_2 加载 8 个命令位，从 U_7 加载 6 个命令位，移位寄存器 U_8 有两位接地，因为只有 14 个命令位。这 14 位组成第一个 16 位字在遥测帧周期内发送上井。

A_6 上的移位寄存器在收到来自 A_3 上反相器 U_{5B} 的 $\overline{EOW}$ 信号时，用 16 位诊断数据加载。$\overline{EOW}$ 是由"对话器"混合电路在遥测帧的安全部分期间（正好在传输 UDATA 以后）产生的一个加载信号。这个数据包括来自模拟采集即 A/D 转换器 U_4 的 12 位诊断数据和 4 位来自 A_6 的定时检查锁存器 U_1。这 16 位组成上传遥测帧的第二个 16 位字。

正如先前讨论过的，遥测累加器电路 A_5 上的移位寄存器 U_4、U_5、U_8 和 U_9 对来自 4 个探测器通过的 32 位计数或测试信号，在接收到来自 A_4 上的定时逻辑信号 LOAD 信号时加载。这些数据组成最后两个 16 位字在一遥测帧期间发送上井。

从 A_3 的寄存器 U_4 串行移出的数据被加到对话器混合电路 U_1 的脚 2，即 UDT 输入端。U_1 的脚 5 至脚 12 和脚 23 连接电平所表示的二进制数告诉对话器每帧有多少数据字传送上井（补偿中子测井为 4 个）。对话器 U_1 转换来自 U_4 的串行数据并驱动它到脚 19 的 UDAT-AGO 线上。数据沿这条线送到 CCC 接口，然后发送上井。

图 9-22 表示一个典型的 CNT-G 的上传数据帧，每个数据帧仪器向上发送这样 4 个 16 位字。第一个字是回响指令字（在测井方式它将全部是 0），第二个字包括诊断定时数据和数字化的电压值，最后两个字分别是近的热中子、超热中子计数或测试数据及远的热中子、超热中子计数或测试数据。

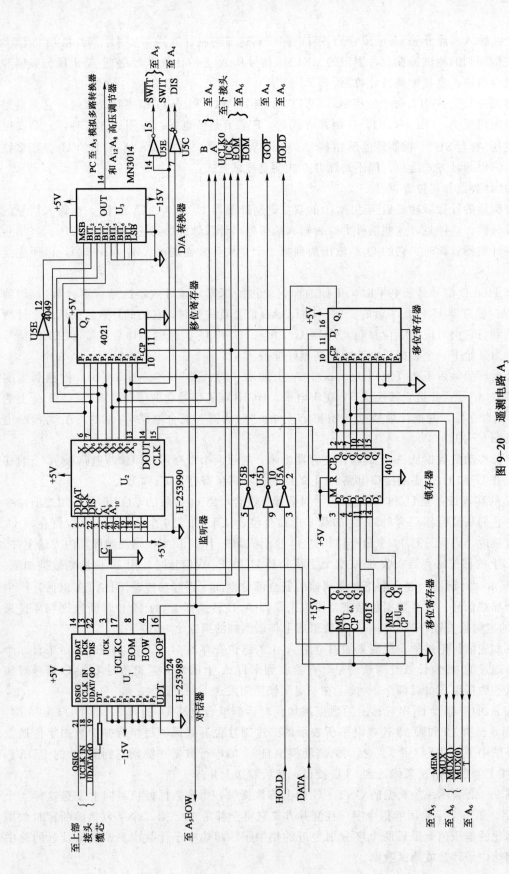

图 9-20 遥测电路 A₃

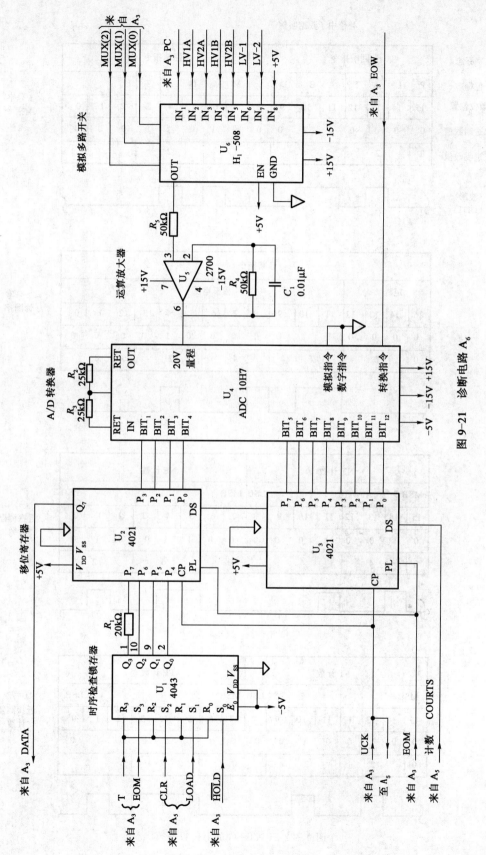

图 9-21 诊断电路 A_6

补偿中子数据字例子

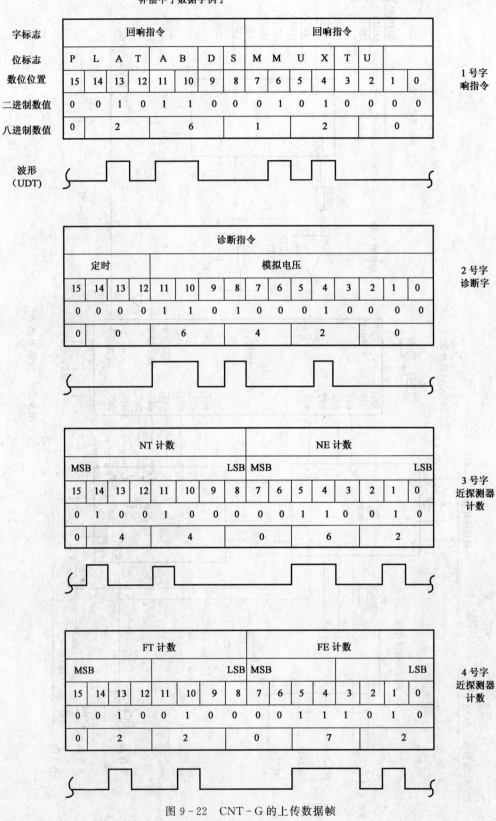

图 9 - 22　CNT - G 的上传数据帧

在 CNT - G 的遥测帧内，在无论上传或下传数据模式的时候，所具有全部控制信号和时钟的时序表示在图 9 - 23 中。

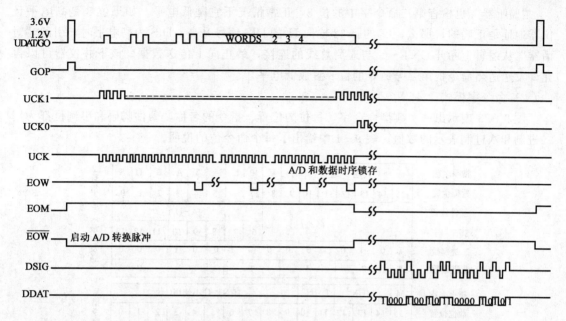

图 9 - 23　CNT - G 控制信号和时钟时序图

5. 下传命令字模式及有关电路

从 CCC 遥测电子线路短节送到井下仪器的命令以双极性归零制格式表示在图 9 - 24 中。电缆遥测系统（CTS）约定，每帧用两个 16 位命令字沿 DSIG（下井信号）遥测总线传送到下井仪器。下井组合仪中的每支仪器的对该命令译码。如果命令的最后 7 位同专用仪器的唯一地址（7 位编码）相匹配，那么该仪器接受此命令进行操作；如果不匹配，那么该仪器对此命令就不予理睬。

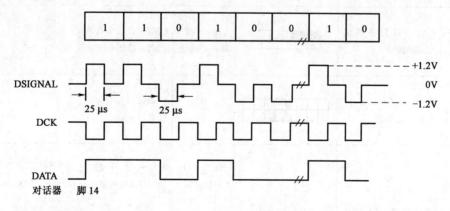

图 9 - 24　CCS 命令数字译码

1）遥测混合电路

CNT - G 的遥测通信受图 9 - 20 表示的标准接口混合电路控制，即 A_3 上的"对话器" U_1 和"监听器" U_2。DSIG 信号进入"对话器"脚 21，并解码成 DCLK 和 DDATA（图 9 - 24）信号。这两个信号分别加到"监听器" U_2 的脚 5 和脚 2。"监听器"检查命令中的最后 7 位是否同 CNT - G 的地址 1010100（二进制数）或 124（八进制数）相匹配。该地址由硬件编程进入脚 16 至脚 21 和脚 23。如果有适当地址匹配，"监听器"锁存先前的 8 位命令到脚 6 至脚 13，并送出命令有效（脚 15 电平升高）信号。

"监听器"也检查第二命令字中的位 8，正常情况下它是低电平。如果位 8 是高电平且仪器地址是正确的，那么，U_2 的脚 22 输向 U_1 的 DIS 信号升高。DIS 为高电平时，引起"对话器"从逻辑上断开 CNT - G 与遥测总线的连接，禁止向上传送数据。该下井仪器可以再允许发送适当命令把第二号命令的位 8 置成低电平。

2）命令字模式

图 9 - 25 表示出一个典型命令字，每位的位置、指令的名称、硬件脚码和事例位都为用二进制和八进制表示的数值。表 9 - 1 中给出了每个命令位的说明。

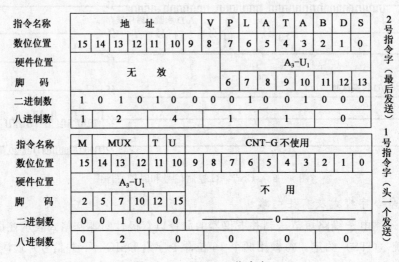

图 9 - 25　CNT - G 指令字

表 9 - 1　CNT - G 指令位说明

指令名称	说　明	二进制位位置	合理值	结　果
ADDRESS TOOL	CNT - G 设备地址（7 位编码）		1010100	CNT - G 指令有效
			其他任何值	CNT - G 指令无效
VALIDATE	CNT - G 和 DTB 逻辑断开或接通		0	仪器允许
			1	仪器不允许
PLATEAU	通过控制 D/A 转换电压改变探测器高压的有关标称值		0111 (7)	HV＝（标称值）＋150V＋8.75V
			0110 (6)	HV＝（标称值）＋129V＋7.50V
			⋮　⋮	⋮　⋮
			0001 (1)	HV＝（标称值）＋21V＋1.25V
			0000 (0)	HV＝标称值　　　　　0
			1111 (−1)	HV＝（标称值）−21V−1.25V
			⋮　⋮	⋮　⋮
			1001 (−7)	HV＝（标称值）−150V−8.75V

指令名称	说　明	二进制位位置	合理值	结　果
AB	在探测器计数和测试信号之间选择		00 10 01 11	FT　　　　NT　　　　FE　　　　NE FTD　　　NTD　　　FED　　　NED 2.5kHz　　5.0　　　　1.25　　　2.5 0.625kHz　2.5　　　　0.312　　1.25 UCK　　　UCK　　　UCK　　　UCK
DISABLE	不允许或允许 CNT-G 定时信号		0 1	HOLD/LOAD/CLEAR 允许 HOLD/LOAD/CLEAR 不允许
SWITCH	接通探测器计数或 2.5kHz 到计数器		0 1	把探测器计数送到计数器 把非刻度的 2.5kHz 送到计数器
MEMORY	测试方式使用"不允许"串行输入到最后数据移位寄存器		0 1	串行输入＝0 串行输入＝1
MUX	选择 8 个模拟电压中的一个送 A/D 转换		000 001 010 011 100 101 110 111	电压选择 坪 A/D 转换电压 热中子高压反馈（≈3.5V） 超热中子高压反馈（≈3.5V） 热中子高压斩波（≈0.5V） 超热中子高压斩波（≈0.5V） 低压参考（6.4V） ＋24V÷10（2.4V） ＋5V 电源（5.0V）
TIMING	在测试方式中先高后低检验定时信号		0 1	检查定时信号 复位定时锁存
UNUSED	可用，但不用的指令位		0 1	

现在再次参考图 9-25，使用表 9-1 解释列举的命令字。注意 2 号指令字中的位 15～9 包括 CNT-G 的地址 1010100（八进制为 124）。当检修仪器时，八进制有助于使用 CCB 遥测测试箱。当仪器在测井方式时，表 9-1 中给出的地址表示特殊位的状态。

若 2 号命令字的有效位 8 是低电平，指示 CNT-G 仪器被允许；如果这位是高电平，那么仪器将不被允许。

位 7～4 是坪特性命令位，用以改变探测器的高压，围绕它的额定值可改变高压达 ±150V。这些位被输到 A_3 上的 D/A 转换器 U_3。它的输出可以从 0V 变到 ±8.75V，并用以控制高压调节器。例如，有 0110 置进这些位的位置，指示探测器高压已经增加到 129V。

位 3 和位 2 用于 A_4 上数据选择器 U_3 和 U_4 的选择控制。表 9-1 说明图 9-24 中给出的 AB＝10 表示：用测试信号 2.5kHz、5kHz、1.25kHz 和 2.5kHz 分别加到 U_5、U_6 分频器的

远/近热中子、远/近超热中子通道。测试信号来自 10kHz 振荡器 U_1 和分频器 U_2 的输出。

位 1 禁止或允许来自 A_4 上定时逻辑的 CNT - G 时序信号。因为例中这一位是低电平，HOLD、LOAD 和 CLEAR 时序信号是允许的；若这位是高电平，则不允许。

2 号命令字中的位 0 提供更强的测试能力。当它是 0 电平时，正如例中所表示的那样，A_5 上多路开关依次接通 4 个探测器通道中的分频计数或测试信号到计数器。当这位是高电平时，一个未标定的 2.5kHz 测试信号直接加到 4 个探测器通道中的计数器。

1 号命令字中的位 15 用在测试方式时，连接不允许信号，当这位是高电平时，A_4 上的定时逻辑被禁止。而且 "1" 电平加到 A_5 的移位寄存器的串行输入端，这个 "1" 然后被触发串行通过移位寄存器用于测试。

1 号命令字的位 14、位 13 和位 12 决定诊断电路 A_6 上模拟多路开关的选择通道，模拟多路开关有 8 个输入模拟电压，由该命令字的位 14、位 13 和位 12 控制选择其中一个送 A/D 转换器。如表 9 - 1 所示，当这些位为 010 时，选择超热中子高压反馈电压近似为 3.5V。

位 11 用来检查锁存在 A_6 的锁存器 U_1 上的时序逻辑信号 HOLD、LOAD 和 CLEAR。当这一位是低电平时，这些信号被检查；是高电平时，复位时序检查锁存器。

位 10 是未用的指令位。

CNT - G 具有多种测试能力，测试可以通过 CSU 诊断检查自动地执行，或者通过键盘命令半自动地进行。故障检查几乎可以达到功能级，用指令诊断通常可以达到元件级。

6. 诊断电路

如图 9 - 21 所示，诊断电路由一个 8 通道的模拟采集系统、一个由 U_3 和 U_2 组成的 16 位移位寄存器、时序检查锁存器电路组成。

模拟采集系统包括 8 路多路开关 U_6、运算放大器 U_5 和 A/D 转换器 U_4。多路开关选通哪一道，由三条 MUX 指令线控制。具体说明见表 9 - 2。

表 9 - 2　模拟多路开关控制说明

MUX	电 压 选 择	说　明
000	(pc) 坪电压 D/A 转换输出	由 PLAT 命令决定坪控制电压值（8.75V 到 - 8.75V）
001	(HV1A) 热中子高压反馈电压	远、近热中子探测器高压最大值被 401 除（近似 3.5V）
010	(HV2A) 超热中子高压反馈电压	远、近超热中子探测器高压最大值被 401 除（近似 3.5V）
011	(HV1B) 热中子高压斩波器	斩波变压器基极绕组上的平均直流电压（0.3～0.8V）
100	(HV2B) 超热中子高压斩波器	同上
101	(LV1) 低压参考	在低压电源里参考二极管电压（6.4V）
110	(LV2) +24V	24V 电源÷10（2.4V）
111	(+5V) +5V 电源	5V 电源

多路开关 U_6 选通的信号由增益为 1 的放大器 U_5 缓冲，两个 $50k\Omega$ 电阻 R_4 和 R_5 对运算放大器提供稳定的偏压。U_5 通过 C_1 反馈限制放大器响应频率在 500Hz 以下。这是因为采集系统是对直流电压采样，这样有利于消除任何噪声。

缓冲器输出信号加到 12 位 A/D 转换器 U_4，对应转换指令 EOW 信号的上升沿启动转换成二进制数。除 EOW 信号外，A/D 转换的全部时钟和参考信号由 U_4 内部电路产生。EOW 来自 A_3 上对话器 U_1 的脚 4 输出。

由 EOW 脉冲启动 A/D 转换，在每遥测帧内转换 4 次，但仅仅只有最后一次转换才被锁进移位寄存器 U_2 和 U_3。移位寄存器的并行输入端控制信号 $\overline{\text{EOW}}$ 也来自 A_3 的对话器 U_1，产生在向上传送数据的末尾。在它的作用下，A/D 转换输出的 12 位数并行进入移位寄存器，其中 4 位进入 U_2，8 位进入 U_3。与此同时，时序检查锁存器输出 4 位数据也被锁进移位寄存器 U_2。这 4 位数据用以检查 3 个时序信号：HOLD、LOAD 和 CLR。

来自 A_3 的命令位 T 首先置为高电平，使时序检查锁存器清零。这时上传的诊断数据字的 4 个时序位将全部是 0。然后，置 T 为低电平，如果在 U_1 输入端的 S_0、S_1、S_2 和 S_3 全是 1，那么上传诊断数据字中的 4 个时序位也将全部是 1；若 4 位中任何一位是 0，就表示那个信号没有产生或发生了错误。

本 章 小 结

本章介绍了 2435 和 CNT-G 两种补偿中子测井仪。两种仪器的功能电路尽管采用的单元电路不同，但总体结构和作用是相同的，与其他核测井仪器也基本相似。

从仪器工作电源来看，核探测器需要直流高压电源供电。2435 补偿中子采用固定直流高压，这种固定高压电路结构简单，但在仪器更换探测器时需要选配坪特性一致的探测器，给仪器维修带来极为不便。CNT-G 采用可控高压，由坪检查指令可以控制高压在 $\pm150V$ 范围内改变，调节高压调节器上电位器 R_1 也可改变直流高压输出。因此，它能自动灵活地改变高压输出，使探测器始终工作在坪特性曲线的中间，以消除电源变化对测量结果的影响，并为仪器检查测试和更换探测器带来了方便。

从仪器测量电路看，因为探测器输出的信号是电荷型信号，所以前置放大器的第一级采用的是电荷灵敏放大器，用以将电荷脉冲转换成电压脉冲。该脉冲（以下称中子脉冲）经过再放大和幅度鉴别，输出标准幅度 5V 的中子脉冲送分频计数器。在 2435 仪器中，分频是为了减少通过电缆传输的脉冲数，从而防止漏计，以及减小缆芯驱动器的功率损耗；而 CNT-G 仪器中的脉冲分频则是为了减小脉冲数以利于脉冲计数器的计数，因为 CNT-G 是以数字信号通过 CCS 向地面传送的。2435 仪器的鉴别器和分频器以及附属电路集成在组件 B117068 中，被称为中子信号处理器，CNT-G 中的鉴别器采用的是集成比较器 LM111H，分频采用的是组件 4520。

除了功能电路外，在 CNT-G 中还有控制高压、接收并译码命令信息、进行脉冲计数、向上传送数据的许多电路，包括遥测接口电路、遥测输入电路、遥测累加器电路及诊断电路等。这些电路在 CNT-G 电子线路短节中占了绝大部分，但它却是为功能电路服务的。由它接收主机命令，控制测量数据向井上正确传输。学习时要把握住这一点，才能从整体上掌握整个仪器的电路原理。

思 考 题

1. 试画出 2435 补偿中子仪器原理框图，并说明各部分的作用。

2. 试画出 CNT－G 补偿中子仪器原理框图，并说明各部分的功能。

3. 试画出 CNT－G 补偿中子仪器中的高压电源电路框图。

4. 试述 CNT－G 补偿中子仪器中的低压电源的稳压原理。

5. CNT－G 井下仪器中长短源距两个测量道的分频系数为何不一样？

6. CNT－G 采用变压器使 60Hz 交流电升压的方式产生直流高压与采用交—直流变换器（如密度测井仪）方式产生直流高压各有何优缺点？

第十章　岩性密度测井仪

岩性密度测井通称为伽马—伽马测井。它利用同位素伽马源向地层辐射伽马射线，再用与源相隔一定距离的探测器测量经过地层散射和吸收后的伽马射线强度。由于中等能量（150～1000keV）的伽马射线在岩石中主要产生康普顿效应，其散射截面与地层体积密度密切相关，可用来测量岩石的密度值。当伽马射线在地层中能量衰减到 100keV 以下时，则产生光电吸收效应，使低能伽马射线大幅度减少。而光电吸收截面与地层物质的原子序数 Z 密切相关，故可用来研究地层的岩石性质。利用光电效应和康普顿效应同时测定地层的岩性和密度的测井方法称为岩性密度测井法，相应的测量仪器称为岩性密度测井仪。

岩性密度测井仪是从密度测井仪发展而来的，早在 20 世纪 50 年代，密度测井仪就用于生产。早期的密度测井仪器沿井轴测量，由于探测深度浅，读数受井眼影响较大，后来发展了贴井壁测量的仪器，减小了井眼的影响，但没有消除泥饼的影响。20 世纪 60 年代以后，出现了双源距贴井壁补偿密度测井仪，基本上消除了泥饼影响，可以较准确地反映地层的体积密度，并用它来求地层孔隙度。自 20 世纪 70 年代以来，人们开始注意光电吸收截面与地层岩石中原子序数之间的关系，斯伦贝谢最早研制出岩性密度测井仪，并在生产中收到很好效果。

LDT－D 是该公司第三代岩性密度测井仪，是 LDT－A 和 LDT－C 仪器的改进和发展。它较先进，在功能和容量方面部超过 LDT－A 和 LDT－C，本书仅介绍 LDT－D。

第一节　仪　器　原　理

一、物理原理

岩性密度测井仪使用一个铯（^{137}Cs）伽马射线化学源，它只放射 662keV 的伽马射线。此能级的伽马射线与物质作用主要是康普顿效应。在此作用中，伽马射线撞击原子外层一个电子，并使其脱离原子，同时伽马射线偏转而丢失部分能量。降低了能量的伽马射线将经受光电效应，即低能伽马射线穿过原子外壳层，撞击内部壳层上的一个电子，使其脱离原子并形成萤光 X 射线，而伽马射线被淹没。

图 10-1 是离放射源某一距离的探测器处一种典型的伽马射线能谱，在区域 B 的伽马射线（即超过 150keV 的伽马射线）只受康普顿散射的影响，接收到的伽马射线总数随能量减小而增加；而区域 A（低于 150keV 的伽马射线）因受光电吸收效应的影响，大大减少了这个区域的伽马射线数，伽马射线总数随能量减小而急剧下降。

1. 密度测量

介质体积密度变化会在伽马射线能谱曲线上引起明显变化。如图 10-2 所示，介质密度的变化将使记录的伽马射线能谱曲线沿纵坐标轴移动，说明一个给定的密度差（$\rho_2 - \rho_1$），对任何能量，所探测的伽马射线数量都导致一个相应的常数比 n_2/n_1；更说明，要确定介质密度，不必研究全部能量段，计数可限制在高能段而不必包含光电吸收段。

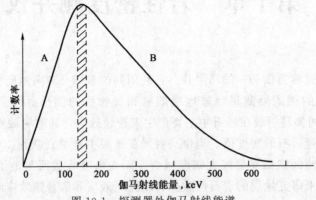

图 10-1　探测器处伽马射线能谱

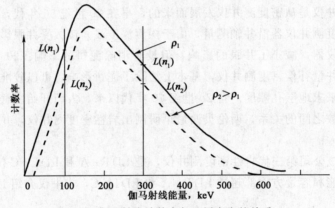

图 10-2　伽马射线计数率与地层密度的关系

上面提到，高能区发生的主要是康普顿散射，在离源 L 处伽马射线的强度应是：

$$I = I_0 e^{-\sigma L} \tag{10-1}$$

$$\sigma = \sigma_e \cdot n_e$$

$$n_e = \frac{N_A Z \rho_b}{A}$$

式中　I_0——由源进入吸收介质的辐射强度；

　　　I——探测器处的辐射强度；

　　　σ——康普顿吸收系数；

　　　σ_e——每个电子的康普顿散射截面，在 Er（0.25～2.5MeV）区间为常数；

　　　n_e——介质电子密度；

　　　N_A——阿伏伽德罗常数（一摩尔物质的原子个数）；

　　　ρ_b/A——每立方厘米物质摩尔数；

　　　Z——原子序数（原子中电子数）。

因 $n_e = N_A Z \rho_b / A$ 是对单元素物质而言的，而地层是包括多种元素的混合物，故公式应写成：

$$n_e = \rho_b N_A \sum_{i=1}^{n} \frac{Z_i}{A_i} \cdot P_i$$

式中 A_i——第 i 种元素的原子量；

$\quad\quad Z_i$——第 i 种元素的原子序数；

$\quad\quad P_i$——第 i 种元素在该物质中的质量百分数。

令 $\overline{Z}$ 为等效原子序数，$\overline{A}$ 为等效的相对原子质量。由于大多数元素的 Z/A 近似于 $1/2$，故 $\overline{Z}/\overline{A}$ 也近似为 $1/2$，故上式可写成：

$$n_e = N_0 \rho_b \cdot \frac{\alpha}{2}$$

式中，$\alpha = \dfrac{2\overline{Z}}{\overline{A}}$。对于含氢介质，$\alpha$ 稍超过 1，对于轻元素（$Z<16$）组成的岩石，α 近似为 1；对于重元素组成的岩石和矿物，$\alpha<1$。

由上式可知，介质中的电子密度 n_e 由乘积 $\rho_b \times \alpha$ 决定，称为电子密度指数，常用 ρ_e 表示。

表 10 - 1 列出了几种常见物质的体积密度、等效原子序数、等效原子量、α 和电子密度指数值。

表 10 - 1 常见物质的参数

物质名称	平均体积密度 ρ_b，g/cm^3	$\overline{Z}$	$\overline{A}$	α	电子密度指数 ρ_e
水	1.00	7.42	13.36	1.12	1.12
石膏	2.32	16.44	32.12	1.02	2.37
泥岩	2.10	13.07	26.10	1.00	2.10
砂岩	2.30	12.39	24.70	1.00	2.30
灰岩	2.75	15.13	30.26	1.00	2.75
白云岩	2.86	13.80	27.67	0.99	2.86
烟煤	1.30	6.92	13.38	1.04	1.35
花岗岩	2.78	13.64	27.60	0.98	2.72
重晶石	4.45	45.60	120.00	0.89	3.96

自表 10 - 1 可以看出，电子密度指数基本上是和介质体积密度一致的，因此，测伽马射线衰减后的强度，就有可能确定介质体积密度。

根据介质电子密度 n_e 公式，伽马射线的吸收方程可写为：

$$I = I_0 e^{-\frac{N_0 \sigma_e L}{2} \rho_b}$$

$$\ln I = \ln I_0 - \frac{N_0 \sigma_e L}{2} \rho_b$$

$$= \ln I_0 - \sigma_m L \rho_b$$

可以证明，可测伽马射线计数率与视源距的关系也具有上述形式，即为：

$$N = N_0 e^{-\sigma_m d_a \rho_b}$$

$$\ln N = \ln N_0 - \sigma_m \rho_b d_a \tag{10-2}$$

$$d_a = d - d_0$$

式中 N_0——源处计数率；

N——探测器处计数率；

σ_m——质量吸收系数（对一定能量的射线源，近似为常数）；

L——射线穿过介质的厚度；

d——源距；

d_0——零源距；

d_a——视源距。

实验和理论证明，计数率不仅与地层的密度有关，而且与源距有关。当源距很小时，介质的电子密度越大，仪器的计数率越高。随着源距的增大，虽然密度不变，但仪器的计数率却有所下降。当源距增大到某一数值时，仪器的计数率与介质的电子密度无关。这一特殊的源距定义为零源距 d_0。当源距大于零源距后，介质的电子密度增大，仪器计数率减小。但随着源距的增大，仪器分辨地层密度的灵敏度提高了。在岩性密度测井中，常用视源距 d_a 的概念，它是真源距 d 与零源距 d_0 的差。

对式（10-2），若设 $B = \ln N_0$，$M = \dfrac{d\ln N}{d\rho_b} = -\sigma_m d_a$（仪器灵敏度），就有：

$$\rho_b = \frac{1}{M}(\ln N - B) \tag{10-3}$$

若无泥饼影响，仪器贴井壁，应用式（10-3）就能确定地层密度。在有泥饼存在的条件下，用该公式确定的密度值不等于地层的真密度，称之为视密度，是地层体积密度 ρ_b 和泥饼视密度 $(\rho_{mc})_a$ 的函数。可看成是地层密度 ρ_b 和泥饼视密度 $(\rho_{mc})_a$（是因为泥饼中有重晶石存在而看成视密度）的加权平均值，即：

$$\rho_a = x(\rho_{mc})_a + (1-x)\rho_b$$

式中 x——泥饼影响因素。

当采用双源距探测器时，泥饼对二者所测视密度 $(\rho_a)_L$ 和 $(\rho_a)_S$ 的影响是不同的。若以 x_L 和 x_S 分别表示泥饼对长、短源距测量结果的泥饼影响系数，则应有：

$$(\rho_a)_L = x_L(\rho_{mc})_a + (1-x_L)\rho_b$$

$$(\rho_a)_S = x_S(\rho_{mc})_a + (1-x_S)\rho_b$$

消去 $(\rho_{mc})_a$ 可得：

$$\rho_b = (\rho_a)_L \frac{x_S}{x_S - x_L} - \frac{x_L}{x_S - x_L}(\rho_a)_S$$

$$= (\rho_a)_L + \frac{x_L}{x_S - x_L}[(\rho_a)_L - (\rho_a)_S]$$

令 $K = \dfrac{x_S - x_L}{x_L}$ ，则：

$$\rho_b = (\rho_a)_L + \frac{1}{K}[(\rho_a)_L - (\rho_a)_S] = (\rho_a)_L$$

$$\Delta\rho = \frac{1}{K}[(\rho_a)_L - (\rho_a)_S]$$

这表明，泥饼影响可用一个校正量 $\Delta\rho$ 来校正。地层体积密度可以用长源距测得的视密度加上校正值来求出。又因：

$$(\rho_a)_L = \frac{1}{M_L}(\ln N_L - B_L)$$

$$(\rho_a)_S = \frac{1}{M_S}(\ln N_S - B_S)$$

所以：

$$\rho_b = \frac{1}{M_L}(\ln N_L - B_L) + \frac{1}{K}\left[\frac{1}{M_L}(\ln N_L - B_L) - \frac{1}{M_S}(\ln N_S - B_S)\right] \qquad (10-4)$$

$$B_L = (\ln N_0)_L$$

$$B_S = (\ln N_0)_S$$

$$M_L = -\sigma_m(d_a)_L$$

$$M_S = -\sigma_m(d_a)_S$$

式中　M_L，M_S，B_L，B_S——仪器常数。

在泥饼不太厚、泥饼视密度和地层密度相差不大时，K 也可视为常数。这些都可在刻度时确定。因而只要测得了长、短源距探测器的计数率 N_L 和 N_S，就可求得地层的体积密度 ρ_b。

2. 岩性（P_e）测量

如前所述，伽马射线光电吸收效应主要发生在低能区（低于 150keV 范围）。图 10-3 表示地层密度相同而岩性不同（Z 不同）造成的低能区计效率的极大差异，且高能区计数率不变化。它说明了光电吸收截面 P_e 与物质的原子序数 Z 之间有密切关系。理论已证明，光电吸收截面 P_e 和物质原子序数 Z 之间有以下关系：

$$P_e = \left(\frac{Z}{K_e}\right)^m$$

在测井所用伽马源和地层所含元素的特定条件下，$K_e = 10$，$m = 3.6$，于是公式变成：

$$P_e = \left(\frac{Z}{10}\right)^{3.6}$$

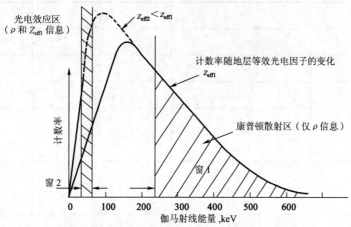

图 10-3　伽马射线计数率与地层有效原子序数的关系

通过对 P_e 测量，可求知 Z；知道 Z，就探知了物质组成的元素。

为求 P_e，来看长源距探测器上的计数率。若设伽马射线在介质中的平均行程为 d，则经康普顿散射的伽马光子数为：

$$N_D = N_0 e^{-\beta \rho d} \qquad (10-5)$$

式中 σ——康普顿散射衰减系数;

β——系数。

由于源到长源距探测器不是准直,而是经多次散射后折射到探测器的,故乘以系数 β。

再考虑光电效应,伽马光子数量应为:

$$N_L = N_0 e^{-\beta(\sigma+\tau)d} \qquad (10-6)$$

式中 τ——光电吸收系数。

将式(10-5)和式(10-6)两边取对数得:

$$\ln N_D = -\beta\sigma d + \ln N_0 \qquad (10-7)$$

$$\ln N_L = -\beta\sigma d - \beta\tau d + \ln N_0 \qquad (10-8)$$

将式(10-8)与式(10-7)相减,得:

$$\ln N_L - \ln N_D = -\beta\tau d \qquad (10-9)$$

而:

$$\tau = P_e \cdot n_e = P_e \cdot \frac{N_0 \rho_b Z}{A} \qquad (10-10)$$

将式(10-10)代入式(10-9),得:

$$P_e \rho_b = -\frac{A}{ZN_0 d\beta}(\ln N_L - \ln N_D) = E \ln(N_L/N_D)$$

式中 E——常数,$E \approx \dfrac{2}{N_0 \beta d}$。

令 $U = P_e \rho_b$,称为体积光电吸收系数。从表10-2可知,P_e 和 U 值对岩石性质相当灵敏,通过测 P_e 和 U,可以准确地判别岩性。

表 10-2 P_e 和 U 值

矿 物 名	P_e	ρ_b	U
石英	1.81	2.65	4.8
方解石	5.05	2.71	13.68
白云岩	3.14	2.37	8.99
硬石膏	5.08	2.96	15.02
盐岩	4.65	2.165	9.64
淡水	0.35	1.00	0.39
油气	$\leqslant 0.12$	<1	<0.12
盐水(200000mg/L)	1.2	1.146	1.48

二、仪器测量原理

1. 岩性密度测井仪极板

根据密度和岩性测量的物理原理,极板应该包含一个放射性源和两个不同源距的探测器，且要求直接与井壁接触。为此，设计了如图 10-4 所示的岩性密度测井仪极板。

极板所用的放射性源是 1.5Ci 的 ^{137}Cs 源，它以能量为 662keV 伽马射线照射地层。

在源的上方装着两个闪烁晶体光电倍增管探测器，一个离源较近（约 11.43cm），叫短源距探测器；一个离源较远（约 36.83cm），叫长源距探测器，其间隔都采用钨屏蔽。探测器都有专门窗口直接对着地层，只接受来自地层的伽马射线。其中也包含有自然伽马射线，但相对较少，可以忽略。由于长源距探测器探测到的伽马射线经受了较多次数的康普顿散射，伽马射线能量较低，故用 Be（$Z=4$）窗代替钢窗以抵抗钻井液压力，它的穿透性好，可直接对来自地层的每个射线曝光，便于记录低能射线。对短源距探测器，一则离源近，二来窗与源准直，接收到的伽马射线大部分只经受了散射次数较少的高能射线，故采用较薄的钢窗，但仍有一个不可忽略的屏蔽值。

每个探测器都附有高压电源和脉冲放大器。探测器按正比方式工作，输出脉冲幅度正比于记录的伽马射线能量。但也必须指出，这种计数器产生的输出脉冲还随探测器环境温度和供给光电倍增管的高压而变化；为保证正确的线性比例，必须采取稳峰措施。

2. 能窗

采用上述极板，在长源距探测器处的计数率同时取决于地层电子密度和等效原子序数 $\overline{Z}$，在短源距探测器处的计数率主要取决于地层的电子密度。因此，通过建立合适能窗，地面仪器可以从长源距计数率计算地层的体积密度 ρ_b 和有效光电吸收系数 P_{ef}，从短源距计数率计算视体积密度 ρ_{SS}。为实现这一目的，按长源距探测器测得的伽马射线能谱分为 3 个探测窗口：Lith 窗（43～79keV）、LL 窗（187～251keV）、LU_{12} 窗（251～536keV）[图 10-5 (a)]；短源距探测器分 2 个窗口：SS_1 窗（330～450keV）、SS_2 窗（150～330keV）[图 10-5（b）]。

1）地层体积密度的测定

已经证明，在探测器极板和地层间不存在泥饼和间隙条件下：

$$\rho_b = \rho_{LS} = \frac{1}{M_L}(\ln N_L - B_L) = \rho_0 + B \lg \frac{N_{w1}}{(N_{w1})}$$

式中，ρ_0 和（N_{w1}）是在给定的标准模块中校验时得到的值；B 是实验测定的；而 N_{w1} 应该是只和康普顿散射有关而对光电效应不灵敏的伽马射线计数率，所以应取 N_{LS}（理论上也可以短源距探测器的高能窗口计数率 N_{SS} 来计算）。

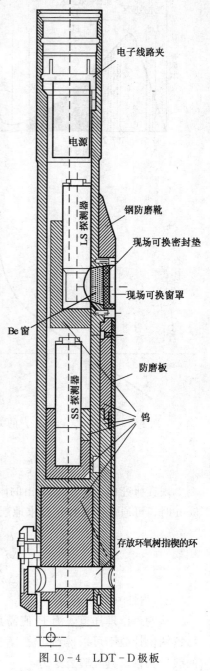

图 10-4　LDT-D 极板

电子线路夹

电源

LS 探测器

钢防磨靴

现场可换密封垫

现场可换窗罩

Be 窗

SS 探测器

防磨板

钨

存放环氧树指模的环

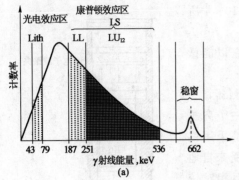
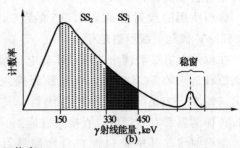

图 10-5　LDT 能窗

(a) 长源距窗；(b) 短源距窗

在极板和地层之间夹有物质时，即存在泥饼或钻井液间隙情况时，理论证明，必须引入校正项 $\Delta\rho$，达到 $\rho_b = \rho_{LS} + \Delta\rho$。理论和实验都证明，只要泥饼厚度或间隙的数值被限制，$\Delta\rho$ 只和 $\rho_{LS} - \rho_{SS}$ 有关，这种关系若用曲线表示，可见图 10-6。

不难分析，短源距探测器检测到的伽马射线能主要反映泥饼特性（若泥饼存在的话）。用 SS_1 和 SS_2 窗记录的伽马射线计数率算得 ρ_{SS_1} 和 ρ_{SS_2}。实验指出，按 $\rho_{LS} - \rho_{SS_1}$ 确定的校正项，对极板和地层 2.54cm 间隙有效，即：

图 10-6　$\Delta\rho$ 和 $(\rho_{LS} - \rho_{SS})$ 的关系

$$\rho_b = \rho_{LS} + \Delta\rho$$
$$\Delta\rho = \rho_{LS} - \rho_{SS_1}$$

现在研究由 $\rho_{SS_1} - \rho_{SS_2}$ 导出的附加校正项 $\Delta\rho'$。期望在无重晶石钻井液条件下，在间隔约 5cm 时，可通过两次校正来求地层密度：

$$\rho_b = \rho_{LS} + \Delta\rho + \Delta\rho' = \rho + \Delta\rho'$$
$$\Delta\rho' = \rho_{SS_1} - \rho_{SS_2}$$
$$\Delta\rho = \rho_{LS} - \rho_{SS_1}$$

2）岩性（P_e）测量

从物理原理知道，测 P_e 值需用长源距低能窗计数率 N_{Lith} 和长源距高能窗计数率 N_{LS}。由这两窗计数率可以得到比值 N_{Lith}/N_{LS}。通过大量实践发现，P_e 和 N_{Lith}/N_{LS} 之间存在较好的线性关系，其经验公式为：

$$P_e = \frac{K}{N_{Lith}/N_{LS} - B} - 0.41$$

式中，系数 K 和 B 需通过两点刻度获得，见图 10-7 中的曲线。为减少在计数率上统计变化的影响，LS 窗定得较宽，其最低界限考虑到钻井液中含高密度重晶石的情况。为计算精确，将 LS 分为两个窗：LL 和 LU_{12}。在标准钻井液条件下（无重晶石），利用 LS＝LL＋LU_{12} 窗；在钻井液内含重晶石时，用高能窗 LU_{12} 计数率。但要注意，在钻井液内含重晶石条件下计算 P_e 值没有意义。

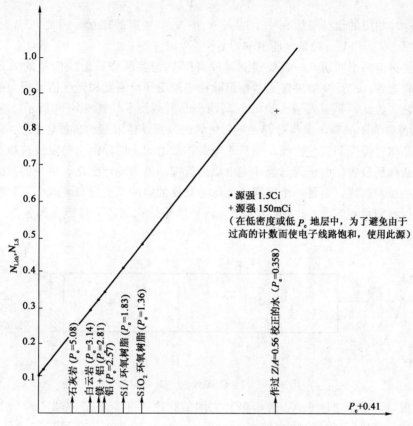

图 10 - 7 P_e 和 $N_{\text{Lith}}/N_{\text{LS}}$ 间关系曲线

3. 稳窗

由于闪烁晶体和光电倍增管组成的探测器属于比例器，使光电倍增管的输出脉冲高度和探测到的伽马射线能量直接有关。在建立了伽马射线能量和输出脉冲高度的精确关系后，就可由脉冲高度（幅度）来鉴别伽马射线的能量。

仪器是用脉冲高度和标准电位相比较来实现伽马射线能级鉴别的。标准电位用恒定电流流过串联电阻得到（图 10 - 8）。若有一脉冲，其幅度为 h，它与标准电位相比有如下关系：

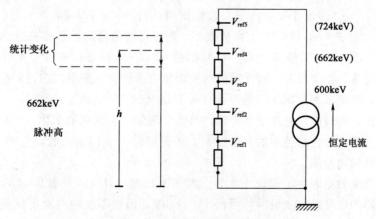

图 10 - 8   由标准电位所决定的能窗

$$V_{\text{ref3}} \leqslant h \leqslant V_{\text{ref4}}$$

意思是与该脉冲相应的伽马射线有一个落入 $N_3 \sim N_4 \text{keV}$ 窗的能量。因此，$V_{\text{ref3}} \sim V_{\text{ref4}}$ 确定的范围叫能窗，V_{ref3} 和 V_{ref4} 就是该能窗的边界。

这里还要讲清两个问题：一是要建立脉冲高度 V 与实际伽马射线能量的关系，使所有能窗建立正确边界；二是要解决探测器输出脉冲幅度随环境温度和光电倍增管上的高压变化而变化的问题。为此，要引入一个稳峰的高能伽马射线源。如图 10-9 所示，它是一个小的 ^{137}Cs 源（源强为 $1 \mu\text{Ci}$），源与对着光电倍增管的闪烁晶体末端相接触，放射 662keV 的伽马射线。由晶体直接探测这些射线，而从钨屏蔽体散射回来的低能伽马射线被稳定源和晶体之间的镉屏蔽体所吸收。由于闪烁晶体光电倍增管探测器的统计变化，单一能量的伽马射线不能产生单一脉冲高度，而是一个围绕主要脉冲高度的脉冲高斯分布。这个主要脉冲高度应与入射伽马射线能量相当。若以 1V 对应 100keV 能量的比例，不难建立起各能窗的边界电压（标准比较电压）。

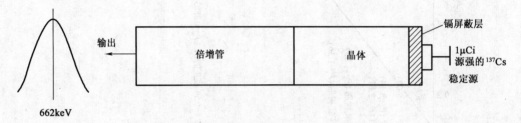

图 10-9 $1 \mu\text{Ci}$ 源强的 ^{137}Cs 稳定源

设两个窗口，窗 1 通过 6.0V 到 6.62V 之间的脉冲，窗 2 通过 6.62V 到 7.24V 之间的脉冲，那么两个窗口所通过的脉冲相当于 $600 \sim 662\text{keV}$ 和 $662 \sim 724\text{keV}$ 能量的伽马射线。假如光电倍增管上电压正确，增益达到设计要求，脉冲高峰正好对应伽马射线能量，662keV 稳定源在上面两个能窗中将形成等数量脉冲。假如所加高压太高，高斯分布中心将移向较高方向的能量窗，这样高能窗口比低能窗口造成较多的计数率。假如高压太低，将会产生相反的结果，详见图 10-10。若窗 1 内计数率为 N_1，窗 2 内的计数率为 N_2，则可定义形状因子 FF：

$$FF = \frac{N_1 - N_2}{N_1 + N_2}$$

若 $N_1 = N_2$，$FF = 0$，说明 HV（高压）数值正确；若 $N_1 > N_2$，$FF > 0$，说明 HV 数值太低；若 $N_1 < N_2$，$FF < 0$，说明 HV 数值太高。所以可将两窗的计数率信息 N_1 和 N_2 一起送入地面仪器，从而计算 FF 值并送入一个控制信号（CSU 指令）来调整加在光电倍增管上的高压大小。这样，在仪器下井时，虽然环境温度有所变化，但可以通过调整光电倍增管上的高压来补偿。因此，测井期间探测器会有每 1000ft 约 $15 \sim 20\text{V}$ 高压偏移。

从理论上讲，若较好地处理了脉冲的"堆叠"现象，又无别的干扰，双稳窗理论是正确的。但实际上低能窗口存在更多的附加计数，从而引起 HV 调整太低，它和 662keV（稳峰中心）相比稍微偏向左侧。

造成上述现象的原因在于背景计数率。测井源的伽马射线能级也是 662keV，经过地层散射，到探测器的伽马射线能量一般要低于 662keV，但也不能绝对肯定就是没有高能射线进入探测器。也就是说，在高能窗口内也会进入从地层来的高能伽马射线。对稳窗能谐来说，就是背景值，而且这个背景值从高能到低能有一个线性增高的趋势。实际上，这个附加

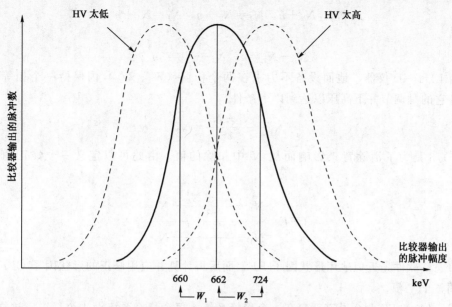

图 10-10 来自稳定源的脉冲能谱

背景计数可以看成是测量能谱上的线性高能尾巴，如图 10-11 所示。

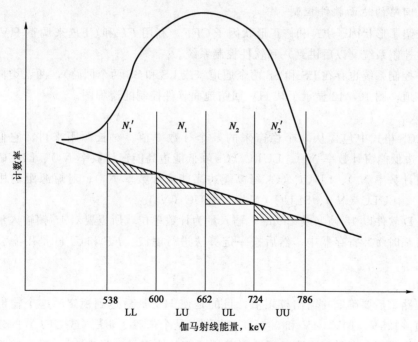

图 10-11 LDT-D 稳窗上的背景值

为有效地解决这个背景值的影响，在 NSC-E 内两个稳窗两边各加一个附加窗，形成四窗稳峰系统。四个窗的窗宽都是 62keV，四窗符号和相应的计数率分别表示如下：

$$\begin{bmatrix} W_1' & W_1 & W_2 & W_2' \\ N_1' & N_1 & N_2 & N_2' \end{bmatrix}$$

附加窗 W_1' 和 W_2' 是用来计算稳窗 W_1 和 W_2 内由背景引入的附加计数的。前面已经说过，这个附加背景计数实际上是测量能谱上的线性高能尾巴。从这点出发，背景计数从一个窗口到下一个窗口所通过的值是按相同的数（n）增加的，即：

$$N_2 = N_2' + n, \quad N_1 = N_2 + n, \quad N_1' = N_1 + n$$

或：

$$N_1 - N_2 = n, \quad N_1' - N_2' = 3n$$

因此，对 LDT-D 仪器，地面设备不力求在两个稳窗（W_1、W_2）内保持一个相等的计数率，代替它的是调节井下高压以达到以下条件：

$$N_1 - \frac{N_1' - N_2'}{3} = N_2$$

$(N' - N')/3$ 是为了消除背景影响而从 N_1 中扣除的值。由此可以定义一个修正的形状因子 CFF：

$$CFF = \frac{N_1 - \dfrac{N_1' - N_2'}{3} - N_2}{N_1 - \dfrac{N_1' - N_2'}{3} + N_2}$$

LDT-D 软件先近似地用形状因子 FF，而后再计算并应用修正的形状因子 CFF，以达到准确调整 HV 值。

显然，LS 和 SS 两个通道部存在一个稳峰系统，每个稳峰系统设 4 个稳窗，这样共有 8 个稳窗。加上 5 个能窗，总共引入 13 个窗口。

4. HV 回路的地面软件控制

上面介绍了形状因子 FF 和修正形状因子 CFF。利用 FF 和 CFF 来调整 HV 有两个系统，即硬件控制系统（以后讲到）和软件控制系统。

对软件控制系统也存在 LS 和 SS 两个通道（或 LS 和 SS 两个回路），两者类似，这里只叙述其中一道。图 10-12 显示了某 HV 回路地面软件控制的流程图。

1）输入

每帧 CCS 格式中包含从 8 个稳窗来的 8 个计数率值。对长源距来讲，它们是 LLLC（Cs 峰低能边低能窗计数率 N_1）、LULC（Cs 峰低能边高能窗计数率 N_2）、LLUC（Cs 峰高能边低能窗计数率 N_3）、LUUC（Cs 峰高能边高能窗计数率 N_4）；对短源距的相应数值是 SLLC（N_1）、SULC（N_2）、SLUC（N_3）、SUUC（N_4）。

LDT-D 软件以 15 帧（或 250ms）输入量为计数单位，所以要对 15 帧输入量进行对应相加并存入临时缓冲寄存器中，然后按一定算法进行滤波。FF 和 CFF 是用滤波后的 N_1、N_2 计算的。

2）输出

软件回路最后要确定并输出校正值，目的是使 HV 最后达到稳定。这个输出校正值可以是固定值（128V、10V、4V 和 0.5V），也可以是个依赖于 FF（或 CFF）的计算值。输出校正值是增量还是减量，取决于回路形状因子 FF 的符号。当 $FF > 0$ 时，校正量是个减量；若 $FF < 0$，校正量是个增量。因此，每次 HV 校正前，先要计算 FF 值。

HV 校正值先送到一个积分器，由积分器输出 12bit 的 HV 指令信号，编入 UDW 指令。它经由井下遥测线路送给下井仪器。这里系统的灵敏度是 HV 指令变化 ±1bit，相应 HV 校正值在积分器内的积累将变化 ±0.5V。此 HV 指令被送到井下仪器的 DAC（D/A 转换器），由 DAC 驱动光电倍增管 HV 直流回路。

3）软件回路说明

对图 10-12 所示软件控制流程进行以下说明：

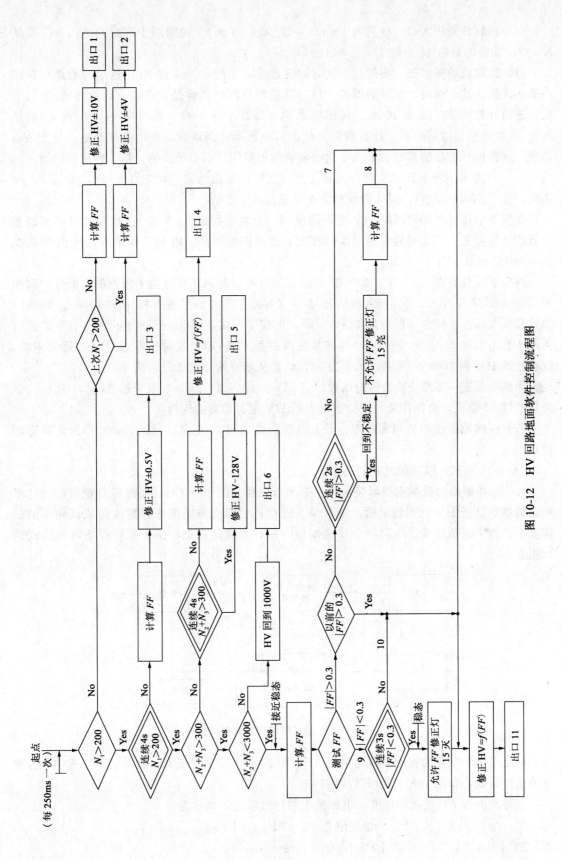

图 10-12 HV 回路地面软件控制流程图

（1）在软件流程入口，标有每 250ms 一次（或 15 帧），说明用于回路的 N_1、N_2 是从 N_1、N_2 获得的最后 15 个数值（15 帧）的和。

（2）带双线的菱形框，要经过一段时间延迟后，才指示 Yes 或 No。这里的意思是在回路第一次到达这一点时，某计数器置"1"。以后每当回路再经过这点时，计数器增加"1"，它将递增计数到 8、12 或 16 次（对回路来说，每 250ms 一次，就对应 2s、3s 或 4s 的延迟）。假如回路经过别的点，计数器就复位。若计数器计满该数，框内条件满足，分支 Yes 出现。这样设计的目的是减少突然变化或短暂的不稳定计数率的影响，是一种防护措施。

（3）回路 11（流程图垂直部分）是达到稳定时的标准回路（状态灯 15 灭，承认 FF 校正值，且 $|FF|<0.3$），而任何水平分支部是偏离稳态的。

在刚加电压并开始对回路 HV 进行调整时，设立了回路 1、2 和 3。这是针对需要调整的数值可能会较高，又要避免越过正确数值而造成摆动振荡，将 HV 校正步长从 10V 依次减小到 4V 和 0.5V。

再往下要检查在 $N_2+N_3>300$ 和 $N_2+N_3<300$ 时回路工作在假平衡点的可能性。假如 $N_1>200$ 而 $N_2+N_3<300$，持续时间超过 4s（可能在凹谷假平衡点），回路趋向 Cs 峰高能边且高压太高。这样它要以每步 128V 下降，出现了回路 5，并取回路校正后的 HV 值进行再调 I 整。假如 $N_2+N_3>2600$（可能是远离的假平衡点），这时想接近稳定点是无望的，就直接置 HV 到 1000V（即 12bit 全为 0），调整从新开始，这就是回路 6。

回路 9 是进一步按 FF 数值的函数校正 HV。当 $|FF|<0.3$ 至少达 3s 时，引入 CFF 且状态灯 15 熄灭，给操作员一个指示，表示 HV 现在非常接近稳定。

若有任何原因使 HV 偏离稳态，马上出现回路 7 和 8，2s 后，灯 15 亮，作为此状态的警告。

（4）FF 和 HV 修正值之间的关系

HV 稳峰回路的数据流程可表示为一个闭合回路（图 10-13），系统将是稳定的。这里所谓的稳定是指 HV 达到稳定后，一个瞬态骚动将引起衰减响应来代替或高或低频率的振荡发生。为实现负反馈，得到一个快速响应时间，并满足稳态标准，采用以下两种形式的校正。

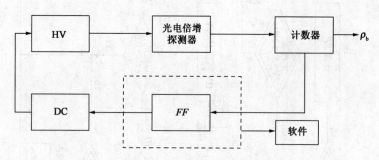

图 10-13　HV 稳峰回路数据流程

一是用一个变化的比例系数比例于 FF（图 10-14），即修正值 $I=\alpha \cdot FF$。式中 α 为变化的比例系数，即图 10-14 中的折线斜率。

二是比例于 FF 变化的速度，也称校正的导数形式，表示为：

$$修正值 II =\alpha（FF_{现时}-FF_{过去}）$$

若 $|FF|<0.25$，$\alpha=1$；若 $|FF|>0.25$，$\alpha=16$。

上面提到过，修正值Ⅰ将给出一个相反信号，但总的修正值取决于目前形状因子的符号：

若 $FF>0$，总修正值＝修正值Ⅰ＋修正值Ⅱ

若 $FF<0$，总修正值＝修正值Ⅰ－修正值Ⅱ

对以上做法可这样解释。若 FF 从 0 有轻微而缓慢的变化，只需一个小的修正值；若 FF 从 0 有一个轻微而快速的改变，就需要一个大的修正值，但此只是制止 FF 过快的增加，没有注意到可能产生振荡。

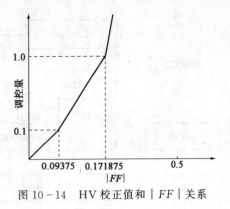

图 10-14 HV 校正值和 $|FF|$ 关系

第二节 LDT-D 井下仪器线路分析

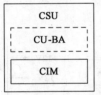

图 10-15 LDT-D 结构图

一、岩性密度测井仪 LDT-D 总框图

仪器外形结构如图 10-15 所示。仪器电路框图见图 10-16。

仪器总体由地面仪器、井下仪器和连接它们的 CCC 短节组成。

地面仪器由计算机中心 CSU 和计算机辅助单元 CAU-BA、电缆对接单元 CIM 组成。它按程序磁带指令，执行这样一些计算：

（1）地层体积密度和相应地层孔隙度 ϕ_D；

（2）地层等效光电因子；

（3）两个稳窗口路的控制信号；

（4）井径信号。

CCC 短节在 CSU 和 NSC-E/PGD-G 之间。它向上传输下井仪获得的数据，向下传输来自地面的指令。为此，它产生必要的时钟脉冲。井下仪器与 CCC 之间的通信是沿一条 CCS 总线进行的（3 条信号线＋1 条地线），每种井下仪器（这里是 LDT-D）有一个通用接口与总线连接。

LDT-D 井下仪器包括 PGD-G、NSC-E、和 DRS-C 等部分。

PGD-G 为探测器滑板（图 10-4）。前面已经说到，它包括两个闪烁晶体光电倍增管探测器，每个附有高压电源和脉冲放大器。探测器按正比方式工作，输出脉冲（幅度）正比于记录的

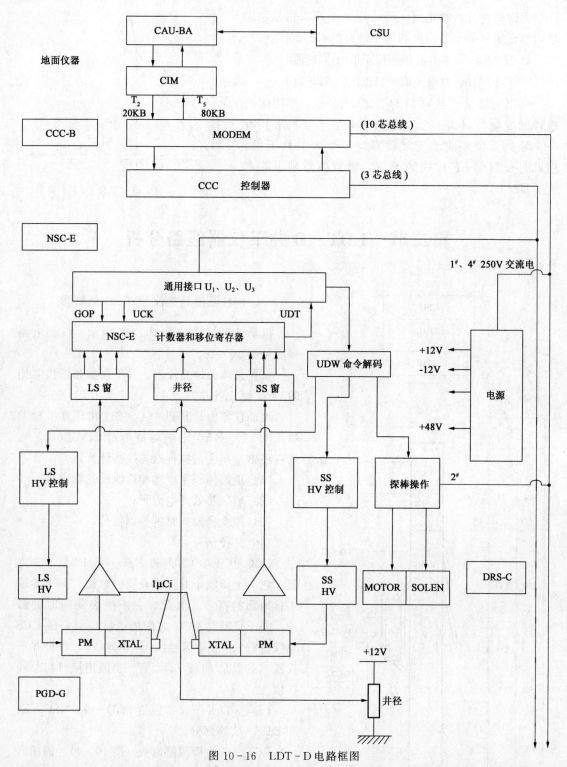

图 10-16　LDT-D电路框图

伽马射线能量。因此，光电倍增管上的高压电源由反馈回路控制，反馈回路通过变化电源电压来达到对于给定的伽马射线能量在温度变化下保持相同脉冲高度。

　　DRS-C探头包含各种连线，用来组合仪器和实现滑板到线路间的电连接，还包含必要的动力电路和液压—机械装置，以保证滑板和地层紧密接触。此探头还提供井径资料，井径仪电位器由来自线路板的12V直流电驱动。井径电位器提供的测量信号在NSC-E中转化数字量进入CCS帧格式，和核脉冲数字量一起被送到地面。

NSC-E由LS窗、SS窗、井径的A/D转换、计数器和移位寄存器、和总线连接的通用接口、用户指令译码单元、LS（SS）HV回路控制及电源系统等部分组成。下面进行详细介绍。

二、CCS总线和通用接口U_1、U_2和U_3

CCS总线连接井下仪器的接口U_1、U_2和U_3，通过它实现信号的正确传输，达到两者间电平和阻抗匹配。

1. CCS总线信号

1）下传信号（D Signal）

它是下传时钟DCK（20kHz）与下传数据指令D DATA（20Kb/s）相组合的32bit信号。关于DCK运载CCS数据指令D DATA方式显示于图10-17中。D Signal有+1.2V、0V和-1.2V三个电平，正电平载1，负电平载0。它经U_2译码成DCK和D DATA两种信号，并把电平提升到+12V。

D Signal按CCS下井帧格式转输，它包含BIW（基本指令字）和UDW（用户指令字），编排方式见图10-18。

50μs
+1.2V
D Signal
0V
-1.2V
input
12V
$\overline{DCK}$ (20kHz)
0V
output
12V
D DATA
0V
0
1
1
0
0
0
output

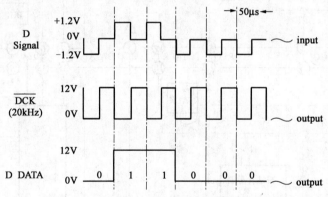

图10-17 下井信号关系

在BIW格式中，B_{15}～B_9为LDT-D地址；B_8置“1”禁止LDT-D数据发送，置“0”允许数据发送；B_7～B_0不用。

16位
16位
基本字指令（BIW）
用户字指令（UDW）
最高7位为下井仪地址
(a)
15 14 13 12 11 10 9 8 7 6 5 4 3 2 1 0
0 0 0 1 1 0 1 B8
LDT地址
(b)

图10-18 CCS下井帧格式及BIW指令格式

（a）CCS下井帧格式；（b）BIW指令格式

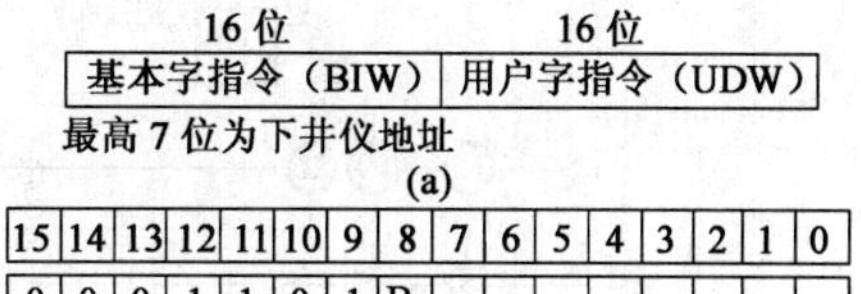

2）起动脉冲（GOP）

它是由CCS周期性地施加在总线上的方波信号，宽10 μs，高3.6V，标准周期60Hz。对井下数据的寄存和传输起到启动作用。它经U_3后电平提升到12V。

3）上行时钟（UCK）

它是一系列频率为80kHz、幅度为1.2V的方波信号，由CCS加载到总线。UCK将连续地从移位寄存器中带走由GOP存入的测量数据。它出现在GOP后面，长度严格对应必须提取的全部仪器串行数据位数量。在接口板内，其电平提到12V。

4）上行数据信号（UDATA）

它实际上是UCK从每个寄存器里连续带走的数据串。在接口板内，它的幅度是12V，到总线降到 1.2V。数据串按 CCS 上行帧格式排列。1 帧中共有 14 个数据字：5 个能窗计数字、4 个稳窗计数字、1 个井径计数字、2 个"死时间"字、2 个返回 HV 字数据（LS 和 SS 回路各一个）。详细介绍请看数据传输一节。

2. 通用接口 U_1、U_2 和 U_3

U_1、U_2 和 U_3 属于 DIL（双排混合式）电路。接口总体框图及其功能见图 10-19。U_2 和 U_3 是电平和阻抗适配器，解决总线信号电平低而接口电路电平高的矛盾和互相间的阻抗匹配。U_2 还对 D Signal 译码，获得 32 位 DCK 时钟和 32 位 D DATA 指令，并分别送向 U_1。U_2 内还设有 PUP（电源起动）脉冲发生器，专向井下仪器输送 PUP 信号。

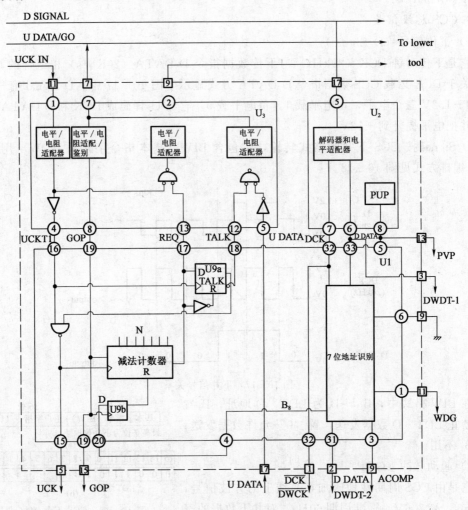

图 10-19 通用接口框图

U_1 的主要功能有：一是负责对 BIW 中 LDT-D 地址识别和 B_8 寄存（同时将 UDW 指令转入 UDW 指令译码单元）；二是和 U_3 一起完成对 UCK 和 U DATA 信号的转接。原理如下：

1）BIW 指令译码——地址识别和 B_8 寄存

接口 U_1（7 位地址识别）中和 UDW 译码器中各有一个 16 位移位寄存器，前后串接。在 U_2 来的 32 位 DCK 时钟作用下，32 位 D DATA 数据串行存入这两个寄存器。因 UDW 在先，故 UDW 译码器的寄存器存入 UDW 指令，U_1 中存入 BIW 指令。

7 位地址识别电路中除 16 位寄存器外，还有一个 A＝B 比较器，该比较器上端 A 与寄存器对应位相接，下端 B 接事先确定的 LDT－D 地址（7 位）信息。若 BIW 指令中地址码和事先确定的地址信息相同，即 A＝B，比较器就输出高电平；若 A≠B，即寻址不正确，比较器就输出低电平。为使 D DATA 数据存入寄存器过程中，禁止比较器工作，专门一个监控信号 WDG（由 $\overline{DCK}$ 触发的监控信号发生器产生）控制 A＝B 比较器。若 WDG 低电平，A＝B 比较器不工作；而当 WDG 为高电平时，比较器工作。WDG 信号由第一个 $\overline{DCK}$ 信号的下降沿触发下降（同时也使 ACOM 信号为低电平），直到最后一个（第 32 个）$\overline{DCK}$ 信号下降沿之后 125 μs 处回到高电平（125 μs 由相应延迟电路延迟产生）。所以 WDG 回高电平，必定 D DATA 信息寄存完毕。此时，若 A＝B，寻址正确，A＝B 比较器输出高电平，此信号将置 ACOM 信号为高电平（否则 ACOM 为低电平）、ACOM 信号上跳，一面实现对 B_8 寄存，并用 B_8 信息控制 U_1 的减法计数器工作，一面将成为 UDW 译码单元的重要控制信号（图 10－20）。

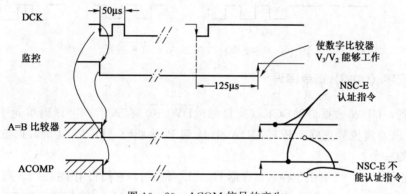

图 10－20　ACOM 信号的产生

2）U DATA 和 UCK 信号转接

U DATA 是 CCC 控制下借助于 GOP 和 UCK 信号发送的。UCK 信号服务于 LDT，也服务于其他井下仪器。当它被引向其他仪器时，UCK 不进入 LDT，也无 U DATA 产生，所以两者通道应禁止。当把它引入 LDT 时，必须切断它与其他仪器的连接，同时 LDT 产生 U DATA 数据串，需适时地引向总线传输到地面。接口 U_1 用了 UCK 减法计数器来完成上述的控制。

这个减法计数器受 B_8 信息控制：只要寄存的 B_8 是"1"，计数器保持复位状态，计数器输出端 REQ 为低电平。这样，UCK 时钟经 U_3 被引向其他仪器，而 LDT 上下数据不能传输。当 B_8 为"0"时，才能使 GOP 平行加载于减法计数器，使 REQ 为高电平。这样阻止 UCK 通过总线传向下面其他仪器而进入 LDT，紧接而来的 $UCKT_1$（即 UCK）使 U_{9a} 输出端 Q（TALK）上升，$\overline{Q}$ 端（$\overline{TALK}$）下降。TALK 高电平，让倒置的 $UCKT_1$ 作为 $\overline{UCK}$ 传到 NSC－E 移位寄存器，带出 U DATA 数据；$\overline{TALK}$ 低电平使 U DATA 通过 U_3 到达总线传输到地面。

当减法计数器计满加载数（应等于 16×14 个 UCK 脉冲），计数器走空，REQ 回到低电平（$U_{-12}\overline{CO}$），使 TALK 下降，$\overline{TALK}$ 上升，堵塞了 UCK 向下通道和 U DATA 向上通道，LDT 数据传输禁止。同时，UCK 传向别的井下仪器，用来传输其他 CCS 仪器的数据；REQ、TALK 和 $\overline{TALK}$ 波形关系见图 10－21。

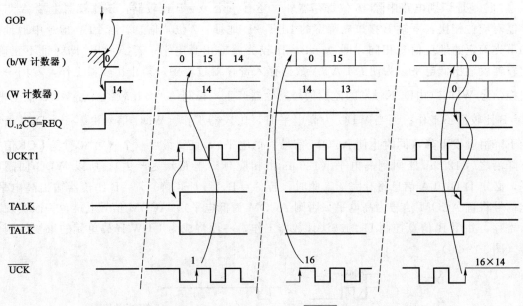

图 10-21 REQ、TALK 和 $\overline{\text{TALK}}$ 波形

三、用户字（UDW）指令译码

上面提到，UDW 数据借助 $\overline{\text{DCK}}$（这里标成 $\overline{\text{DWCK}}$）存入用户字译码单元 16 位寄存器 U_{20}/U_{19} 中。若奇偶校验正确，依靠 UDW 中 B_0 到 B_3 地址码，UDW 其余数据位将被存入 4 个锁存器中的一个：

假如地址是 0001，12 剩余位存入锁存器 U_{18}、U_{17} 和 U_{13}，它们将用来控制 LS 高压电源；

假如地址是 0010，12 剩余位将存入锁存器 U_{22}、U_{21} 和 U_{25}，将用来控制 SS 高压电源；

假如地址是 0011，B_4 和 B_5 被存入 U_{10}，它们允许在每个高压回路的硬件或软件控制之间选择；

假如地址是 0100，B_4 和 B_5 被存入 U_{11}，它们允许控制探棒电源。

1. 奇偶校验电路

CSU 总是送一个具有偶数奇偶性的下井指令，也就是 BIW+UDW 中，"1" 的数目总是偶数。奇偶校验将保证，只有当 UDW 指令是属于一个完整（32 位）而公认具有偶数奇偶性的指令的一部分时，才被寄存。奇偶校验电路和波形关系见图 10-22 和图 10-23。

图 10-22 中或非门 U_{5C} 脚 10（图 10-23 中的线 3）在 WDG 信号下跳时，有一个很窄的上跳，这是在 WDG 和它的延迟倒相信号都暂处低电平时发生的。类似的，与非门 U_{2C} 脚 10（图 10-23 中的线 6）对应每个 $\overline{\text{DWCK}}$ 信号（即 $\overline{\text{DCK}}$）上升沿也有窄的上跳。时序图显示，由 WDG 下降沿置 1（实为 $U_{5D}P_{10}$ 信号置 1）的 FFU_{4B} 输出（图 10-23 中的线 9），每当 DWDT-1（即 D DATA）数链出现 1 时，就变换状态。因此一个偶数奇偶性的 BIW+UDW 指令必将以高电平出现在 U_4 脚 13。

$U_{4B}P_{13}$ 起动与门 U_{6B}，若寻址正确，信号 ACOM 也将回到高电平，一个高电平加到与门 U_9 上（图 10-24），对应 UDW 数据部分的储存将按 B_0～B_3 地址码信息进行；若寻址不正确（ACOM 信号为低电平）或发现奇数奇偶性（$U_{4B}P_{13}$ 为低电平），都将阻止 UDW 数据

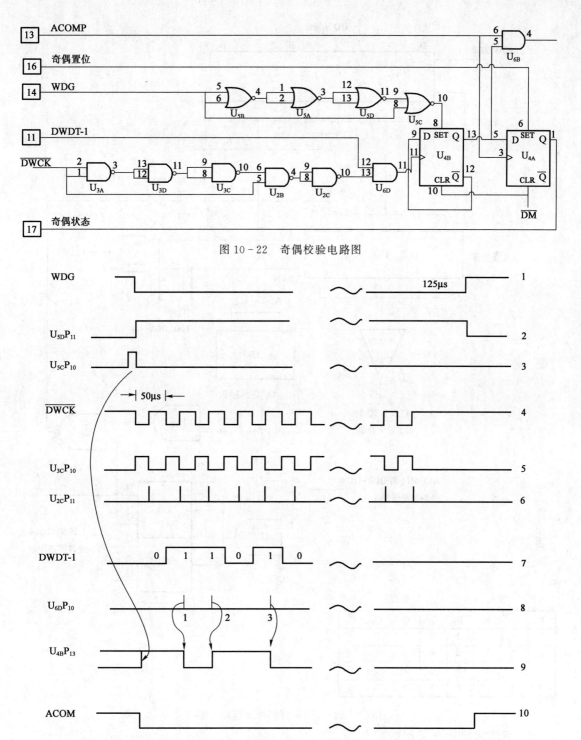

图 10-22 奇偶校验电路图

图 10-23 奇偶校验波形图

部分进入 4 个锁存器而不予考虑。

同时，一个"奇偶状态"位（$U_{4A}P_1$）信号被送向地面。它是以 CCS 上行帧格式中字 10 的 B_0 位来传输的。在"奇偶状态"信号存入移位寄存器不久，一个"奇偶置位"脉冲到达，使 U_{4A} 置位。这说明，发现奇偶性出错的指示（U_4P_1 为低电平），只传输一次。

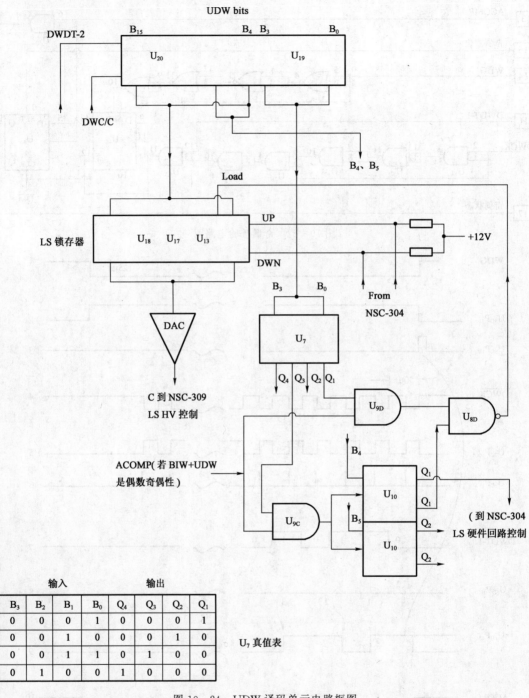

输入				输出			
B_3	B_2	B_1	B_0	Q_4	Q_3	Q_2	Q_1
0	0	0	1	0	0	0	1
0	0	1	0	0	0	1	0
0	0	1	1	0	1	0	0
0	1	0	0	1	0	0	0

U_7 真值表

图 10-24　UDW 译码单元电路框图

2. 高压回路的井下控制

高压回路在井下有两种控制系统：一是来自地面指令的全反馈系统，称为"软件回路控制"；另一是设在 NSC-E 内的"硬件回路控制"。

1）软件回路控制

经过地面软件操作，最后将高压修正值利用 UDW 数据字指令位，以每 125ms 一个送到井下仪器，由 UDW 译码单元的 U_{20}/U_{19} 接收寄存（图 10-24）。其中，LS 回路 HV 修正

值必须从 U_{20}/U_{19} 进入 U_{18}、U_{17}、U_{13}，而 SS 回路 HV 修正值应该进入 U_{22}、U_{21}、U_{25}（图 10-24 中未画出）。然后分别经过各自的 DAC 变成直流模拟量去控制高压修正。下面以 LS 通道为例叙述，同理，不难扩展到 SS 通道。

LS 锁存器 U_{18}、U_{17}、U_{13} 的加载脉冲是 ACOM 信号。ACOM 产生的条件前面提到有二：一是寻址正确；二是奇偶校验正确。除此之外，还要通过 U_{9D} 门和 U_{8D} 门。要通过 U_{9D}，必须 U_7 的 Q_1 为 1，即 UDW 之 $B_3 \sim B_0$ 地址码应为 0001，这由 UDW 指令决定；要通过 U_{8D}，必须 U_{10} 的 $\overline{Q_1}$ 为 1。实现此条件有两种可能：一是 NSC-E 电源刚接通，由 PUP 信号对 U_{10} 复位；二是预先送一个指令，使 U_7 的 Q_3 为高电平，还要让 B_4 置"0"。这样做的实质是给 LS 硬件回路加上一个禁止指令（U_{10} 的 Q 端以 0 出）。若上述条件具备，ACOM 脉冲加载到 U_{18}、U_{17}、U_{13} 上，使 UDW 指令的 12 数据位存入。

在 PUP 脉冲到来时，锁存器 U_{18}、U_{17}、U_{13} 清零，这样调整的相应高压值是 -1000V。

从上面分析可知，双触发器 U_{10} 是选用软件回路控制还是硬件回路控制的关键元件，上半个是控制 LS 通道的，下半个是控制 SS 通道的。而双触发器 U_{10} 是受 U_7 和 UDW 的 B_4、B_5 位控制的。同样还存在另一个双触发器 U_{11}，它们受控情况和 U_{10} 类同，它是控制探棒电源状态的。全部指令可综合于表 10-3 中。

表 10-3 UDW 指令及功能

15 （UDW指令） 5 4 3 2 1 0 高位 数据 低位 地址	功 能
×××××××××× 0 0 0 1	加载 LS 高压数据
×××××××××× 0 0 1 0	加载 SS 高压数据
———————— 0 1 0 0 1 0	B_4 为 1，LS 高压回路接向硬件控制； B_4 为 0，LS 高压回路接向软件控制
———————— 1 0 0 0 1 1	B_5 为 1，SS 高压回路接向硬件控制； B_5 为 0，SS 高压回路给出软件控制
———————— 1 1 0 0 1 1	该指令将启动 LS 和 SS 高压回路的硬件控制
———————— 0 0 0 1 0 0	该指令启动探棒电源并送合拢电动机
———————— 1 0 0 1 0 0	B_5 为 1，将探棒电源引向打开线圈
———————— 0 1 0 1 0 0	B_4 为 1，全部切断探棒电源

从 DAC 输出到转化成光电倍增管上的高压，以某一道为例，可简略示意于图 10-25。在 PGD 中有两个相同的负高压电源，一个光电倍增管上一个。每个电源都是由一个间歇振荡器和一个梯形电压倍增电路组合而成（图 10-26）。这个系统将保证梯形高压输出正比于加在振荡器上的直流低压。

板 NSC-309 的运算放大器 U_1 和缓冲晶体管 Q_1 给振荡器供电，并通过电阻 R_3 和 R_7 实现负反馈。U_1 的输入信号直接来自 UDW 译码单元的 DAC 输出，即 UDW 指令中高压数据所转换的高压模拟量。

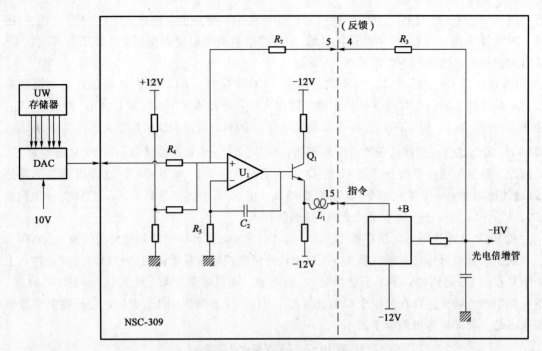

图 10-25　高压形成电路示意图

　　根据设计要求，加到光电倍增管上的高压值和 DAC 输出 e_{DAC} 近似有以下关系：

$$HV = -1700 - 230 e_{DAC}(V)$$

DAC 输出从 +5.4V（对应全是"1"的数字输入）到 -3.3V（对应全是"0"的数字输入）的变化；HV 用大致 0.5V/位的灵敏度，可以在 -3000V 到 -1000V 之间任意调整。

　　2）硬件回路控制

　　硬件回路控制的电路简图示于图 10-27。它直接利用四稳窗计数率 N_1、N_2、N_3、N_4 来达到稳压要求，即实现：

$$N_2 = N_3 + \frac{N_1 - N_4}{3}$$

或

$$\left(N_2 + \frac{N_4}{3} \right) - \left(N_3 + \frac{N_1}{3} \right) = 0$$

　　图 10-27 显示的电路直接使用 $(N_2 + N_4/3) - (N_3 + N_1/3)$ 来改变存入锁存器 U_{13}、U_{17}、U_{18} 的数字指令数值。这个数字指令将驱动 DAC 获得 e_{DAC} 数值。

　　电路首先要实现对计数率值 N_1 和 N_4 除以 3。电路让选通门关闭 2/3 时间，脉冲只在 1/3 时间里通过，所得的脉冲数必为原来的 1/3。这里借助于"约翰逊"计数器 U_{14}。信号源提供 100Hz 信号，通过"约翰逊"计数器后，输出周期仍为 10ms，但正方波宽度变为 3.3ms，为整个周期的 1/3，此信号加到两个与非门上，控制与非门 1/3 时间门打开，2/3 时间门关闭，就实现了上述设想。

　　此系统是不能把 HV 带入稳定范围的，硬件回路只能启动一次，而实际要达到稳定，要么靠软件控制，要么靠人工指令。

　　3. 探棒电源控制

　　探棒电源由 UDW 指令的 $B_5 \sim B_0$ 位控制，控制电路见图 10-28。

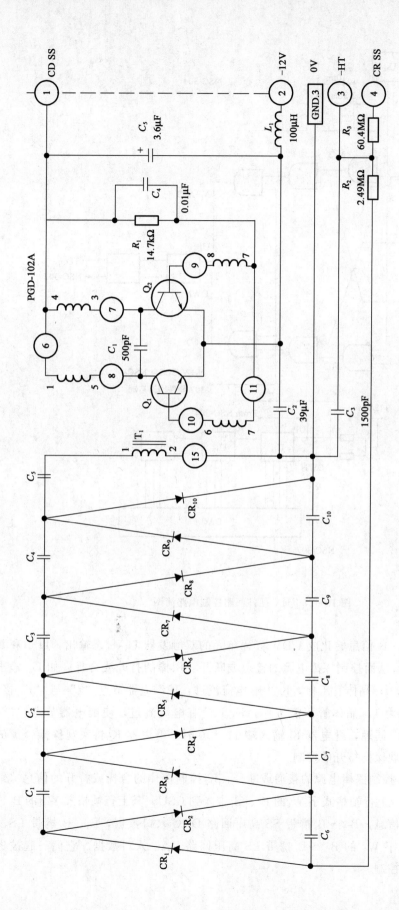

图 10-26 高压发生器

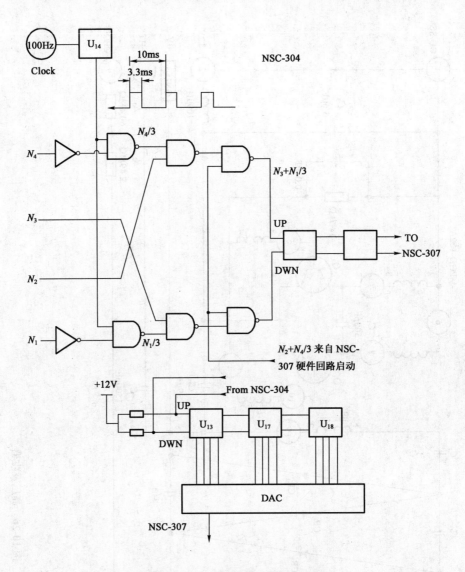

图 10 - 27　HV 硬件回路控制电路简图

UDW 指令的 $B_5 \sim B_0$ 信息转化成 UDW 译码单元的双触发器 U_{11} 状态输出，以 1 和 0 来控制继电器 K_1 和 K_2，从而控制探捧电源的接通或断开、探捧的打开或合拢。如 U_{11} 输出使继电器 K_1 输入端 7 为 0，晶体管工作，K_1 上有电流流过，使继电器节点 "7" 与 "5" 接触，电源接通；若输入端为 1，晶体管不能工作，K_1 上没有电流流过，使继电器节点 "7" 与 "1" 接触，电源切断。同理，继电器 K_2 输入端 11 为 0 时，继电器 K_2 将实现探棒合拢的控制；而为 1 时，将实现探棒打开的控制。

最后，继电器 K_1 控制探棒电源的接通或断开，K_2 控制探棒的合拢或打开的信息（继电器状态信息），由 CCS 上行帧格式字 W_4 的 B_0、B_1 带入到 CSU。其上行帧格式 W_{13} 的 B_0、B_1 位携带继电器的输入信息，$B_{15} \sim B_4$ 携带 SS 高压回路 DAC 入口数据，B_3、B_2 携带 LS、SS 硬件回路启动信息；字 W_{14} 的 $B_{15} \sim B_4$ 携带 LS 高压回路 DAC 入口数据。它们一起被送到 CSU，供地面分析、控制。

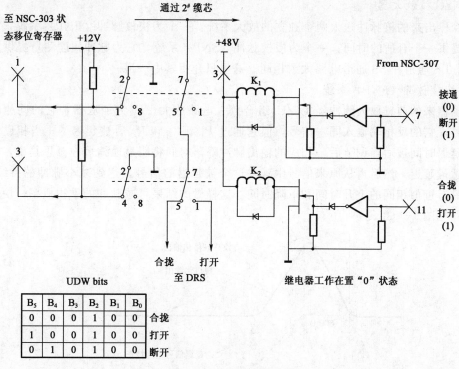

B$_5$	B$_4$	B$_3$	B$_2$	B$_1$	B$_0$	
0	0	0	1	0	0	合拢
1	0	0	1	0	0	打开
0	1	0	1	0	0	断开

UDW bits

图 10-28 探棒电源控制

四、核信号的放大和处理

1. PGD-G 放大器

高阻抗、低电平的光电倍增管输出的核信号要通过整个 DRS 探棒送到 NSC 中进行处理，必须预先适量放大。这里，它先被增益为 100 的 U$_1$ 放大器放大，再送入电流放大器 U$_2$ 放大，最后以 56.2Ω 的输出阻抗来匹配 NSC 放大器的输入阻抗（图 10-29）。

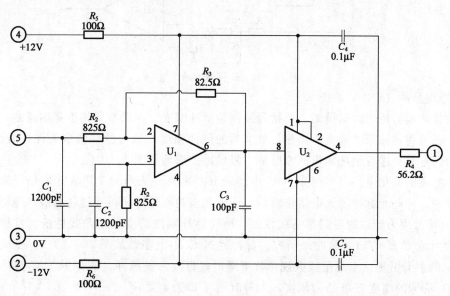

图 10-29 PGD-G 放大器电路

2. NSC 核放大器

从探棒出来的核脉冲送入两个独立的放大系统：一个为快核脉冲（FNP）系统，它为脉冲分辨提供一个合适的时间；一个为慢核脉冲（SNP）系统，它为脉冲幅度测量提供展宽了的脉冲。LS通道和SS通道电路大致相同。这里只介绍其中一道。

1）快核脉冲（FNP）系统

从探棒来的前置放大脉冲经 U_2/U_1 组合放大电路放大。U_2 为加法器，它的同相端输入探棒信号，它的反相端输入同一信号，但它通过 P_{10}、C_{27} 和 R_{26} 后被延迟了。当相反信号的幅度和延迟时间被适当调节后，相应的输出脉冲降落时间将明显地缩短。意思是说，将原来的信号适量延迟，然后再从原来信号中减去这个被延迟的信号，达到减小脉冲的持续时间，使脉冲具有近似相同的上升时间和下降时间。这样做的结果可减脉冲的堆积概率，快核脉冲产生电路见图 10 - 30。

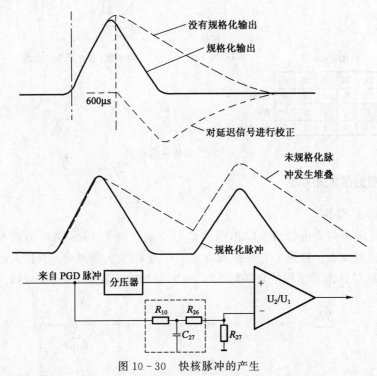

图 10 - 30　快核脉冲的产生

2）慢核脉冲（SNP）系统

若核脉冲幅值持续时间很短，要精确地测量脉冲幅度，在现有条件下是困难的。为解决此问题，必须将脉冲顶部展宽。当然，展宽后的脉冲幅度与输入脉冲幅度要保持线性关系。展宽后的信号就是进行幅度测量的慢脉冲。慢脉冲波形请见图 10 - 31。

脉冲展宽的简化电路可用图 10 - 32 电路表示。其中 e_p 表示一个进入光电倍增管的理想伽马光脉冲。一些光脉冲经光电倍增管后，变成相应的电脉冲，再经过各自线性电路，送入到 R_1C_1 电路。因为经过的电路都是线性的，所以脉冲幅度的变化也是线性的。这样就可以把 e_p 脉冲当成 C_1R_1 的输入脉冲来研究。脉冲经过 C_1R_1 电路，从图 10 - 33（a）变成图 10 - 33（b）。e_i 的上升沿理论上应是指数规律，下降沿接近实际核脉冲。假如 R_1、C_1 数值选择适当，e_i(b) 信号的幅度 E 就是 e_p 幅度，上升时间 T 即为 e_p 宽。

下面讨论放大器 U 的输出信号。这里是同相端输入，反馈电压从反相端输入，可视为

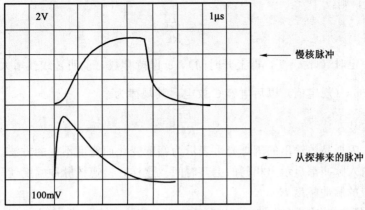

图 10-31　慢核脉冲（SNP）

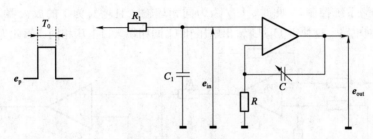

图 10-32　脉冲展宽电路

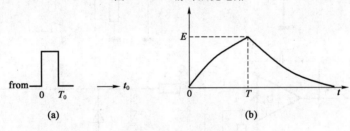

图 10-33　脉冲波形变换

差动输入形式，当环路闭合并假定放大器输入电流为零时，则有：

$$e_0 = A(e_{in} - e_{(-)})$$

令放大器增益 A 为任意大，就有：

$$e_{in} = e_{(-)}$$

在反馈回路中，电流强度是由于对电容 C 的充电引起的，它可以写成：

$$i = C\frac{d(e_0 - e_{(-)})}{dt} = C\frac{d(e_0 - e_{in})}{dt}$$

$$e_{in} = RC\frac{d(e_0 - e_{in})}{dt}$$

$$e_0 = e_{in} + \frac{1}{RC}\int_0^t e_{in}dt$$

考虑到 e_{in} 具有指数上升边：

$$e_{in} = E(1 - e^{-\frac{1}{R_1C_1}})$$

运放器 U 输出信号 e_0 的上升边应符合：

$$e_0 = E(1 - e^{-\frac{1}{R_1C_1}}) + \frac{1}{RC}\int_0^t E(1 - e^{-\frac{1}{R_1C_1}})dt$$

若使 $RC=R_1C_1$，则：

$$e_0=\frac{Et}{RC}$$

当 E 和 t 一定时（此 $t=T$，即上升时间），e_0 保持常数，说明 e_0 线性增大，增大到 $\frac{Et}{RC}$ 后出现平顶，约 3 μs（规定值）以后电容 C 放电，其规律为：

$$e_0=\frac{Et}{RC}\mathrm{e}^{-\frac{t}{R'C}}$$

应该指出，闪烁晶体输出的闪烁光可表示为幅度变化而宽度不变的方波，这是晶体的本性。所以所有输入脉冲都显示出相同的上升时间。这样，慢速核脉冲幅度就只取决于积分器 U 输入端的相应的脉冲幅度 E。

图 10-34 是实际脉冲展宽电路。可以分析，当无核脉冲输入时，开关 S_1 闭合，S_2 打开（此由快速核脉冲检测系统控制）。此时，U_4/U_3 为同相端输入且增益为 1 的放大器，而 $U_9 \sim U_7$ 和 U_4/U_3 连成负反馈电路。这使得 U_4/U_3 输出电压和 U_9 同相端入口电压相同，因此为 0V。

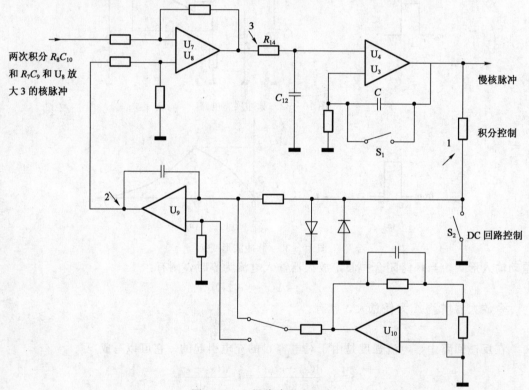

图 10-34　慢脉冲形成电路

图 10-34 中的放大器 U_{10} 用来补偿 U_9 在 195～205℃ 温度范围内 DC 偏置的漂移，U_{10} 和 U_9 是同种放大器都在 190℃ 左右开始漂移。U_{10} 无论是接向 U_9 的反相端还是同相端，U_9 都能得到漂移的一级补偿。

当 U_7 的反相端输入一个核脉冲时，因实际电路在 U_7 以前有两级 RC 电路，输入 U_7 的核信号相对于未延时的同一快脉冲要稍晚一些。这个快脉冲经过前面的 NSC-305 产生了控制积分器控制开关 S_1 和 DC 回路控制开关 S_2 的控制信号，结果使 S_1 打开、S_2 闭合，使积分器工作，DC 反馈回路切断。这样，输入 U_7 反相端的核信号被积分，得以上升到平顶，展宽而成慢核脉冲（SNP）。3 μs 以后，积分器控制信号变成低电平，S_1 闭合，释放掉积分电容上的电荷；再稍晚些时候，DC 控制信号也变成低电平，S_2 打开，恢复了 DC 回路控制。

DC 回路中的两个二极管用来排除可能进入 U_9 反相端的由快速开关 S_1、S_2 引起的尖锋干扰。

3. LS/SS 能窗比较器

核脉冲经过放大和整形后再接能量分类。前面已经讲述，只要设置一系列能窗，看它们落入哪个窗口，再对它们计数和传输就可。

图 10-35 简单地表示了按能量记录伽马射线的测量方法和它们计数、传输的流程。图

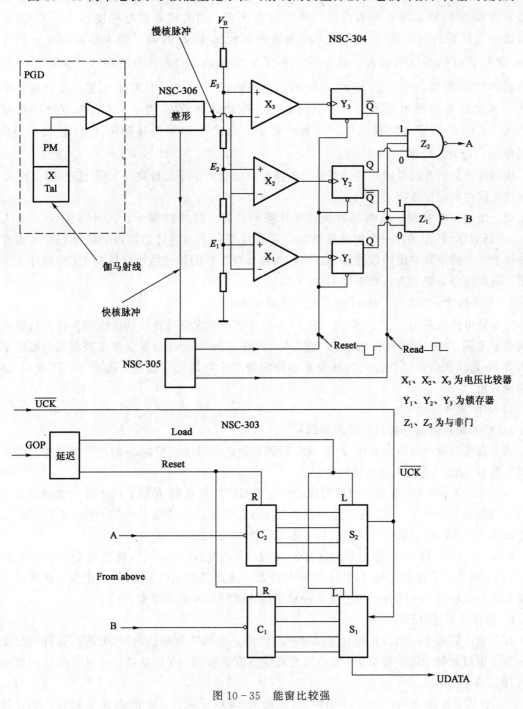

图 10-35　能窗比较强

中只表示了 2 窗系统，但不难推广到实际的 6 窗或 7 窗系统。能窗系统实际上是一组比较器，其鉴别电平（或称门槛电平）是由 B 点的电压及一组电阻值确定的。当不存在输入脉冲时，比较器 $X_1 \sim X_2$ 全部输出高电平，当前面整形电路输出的信号（SNP）幅度在 E_2 和 E_3 之间，在脉冲到达它的峰值时，X_1 和 X_2 的输出端将是低电平，而 X_3 的输出端仍然是高电平。当 X_1 和 X_2 输出端从高电平变到低电平时，就引起锁存器 Y_1 和 Y_2 的输出端 Q 变成高电平，而输出端 $\overline{Q}$ 为低电平。而 Y_3 的输出端仍保持着脉冲到达之前的状态，因为 X_3 的输出端还没有改变它的高电平状态。随着输入脉冲幅度减小，X_1 和 X_2 的输出端返回到高电平状态。所产生的读脉冲加到 Z_1 和 Z_2 的第三输入端，Z_1 有一个来自 Y_1 输出端 Q 的高电平输入，还有一个来自 Y_2 的输出端 $\overline{Q}$ 的低电平输入，因此不产生输出脉冲。而 Z_2 有一个来自 Y_2 的 Q 端的高电平输入，又有一个来自 Y_3 的 $\overline{Q}$ 端的高电平输入，因此在 Z_2 的输出端产生一个负的脉冲，推动计数器 C_2 增 1。这表明该脉冲幅度落入 E_2 与 E_3 所确定的能窗之中。读脉冲之后，所产生的复位脉冲使 $Y_1 \sim Y_3$ 复位（Q 为低电平，$\overline{Q}$ 为高电平）。

用同样的分析方法可以断定，若整形电路输出的脉冲信号幅度高于 E_1 而低于 E_2，则 Z_1 就输出负脉冲推动计数器 C_1 加 1。

用上面的方法实现了按伽马射线能量计数的目的。脉冲被累计计入计数器（C_1 或 C_2 等），直到 GOP 脉冲到，一个加载脉冲加载于移位寄存器，将计数器内的数平行存入寄存器，接着一个清零脉冲使计数器清零。而存入移位寄存器的脉冲数由连续的 UCK 脉冲依次置走，直到走空，形成上行数据串 UDATA。

4. 定时脉冲、"堆叠"检测和"死"时间测量

这部分电路见图 10-36、图 10-37，LS 道和 SS 道是相同的，只是检测快脉冲的最低门槛电平不同。LS 道大约是 40keV，而 SS 大致在 60keV。SS 通道选择比较高的门槛电平是因为 SS 通道无低能岩性窗，为减少不必要的噪声而将最低门槛电平提高些。下面以 LS 道为例分析。

1）定时脉冲形成

a. DC 回路控制信号和积分器控制信号

前面在慢核脉冲形成电路中提到，DC 回路控制信号是用来控制 S_2 的，积分器控制信号是用来控制 S_1 的，它们来自快核脉冲。

从图 10-36 中可以看到，当所形成的快速核脉冲幅度达到 40keV 以上时，就触发低门槛电平的快速比较器 U_9。U_9 输出使锁存器 U_{1A}/U_{1D} 置位，它的输出经 U_{7B} 选通和 U_{4C} 缓冲，就形成了 DC 回路控制信号（见定时信号图 10-37 中的线 1~5 波形）。

同时，U_{1A}/U_{1D} 输出信号上升沿触发 3 μs 的单稳态电路 U_{5A}，U_{5A} 输出端 Q（端 13）经 U_{4D} 倒相，形成积分控制信号（图 10-37 中的 7）。意思是给出 3 μs 时间，让慢速核脉冲造成平顶；3 μs 以后，S_1 闭合，积分电容释放电荷，慢核脉冲平顶结束。

b. 读脉冲和复位脉冲

在能窗比较器中提到读脉冲和复位脉冲的作用：读脉冲与非门（2）的不同条件，只让某一特定窗口的脉冲计数器加 1；复位脉冲将使所有锁存器（Y）复位。可见复位脉冲要比读脉冲晚些时间出现。

U_{5A} 给出了 3 μs 方波，当 3 μs 结束，U_{5A} 的脚 13 电平降低，它既表示 S_1 闭合，积分器

放电开始，同时又启动 0.5 μs 的单稳电路 U_{5B}。此时若禁止脉冲是高电平，就产生一个读脉冲信号输至能窗比较器电路，读下慢核脉冲幅度。

从图 10-38 中 U_{3A} 输入端看出，要产生一个复位脉冲，必须具备以下 4 个条件：

(1) FNP 应降回到 40keV 以下（SS 道应是 60keV），图 10-37 中的线 3（信号 A）回到高电平；

(2) SNP 应降到 44keV 以下（SS 道应是 66keV），图 10-37 中的线 11（信号 B）回到高电平；

(3) 读脉冲必须已到，即图 10-37 中的线 13（信号 D）回到高电平；

(4) U_{3A} 脚 4 输入，也就是图 10-37 中的线 8（信号 C）必须回到高电平。信号 C 的后沿对应 3 μs 信号后沿，且按积分指数上升，这保证了复位脉冲总是在读脉冲之后到来。

复位脉冲使快核脉冲（FNP）锁存器 U_1 复位，从而导致 DC 回路控制信号回到低电平。

当仪器加电压时，DC 回路可能堵塞，S_2 闭合，使 SNP 比较器（图 10-37 中的线 11 之信号 B）输出将锁定在 0V，没有复位脉冲产生。为此，这里设置一个 U_2，是 12ms 重复单稳触发电路，它在每个 SNP 被检测时被激发。故在一般情况下，U_2 输出端 6 总是高电平，而在 DC 回路闩锁情况下，端 6 将最终会降低到低电平而迫使 DC 回路控制信号降低，使 S_2 打开。

2）堆叠检测

由上述可知，探测到一个 40keV 以上的核脉冲约需 3 μs。由于伽马射线的随机性，可能在 3 μs 内连续出现两个以上脉冲。因为脉冲靠得很近，将产生堆叠现象，其结果将加高脉冲幅度，破坏以脉冲幅度代表伽马射线能量的比例关系。因此必须检测堆叠现象，并设法禁止。

堆叠检测的目的是在寻找一种可能，即在上面所说的时间间隔内，当显示出两个脉冲时，读脉冲被禁止，不记录堆叠的脉冲。接着，确认无核脉冲后，也就是图 10-39 的信号 A、B、C 和 D 都回高电平时，复位脉冲产生，使能窗比较器的触发器系统（Y）复位，消除堆叠信息。

堆叠检测系统的电路请参见图 10-36，堆叠检测系统的工作时序关系如图 10-39 所示。

从图 10-36 可知，堆叠检测系统主要依靠三个附加的快速比较器（U_9/U_{14}）、两个 D 触发器（U_{1A}/U_{1D}）和一个锁存器（U_{1C}/U_{1B}）（图 10-38）。三个比较器的比较电平分别为 135keV、270keV 和 405keV，它们与相应的 FNP 比较，其检测原理如下：

图 10-36 中 U_{1A} 和 U_{1D} 为两个 D 触发器，U_{1A} 和 U_{1D} 的四个 $\overline{Q}$ 端接到二级与非门 U_{12}，U_{12} 输出控制单稳电路 U_{5A} 和 U_{5B}。由此可见，只有 U_{1A} 和 U_{1D} 的四个 $\overline{Q}$ 输出端都是高电平时，U_{12} 之 1 端输出高电平，U_{5A} 与 U_{5B} 工作正常。

U_{1A} 和 U_{1D} 的状态受置位端（P_{10}、P_4）和输入信号控制。它的置位端经 U_{13} 由 U_{1C}/U_{1B} 锁存器的 Q 端控制，而 U_{1C}/U_{1B} 由 SNP 最低能窗比较器（44keV 或 66keV）输出信号触发。这样，U_{1D} 和 U_{1A} 最初保持复位状态（四个 $\overline{Q}$ 端都为高电平），一直持续到某 SNP 上升到 44keV（或 66keV）以上为止，在 SNP 上升到 44keV 以前，同一信号的 FNP 可能触发比较器（U_9/U_{14}），由于此刻 U_{1A}、U_{1D} 处复位状态，所以不被触发。

为保证这一条件，在 SNP 积分器前引入三个 *RC* 延时电路，使 SNP 较同一信号的 FNP 延迟一段时间。同时，还引入六个反相器 U_{13}，以获得更多的延迟，来阻止触发器 U_{10}/U_{11} 启动（图 10-39 中的线 10、11 和 12 信号）。

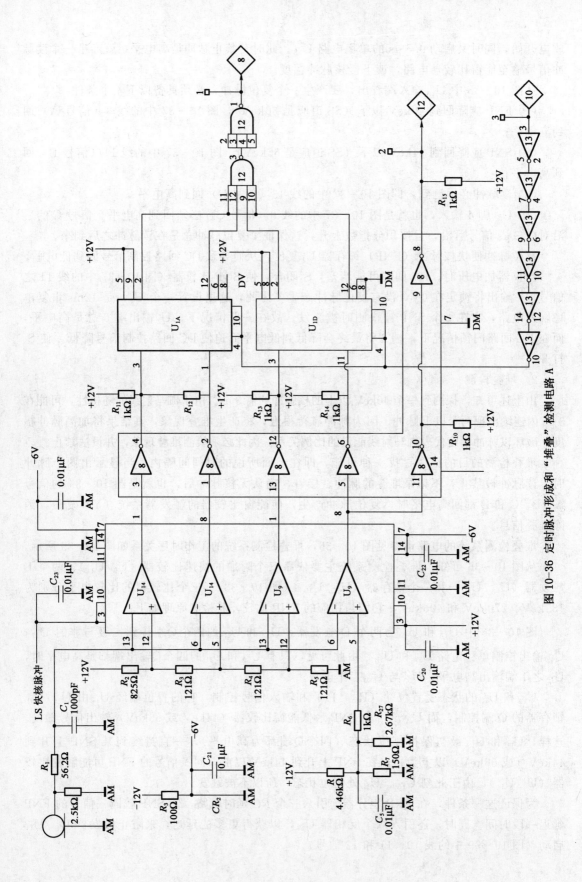

图 10-36 定时脉冲形成和 "堆叠" 检测电路 A

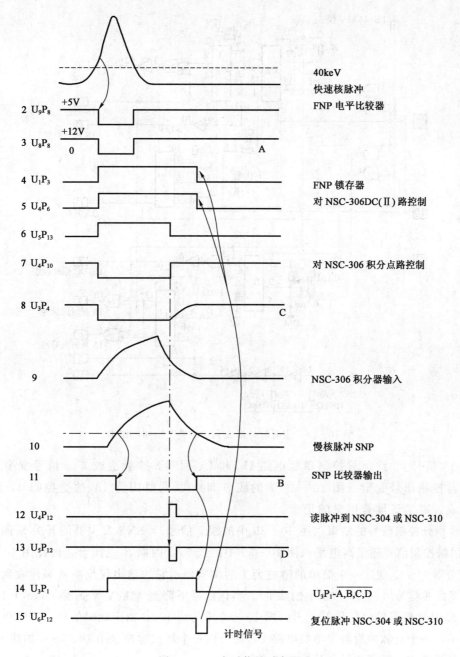

			40keV
			快速核脉冲
2 U_9P_8	+5V		FNP 电平比较器
3 U_8P_8	+12V	A	
	0		
4 U_1P_3			FNP 锁存器
5 U_4P_6			对 NSC-306DC(II) 路控制
6 U_5P_{13}			
7 U_4P_{10}			对 NSC-306 积分点路控制
8 U_3P_4		C	
9			NSC-306 积分器输入
10			慢核脉冲 SNP
11		B	SNP 比较器输出
12 U_4P_{12}			读脉冲到 NSC-304 或 NSC-310
13 U_5P_{12}		D	
14 U_3P_1			$U_3P_1\text{-}A,\overline{B,C,D}$
15 U_6P_{12}		计时信号	复位脉冲 NSC-304 或 NSC-310

图 10-37 定时信号时序图

当一个 FNP 触发了低电平比较器 U_9 之后，产生 DC 回路控制信号（图 10-39 中的线 5）和积分器控制信号（图 10-39 中的线 7），SNP 信号开始上升（图 10-39 中的线 9）。在无堆叠情况下，工作正常；3 μs 以后将相继出现读脉冲和复位脉冲，实现对核脉冲幅度的记录。

在堆叠出现时，图 10-39 中的线 1 表现为幅度的再次上升，在此位置，270keV 比较器再次被触发，造成 U_8P_2 信号的再次上升（图 10-39 中的线 4 信号）。此上升沿触发 U_{11}（此时复位已退出），$\overline{Q}_{12}$ 输出低电平，它控制与非门 U_{12} 输出低电平（图 10-39

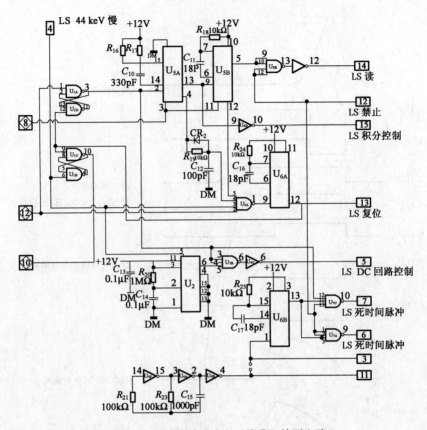

图 10-38　定时脉冲形成和"堆叠"检测电路 B

中的线 13 信号）。此信号控制单稳电路 U_{5A} 和 U_{5B} 回零，这就造成 3 μs 信号变窄，也就是积分器控制信号变窄（图 10-39 中的线 6 和 7）。同时因为 U_{5B} 的受控归 0，读脉冲不能形成，取消了堆叠信息的记录。

随着积分控制信号的结束（图 10-39 中的线 7 信号），SNP 发生器的开关 S_1 闭合。此时 DC 回路控制信号还是高电平（图 10-39 中的线 5），因而 S_2 也闭合。因此图 10-34 的 SNP 积分器 U_4/U_3 变成一个简单的增益为 1 的倒向器，它的输出仅反映从探棒收到的完整而延迟了的核信号（图 10-39 中的线 9）。当该信号下降到 44keV（SS 是 66kev）以下时，低电平 SNP 比较器输出信号 B 上升（图 10-39 中的线 10）。由于此时信号 A、C 和 D 已经是高电平，一个负脉冲沿触发单稳电路 U_{6A} 而产生一个复位脉冲（图 10-39 中的线 16），它重新开启了通道的幅度测量和计数电路。

由上述可知，堆叠检测系统防止了错误幅度测量的发生，但通过阻止复位脉冲的出现，产生了一个不可忽视的死时间数值。

3）死时间测量

当一个 SNP 被检测到产生复位脉冲时，在这段时间内不可能对其他核脉冲进行测量记录，此为死时间。为测量死时间，仪器设计了死时间时钟发生器（U_{4F}/U_{4A}）。它是 3500Hz 的方波发生器，时钟输出信号下降沿触发一个 500ns 的单稳电路 U_{6B}（图 10-38 的右下方），单稳 U_{6B} 输出通过两个与非门 U_{7C} 和 U_{7A} 接向两个计数器，U_{7A} 受禁止脉冲控制，U_{7C} 除禁止脉冲外还受 SNP 锁存器 U_{1A}/U_{1D} 输出端的控制。因此，当提供

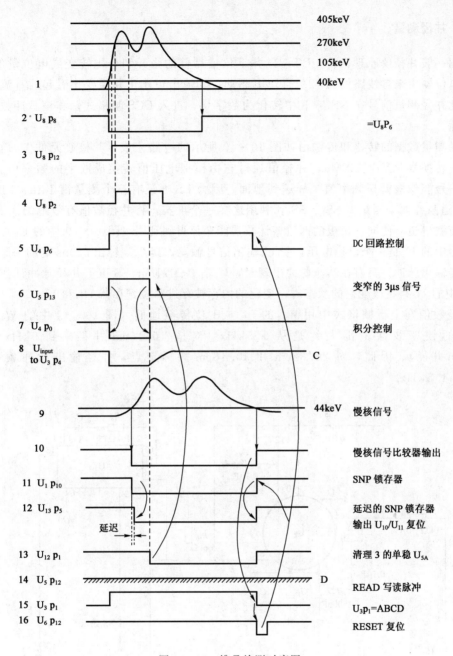

图 10-39　堆叠检测时序图

的禁止信号是高电平时（它只在每个 GOP 加载于移位寄存器 500ns 时处低电平），接 U_{7A} 的计数器直接对 U_{6B} 输出计数，为死时间时钟计数，而接 U_{7C} 的计数器针对 SNP 锁存器 U_{1A}/U_{1D} 是高电平时增加计数，也就是从 SNP 被检测到产生复位脉冲为止的时间内对 U_{6B} 输出计数，为死时间脉冲计数。

在地面，软件利用"死时间脉冲计数/死时间时钟计数"的比值来估算平均死时间百分数。例如，死时间时钟计数是 3500/s，而死时间脉冲计数是 1000/s，则死时间百分数是 $(1000/3500) \times 100\% = 28.6\%$。以后用这数字来校正通道测量的计数率。

五、井径测量

根据一般井径仪原理，将 LDT－D 井下仪推靠臂的张开和合拢转变成电位量的变化。井径仪电位器由来自线路板的 12V 直流电驱动，其输出正比于井径变化引起的直流电压变化量。此井径测量信号在 NSC－E 中转化为数字量，进入 CCS 帧格式，和核脉冲数一起被送到地面。

井径测量数据的转化和传输由如图 10－40 所示的电路完成。其核心元件 U_2 是一个电压—频率转换器（VFC32SM），井径值通过它由模拟电压值转换成数字的频率值。这样，使井径信号能像核窗口频率值一样送到地面。因为 LS 通道有三个测量窗 Lith、LL、LU；而 SS 通道只有两个测量窗 SS_1、SS_2。利用这样一个事实，将井径数值有效地编入 SS 通道的第三窗测量道，使同一块板的两道核计数器能全部得到利用（图 10－41 中的 U_8）。

电路中的 U_3 是一个单稳电压，受 U_2 输出信号触发，其 Q 端输出 500ns 宽的窄脉冲信号作为井径输出脉冲。只有在禁止脉冲出现时，U_3 清 0，以防止 SS 道上井径脉冲计数器（图 10－41 中的 U_8）在改变它的状态时，变化的内存被存进移位寄存器 U_{10} 和 U_7。

井径数值在上行帧格式中用 W_{12} 的 $B_{15} \sim B_4$ 位传至地面（图 10－42 中的 W_{12}）。井径数值的频率线性范围大约是从 1.5kHz（对应 10.16cm 井径）到 9kHz（对应 60.96cm 井径）。因此，对 20.32cm 和 30.48cm 的标定点，井径输出脉冲频率将是 3kHz 和 4.5kHz。

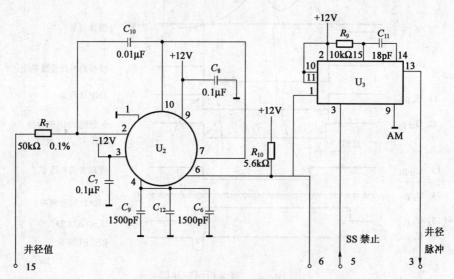

图 10－40　井径电压—频率转换器

六、脉冲计数与脉冲计数率的传输

LS 通道和 SS 通道在脉冲计数、脉冲计数率传输方面使用相同线路，其线路见图 10－41。它由 n 个 8 位和 12 位计数器（相当于图 10－35 中的计数器 C）及 8 位移位寄存器（相当于图 10－35 中的 S 寄存器）组成，此板直接从不同的能窗提取计数率，并使它们编入适合 CCS 传输的格式。NSC－E 的 CCS 帧格式显示于图 10－42。从格式编排中可知，它的前 3 个 CCS 字分成 8 位一段，能这样做的原因是编在这里的回路计效率和死时间计数比较低，有 8 位容量就足够了。对密度窗，用 12 位的计数器。能为 12 位计数器和 15Hz CCC - AB 遥测器接受的最大计数率，在 $\frac{1}{15}$s 内是 4095，即 61245/s。

传输完一组 LS 探测器信息后，紧接着的是一组 SS 探测器信息，帧格式的最后两个字是到达两个高压回路 DAC 入口处的 LS 高压值和 SS 高压值。因密度窗数据和高压数据只由 12 位组成，而 CCS 字有 16 位，存在 4 个空余位，这些空余位或者被用来向上传输固定位模型，以核实所有移位寄存器是否准确工作；或用来向上输送探棒继电器的不同状态位 A~G（图 10 - 42）。状态位是 0 还是 1，按如下状态对应。

W_4 的 B_0、B_1（即 B、A 位）表示探棒继电器状态，状态位显示了两个继电器的实际位置：

状　态	A B
合拢/接通	0 0
合拢/断开	0 1
打开/接通	1 0
打开/断开	1 1

W_{10} 的 B_0（C 位）表示奇偶状态：

　　0——错误奇偶

　　1——正确奇偶

W_{13} 中 4 个状态位 B_0、B_1、B_2、B_3（G、F、E、D 位）用来控制 LS 和 SS 硬件回路的启动或堵塞，以及显示探棒继电器指令是否正确到达：

D	1	LS 硬件回路启动
	0	LS 硬件回路堵塞
E	1	SS 硬件回路启动
	0	SS 硬件回路堵塞
F	1	给继电器送打开指令
	0	给继电器送合拢指令
G	1	给继电器送电源断开指令
	0	给继电器送电源接通指令

能窗计数率传输方式可参考图 10 - 43。当能窗脉冲数到达计数器入口时，首先计数器置 0；接着，在 GOP 之间的对应时间内，计数器计数；第三步是计数器内数值靠加载脉冲存入移位寄存器；第四步是计数器复位（置 0），并开始又一次计数；第五步是移位寄存器内的数据借助 CCS 上行脉冲 UCK 连续移出，形成 CCS 上行数据串 UDATA，送向地面。

其中，加载脉冲、复位脉冲和禁止脉冲由图 10 - 41 中的 U_{11} 产生。U_{11} 是个双单稳电路，由 GOP 脉冲触发，先产生一个 500ns 的加载信号，其 $\overline{Q}$ 端输出负的禁止脉冲。加载信号的后沿又触发第二个单稳电路产生一个 500ns 的复位信号。它们一起加到计数和寄存器电路上（禁止脉冲禁止了读核脉冲和井径值在这段时间内输出，以保证计数率从计数器移入寄存器时计数器不计数）。

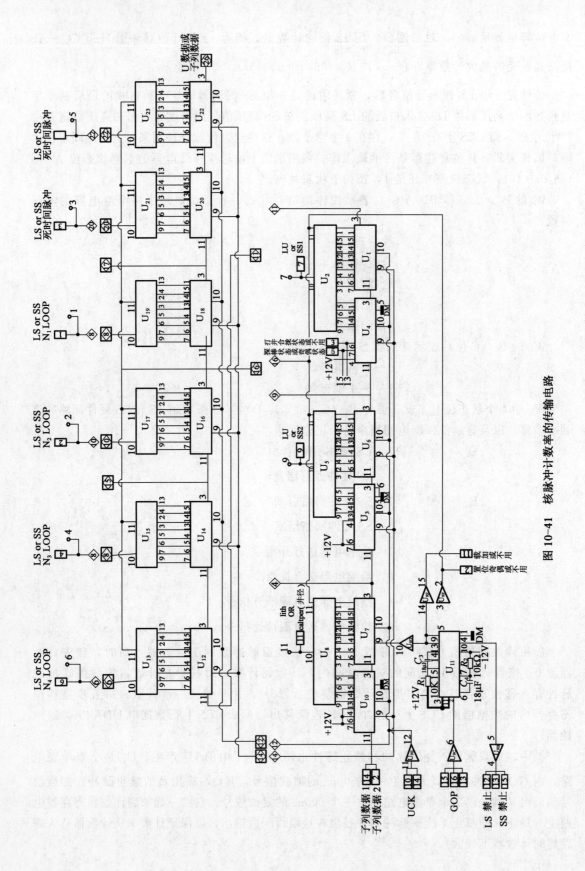

图 10-41 核脉冲计数率的传输电路

15(高位)   0(低位)

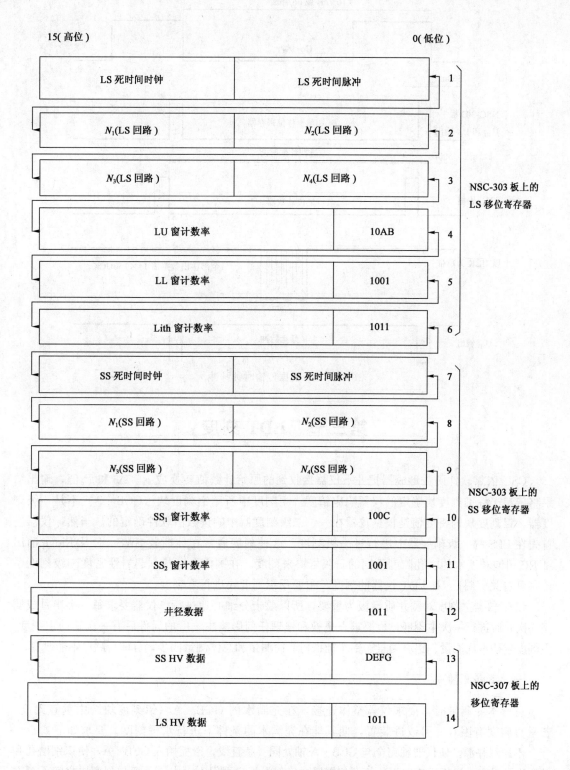

图 10 - 42   LDT - D 上行帧格式

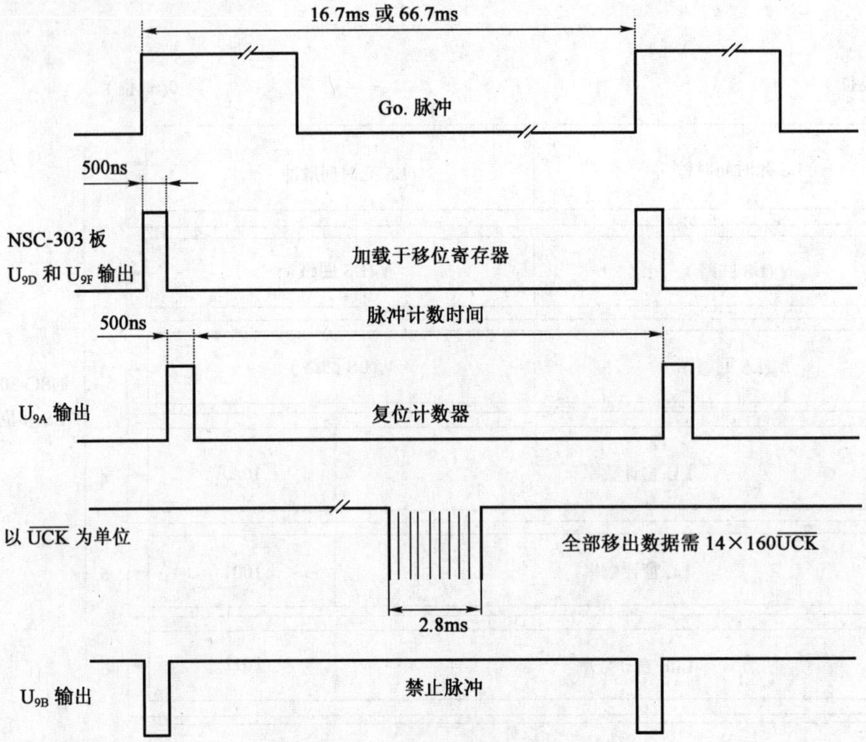
16.7ms 或 66.7ms
Go. 脉冲
500ns
NSC-303 板
U9D 和 U9F 输出
加载于移位寄存器
500ns
脉冲计数时间
U9A 输出
复位计数器
以 UCK 为单位
全部移出数据需 14×160UCK
2.8ms
U9B 输出
禁止脉冲

图 10-43　数据传输时钟脉冲

第三节　LDT 刻度

CSU 依靠软件函数形成器把井下仪器接收到的原始计数值转换成 ρ_b、$\Delta\rho$ 和 P_e 值，输出结果将依赖于标准刻度块确定的仪器响应精度。主刻度中所用铝刻度块（GCB-A）不是一级刻度器，铝刻度块的密度值是根据仪器在一、二级刻度器中的读数由软件确定的。当然，仪器应首先在 EPS 的一级刻度器中进行过一级刻度。这种刻度通常在休斯敦 SWS-E 及 Ridge 油田 SDRC 用饱和淡水的、孔隙度不同的石灰岩块来刻度。在国内，已建立起岩性密度三级刻度系统（见有关资料）。对 LDT 仪器的刻度，主要用铝刻度块进行主刻度。

LDT 仪器主刻度对测井质量极为重要，所以要十分细心地进行。仪器要求每一个半月或测完 5 次井后进行一次主刻度，也要求在更换和修理任何影响主刻度的元件后有一次新的主刻度。主刻度包括本底测量、铝块测量、铝块加铁衬套筒测量和总体测量四步，且前后顺序不能改变。

一、本底测量

进行本底测量时，要求仪器整体连接，在充满水的 GCB-A（铝刻度块）中垂直刻度。若垂直刻度有困难，可改进装置，使其能在充满水的条件下进行水平刻度。要求如下：

不加测井源，使仪器轴完全与 GCB-A 轴处同一条直线，滑板插入 GCB-A，使识别槽孔和模块边缘对齐，滑板垂直向下，打开仪器臂，确保滑板表面侵入水中，滑板与刻度块之间不含空气和油脂。然后给线路通电 20min，达到热平衡。检查状态灯 15 不亮后，就可以进行本底测量。

所谓本底测量，不是真实的本底测量，而是对稳定微量源的射线测量。一般情况下，它们是不变的（除非晶体物理条件和比较窗变化），能极近似地反映仪器在 DPS－CAT 测得的背景（标准）值。本底测量允许误差是：

长源距计数值 LL、LU、LS   1.0/s

矩源距计数值 SS_1、SS_2 0.5/s

Lith 窗计数值 Lith   0.3/s

任何比这些数值更大的偏差都指示仪器有严重问题，使仪器的任何测量都变得毫无意义，因此应该马上检查原因。

二、铝块测量

本底测量后，停止向井下电路供电，收拢仪器后，从刻度块中取出，放入测井源，重新安装滑板插入模块（GCB－A），打开推靠器，向线路供电 3min，检查状态灯不亮后可进行铝块测量。记录 LL、LU（LU_1、LU_2）、LS、Lith 和 SS_1、SS_2 计数率数值，和前面主刻度铝块测量数值进行比较。

三、铝块加铁衬套筒测量

接着，停止向井下线路供电，收拢推靠器，在滑板表面和模块之间放入 1mm 厚的铁衬筒，确保滑板在刻度块中位置正确，打开推靠器，给线路供电 3min，检查状态灯不亮，就可以测量。记录 LL、LU（LU_1、LU_2）、LS、Lith 和 SS_1、SS_2 计数率数值。

铁衬套筒刻度步骤不是一种"泥饼"检查，是主刻度中刻度 P_e 响应的一个确定步骤，所以也叫 Lith 测量。

上面三种测量至少要测三组数据，选用其中最低一组。这些数据要按格式记录在案，并和以往主刻度值比较，发现问题及时解决。

四、总体测量

1. 铝块检查

停止向井下仪器线路供电，合拢推靠器，拆去 1mm 厚的铁衬套筒，并重新把滑板正确装入模块中，打开推靠器，给线路供电 3min，检查状态灯不亮后，选好刻度模型文件，进行"测井"检查，记录 RHOB（ρ_b）、DRHO（$\Delta\rho$）、PEF（P_{ef}）。

2. 硫块（GCB－B）检查

停止向仪器线路供电，合拢推靠器，卸下测井源，转移仪器到 GCB－B 硫块上，装入放射源，将滑板置于模块中，保持位置正确，打开推靠臂，供电 3min，检查状态灯不亮后进行测量，记录 RHOB（ρ_b）、DRHO（$\Delta\rho$）、PEF（P_{ef}）

必须注意的是，在铝块检查中，当进入"测井"状态时，软件会自动给其正确数值。这是因为用了这样一个公式：

$$\rho = A - B\ln(N/N^*)$$

式中 A——由软件定义的铝块密度；

      N^*——刻度块的刻度计数率；

      N——"测井"计数率。

当在铝块中测量时，$N \approx N^*$，对数项为 0。因此，用硫模块 GCB－B 的读数检查铝模块的刻度是很重要的。每个硫块的真实密度印在它的识别标签上，现场刻度模块读数必须与它的真实密度比较，加上或减去所测 GCB-B 读数和其真实密度之间的差值。

从模块读到的 RHOB、DRHO 和 PEF 数值取决于所用软件版本，对应软件 CP20/22 的预期值为：

	ρ, g/cm³	$\Delta\rho$, g/cm³	P_{ef}
GCB-A	2.6±0.01	0.00±0.01	2.57±0.1
GCB-A+铁衬套	2.62±0.01	−0.03±0.01	4.47±0.1
GCB-B	1.91±0.01	−0.005±0.01	4.80±0.5
GCB-A+1.5g/cm³泥饼	2.61±0.01	0.10±0.01	2.70±0.1
GCB-B+2.5g/cm³泥饼	1.99±0.01	−0.06±0.01	无意义

主刻度数值的公差是 ±0.01g/cm³，若满足要求，仪器特性是好的。

除此之外，还应强调以下几点：

（1）若所用源不同，在 GCB-A 中测得的读数就不同，铯源半衰期是 30a，它的计数率每年将减少 1%。

（2）若 LDT 测得的数值可疑，还可进行如下测量进行校验：

①在加有密度为 1.5g/cm³ 泥饼的 GCB-A 中进行测量；

②在加有密度为 2.5g/cm³ 泥饼的 GCB-B 中进行测量。

（3）每次主刻度数值都要记入文件，以便验证和研究仪器性能。除进行定期主刻度外，还要进行测井前、后刻度，检查本底数值是否和主刻度值相同。

本 章 小 结

岩性密度测井仪种类很多，本章介绍的 LDT-D 仪器是斯伦贝谢测井公司新近投产的较为先进的仪器。本章重点讨论了该仪器的原理、井下仪器线路框图和仪器刻度。在原理中，要求掌握密度测量原理、岩性测量原理和稳峰原理；在电路分析中，要求掌握核脉冲的形成、核脉冲高度鉴别和核脉冲的计数、寄存/传输、信息下传/上送的帧格式逻辑。第三节重点介绍了主刻度全过程。

通过学习 LDT-D 仪器，应该掌握岩性密度测井仪的设计思想，即从原理到仪器线路的构思，从而熟悉仪器框图和线路细节。应对该仪器的发展和改进具备应有的考虑。

思 考 题

1. LDT 岩性密度测井仪器为什么要进行稳谱？怎样进行稳谱？

2. 试画出 LDT 岩性密度测井仪器原理框图，并说明各部分的功能。

3. 试画出 LDT 岩性密度测井仪器接口电路组成框图，并说明各混合电路功能。

4. 试分析 LDT 岩性密度测井仪器中的奇偶校验电路的工作过程。

5. 试分析 LDT 岩性密度测井仪器中的快脉冲电路工作原理。

6. 井下仪器为什么要将死时间和死时脉冲信号送至地面？

第十一章　测井地面系统

第一节　数控测井地面系统

一、概述

数控测井仪器于 20 世纪 70 年代中期问世，典型的有斯伦贝谢的 CSU（Cyber service unit）、德莱赛阿特拉斯的 CLS（Computer logging system）和吉尔哈特的 DDL（Direct digital logging）等数控测井系统。这些数控测井系统与早一代数字测井仪的重要区别是装备有以车载计算机为核心和测井专用接口的实时测量、控制系统。测井过程控制、数据采集处理和计算过程全部由计算机按应用程序和操作员交互进行。

CSU、CLS 和 DDL 系统采用的计算机都是带有 32 位浮点单元的 16 位小型计算机（型号分别是 PDP-11/34、PE8/16E 和 HP-1000/A900）。数控测井仪器与早期的模拟或数字测井仪器相比是划时代的进步，主要有以下特点：

（1）操作简便。一次完整的测井过程，除了井场仪器连接外，仪器测前测后刻度、下放上提测井由程序控制自动完成。

（2）数字处理避免了模拟器件的漂移和非线性误差，并能进行实时质量控制，可以使测量精度大为提高。

（3）在井场就可得到初步的解释成果，如各种单项统计图、交会图、现场快速直观评价、有效孔隙度、地质剖面情况等，可用以及时指导钻井施工和油田开发。

（4）有较强的自动测试和诊断能力。数控测井系统是非常复杂的，在井场测井要求效率高，若出现故障，靠人工检查是非常困难的。为提高时效和测井资料的质量，在数控测井系统中均配有测试诊断程序，用以对系统进行快速测试诊断，及时找出故障加以排除。

（5）易于扩展仪器功能。地面仪器接口单元（面板）按照下井仪器探测器信号类型设计有各种通用信号接口（模拟、脉冲和数字编码等）。这样，新型仪器很容易与系统挂接，只要编制出相应的应用软件就能够完成新的测井功能。

我国曾于 20 世纪 90 年代引进 CLS 数控测井系统生产线，同时也自行研制了多种以工业 PC 机为主机的新型数控测井仪，这些装备为我国测井技术的更新换代起到了很大作用。本节内容以 CLS 系统为主介绍数控测井的组成原理。

二、CLS 系统组成

1. CLS 系统硬件配置

CLS 系统（也称为 CLS 3700 系统）以计算机为核心组成了车载野外实时控制、数据采集和数据处理系统，如图 11-1 所示。

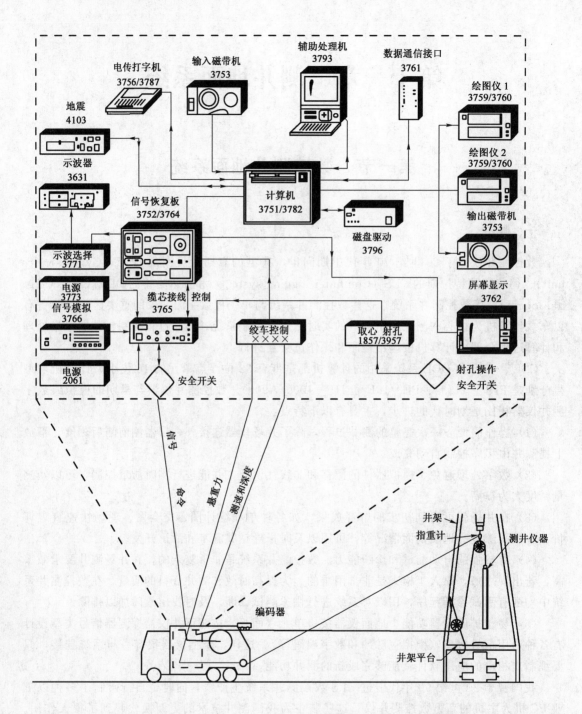

图 11-1 CLS 系统组成框图

8/16E（系列号 3751/3782）作为 CLS 系统主机，配有用于记录、显示和进行测井数据采集、处理的多台通用和专用外设，如电传打字机、测井信号恢复面板、信号模拟器、CRT 显示器、数字磁带机、硬磁盘机、绘图仪、接线控制面板等。

电传打字机 TTY（3756/3787）采用人机交互的界面，操作系统软件驻留在硬磁盘上或九轨工业磁带机（编号 95 机）上，测井需要时，由操作员将它加载到内存并启动执行，另一台磁带机（编号 85 机）主要用于记录测井结果数据。

测井信号或由信号模拟器（3766）产生的模拟信号，经信号恢复板（3752/3764）对测井信号恢复和数字化转换后送到主机。计算机处理后的结果数据送绘图仪（3759/3760）绘图和磁带机记录。CLS 系统配有两台数字化光栅绘图仪，一台记录 1：200 测井曲线，另一台记录 1：500 曲线或备用。CRT 显示器（3762）可以滚动显示或冻结显示 100ft 或 500ft 井段的测井曲线。

测井深度子系统是测井地面仪器系统的重要部分。深度编码脉冲经信号恢复面板处理和进行误差校正后，得到测井深度和井下仪器测井速度，并对主机产生中断控制使得按照规定深度间隔进行数据采样。

系统利用缆芯接线控制面板（3765）完成与下井仪器串的缆芯换接。此外，还有一系列辅助设备，如信号监视用示波器（3631）、远程数据传输用通信调制解调器（3761）、电源（2061）和取心射孔面板等。

2. 8/16E 计算机

8/16E 是 PE 公司生产的 16 位定点通用小型计算机，其基本组成包括中央处理器 CPU、主存储器、I/O 控制器及各路系统总线等，如图 11-2 所示。

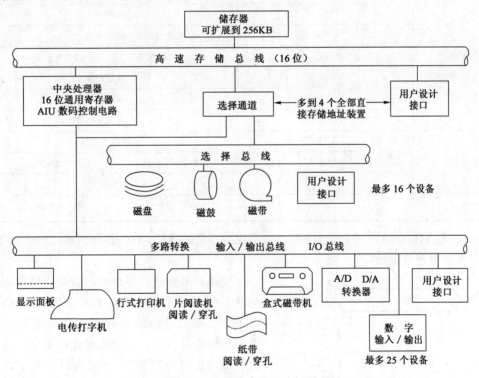

图 11-2 CLS 主机组成框图

8/16E 机的 CPU 由四片 AMD2901（4 位 LSI 位片机）组成，16 位总线宽度，最高时钟频率为 10MHz。为提高数据计算能力，在 8/16E 中还设置有乘/除（M/D）板和浮点处理机（FPP）。

8/16E 系统总线采用多总线结构。中央处理器和选择通道（ESELCH）共享高速存储总线，可分时对主存储器进行读写操作。高速外设，如磁带机、磁盘机及高速 A/D 转换器通过选择总线与某选择通道连接，可旁路 CPU 与内存进行高速数据交换。当存储器的存储周期为750ns时，对16位DMA传输率可达2MB/s。最多可有4个ESELCH（即DMAC）接入高速存储总线，而每个ESELCH最多可管理4台高速外设。在CLS系统中，只有磁带机、磁盘机和高速A/D转换器使用ESELCH。

3. 多路转换I/O总线（MUX BUS）

MUX BUS是在CPU直接管理下的对外I/O通道，大多数I/O设备通过该总线与CPU通信。MUX BUS是一种具有联络应答功能的异步I/O通信总线，最多可寻址255个设备。挂接在该总线上的设备能按链式中断优先权向CPU传送中断信息。MUX BUS在CLS系统中起重要的作用，大多数专用设备接口如信号恢复面板、绘图仪控制器等都挂在该总线上。MUX BUS由27条接口信号线组成，包括16条双向数据线、7条控制线、3条测试线和1条预置线，如表11-1所示。

表11-1 8/16E机 MUX BUS总线信号定义

功　　能	标　　志	说　　明	
数据线	$D_{00} \sim D_{15}$	CPU←→外设	
控制线	SR	状态请求	
	DR	数据请求	
	CMD	命令控制	
	DA	数据有效	CPU→外设
	ADRS	地址控制	
	ACK	中断认证	
	CL07	电源失效告警	
测试线	ATN	中断请求线	
	SYN	同步线	CPU←→外设
	HW	半字线	
预置线		使系统复位	CPU→外设

主机通过MUX BUS按请求/应答方式实现与外设的通信，I/O操作的典型序列如下。

1）主机对外设寻址

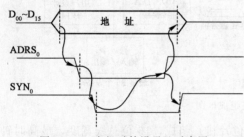

图11-3 主机对外设寻址时序图

主机对外设进行寻址时，首先将外设地址代码放至数据线$D_{08} \sim D_{15}$，然后激活地址控制线$ADRS_1$。被寻址的外设收到这些信号后，使设置地址触发器置位（其他外设此时复位，以切断控制线与主机的联系），并给主机送回SYN_0同步回答信号。主机收到回答后，在规定时间内撤除地址控制线，外设相应撤除SYN_0信号，一次异步通信过程即告完成，如图11-3所示。

2）主机输出数据或命令

主机将输出数据放上$D_{00} \sim D_{15}$，或将命令数据放上$D_{08} \sim D_{15}$，然后使DA_0或CMD_0控制线有效。已被寻址的外设控制器接收到数据或命令字节后以SYN_0信号回答。主机收到回答后撤除DA_0或CMD_0，随后外设也撤除SYN_0，其时序关系如图11-4所示。

3）主机输入数据或状态信息

主机输入数据或状态信息时，首先激活 DR_0 线或 SR_0 线。外设的接口控制器收到 DR_0 或 SR_0 后，将数据放上 $D_{00} \sim D_{15}$ 或将状态数据放上 $D_{08} \sim D_{15}$，并使同步线 SYN_0 有效。主机对数据线采样后，撤除 DR_0 或 SR_0，外设相应撤除同步信号和数据线，其时序关系如图 11-5所示。

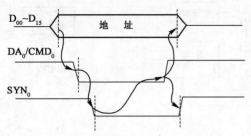

图 11-4 主机命令或数据输出时序图

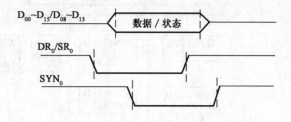

图 11-5 主机数据或状态输入时序图

4）中断 I/O 方式

MUX BUS 的中断 I/O 方式适用于实时系统中同时对多个外设服务。在执行这种 I/O 之前，处理器要进行一些初始化处理，并向外设发出命令（允许中断），之后处理器无需监测外设状态而继续执行程序。外设准备好后自动启动中断，处理器给以响应进入中断服务。完成 I/O 后，结束中断处理并返回被中断的程序继续执行。这种方式可以实现处理器和外设"并行"工作。主机响应中断请求时，向外设发出中断认证信号 ACK_0，随后从外设读回设备地址。然后主机用此地址对外设寻址，开启与外设传送数据的通道，最后从外设读回设备的状态字节，如图 11-6 所示。

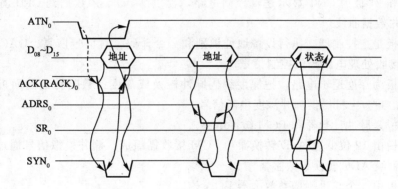

图 11-6 MUX BUS 中断响应定时示意图

三、裸眼井测井信号恢复面板

1. 概述

信号恢复面板（SRP，3752）是裸眼井测井仪器和计算机的专用接口，其主要功能是对各种类型的测井信号进行复原处理，然后转换成数字信号，接收处理深度编码信号，对 CRT 提供显示逻辑控制等，如图 11-7 所示。SRP 按功能划分，主要包括模拟信号道及低速 A/D 转换器、声波测井信号道及高速模数转换器（高速 A/D）、放射性脉冲信号道及计数器、PCM 脉冲编码接收解调电路、深度编码接收处理电路和主控制器等。这些功能电路分布在 9 块电路板中。8/16E 主机通过 MUX BUS 管理 3752 面板。

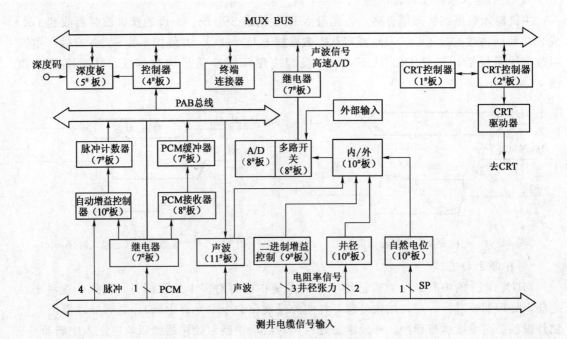

图 11-7　信号恢复面板功能逻辑框图

3752 面板接收信号包括有 8 道模拟信号、4 道脉冲信号、1 道脉冲编码（PCM）信号、1 道声波信号以及深度接口逻辑电路。SRP 的主要功能电路如下。

（1）1#和 2#板为 CRT 显示逻辑控制电路，提供 X、Y、Z 数据到 CRT 显示，显示特定格式的测井数据曲线。

（2）4#板是主控制器，执行设备地址识别和命令译码，对信号恢复、DAC、ADC 和深度编码信号接收处理电路提供控制信号。

（3）5#板为深度逻辑电路，把深度编码脉冲转换成深度计数时钟送前面板显示出测井速度和深度，并为主机提供测井深度中断信号。

（4）7#板是脉冲计数器和 PCM 缓冲电路。

（5）8#板由 12 位低速 A/D 转换器和 PCM 接收器组成。测井模拟信号通过二进制增益放大器输出后经 ADC 转换为数字信号。

（6）9#板由 3 个二进制增益放大器 BGA 构成。

（7）10#板包括自然电位测量（SP）电路、4 个核脉冲接收处理电路、井径和张力测量电路等。

（8）11#板是声波测井驱动电路，包括声波发射控制和接收逻辑电路、声信号接收和放大电路。

各道模拟信号经滤波、放大和 A/D 转换后，输出数字量通过三态缓冲器送 PAB 总线。脉冲信号经过整形计数，PCM 信号经过解码和缓冲也送至 P 总线。进入 P 总线的信号低 8 位通过驱动器，高 8 位经数据/状态选择器选择后进入 MUX BUS。声波信号经高速 A/D 转换后接至 8/16E 的高速选择总线。

2. 模拟信号道

SRP 的模拟信息道包括 3 个电阻率道、1 个自然电位道、1 个电缆张力道、3 个备用通道。所有模拟信号都只进行线性处理，井下仪器所需的一切校正和计算，如感应测井中的反褶积校正、趋肤效应校正、补偿密度和补偿中子孔隙度计算等，都由主机软件完成。模拟信号道电路框图如图 11 - 8 所示。

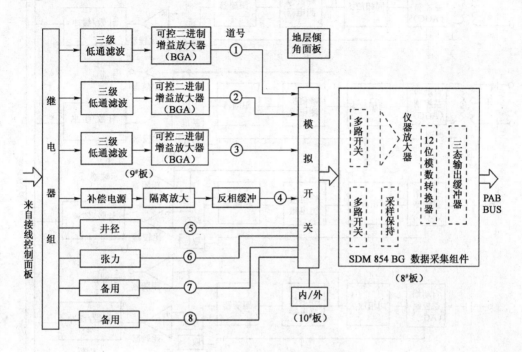

图 11 - 8　SRP 模拟信号通道逻辑框图

3. 脉冲信号测量道

SRP 的脉冲信号测量用于实现核测井功能，共有 4 个测量道，每道电路组成除了输入端略有差别外主要部分完全相同。第一、二道采用脉冲变压器输入，其中第二道的输入变压器有中心抽头接地；第三、四道用电容耦合输入。4 道电路分别从 CRT - CLK - 1 至 CTR - CLK - 4 端输出送 7# 板进行脉冲计数，电路框图如图 11 - 9 所示。

脉冲信号道电路主要由脉冲鉴别整形电路和计数器电路两大部分组成。脉冲鉴别整形电路具有自动增益控制（AGC）功能。

4. 声波信号测量道

声波信号测量道是声波测井下井仪和计算机之间的专用接口，在测井软件运行控制下取代了传统的声波测井地面面板。CLS 裸眼井声波测井仪的声系类似于国产双发双收声系，但按照单发单收方式工作，经过计算机处理得到双发双收下井仪的时差测量效果。声系的工作程序是：第一次 T_1 发射 R_2 接收，第二次 T_1 发射 R_1 接收，第三次 T_2 发射 R_1 接收，第四次 T_2 发射 R_2 接收。声波井下仪器送至地面的波形如图 11 - 10 所示。

声波测量电路的任务是对井下声系的声波发射、接收提供控制逻辑信号，接收放大声波波列信号，进行声波全波列采样和 A/D 转换。转换成数字量的声波信号进入 PAB 总线送计算机处理，如图 11 - 11 所示。

声波信号测量电路包括声波发射/接收控制逻辑、同步信号检测/展宽电路、声波波列接收放大电路。为实现对同步信号的正确检测需要防止干扰，采用延迟门从时间上分离干扰信

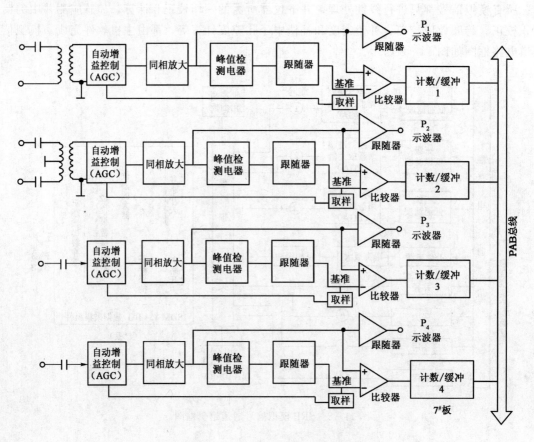

图 11-9 SRP 脉冲道电路逻辑框图

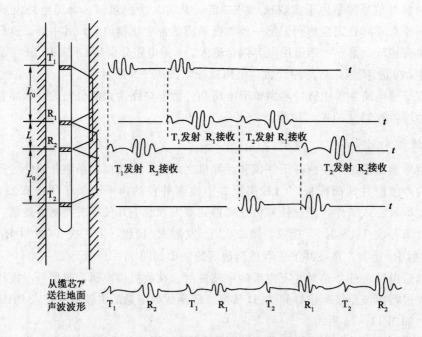

图 11-10 CLS 数控声波测井信号波形示意图

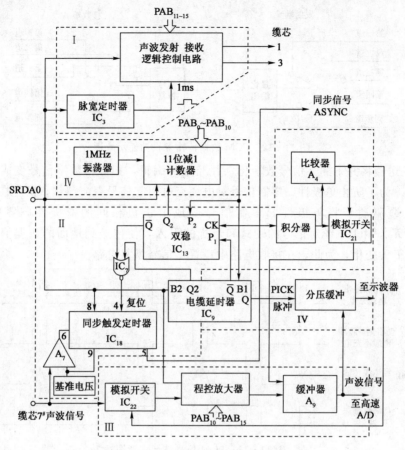

图 11-11　SRP 声波信号道电路逻辑框图

号和被测信号,用鉴别器压制小幅度的干扰信号。声波一次发射接收采样 960 个点,按采样间隔 2 μs 算,采样持续时间为 1920 μs,故称为全波列采样。

5. PCM 信号道

脉冲编码调制 PCM 技术广泛用于数字通信。20 世纪 70 年代为实现双侧向多路模拟信号测量而引入测井仪器系统,并开始了井下数据采集。采用 PCM 技术后,用一条缆芯可以传输多路测井数据,既节省了缆芯又避免了道间干扰。数字化传输完全避免了因电缆长距离传输使信号幅度衰减引起的测量误差,从而提高了信息传输质量和可靠性。

PCM 逻辑功能如图 11-12 所示,在发送端,主要包括采样和量化编码两个过程;在接收端则进行相反的变换,复原为传送前的数字信号,然后分道存储和传送记录仪记录。在 PCM 系统中,发送端和接收端是同时工作的。为了把各路信号正确地分配到各个接收电路,发送端和接收端必须保持同步。所谓同步,包括数据字的帧同步和位同步。井下数据按一帧一帧的发送上井,一帧数据(不包括帧同步字)有 16 道,每道数据由 16 位组成。地面接收用帧同步信号把一帧一帧的数据分离,保持帧同步就可以避免数据字错道。为使数据字位同步,必须使地面和井下时钟同步。CLS 的 PCM 系统用井下数据来同步地面时钟,达到时钟同步和数据位的同步。只有位同步才能防止数据字的错位发生。在 CLS 系统中,井下仪器的 3506 或 3508PCM 电子线路短节是 PCM 发送器,地面 3752 面板中的解调电路是 PCM 接收器。

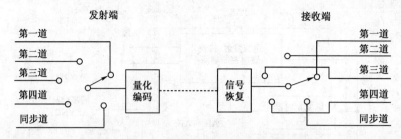

图 11-12　PCM 数据传输逻辑功能示意图

PCM 发送器将井下测井信号数字化，并经过再编辑，把并行数字信号变成串行数字信号发送上井。为了防止单极性归零制信号对电缆充电引起信号直流漂移，信号在送上传缆传输时通过电缆驱动器将单极性归零制信号变成了正负相间的双极性归零制信号，如图 11-13 所示。由于电缆对信号的衰减和干扰的引入，使传送到地面的数据信号幅度和波形都发生了很大变化，为此，在接收电路中设置了信号恢复电路。

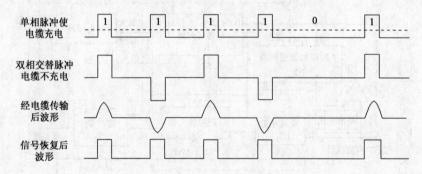

图 11-13　PCM 信号波形示意图

PCM 以帧为单位传送数据，其帧格式如表 11-2 所示。3506PCM 发送上井的一帧数据包括同步字共 17 道，其中第 17 道是模拟地道。

表 11-2　CLS 系统 3506PCM 帧格式

同步	P_1	P_2	P_3	P_4	P_5	A_1	A_2	A_3	A_4	A_5	A_6	A_7	A_8	A_9	A_{10}
0	1	2	3	4	5	6	7	8	9	10	11	12	13	14	15
	←———脉冲道———→					←———————————模拟道———————————→									

PCM 信道的数据字长为 16 位，根据性质不同有以下三种格式。

（1）模拟道字格式：第 1、15 位总是 1；第 16 位总是 0；第 14 位是增益位；第 2~13 位为数据位，用于容纳 12 位 ADC 的转换结果。

（2）脉冲道字格式：第一位总是 1，第 14、15、16 位总是 0，第 2~13 位为脉冲计数值。

（3）同步道格式：16 位全部为 1。由于模拟道和脉冲道内均设计有 0 位，所以能够根据同步道帧全 1 序列识别和完成帧同步。

6. 深度系统

深度系统是测井地面仪器的重要组成部分之一，其准确可靠是取得合格测井资料的首要条件。CLS 深度系统由测量轮、编码器、深度逻辑电路和接口电路等组成。编码器的编码盘和测量轮同轴连接，由测量轮驱动；测量轮由电缆的移动带动，把电缆上、下移动变成编码盘的正、反方向的转动。编码盘上有两圈交错排列相位相差 $90°$ 的光刻线。编码盘转动时，光源灯灯光透过光刻线使光敏二极管感光产生电脉冲，如图 11 - 14 所示。在单位时间内的电脉冲数量反映了测井速度，自深度起算点开始累计计数的脉冲数就代表了测井深度。为了分辨电缆的移动方向，编码盘上两圈相同密度的光刻线（光栅）相位相差 $90°$。

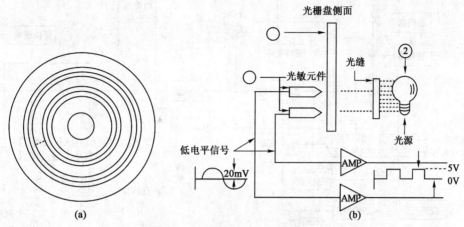

图 11 - 14 深度编码传感器示意图

(a) 深度编码光栅盘；(b) 深度编码电路

编码盘每圈上的光刻线对应米制是 640 个，测量轮周长 0.5m，因此电缆移动 1m 可产生深度编码脉冲 1280 个。实际编码盘有四圈光栅，内两圈是英制光栅，外两圈是米制光栅，所产生的编码脉冲分别表示为 C、D 和 A、B。光敏二极管产生的编码脉冲通过前置放大，输出幅度为 5V、相位相差 $90°$ 的 A、B 两相脉冲。

从深度编码器发生的深度编码脉冲 A 和 B 由接收器接收，然后分两路：一路通过方向触发器产生测井方向信号送双模拟开关，另一路通过 ×2 电路输出 2× 编码脉冲，再经加/减电路、加电路进行误差校正后送双模拟开关。模拟开关在置于编码方式时选择通过方向信号和编码脉冲。方向信号送深度计数器控制加/减计数（加深度/减深度），送 YO - YO 校正逻辑电路以识别电缆运动方向的突然改变并加以校正。通过模拟开关的编码脉冲称为测井速率时钟，该时钟送到井速度计数器计数可得到测速，并送前面板显示。送深度计数器的 2× 编码脉冲称为深度时钟，由深度计数器累计计数得到井深并送前面板显示。深度逻辑流程图如图 11 - 15 所示。模拟开关置于"内"时，选择内部振荡器输出脉冲作为深度时钟；如果置于"外"，则选用系统外部振荡信号作为深度时钟，用于对仪器检修和室内资料回放时代替深度系统对软件运行的驱动。

数控测井系统的数据采集按等深度间隔采样，有 640 点/m、320 点/m、160 点/m、80 点/m、40 点/m、20 点/m、10 点/m、5 点/m（或 128 点/ft、64 点/ft、32 点/ft、16 点/ft、8 点/ft、4 点/ft、2 点/ft、1 点/ft）等 8 种不同的采样密度（其倒数也称为采样间隔），测井时通过程序选择合适的参数。高采样密度配合高分辨率仪器（如地层倾角测井仪）能获得高的纵向分辨率。探测器纵向分辨率、测井速度、仪器串在每个深度采样点的数据量和地层评价的需求等诸多因素决定了深度采样间隔的选择。

3752SRP 信号恢复面板还有以下主要功能部件。

(1) 主控制器（4#板）。主控制器是 SRP 通过 MUX BUS 与主机接口的重要部件，并用以传送 BGA 增益、脉冲计数器选择、PCM 通道选择、采样率选择和 D/A 转换等各种控

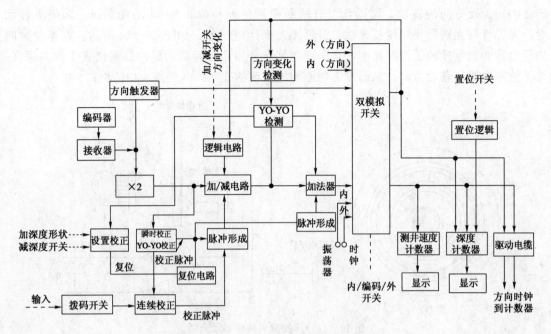

图 11-15 深度系统电路逻辑功能框图

制命令，如图 11-16 所示。主机的中断（PCM 缓冲器满、深度采样信号）信号也由该板产生。

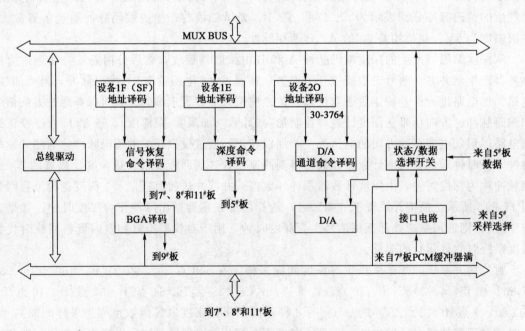

图 11-16 SRP 主控电路逻辑框图

（2）CRT 显示控制接口。CLS 系统配有一台专用 CRT 显示器监视测井过程，可以实时显示 30m 或 152m 井段的测井曲线。由于早期计算机处理能力的限制，使得对于像测井曲线滚动显示这样比较复杂的矢量绘图功能必须在专用硬件电路支持下进行，显示控制接口就是为此设计的。

四、CLS 系统其他重要设备

1. 完井信号恢复面板

完井信号恢复面板（3764SRP）与 3752 功能相近，是 CLS 系统用于套管井的测井仪器专用接口部件。3764SRP 由 11 块电路插板组成，其排列如图 11-17 所示。各板的主要功能简述如下。

CRT 显示逻辑	CRT 控制板	能谱显示控制板	信号恢复、深度和 D/A 控制器	深度逻辑	PCM	R/A 计数、继电器模拟开关控制	A/D 和 PCM 接收器	能谱幅度分析	CCL 探测、SYNC 探测和 2kHz 滤波	CBL 电路、垂直测井峰值检测
1#	2#	3#	4#	5#	6#	7#	8#	9#	10#	11#

图 11-17 3764SRP 功能电路板排列图

(1) 1#、2#、4# 和 5# 板与 3752SRP 的功能相同，有的甚至可以直接互换。

(2) 3# 板是碳氧比测井（C/O）和自然伽马能谱测井显示控制板，采用了两片 M6800 微处理器（MPU）。其中 MPU-A 负责以字节设备与主机通过 MUX BUS 接口，MPU-B 主要用于产生扫描光栅信号，两处理器通过公共存储器交换数据。

(3) 6# 板为 PCM 通信板，与中子寿命测井 PDK-100 配用。井下仪器采用 3508PCM 发送器。

(4) 7# 板用于核测井，包括三个部分：核脉冲计数器、缆芯驱动器、缆芯配置继电器组和功能码缓冲器，其中核脉冲计数器有 4 道。它们分别由计数器、缓冲器和通过某道计数器输出的门控电路构成，使用继电器组可使面板能进行各种测井。这些继电器的置位或复位取决于包含在选定服务表中的信息。功能码缓冲器只在和前面板上的拨码开关连通时才起作用。

(5) 8# 板包括 BB 公司 SDM 854 数据采集系统和 PCM 接收器。BB SDM 854 数据采集器核心是一个 12 位逐次逼近型 A/D 转换器。PCM 接收器对来自井下的 PCM 信号进行放大、鉴别和整形处理。

(6) 9# 板主要用于能谱脉冲幅度分析（PHA），所处理的测井信号包括能谱测井、C/O 测井和中子俘获测井。9# 板的另一种多路定标模式（MCS）专用于双中子寿命测井。

(7) 10# 板是一个复合功能板，包括 4 路自动增益控制电路、核能谱测井同步信号检测和噪声门电路以及套管接箍（CCL）信号检测电路。

(8) 11# 板是主要面对水泥胶结测井 CBL（Cement bond logging）的处理电路。CBL 输入信号通过有源滤波器、程控放大器（PGA）后分两路，一路送示波器观察，另一路送高速 A/D 转换器。控制 PGA 的增益码来自 4# 主控电路板。

2. 绘图仪及控制接口

CLS 系统配有两台绘图仪用以记录测井数据曲线、纵横网格线、深度数字和字符，如

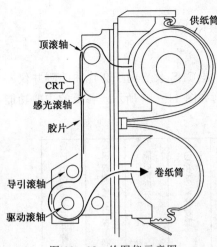

图 11-18 绘图仪示意图

供纸筒

顶滚轴

CRT

感光滚轴

胶片

卷纸筒

导引滚轴

驱动滚轴

图 11-18 所示。绘图仪只有水平扫描和 Z 轴加亮电路，走纸受步进电动机驱动。射线管采用电子束扫描和光导纤维聚焦方式，所产生的光点通过光导纤维聚焦投射到胶片或光敏纸上，由于光导纤维聚焦的光束直径只有 0.064mm，因此可获得很高的记录清晰度。

绘图仪控制电路原理如图 11-19 所示，包括射线管、工作控制电路、步进电动机驱动电路和仪器工作电源等。绘图仪工作信号可分为数据信号和控制信号，这些信号分别经加亮线（INTENSITY）进入绘图仪 Z 轴放大器，经放大后加到射线管栅极形成光点，产生 X 轴水平扫描，控制步进电动机驱动走纸，三者结合使得所需的图形、文字被记录到胶片上。

CLS 系统采用微处理器完成主机和绘图仪的数据

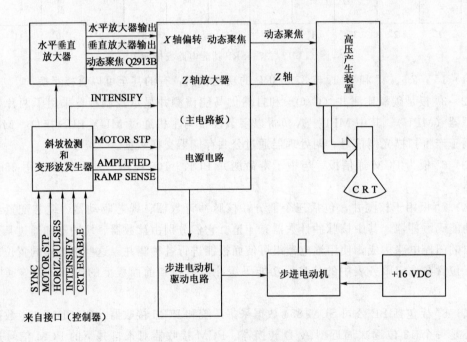

图 11-19 CRT 控制电路框图

接口，如图 11-20 所示。两片 M6800 微处理器的 MPU-A 用于和主机接口，MPU-B 用于与绘图仪控制器接口。绘图数据包括纵横栅格线、测井数据曲线和字母数字的深度数据，来自主机的数据被转换成一个描绘行的格式送往绘图仪。

3．磁带机及控制器

CLS 系统中配置有两台九轨数字磁带机作为主要存储设备，通过选择通道以及 MUX BUS 和主机连接。其中，85 机为输出磁带机，主要用于记录测井数据；95 机为输入磁带机，主要存放测井服务程序和测井服务表，如图 11-21 所示。

磁带机是一种具有顺序寻址功能的数字记录设备，信息通过磁带机的磁头记录在磁带上。CLS 九轨数字磁带机采用变形不归零制编码（NRZI）的记录方式，记录介质为标准

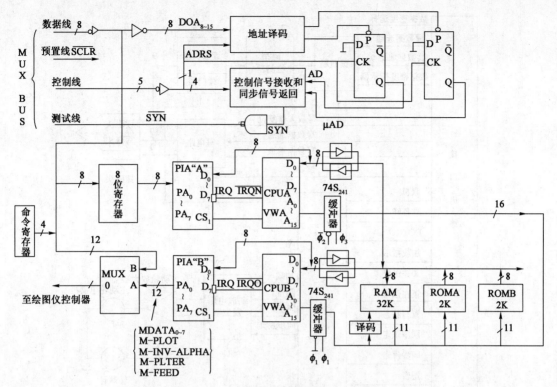

图 11-20　CLS 绘图仪数据接口电路框图

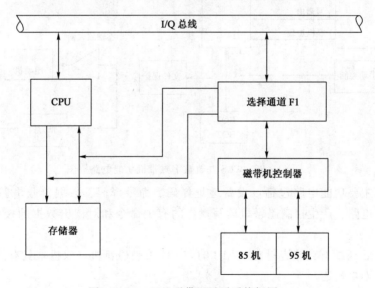

图 11-21　CLS 磁带记录子系统框图

0.5in 宽工业标准磁带，记录密度为 800 位/in。磁带机电路可分功能控制电路、数据读写电路和伺服控制电路等三大部分，如图 11-22 所示。

　　磁带机 9 个磁头同时对磁带读或写数据，九轨磁带的 9 位能够记录 1 字节（8 位），最后 1 位形成垂直冗余校验码 VRC（Vertical redundance cheek，P 码），采用奇校验格式。

　　磁带机本身是一种标准计算机外设，为通过某种外部总线与特定的计算机连接就必须配专用的接口控制器，CLS 系统中的磁带机控制器即为此设计。作为九轨数字磁带机与主机

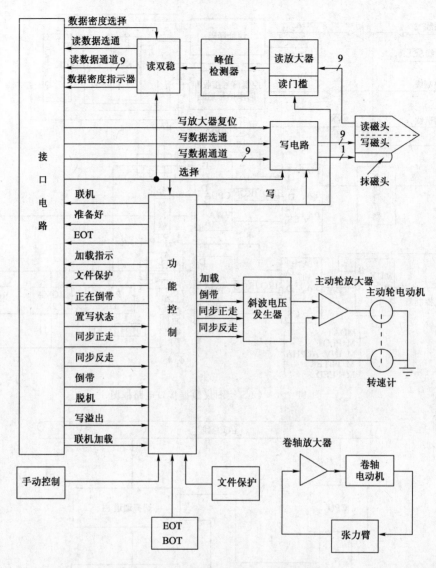

图 11-22　CLS 九轨数字磁带机功能电路框图

接口设备，其主要功能电路包括：设备地址译码、命令译码、数据接收电路、数据发送电路、中断控制电路、产生控制磁带机读写操作的有关命令和对读出数据的校验处理电路等，如图 11-23 所示。

此外，CLS 还配有存储容量为 85MB 的 3976XA 硬磁盘机（双机，具有抗震结构）及其控制器，在此不再赘述。

五、CLS 的软件系统

数控测井地面系统是一个由计算机进行实时控制的数据采集系统，因此系统的所有工作都是借助于人机交互在程序管理之下进行的。CLS 软件包括系统软件和用户软件两大部分。

1. 系统软件

系统软件是用于计算机系统操作、管理的程序，还包括把源程序翻译成目标程序的汇编

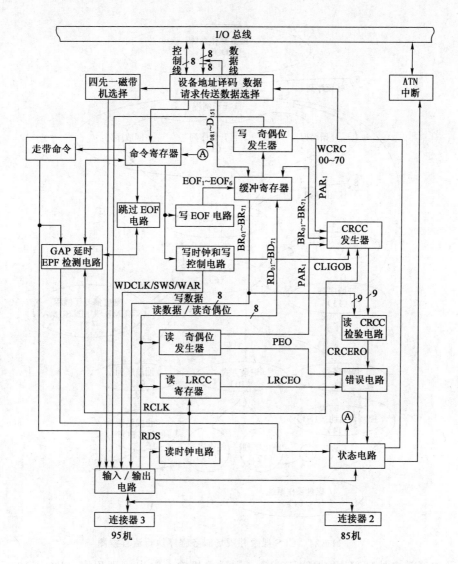

图 11 - 23   CLS 系统磁带机控制器电路框图

和编译程序、机器监控管理程序、调试程序、故障诊断程序以及由各种标准程序构成的子程序库等。CLS 的主要系统软件是磁盘操作系统（DOS），由计算机厂商提供。

2. 用户软件

用户软件也称为应用软件，由 CLS 系统制造商（Atlas）开发，是针对特定目标设备和应用（测井服务及数据处理）的一组软件包。CLS 系统主要应用软件包括以下几类。

1）实时测井程序

这种程序主要用来控制各种现场测井作业的进行，包括：裸眼井测井程序（FSYS）、套管井测井程序（CSYS）、地层倾角测井程序（DIPSYS）、声波特征测井记录程序（AC-SIG）、声波测井绘图显示程序（ACPLT）和重复地层测试程序（FMT）等。图 11 - 24 为 FSYS 的运行流程。

2）测井辅助程序

这类程序是由实时测井程序调用的子程序包，如计算曲线初始化程序（CMPCRV）、深

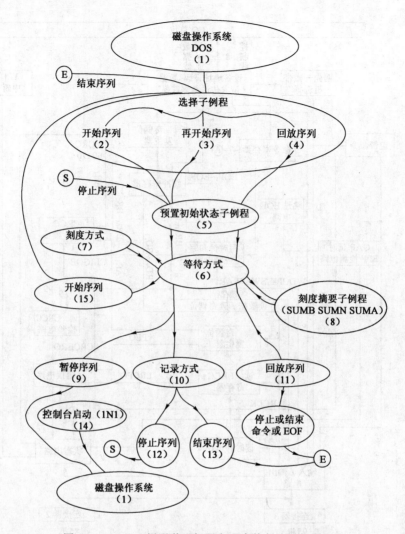

图 11-24   CLS 裸眼井现场服务程序执行流程框图

度延迟及深度转向处理程序（REVDLY）、硬磁盘机输入输出管理程序（D1SK10）、打印刻度摘要表程序（SUMRPT）和深度延迟表程序（RDELAY）等。

3）现场解释程序

这类程序是为实现井场快速、直观解释和地层评价而设计的，主要包括深度校正程序（DSHFF）、垂直深度换算程序（TVD）、交会图程序（CROSS）、影响因素校正程序（EDIT）、砂岩解释程序（SAND）、复杂岩性解释程序（CRA）、声波波列回放绘图程序（ACPLT）、地层倾角解释程序（PDIPCO）和地层倾角绘图程序（PDIPPL）等。

4）文件管理程序

这类程序包括曲线剪辑程序（SPLICE）、刻度数据管理程序（CALMGT）、测井记录磁带扫描程序（SCAN）、服务表参数修改程序（CPRES）、系统信息存储程序（SYSSAV）、系统信息恢复程序（RSTORE）、磁盘文件恢复程序（NDD）和测井磁带复制程序（OSCOPY）等。

第二节　成像测井地面系统

一、概述

20 世纪 90 年代初，国内外主要测井装备生产厂商在相继开发出系列化成像测井仪器的同时，也推出各自的高性能地面系统。表 11-3 示出斯伦贝谢 MAXIS500、贝克休斯 ECLIPS2000 和中国石油 EILog 等三种典型的成像测井系统组成和配置。此外，还有国内外同类的哈利伯顿 EXCEL2000 型、中国石化集团 SL6000 型和中国海洋石油 ELIS 等多种现代化成像测井系统。

表 11-3　国内外典型的成像测井系统组成

参数＼厂商	斯伦贝谢 MAXI 500	贝克休斯 ECLIPS 2000	中国石油 EILog
主机	MicroVAXIII（3 台）	HP9000/730（2 台）	IPC、笔记本
操作系统	VMS	Unix Xwindows＋Motif	Windows XP
显示	19in 彩色 CRT（2 台）	19in 彩色 CRT（2 台）	19in 彩色 LCD
硬拷贝绘图	彩色喷墨绘图机、黑白热敏绘图机	彩色喷墨绘图机、黑白热敏绘图机	彩色喷墨绘图机、黑白热敏绘图机
存储	硬盘、磁带机	硬盘、盒式磁带机、九轨工业磁带机	硬盘、光盘
前端系统	多 DSP	Moto68020 VME 总线	IntelPIV cPCI 总线
电缆数据传输	DTS（QAM）500kbps	WTS（BPSK）230kbps	（COFDM）430kbps
地面系统互联	以太网（IEEE802.3）	以太网（IEEE802.3）	以太网（IEEE802.3）
井下系统互联	CAN2.0	T2、T5、T7 专用独立通道	CAN2.0
配接井下仪器系列	快速平台组合 PEX、高温高压系列 Xtreme、复杂井眼系列 SlimAccess、生产测井系列 PS Platform、水平井系列 PL Flagship、微电阻率扫描成像 FMI、阵列感应成像 AIT、方位电阻率成像 ARI、偶极横波成像 DSI、超声扫描成像 UBI 或 USI、核磁共振成像 CMR-X、……	常规系列、微电阻率扫描成像 StarII、阵列感应成像 HRIL、多极阵列声波成像 XMAC、井下声波电视 CBIL、核磁共振成像 MRIL、……	HCT 常规快测系列、微电阻率扫描成像 WDS、阵列感应成像 MIT、多极阵列声波成像 MPAL、井下声波电视 BHTV、……

借助于微电子技术、计算机技术和通信技术的高速发展，与上一代数控测井系统的车载地面设备相比，成像测井地面系统在所有方面均取得了重大的技术进步，主要特征如下：

（1）计算机系统性能大幅度提高。由多台以高性能 RISC 处理器为核心的小型服务器或工作站组成具有松耦合冗余结构的高可靠性硬件平台，每个主机单元可有多颗处理器组成SMP（对称多处理机）系统，而往往采用具有超标量、超流水线乃至多核处理器。

（2）在多任务、图形化的操作系统支持下运行庞大的测井应用软件系统，并具有强大的现场数据处理能力。

（3）以网络交换机为中心组成星形拓扑结构，能够实现以太网互联下控制、数据共享的多机"并行"处理系统。

（4）多台彩色大屏幕显示器完成多用户多任务下的人机交互和测井数据、曲线、图像、报表的实时显示。

（5）多种类型高存储密度的固定和移动数据存储设备使得成像测井信息的海量数据能够可靠地存储和灵活、高效地交换。

（6）具有高速电缆数据传输通道（＞200kbps）和灵活可靠的井下仪器总线，支持大数据量、复杂协议的多台井下成像测井设备。

（7）通过嵌入式前端子系统和网络化连接形成典型的分布式数据采集和处理系统。前端子系统以 VME、VXI、cPCI 等高性能现代总线完成本地互联，通用 CISC/RISC 处理器和DSP 相结合，运行实时操作系统（RTOS），高效、可靠地完成多任务实时数据采集和通信。

二、EILog 成像测井地面系统

EILog 地面系统由主机系统和便携系统两部分组成。其中，便携系统为可选配置，为高低机柜桌面机械结构布局，均采用 19in 标准工业机柜，图 11-25 示出包括地面系统在内的EILog 成套装备实物图。

图 11-25 EILog 成套装备实物照片

EILog 地面系统的标准配置是 IPC 主机和笔记本电脑组成的双系统。前者称为主系统，后者称为便携系统，如图 11-26 所示。主机系统和便携系统两者既可以独立工作，也可通过交换机在功能上互换。双系统能够可靠、高效地完成所有类型的井场测井作业。例如，在主机系统连接测井电缆进行测井运行时，可以通过便携系统和电缆模拟器（以保证电缆数据传输子系统合适的运行环境）配接下井仪器，在地面进行其他仪器的测前校验等准备工作；也可以作为冗余备份，当主机系统发生故障时替代主机系统继续进行当前测井作业；当然，在特殊情况下，便携系统也可独立完成所需的测井作业，这对于某些如生产测井服务是比较适宜的。

EILog 地面仪器系统由以下几部分组成：IPC 主机、网络交换机、显示器、cPCI 前端采集箱体、接线控制箱体、下井仪器供电箱体、多级灰度黑白绘图仪、彩色绘图仪（可选）、

UPS 电源、模拟电缆和起爆器箱体（可选）。

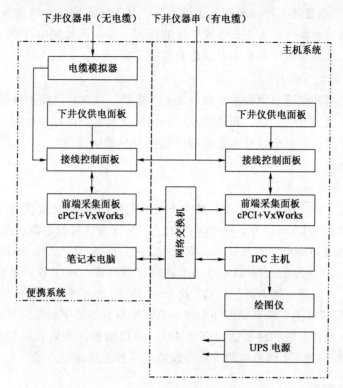

下井仪器串（无电缆）　下井仪器串（有电缆）

图 11-26　EILog 地面硬件系统结构框图

EILog 地面系统主要功能设备和性能如下所述。

1. 主机

主机采用 ACP2000 型工业 PC，具有通用桌面 PC 机的全部功能和较高的对温度、湿度、震动环境的适应性，运行 Windows XP 操作系统。主机的另一种形式是采用主流工业级服务器（俗称刀片服务器），由多颗 Intel Xeon（至强）多核 64 位处理器组成 SMP 系统结构，运行 64 位操作系统，能够提供更为强大的处理能力和稳定性能。便携系统中的笔记本电脑同样能够运行测井应用软件完成所有类型的测井作业。这些系统主设备对外最主要的信息连接通道是 100M/1000M 自适应以太网接口。

2. 前端机

前端机采用 cPCI 总线（具有工业级可靠连接器，与 PCI 完全兼容）构架，完成系统内高性能互联，主板以 Intel PIII 处理器为核心，在 VxWorks 实时操作系统支持下运行专用测井软件，主要功能是信号预处理、数据采集、电缆数据传输和网络通信。

EILog 前端机具有 100kbps BPSK（与斯伦贝谢 CTS 兼容）、生产测井 WTC（与哈利伯顿七参数仪器兼容）、3506 PCM（与 Atlas 3x00 仪器兼容）和高速数传（COFDM 430kbps）等多个测井电缆数据传输通道，使得系统具有很高的井下仪器配接灵活性和兼容性；具有多个可程控放大的高速高精度（16 位）数据采集通道、计数率采集通道、深度编码信号采集通道（深度采样间隔 10 点/m、20 点/m、40 点/m、80 点/m、160 点/m、320 点/m、640点/m、1280 点/m）等，完成地面主机与井下仪器和井场装备的全部控制和接口功能。

EILog 前端机采用了数字信号处理器 DSP、大容量现场可编程逻辑器件 FPAG 和 CPLD

等先进的器件和技术，使得前端子系统具有功能强、升级灵活、高集成度和高可靠性的优点。与由主流 IT 厂商设计生产的通用化主机不同，基于嵌入式技术的前端机是一种测井专用设备，必须以测井专业人员为主进行硬软件的研究开发，因此集中体现了 IT 技术在测井中应用技术水平，是整个地面系统中专业化的核心设备。

3. 测井接线箱体（面板）

接线面板充当测井仪器与地面主设备（采集、通信、供电）之间的连接枢纽。早期地面系统的接线主要由人工操作完成，而成像地面系统的接线主要由程序控制，使连接的安全性提高，操作强度降低。对安全性要求极高的接线项目（如射孔取心），往往采用设有多道安全屏障的专用面板。

4. 下井仪器供电

下井仪器供电采用 XDCP04－I 型标准井下供电电源，220V 交流供电。XDCP04－I 有 7 路供电输出：主交流（TAM）为 0～600VAC/1A/50Hz 连续可调电源；主直流（TDM）为 0～600VDC/1A 连续可调电源；辅助交流（TAA）为 0～600VAC/1.5A/50Hz 连续可调电源；辅助直流（TDA）为 0～600VDC/1.5A 连续可调电源，两组程控电源（CK、TDM1，0～200VDC/1A）以及继电器电源（JDQ）由 0～10V 的输入可编程电压控制。井下供电电源通过 RS232 通信接口受主机系统程序控制，电源本身具有数字和模拟显示功能。

此外，EILog 地面系统中还包括网络交换机、专用面板（如射孔面板）、多台满足不同要求的打印绘图仪、UPS 不间断电源等重要设备，不再进行详细介绍。

三、测井软件系统

成像测井地面系统的主机在相应操作系统和工具支撑下，运行专门开发的测井应用软件系统。测井软件系统可分为两种主要类型。

1. 控制、数据采集、通信和数据处理软件系统

这部分软件与现场设备密切相关，是实现常规和成像测井功能的主体，其主要功能如下：

（1）系统自检、设备诊断和调校。

（2）系列仪器刻度，包括一级刻度、车间刻度和井场测前测后刻度。

（3）测井服务表管理，实现复杂的测井仪器参数设定和处理功能。

（4）测井运行：测井数据采集控制、数据通信、文件记录、显示、绘图等。

（5）数据文件回放处理，能够在必要时加载不同刻度和处理参数以实现"重测井"功能。

（6）系统参数设置。

（7）系统支撑工具。

图 11－27 和图 11－28 分别为斯伦贝谢 MAXIS 500 系统软件和贝克休斯 ECLIPS 2000 系统软件的功能结构图。

2. 测井数据处理和储层评价软件系统。

测井数据处理和储层评价软件系统与现场设备无关，其功能是实现井场快速评价处理和提供施工决策，其主要功能如下：

（1）数据文件格式转换（文件解编）。

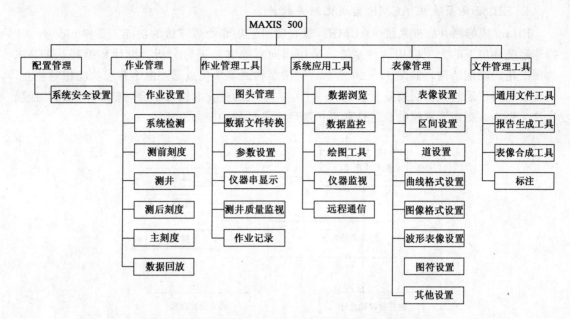

图 11-27 斯伦贝谢 MAXIS 500 系统软件功能结构图

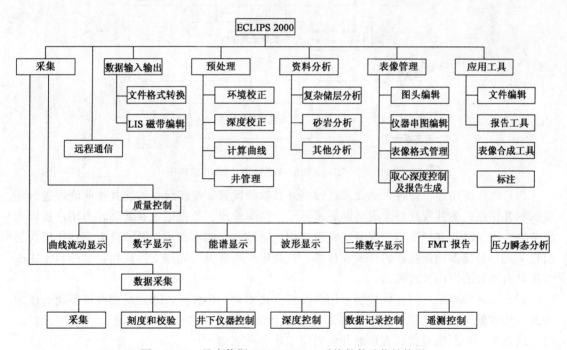

图 11-28 贝克休斯 ECLIPS 2000 系统软件功能结构图

（2）数据文件预处理：深度移动、采样间隔变换、曲线编辑。

（3）多文件处理：合并、拼接。

（4）快速直观解释：孔隙度、含油饱和度、岩性等分析处理，施工评价（如水泥胶结质量），提供交会图和测井曲线成果图，等等。

测井数据处理和储层评价其典型代表有斯伦贝谢的 GeoFram、贝克休斯的 Express 和中国石油的 LEAD 等，在本教材中不进行详细介绍。

3. EILog 地面系统 ACME 集成化测井软件

EILog 成像测井软件系统（ACME）兼有实时采集和处理评价的功能，是 Windows XP 操作系统环境下的大型应用软件系统，采用面向对象方法进行分析、设计和编程。ACME 为层次化的功能结构，如图 11 - 29 所示。分层结构的显著优点是：由于各层功能相对独立，层与层之间仅通过数据交换发生联系，一个层内模块的变化和修改不会对整个系统或其他层次产生影响，提高了系统的稳定性和可扩展性，各层的功能如下所述。

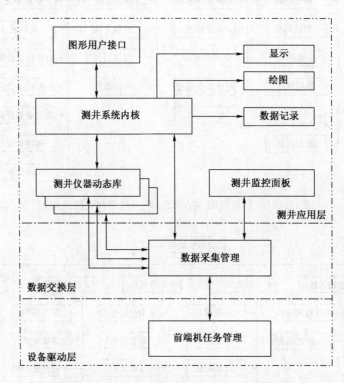

图 11 - 29　EILog 地面系统软件 ACME 结构图

（1）测井应用层：通过人机交互进行测井参数的设置，按照设计的测井作业流程进行相应的测井作业；测井数据处理成果的屏幕显示、绘图输出、数据记录和管理，为用户提供在线帮助。该层以测井仪器动态库方式实现应用扩展接口，能够在不涉及软件主要功能模块的前提下进行新仪器功能模块的开发和挂接，并调用系统提供的底层支撑模块，这使得 EILog 系统具有良好的应用扩展能力。

（2）测井内核层：测井内核层采用多线程方式协调工作任务，通过对测井仪器动态库的加载管理仪器类对象实例，完成测井和刻度作业时原始数据的获取和处理，管理测井显示类、输出类、记录类对象，支持测井应用层实现各种功能。

（3）数据交换层：实现测井应用层和测井设备驱动层之间的数据交换，类似于 Windows NT 系统硬件抽象层，将具体的硬件驱动实现进行封装，为系统的移植提供了方便。

（4）设备驱动层：设备驱动层通过设备接口控制测井采集通道的工作并获取设备状态，完成与测井数据交换层之间的通信，该层不与测井应用层直接发生联系。

ACME 软件的主要功能如下：

（1）测井工程管理：测井工程的创建，参数表、服务表的选择，目录管理，测井仪器动态添加。

（2）服务设置：服务表的创建、修改和保存。

（3）测井：测井命令的发送、数据的接收、测井数据处理（工程值的转换，计算曲线）、屏幕显示、测井数据记录、测井绘图管理，等等。

（4）测井仪器刻度：车间刻度、仪器的初次校验、测前校验和测后校验。

（5）回放及重测井：按照用户需要（可修改参数）对所记录的原始数据和工程数据进行回放，重新计算曲线，以新的文件记录。

（6）测后处理：数据文件浏览，测井数据文件格式转换，测井数据编辑、深度对齐、曲线的合并与拼接处理。

（7）现场快速直观解释：现场测井数据的快速解释处理、地层评价和成果图输出。

（8）绘图：绘图管理，输出各种测井成果图件（测井图头、仪器串图、井眼结构图、刻度和参数报告、测井曲线图等）。

（9）数据记录：测井数据的文件存储，包括原始数据记录和工程数据记录。

（10）诊断、测试及信号仿真：系统硬件功能的测试和故障检测。

（11）辅助功能：图头制作、井身结构图制作和图像打印等。

（12）采集控制：完成测井信号的多任务实时数据采集和下井仪器控制。

（13）帮助：提供系统的在线帮助信息和操作学习功能。

4. 测井文件系统

数据文件操作是测井应用软件的重要功能，在需求分析和系统设计阶段被详细定义。除了包含有处理器指令代码的可执行程序文件和一系列动态连接库文件外，成像测井系统的运行还需要一系列如系统配置文件在内的辅助文件才能运行。运行辅助文件和测井数据文件等组成软件的文件系统主要功能和类型如下。

1）运行辅助文件

运行辅助文件包括系统初始化文件（配置信息、网络连接、安全性设置、用户识别，如EILog 系统的 *.ini）、运行日志文件、系统诊断文件、测井仪器串参数文件（如 EILog 系统的 *.xml）、测井服务表文件和仪器刻度文件（如 EILog 系统的 *.cal、*.pri、*.bef和 *.aft）等多种类型。这些文件多以 ASCII 格式存在，便于操作和检查。测井服务表文件是保证测井运行的配置文件，包含有仪器组合、各仪器参数设置和井孔环境等重要信息，为每一个测井任务独立配备，运行时可通过专门的人机对话窗口进行设定、检查和编辑。

2）测井数据文件

测井数据文件属于测井施工服务的成果文件，主要有两种类型。一类是原始数据文件，用以记录所有仪器的二进制原始数据（例如，补偿中子测井的长、短源距探头计数率属于原始数据）以及运行参数。原始数据文件的文件格式是特殊定义的，由于包含有仪器性能信息，难于在不同系统间交换，因此一般不对外公开。进行"重测井"功能操作时，必须使用原始数据文件。EILog 系统的原始数据文件以 *.raw 命名。另一类是可交换数据文件。可交换数据文件（如 EILog 系统的 *.ldf）主要记录测井工程值数据（如补偿中子测井的视石灰岩孔隙度），能够在不同的数据采集、数据处理和储层评价等软件平台间交换和共享数据，是测井数据记录的"标准"格式，本身也是一种知识产权成果。常见的可交换数据文件有斯伦贝谢的 LIS（测井信息标准文件）、DLIS（数字测井信息标准文件）和 LAS（测井 ASCII文件），贝克休斯的 XTF 以及中国石油的 cif 等，其中 LIS、DLIS 为全球通用。成像测井系统在井场服务运行时，必须在记录原始数据文件的同时或事后生成某种格式的可交换数据文件。原始数据文件到可交换数据文件往往具有不可逆性，测井数据处理和储层评价软件在数据文件解编阶段完成对可交换数据文件中测井数据的提取。

本 章 小 结

本章介绍了数控测井地面系统和成像测井地面系统的组成原理，并以 CLS3700 和 EILog 为例分别分析了国内外数控和成像测井地面系统的组成和主要部件尤其是测井接口单元的功能和结构。

地面系统是与现代 IT 技术结合比较紧密的部分。地面系统各部件从以车载计算机为核心通过系统 I/O 总线互联，发展到目前以网络交换机为中心的、具有强大的数据采集和处理能力的分布式实时多任务系统。但无论技术怎样发展，测井专用接口部件（如 CLS 的 SRP 面板、CSU 的 TIU、EILog 的 cPCI 前端机等）都是地面系统中最关键也是与测井技术中井下仪器结合最紧密的部分，因此学习和了解这部分内容就显得特别重要。

思 考 题

1. 以 CLS 3700 为例说明数控测井地面系统主要由哪些设备组成，其主要功能是什么？
2. CLS 系统中主机与外设的主要数据连接通道有哪些？
3. 3752 和 3764 信号恢复面板的主要功能各是什么？有什么异同？
4. 简述深度编码信号的产生原理和主要处理过程。深度校正功能有哪几种？
5. CLS 现场应用软件有几种类型？
6. 简述 EILog 地面系统的组成结构和特点。
7. 前端机的主要功能是什么？
8. 简述成像测井应用软件系统的主要功能。
9. 根据 EILog 软件系统的分层架构，简述每层的主要功能。

第十二章　测井数据传输

第一节　数据传输原理

一、测井电缆的传输特性

在测井系统中，地面系统与井下仪器间的数据传递通过电缆来实现。通常使用的测井电缆为七芯铠装电缆，最大长度可达 7000m。电缆传输信道的衰减和相移随信号频率的增加而急剧增加。当频率超过 100kHz 时，信号衰减和时延特性变差，使得难以对信道解码。

1. 影响电缆传输特性的主要因素

1）衰减

测井电缆是井下与地面之间的信息传输媒介，采用的是普通七芯铠装电缆，由 7 根金属导线外包绝缘材料绞合而成。电缆的最外层为钢丝编织层，俗称电缆铠装，保证电缆有一定的机械强度，其长度一般为 3.5～7km。缆芯的直流电阻约为 $25.8\Omega/km$，分布电容约为 $0.1\mu F/km$，分布电感约为 $2\mu H/km$。因此，这种测井电缆的信号传输频带宽度仅约为 100Hz～100kHz。作为数字信息传输媒介，其电特性较差是限制井下与地面之间数据传输速率的重要原因。

电缆的阻性特征造成电能损耗以及电缆绝缘材料的电能泄漏，导致信号幅值经过链路传输时逐渐减弱。链路的衰减是由电缆的结构、长度及传输信号的频率所决定的，当工作频率较高时，衰减主要是由趋肤效应所决定并与频率的平方根成正比。另外，衰减值随温度的增加而增大。对于井下电缆，温度每增加 1℃，衰减约增大 0.4% 左右。此外，井下电缆布放在井下套管中，衰减会增加 2%~3%。

2）串音干扰

串音干扰发生于缠绕在一个束群中的线对间干扰。由于电容和电感的耦合，处于同一主干电缆中的双绞线发送器的发送信号可能会串入其他发送器或接收器，造成串音。串音一般分为近端串音和远端串音。对于测井电缆来说，远端串音并不会产生很大的影响，这是因为随着距离增大，远端串音经过信道传输将产生较大的衰减，对线路影响较小；而近端串音一开始就干扰发送端，在全双工模式时对线路本端的接收影响较大。

3）码间干扰

码间干扰是数据传输中除噪声干扰之外最主要的干扰。与加性的噪声干扰不同，码间干扰是一种由于信道的非线性相位特性造成的乘性干扰。由于测井电缆呈现容性特征，会使数字脉冲的上升或下降变慢，从而导致波形的畸变，产生信道间干扰和符号间干扰。实际上，只要传输信道的频带是有限的，就会不可避免地造成一定的码间干扰。以一定速度传送的波形序列受到非理想信道的影响，表现为各码元波形持续时间拖长，从而使相邻码元波形产生重叠，造成判决错误。

2. 不同连接方式下信道的频率特性

用七芯测井电缆传输信息时，最常用的连接方式如图 12-1 所示。T_6 方式可提供最快的传输速率和最大带宽，但使用缆芯最多，哈里伯顿的 DITS 采用这种模式下传命令信息。T_2、T_5、T_7 传输方式信道的频率响应如图 12-2 所示。T_2、T_5 以不同方式组合使用 $2^{\#}$、$3^{\#}$、$5^{\#}$、$6^{\#}$ 四根缆芯，T_5 方式的传输性能远优于 T_2 方式。中心缆芯 $7^{\#}$ 与缆皮构成 T_7 传输方式，因缆芯 $7^{\#}$ 位于中央，与缆皮相距较远，分布电容较小，虽传输的绝对损失要大于 T_6 方式，但它却具有最平坦的传输特性，这一点对于高传输速率尤为重要。哈里伯顿的 DITS 采用 T_7 方式作为上传数据信道。阿特拉斯组合使用 T_2、T_5 和 T_7 方式，其中 T_2 作为下行命令信道和低速上传数据信道工作在半双工方式，T_5 和 T_7 构成两个高速上行数据信道。T_2、T_5 和 T_7 组合连接方式如图 12-3 所示。

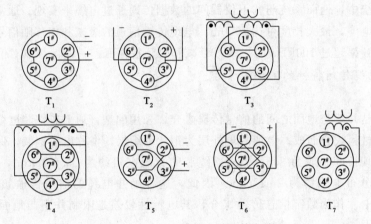

图 12-1　七芯电缆的几种连接方式

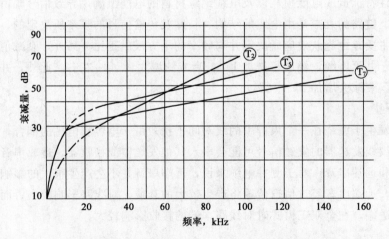

图 12-2　传输方式 T_2、T_5 和 T_7 的频率响应

3. 温度对电缆特性的影响

井温升高时，信号衰减程度加重，如图 12-4 所示。因此，通常测井电缆传输信号的频率使用带宽在 100kHz 以下，这就给提高信息的传输速率带来很大困难，用基带传输已不能满足电缆高速率的传输要求。要想提高传输速率，就要选择高比特率编码的调制解调技术，

并对电缆传输特性进行正确补偿，以满足高速数据传输系统的要求。

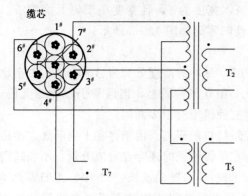

图 12-3　传输方式 T_2、T_5、T_7 构成

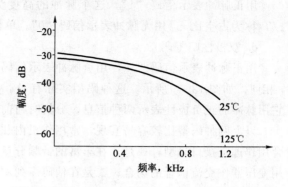

图 12-4　T_5 方式下 7000m 电缆衰减特性曲线

二、信道码型设计

1. 码型设计的一般要求

为了准确而有效地在传输系统中传送数字信息，必须用适当的电脉冲形式表达，即线路编码问题。对线路码型，通常有如下要求：

（1）适当特性的功率谱密度，并与信道特性匹配。为了对称传输，常用变压器与线路耦合，这就要求信码中不含有直流分量和很低频率的分量。信道频率响应在高频段也不太理想，希望信码中高频分量的能量较小。因此，要求信码的主要能量集中在信道特性良好的通频带中心附近。

（2）丰富的定时信息。在基带传输系统中，位定时信号是接收端和再生中继器内再生原来信码所必需的。通常要求线路码型有自定时能力，即从信码中可以提取出同步信息。

（3）透明性。信源发出的信码具有随机性，常用各种概率分布描述其统计特性。如果码型变换（包括编码和解码）与信源发出的信码统计特性无关，则称为具有透明性。

（4）对线路的宏观差错有宏观检测能力。为了实时检测传输系统的质量，便于维护和控制，希望码型具有内在的检错能力。在传送信码的同时，能宏观地用计数器监督线路的质量指标，例如差错率。

（5）较小的误码增殖。当线路中出现单个差错，导致解码过程中出现多个差错时，叫做误码增殖或误码扩散。希望码型具有较小的误码扩散效应。

（6）能够实现并具有较好的性价比，尤其对于处于高温环境的井下子系统。

2. 常用码型

1）二元码

最简单的二元码基带波形是矩形脉冲，取值只有两种电平，常用的二元码如下。

a. 单极性不归零码

这种二元码用高电平和低电平（常用零电平近似表示）两种取值分别表示二元信息的"1"和"0"，在每个码元期间电平保持不变，如图 12-5 所示。

b. 双极性不归零码

用正电平表示信码"1"，用负电平表示信码"0"，在每个码元期间电平保持不变，不用零电平，如图 12-5 所示。

c. 单极性归零码

用正脉冲表示信码 "1"，这个脉冲的高度为 A，宽度为 τ，且宽度小于码元宽度 T_0，τ/T_0 称为占空比 r。用无脉冲表示信码 "0"。单极性归零码如图 12-5 所示。

d. 双极性归零码

用正脉冲表示信码 "1"，用负脉冲表示信码 "0"，脉冲的高度分别为 A 和 $-A$，占空比 r 相同，如图 12-5 所示。这种码型实际有 A、$-A$ 和 0 三种码型，但通常仍视为二元码，它用脉冲的正负极性表示两种信息，分析时与前述三种码型有很多共同点。

以上四种码型比较容易实现，常用作机内和近距接口的码型。由于存在下列问题，不适合用作远距接口码型：一是存在丰富的低频分量，在单极性码时还存在直流分量，不能适应用变压器作交流耦合的场合；二是在信码序列中若出现长 "1" 串或长 "0" 串，不归零码呈现固定电平，无电平跃变，也就没有定时信息；三是当信息码流中各个码元之间相互独立时，这四种码型的各个码元取值也相互独立，因而没有任何检错能力。

e. 差分码

在差分码中，信码 "1" 和 "0" 分别用电平的跃变与否来表示。在电报通信中，习惯上称 "1" 码为传号，"0" 码为空号。若用有电平跃变表示 "1" 码，用无电平跃变表示 "0" 码，称为传号差分码，如图 12-5 所示。若用有电平跃变表示 "0" 码，用无电平跃变表示 "1" 码，则称为空号差分码。

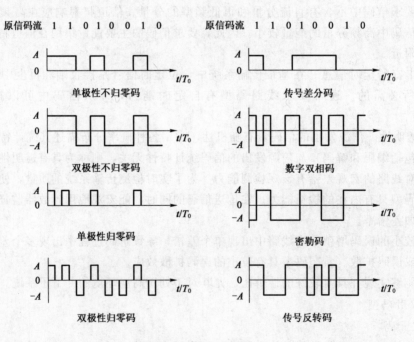

图 12-5 二元码型

差分码也未解决上述四种码型存在的问题，也不能直接用作远距接口码型。但是注意到这种码型的电平取值与信码的 "1" 或 "0" 之间不是绝对的对应关系，而是用电平的相对变化传送 "1" 码与 "0" 码，只具有相对关系，所以又称为相对码。差分码通常用来解决有相位模糊的场合。

f. 数字双相码

数字双相码又称为分相码或 Manchester 码，它用两位码表示信码 "1" 或 "0"。一种规定是：用"10"表示"1"码，用"01"表示"0"码，且为双极性不归零脉冲。编码波形如图 12-5 所示。

这种码型的优点是：因为正负电平出现的概率相等，无直流分量和低频分量，主要能量集中在通频带中段。在每个码元间隔的中心处都有电平跃变，位定时信息特别丰富，而且不受原信码序列统计特性的影响，较易提取位定时信号。由于"00"加"11"是禁用码组，所以在数字双相码流中不会出现三个或更多的连码，这个特性可用来进行宏观检错。这个码型的不足之处是：传输速率加倍，要求信道传输带宽加倍。在以太本地数据网中采用该码型作为传输码型，最高信息速率可达 10Mb/s。

g. 密勒码

密勒码又称延迟调制码，可看成是数字双相码的一种变形。它规定："1"码用码元间隔中心点出现跃变来表示，即"10"或"01"。"0"码有两种情况：单"0"时，在码元间隔内不出现电平跃变，而且在与相邻码元的边界处也无跃变；在连"0"时，在两个"0"码的边界处出现电平跃变，即"00"与"11"交替。编码波形如图 12-5 所示。根据密勒码的编码规则可知，若两个"1"码中间有一个"0"码时，密勒码流中出现最大宽度 $2T_0$，即两个码元周期。换句话说，可能出现四连码情况，但不会出现多于四连码情况，用这个性质可作宏观检测之用。

h. 传号反转码（CMI）

传号反转码规定："1"码交替用"11"和"00"表示；"0"码用"01"表示，编码波形如图 12-5 所示。这种码型有较多的电平跃变，含有丰富的定时信息；又由于"10"为禁用码组，不会出现三个以上的连码，这个性质可用来作宏观检测。因此，CMI 码已被 CCITT 推荐为 PCM 四次群的接口码型，在光缆传输系统中也有应用。

i. nBmB 码

这是一类分组码，它把原信码流的 n 位二元码作为一组，变换为 m 位二元码作为新码组，由于 $m > n$，新码组可能有 $2m$ 种组合，多出（$2m-2n$）种组合，从中选择有利码组作为可用码组，其余为禁用码组，以获得好的特性。前面介绍的数字双相码、密勒码和 CMI 码都可看作是 1B2B 码。

在光纤数字传输系统中，通常选择 $m = n+1$，如 1B2B 码、2B3B 码和 5B6B 码等。其中，5B6B 码型已实用化，作为三次群和四次群的线路传输码型。

2）三元码

三元码的取值有三种：$+A$，0 和 $-A$。由二元信码流变换为三元信码流时，通常不是由二进制到三进制的转换，而只是某种取代关系，所以三元码又称为伪三元码。

a. 传号交替反转码（AMI）

AMI 码规定："0"码用 0 电平表示；"1"码（即传号）交替地用 $+A$ 和 $-A$ 表示，常用半占空归零脉冲实现 $+A$ 和 $-A$，如图 12-6 所示。

这种码型无直流分量，主要能量集中在通频带中段，可以用非线性变换方法从信码中提取位定时信息。但当原信码流中出现长"0"串时，AMI 码流也对应长"0"串，使位定时提取发生困难。利用传号交替反转规则，在接收端如果发现有破坏该规则的脉冲时，说明线路传输中有差错，可用作宏观在线监测之用。

b. n 阶高密度双极性码（HDBn）

n 阶高密度双极性码可以看作 AMI 码的改进型，用以解决原信码流中出现长"0"串时发生的问题。常用的是 HDB3 码，其规定为：在原信码流中，每当出现四连"0"码时，用下列两种取代节之一代替："000V"或"B00V"。其中，B 表示符合极性交替规则的传号；V 表示违反极性交替规则的传号，或称破坏点。当 HDB3 码流中两个 V 脉冲之间的传号数为奇数时，采用"000V"取代节；若为偶数时，采用"B00V"取代节，保持任意两个相邻的 V 脉冲之间的 B 脉冲数为奇数。在原信码流中的传号都用 B 脉冲代替。按上述规则编出的 HDB3 码流如图 12-6 所示，具有以下特点：

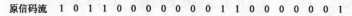

原信码流　1 0 1 1 0 0 0 0 0 0 0 0 1 1 0 0 0 0 0 0 0 1

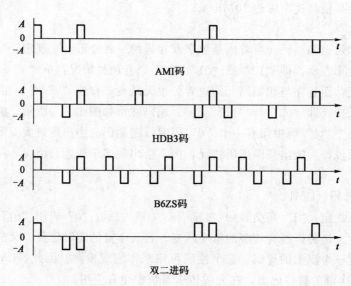

图 12-6　三元码型

（1）利用 V 脉冲违反极性交替规则的特征，接收端很容易去掉取代节；

（2）B 脉冲符合极性交替规则，同时 V 脉冲序列也是极性交替的，就保持了无直流分量的性质；

（3）根据 V 脉冲序列也是极性交替的特点，可用作线路差错宏观检测。

c. BnZS 码

BnZS 码是一种 n 连"0"取代的双极性码，可看作为 AMI 码另一种改进型，其规定为：每当原信码流中出现 n 连"0"串时，用带有破坏点的取代节代替。常用的是 B6ZS 码，它的取代节为"0VB0VB"，编出的 B6ZS 码流如图 12-6 所示。它也有与 HDB3 类似的特点。

d. 双二进码

双二进码是一种三元码，它规定："0"码无脉冲传送；"1"码用正脉冲或负脉冲传送，当前的"1"码与前面相邻的"1"码之间的"0"码数目为奇数时，当前的"1"码对应的脉冲极性与前一脉冲的极性相反，否则相同。按这个规则编出的码流如图 12-6 所示。

3）多元码

信源输出的数码可能有 M 种符号，相应地用 M 种电平表示它们。如果各码元数码取值是等概率的，码元之间没有关联，在电平配置时通常以零电平为中心，正、负电平对称配置，以便消除直流分量。

当 M 为奇数时，M 种电平值 AK 为：

$$AK = 0, \pm 2A, \pm 4A, \cdots, \pm(M-1)A \tag{12-1}$$

当 M 为偶数时，M 种电平值 AK 为：

$$AK=\pm A,\pm 3A,\cdots,\pm(M-1)A \qquad (12-2)$$

例如，信源输出为四种符号：0、1、2 和 3，AK 可取为：$3A$、A、$-A$ 和 $-3A$。用这个规则编成的多元码如图 12-7 所示。

三、数字基带信号的功率谱密度

1. 单极性不归零码的功率谱特征

$$Sy(\omega)=\frac{A^2 T_0}{4}\mathrm{sinc}^2\left(\frac{\omega T_0}{2\pi}\right)+\frac{\pi A^2}{2}\delta(\omega) \qquad (12-3)$$

式中　A——脉冲幅值；

$\quad\quad T_0$——码元宽度。

$Sy(\omega)$ 的第一部分为连续谱，第二部分是离散谱，其中直流分量（$n=0$）的强度为 $\pi A^2/2$。其图形如图 12-8 所示，图中 $f=\dfrac{\omega}{2\pi}$，$f_0=\dfrac{1}{T_0}$。

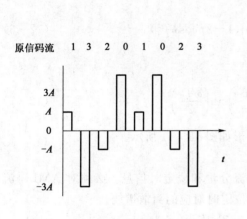

图 12-7　多元码型

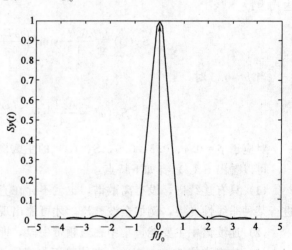

图 12-8　单极性不归零码的功率谱

2. 单极性归零码的功率谱

$$Sy(\omega)=\frac{A^2 T_0}{16}\mathrm{sinc}^2\left(\frac{\omega T_0}{4\pi}\right)\left[1+\frac{2\pi}{T_0}\sum_{n=-\infty}^{\infty}\delta\left(\omega-\frac{2\pi n}{T_0}\right)\right] \qquad (12-4)$$

单极性归零码也有两部分：连续谱部分和离散谱部分。离散谱部分有部分冲激函数的强度为零，即在 $\omega=\pm 4\pi n/T_0(n\neq 0)$ 处，$\mathrm{sinc}^2(\omega T_0/4\pi)$ 为零。当 $n=0$ 时，为直流分量，强度为 $\pi A^2/8$；当 $n=1$ 时，为基频分量，强度为 $A^2/(2\pi)$，表示 $Sy(\omega)$ 中有位定时线谱，可用来提取位定时信息。

$Sy(\omega)$ 的图形如图 12-9 所示。由图可以看出，主瓣宽度比不归零码的情况要大一倍。

3. 双极性不归零码的功率谱

双极性不归零码的功率谱为：

$$Sy(\omega)=A^2 T_0\mathrm{sinc}^2(\omega T_0/2\pi) \qquad (12-5)$$

双极性不归零码只有连续谱分量，如图 12-10 所示。

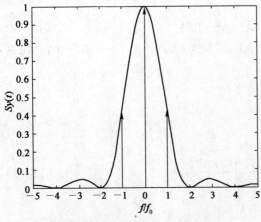

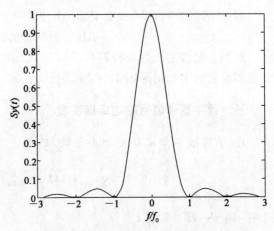

图 12-9　单极性归零码的功率谱　　　　图 12-10　双极性不归零码的功率谱

4. AMI 码的功率谱

假设原信码流中"1"码出现的概率为 p，基本波形为半占空矩形，AMI 码的功率谱表达式为：

$$Sy(\omega)=\frac{pA^2T_0}{4}\text{sinc}^2\left(\frac{\omega T_0}{4\pi}\right)(1-2p\cos\omega T_0) \qquad (12-6)$$

当 $p=0.5$ 时，

$$Sy(\omega)=\frac{A^2T_0}{4}\text{sinc}^2\left(\frac{\omega T_0}{4\pi}\right)\sin\left(\frac{\omega T_0}{2}\right) \qquad (12-7)$$

对应于 $p=0.4$、0.5、0.6，$Sy(\omega)$ 的主瓣图形如图 12-11 所示。

可以看出 $S_y(\omega)$ 有如下特点：

(1) 只有连续谱，没有离散谱，也就不存在直流分量和位定时信息。必须对 AMI 码流进行某种非线性变换，例如全波整流，才可能出现位定时对应的离散谱线。

(2) 连续谱中主要能量集中在通频带中段，即 π/T_0 附近。

(3) 功率谱特性与 p 有关，即依赖于原信码流的统计特性。

5. 双二进码的功率谱

假定原信码流中"0"码与"1"码是等概率的，基本波形为半占空矩形，双二进码的功率谱表达式为：

$$Sy(\omega)=\frac{A^2T_0}{4}\text{sinc}^2\left(\frac{\omega T_0}{4\pi}\right)\cos^2\left(\frac{\omega T_0}{2}\right) \qquad (12-8)$$

双二进码的功率谱如图 12-12 所示。

将图 12-12 与图 12-11 相比较可以看出：主瓣宽度是 AMI 码功率谱主瓣的一半，这意味着双二进码的传输带宽可以减少一半，其余特点与 AMI 码类似。

6. 数字双相码的功率谱

数字双相码的功率谱表达式为：

$$Sy(\omega)=A^2T_0\text{sinc}^2\left(\frac{\omega T_0}{4\pi}\right)\sin^2\left(\frac{\omega T_0}{4}\right) \qquad (12-9)$$

功率谱图形如图 12-13 所示。数字双相码的功率谱具有如下特性：

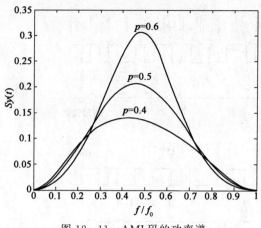

图 12-11　AMI 码的功率谱

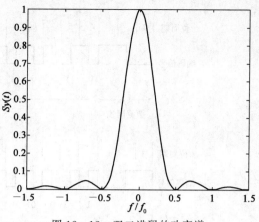

图 12-12　双二进码的功率谱

（1）只有连续谱，而且主瓣宽度是 AMI 码的一倍。这与直观感觉是一致的，AMI 码以电平数增加换取好的特性，而数字双相码以码速加倍为代价换取好的特性。

（2）主要能量集中在通频带中段，低频分量的能量较小且无直流分量，容易实现交流耦合。

（3）功率谱形状与信码流的统计特性无关。

（4）在时间域的波形中有很多跃变沿，应该有丰富的定时信息，但在功率谱中却无离散谱线，因此必须进行非线性变换。

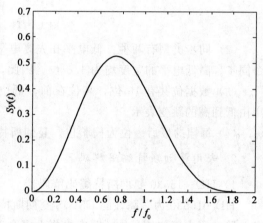

图 12-13　数字双相码的功率谱

由于数字双相码的功率谱形状与信码流的统计特性无关，因此针对特性恒定的传输信道，可以采用简单的频域均衡方法对信道传输特性引起的失真进行补偿；功率谱的带通特性使其特别适合于通过变压器耦合的测井电缆实现数据传输；由于时域波形有许多跃变沿，提取定时信息方便，解码易于实现。在斯伦贝谢的 CTS 数控测井系统、阿特拉斯的 3700 数控测井系统及 ECLIPS5700 成像测井系统中，均采用了这种编码。

第二节　曼彻斯特编码测井数据传输

一、曼彻斯特编码及专用编码解码器

1. 曼彻斯特编码格式

前述的数字双相码规定了"0"、"1"码的编码规则，专用的曼彻斯特编码解码器不仅规定了数字的编码规则，而且规定了数字传输的帧格式，如图 12-14 所示。

由图 12-14 可知，曼彻斯特编码格式为：

（1）每帧信息由同步、数据和校验位三部分组成。

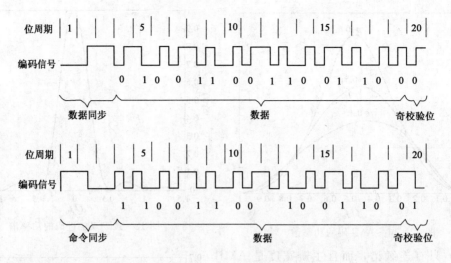

图 12-14 曼彻斯特编码

(2) 同步类型有两种：低电平在先高电平在后为数据同步，高电平在先低电平在后为命令同步。高低电平的宽度均为 1.5 位，因此，同步宽度为 3 位。

(3) 数据位共有 16 位，高位在前，低位在后。数据 1 用由高到低的跳变表示，数据 0 用由低到高的跳变表示。

(4) 每帧的最后一位为校验位，曼彻斯特编码采用奇校验。

2. 专用曼彻斯特编码解码器

1) HD-15530 曼彻斯特编码解码器

HD-15530 为一高性能 CMOS 曼彻斯特编码解码器，其内部分为编码器和解码器两部分，除共用主复位信号外，两者操作上完全独立。编码器生成同步脉冲、数据编码位及校验位。解码器识别同步脉冲、解码数据位并完成校验。图 12-15 为 HD-15530 的引脚分配。图 12-16 为 HD-15530 的编码时序。

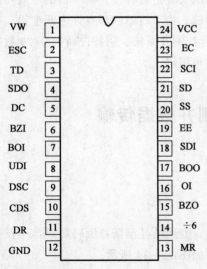

图 12-15 HD15530 的引脚分配

图 12-15 和图 12-16 中，ESC 为编码时钟，EE 为编码使能。编码器空闲期间，若 ESC 的下降沿检测到 EE 为高电平，则在 ESC 的下一个上升沿由 BOO (Bipolar One Out) 和 BZO (Bipolar Zero Out) 开始输出极性互补的同步信号，同步信号的类型（命令同步或数据同步）由 ESC 上升沿时刻同步选择信号 SS (Sync Select) 的状态决定。同步信号持续三位的时间。被编码数据的最高位在同步结束前、发送数据通知 SD (Send Data) 有效（变高）后、编码时钟的下降沿放到数据输入端 SDI (Serial Data In)。同步输出完成时，ESC 的上升沿对 SDI 采样，在下一位时钟期间内 BOO、BZO 上输出数据编码，然后依次输出次高位编码直到最低位编码。最低位编码完成后，输出奇校验位编码，完成一个 16 位数据的编码。发送多个数据字时，重复上述过程。

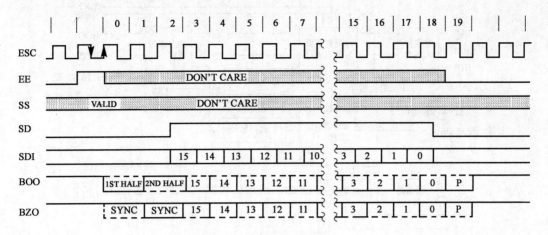

图 12 - 16 曼彻斯特编码时序

图 12 - 17 为 HD - 15530 解码器的工作时序。差动的输入信号来自 BOI、BZI 输入端。译码后的数据在 SDO 端。接收数据的同步状态在 CDS 端给出。TD 上跳沿指示数据开始输出的时刻。在 TD 和译码时钟 DSC 共同作用下，输出数据写入串入并出移位寄存器。16 位数据接收完毕后，数据有效标志 VW 给出内部校验结果。

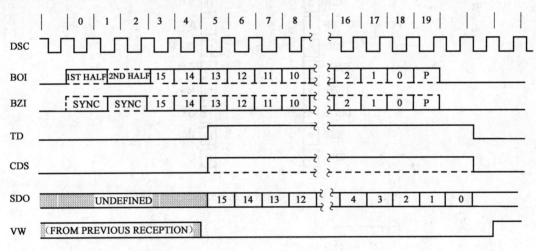

图 12 - 17 HD - 15530 曼彻斯特解码器工作时序

2）HD - 6409 曼彻斯特编码解码器

HD - 6409 的内部结构如图 12 - 18 所示。它由振荡器、计数器、输入输出选择、边沿检测、数据输入逻辑、移位寄存器与译码器、输出选择逻辑、命令同步、编码器等组成。图 12 - 19 为 HD - 6409 的引脚分配。图 12 - 20 为 HD - 6409 的编码时序。图 12 - 18 至图 12 - 20 中，CTS（Clear To Send）的下降沿启动编码器开始工作，首先发送 8 个先导 "0"，其作用是用于接收端实现时钟同步；然后发送命令同步信号，之后才开始数据编码。HD - 6409 的编码与 HD - 15530 的编码格式不同。HD - 6409 的编码帧是变长的，一个编码帧包括先导 "0"、同步及可变长度数据，无奇校验位，数据位长度根据实际需要确定。当数据量较大时，由于冗余数据位（同步、校验）少，HD - 6409 的数据传输效率明显高于 HD - 15530。

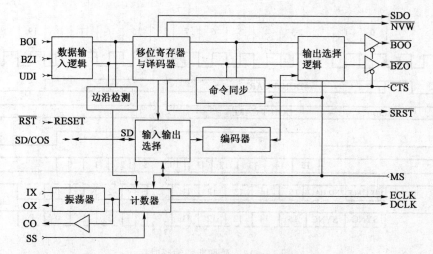

图 12 - 18   HD - 6409 曼彻斯特编码解码器内部结构

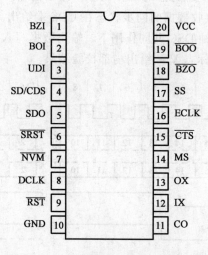

图 12 - 19   HD - 6409 曼彻斯特编码解码器引脚分配

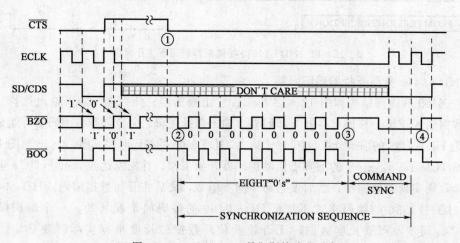

图 12 - 20   HD - 6409 曼彻斯特编码时序

二、3514XA 数据传输短节

3514XA 数据传输短节是 ECLIPS5700 成像测井系统的井下仪器的电缆遥测接口（Wire-line Telemetry System—WTS），系统结构如图 12-21 所示，由数据采集板（虚线框内部分）、遥测信号中继电路、辅助参数预处理电路和钻井液电阻率测量电路组成。

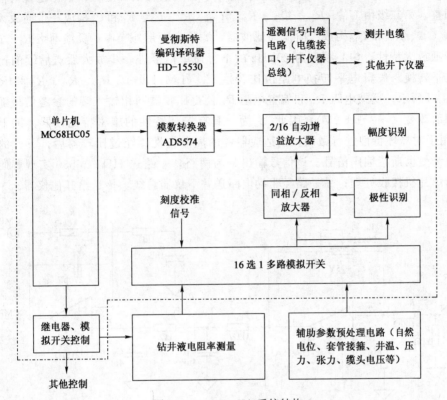

图 12-21　3514XA 系统结构

数据采集板以摩托罗拉公司 MC68HC05 单片机为核心，通过曼彻斯特编码译码接口接收地面系统下传的数据采集、数据传输命令，对各种辅助参数进行数据采集，然后通过曼彻斯特编码电路对数据进行编码、上传。模拟数据采集电路采用 12 位的模数转换器 ADS574，转换时间 25 μs，输入信号范围可以是：0~10V，0~20V，±5V，±10V，系统采用 0~10V 量程，以获得最高的分辨率。

3514XA 数据采集电路的特征有三个：一是测量参数多，前端使用了 16 选 1 多路模拟开关，支持 16 路模拟信号采集，包括刻度校准信号、缆头电压、自然电位、套管接箍、井温、保温瓶温度、压力、张力、三维加速度等信号；二是设计了自动极性识别和转换电路，能够适应正、负两个极性模拟信号的采集；三是设计了自动增益电路，具有 2、16 两个增益挡位，使测量具有较宽的动态范围。

由于测量的辅助参数较多，辅助参数预处理专门安装在一块电路板上。钻井液电阻率的测量包括电极供电、测量放大、相敏检波、低通滤波等，也由一块相对独立的电路板完成。

遥测信号中继电路是地面设备与井下仪器间命令与数据通信的中转站，它实现两个功能：一是对来自电缆的地面下传命令信号放大、滤波、整形，然后转发给井下仪器总线上的其他井下仪器及 3514XA 的数据采集电路；二是对来自 3514XA 数据采集电路及井下仪器总线上其他测井仪器的上行曼彻斯特编码信号进行归零制转换、功率放大后，送上测井电缆。

1. 下行命令编码恢复电路

下行命令编码恢复电路由下行命令放大滤波电路、整形电路组成。下行命令放大滤波电路如图12-22所示。放大器由两级组成。第一级由U_{1A}、R_1、R_2、P_1和R_{27}构成一反相放大器，由R_1、R_2实现阻抗匹配，电路放大倍数由P_1和R_2的比值确定，P_1根据电缆对信号的衰减程度调整。第二级由U_{1B}、R_{6A}、C_{1A}、R_{6B}、C_{1B}、R_7、C_3、R_8和C_2构成一带通放大器。其中，R_{6A}、C_{1A}、R_{6B}和C_{1B}构成二阶低通滤波器，滤除高频带外噪声；反馈网络R_7、R_8、C_2、C_3具有带通放大特性，中心频率为20kHz的下行命令信号进一步放大后送后续的比较器实现逻辑电平转换。逻辑电平转换电路由比较器U_2（LM111H）、R_{10}、R_{11}、R_{12}和R_{47}组成，如图12-23所示。反馈电阻R_{10}和偏置电阻R_{11}使得比较器同相输入端的参考信号随输出电平的不同而改变（$-2\sim+2$V），因此U_2为一具有滞环特性的施密特比较器，抗干扰能力强。R_{47}用于对滞环特性进行微调，以适应器件的离散特性。经过比较器后，下行的模拟信号即转换为曼彻斯特编码信号。该信号输出分为两路，一路送HD-15530实现解码，由遥测系统的单片机接收处理；另一路经驱动电路送井下仪器总线，传送给其他仪器。

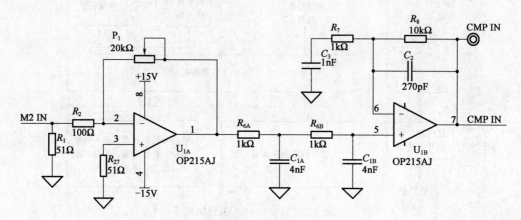

图12-22 下行命令放大滤波电路

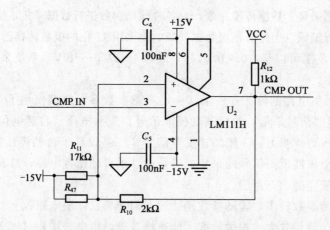

图12-23 逻辑电平转换电路

井下仪器总线命令驱动电路如图12-24所示。DS1633J为一CMOS驱动器，内部具有两组电路，其输出采用达林顿晶体管，驱动电流可达300mA。比较器输出的曼彻斯特编码信号 CMP OUT 送第一组驱动器的 A_1 输入端，另一组驱动器的输入 B_2 则为 CMP OUT 的反向互补信号，驱动器的输出通过变压器 T_1 送到井下仪器总线上。由于 M_2 信道是下行命令和上行数据分时使用的，为避免上传数据对命令总线的干扰，在上传数据期间，DS1633J 处于关闭状态，这一功能由 A_2、B_1 输入端接入的门控信号 GATE 实现。

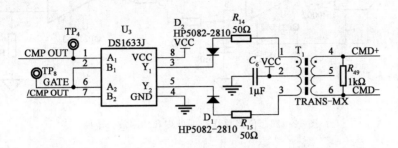

图 12-24　井下仪器总线命令驱动电路

2. 上行数据处理与功率放大电路

ECLIPS 5700 的井下仪器总线（WTS-IB）采用 4 对信号线实现了下行命令与上行数据的全双工传送。除上述的 1 对下行命令信号线外，另外 3 对为上行数据通道，包括 1 路低速信道（M_2，传输速率为 41.66kbps）和 2 路高速信道（M_5、M_7，传输速率为 93.75kbps）。低速信道采用 HD-15530 编码方式，即每 16 位数据构成一帧，附加同步和奇校验位；高速信道采用 HD-6409 编码方式，即一帧数据包括 8 个前导零、一个同步和长度可变的数据字，大数据量传送时附加信息少，效率较高。数据信号在数据发送端完成编码，3514XA 遥测短节提取编码信号的边沿，得到微分形式的曼彻斯特编码，再进行双极性转换、滤波和功率放大后通过模式变压器送上测井电缆。三个信道的结构是相同的，只是因传输速率不同，滤波参数有所差异，以下以 M_2 信道为例进行介绍。

图 12-25 为仪器总线数据编码恢复电路，它采用 DS78C20 差分信号接收器，将来自仪器总线的曼彻斯特编码信号整形为逻辑电平信号 BZO，以获取准确的定时信号。BZO 经可编程逻辑器件提取出上升沿和下降沿，并展宽 5 μs 的单极性脉冲信号 P_2 和 N_2。图 12-26 为脉冲合成、滤波处理和功率放大电路。U_{6B} 和 R_{21}、R_{22}、R_{23}、R_{24} 构成一差分放大器，它将 P_2 信号反相放大，N_2 信号同相放大，形成双极性脉冲。U_7、R_{25}、R_{26}、C_9、C_{10} 构成低通滤波电路，滤除双极性脉冲中的高频成分。LH0002 为一电流放大器，实现信号的功率放大。图 12-27 为双极性合成及滤波输出波形示意图。

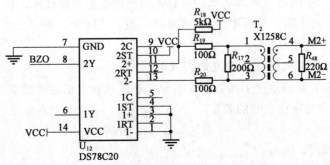

图 12-25　仪器总线数据编码恢复电路

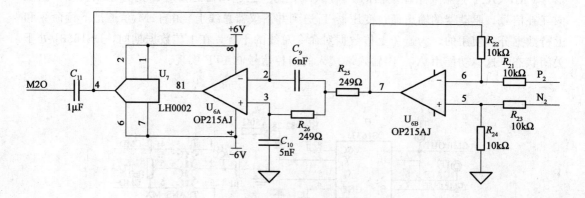

图 12-26　仪器总线数据处理和功率放大电路

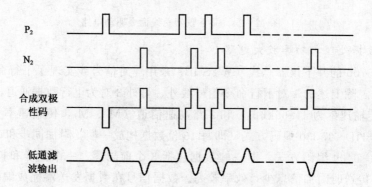

图 12-27　双极性合成及滤波输出波形示意图

第三节　高速测井数据传输

一、高速数据传输基础

随着成像测井仪器甚至更新一代的全三维成像仪器的不断推出，测井数据传输已经成为制约装备技术发展的主要瓶颈。传统的基于简单编码和基带传输的电缆通信方式已经远不能满足测井技术发展的需要。为此，国内外为开发新一代的高速传输技术都投入了很大的人力和物力。本节介绍的中国石油测井基于 COFDM 的高速数据传输技术，从 20 世纪 90 年代中期到 2005 年初步研制成功，经历了近 10 年时间，投入上千万，目前已经在单一 T_5 信道上达到 430kbps 的高速传输水平。

1. 香农定理和测井电缆信道带宽的有效利用

香农（Shannon）定理表述了在有限带宽和含有随机噪声信道情况下的最大传输速率与信道带宽、信号噪声功率比之间的关系：

$$C = B \times \log_2(1 + SNR) \tag{12-10}$$

式中　C——链路速度，bps；

　　　B——链路带宽，Hz；

SNR——平均信号功率与平均噪声功率的比值，dB。

从式（12-10）可知，当 $SNR \gg 1$ 时，信道 SNR 每提高一倍（6dB 功率比或 3dB 电压比），可使传输效能提高 1b/Hz。设测井电缆 T_5 信道的有效带宽为 120kHz，在该带宽内平均 SNR 为 40dB，可知理论上的最大传输速率超过 600kbps，这一数值远远大于第二节介绍的采用曼彻斯特编码的 ECLIPS2000 系统 WTS 的 T5 通道传输速率（仅为 93kbps）。可见，传统简单编码和基带传输方式没有很好地利用有限的测井电缆带宽，采用先进数据传输技术对提升测井系统整体性能是非常必要的。

2. QAM 调制

正交幅度调制 QAM（Quadrature Amplitude Modulation）是对载波的振幅、相位两个参量同时由两个相互正交的同频载波进行四象限波幅调制，具有很高的频谱利用率。20 世纪 70 年代中期发展的 V.29 调制解调标准已经采用了 QAM，90 年代中期以 V.34 标准为代表的调制解调技术已达到很高的水平（等效的比特/符号接近 10）。斯伦贝谢 MAXIS500 多任务采集成像系统的高速电缆传输 DTS 和生产测井平台 PS Platform 系统的单芯电缆传输 MTS 均采用了 QAM 调制技术。

QAM 调制原理如图 12-28 所示，二进制数据流经串并转换后以 I 和 Q 两组被调制形成 cos 和 sin 两个相互正交的波幅分支，相加后即得到 QAM 调制模拟信号。以 16QAM（带宽利用能力 4b/Hz）为例，$2^4 = 16$ 的一组 4bit（两路 2bit 的四电平编码）被映射到 I-Q 平面，形成所谓的 16QAM 星座图，如图 12-29 所示。设编码为 1110 时为 P 点，该编码最终被调制成具有幅值 R 和相位 θ 的模拟波形。由于信道传输过程中原始信号受到噪声、幅度和相位畸变的影响，解调时映射到星座图的位置将发生偏离，但只要落在图中虚线框内就能够被正确解调，否则将发生误码。增加星座编码规模，将获得更高的频带利用率（如 64QAM 达到 6b/Hz，较 16QAM 提高了 50%），但各星座点（符号）之间的距离变得越近，使得对噪声和畸变的容限更小。在 SNR 一定的条件下，采用以下措施能够有效地利用信道带宽和获得可靠的传输：

（1）采用多维梳状编码（TCM）把用于前向纠错（FEC）的冗余比特引入到多维空间，使映射到二维空间的每个星座点所表示的比特数减少。对 TCM 一般采用维特比（Viterbi）算法解码。

（2）优化设计星座图造型（也称为外壳映射），使得各星座点之间的距离和本身所需的

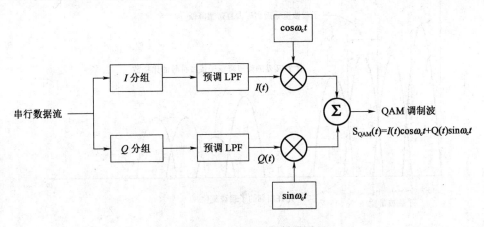

图 12-28　QAM 调制器原理

能量（图 12-29 中矩形分布星座图边角上的符号需要更多的能量）趋于合理，以达到更可靠的传输。

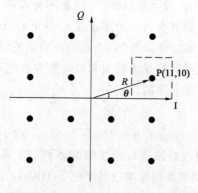

图 12-29　16QAM 星座图

3. 基于 DMT 的 ADSL

ADSL（Asymmetric Digital Subscriber Line，非对称数字用户线路）广泛用于 Internet 的用户与局端的接入（俗称最后 1km 接入），利用普通电话线能够在全双工模式下获得高达 6Mbps 数据传输率，并且能够同时进行模拟语音通话。ADSL 作为近代数字通信的代表性技术，它的实现是基于离散多频调制（DMT，Discrete Multi-Tone，或离散多音调制），也称为正交频分多路复用（OFDM，Orthogonal Frequency Division Multiplexing）。DMT（OFDM）也是无线局域网（WLAN）和宽带无线接入（IEEE802.16）的核心技术。

DMT 将并行数据传输结合频分复用（FDM）形成了多载波数据传输技术。实现 DMT 具体方法是将整个带宽分成 256 个 4kHz 的频道（子载波，如同某段无线电频谱内的多个以 AM 或 FM 调制的广播电台）。子载波采用 QAM 调制，如图 12-30 所示。每个子载波可根据自身频带内的信道性能灵活变化符号编码位数（b/Hz），一般在 4～10b/Hz，在最佳信噪比条件下能够达到 15b/Hz。在极端情况（如整个信道频率特性极不均匀、个别点受干扰影响信噪比很差）下，甚至可以关闭某些子载波信道。可见，虽然 DMT 受每个子载波本身带宽的限制传输速率并不高，但多个子载波的并行组合能得到很高的传输速率。

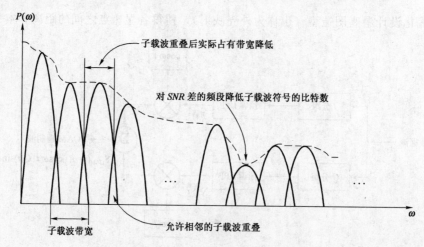

图 12-30　DMT 调制示意图

ADSL 采用回波抑制技术（早期也采用过 FDM 方式），在同一条物理信道上实现了全双工数据传输，并进一步有效利用了带宽。回波抑制的实现方法是将发送端信号经适当处理后叠加到信号接收回路，使得接收信号中受发送影响的部分得以补偿消除，从而实现了单一信道的同时发送和接收。这一技术也用于其他 DSL（xDSL）中。

ADSL 在建立正确传输之前，必须为信道补偿参数的建立和子载波性能优化（合适的比特数/符号）进行"训练"，也称为调制解调发送和接收端的同步。训练时，发送端发送已知格式的数据帧，接收端根据信号失真计算和调整补偿参数，直至达到完全同步。

ADSL 技术在算法和硬件、软件的实现上相当复杂。为此，国际上很多家著名集成电路制造商都提供了专用的 ADSL 调制解调接口芯片组（俗称 ADSL "套片"，如 ADI 公司 AD643x 系列、三星的 S5N895x 系列等）。ADSL MODEM 芯片组通常由 2～6 个专用集成电路组成，包括前端模拟数字混合处理电路（如 ADI 的 AD6437）、后端嵌入式高速数字信号处理器（如 ADI 的 DMT 处理器 AD6436）和主机系统接口（如 ADI 的 AD6435）等。庞大的生产量使得芯片组成本降低，售价十分低廉，但民用温度等级（0～70℃）限制了其在测井仪器中的直接应用。即使这样，基于 DMT 的 ADSL 技术对高速测井数据传输的研发也具有很高的参考价值。

二、EILog 系统高速数据传输

1. 系统组成原理

电缆传输的主要功能是将井下仪器的测量数据和状态上传到地面仪器，并将地面仪器发出的控制命令参数下传至各下井仪。EILog 高速电缆传输系统主要包括电缆调制解调器和井下仪器总线两部分，其硬件组成框图如图 12-31 所示。

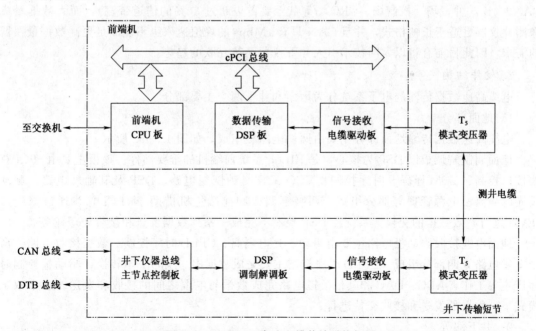

图 12-31　EILog 高速电缆传输系统框图

电缆高速传输系统的上传方向采用了 COFDM（Coded Orthogonal Frequency Division Multiplexing，编码正交频分复用）调制解调技术，采用 TCM 编码，在使用 16QAM 信号带宽的情况下达到 32QAM 的实际效能。COFDM 作为一种先进的数据传输技术，将要传送的数据流分散到多个子载波上并允许各子信道频谱有 1/2 重叠。由于单个子信道上的频率响应变得相对平坦，采用循环前缀有效去除码间干扰，因此只需要相对简单的处理就能获得良好的均衡。

基于 COFDM 的 EILog 电缆数据传输系统设计有纠错和出错重发机制，传输速率 430kbps，下传采用四相移键控（QPSK），80ms 固定帧周期，半双工模式，实现调制解调器和各井下仪器互连的井下仪器总线采用 CAN（Controller Area Net，控制局域网），同时配有与 CTS 系统兼容的 DTB 总线接口以挂接常规测井仪器。

采用基于 CAN 技术的井下仪器总线可以简化井下仪器互联结构，只需要一对屏蔽双绞线即可实现整个仪器串的贯穿连接（与之相比，ECLIPS2000 的 WTS 需要三对），节省了井下宝贵的贯通连线资源，并提高了系统可靠性。

CAN 总线主要用于各种过程监测和控制的网络（如现代轿车内）。CAN 的特点是组网方式灵活，可轻松实现点对点、一点对多点及全局广播方式发送接收数据，网络上任意一个节点均可以在任意时刻主动地向网络上的其他节点发送信息，当发生竞争时，优先权较低的端点能够在不影响其他发送端点的情况下自动退出。CAN 通信速率最高可达 1Mbps（距离 40m 内）。CAN 采用每帖有 8 个有效字节的短帧结构，受突发干扰的概率低，并且具有很好的检错能力。目前，CAN 协议功能的实现主要借助于集成化硬件引擎（如 Philips 的 SJA1000、Intel 的 i82526），很多现代微处理器中都集成了 CAN 功能部件（如 TI 数字信号处理器 TMS320LF2407A、Philips 的 P8xC592 系列），使得井下仪器通信接口设计十分方便，其开发工作主要集中在根据数据传输协议编写控制和传输软件。

井下采用 CAN 的不足之处是小帧结构的冗余信息使得总的带宽利用率不高（如对于 CAN2.0B，仲裁场、控制场、CRC 场等甚至要占去超过 30% 的信道带宽），而大数据量成像测井仪器更适于长帧格式，并且 CAN 只有 1Mbps 的峰值速率也不能满足更高数据量仪器的需求，因此目前有将以太网技术引入井下仪器系统互联的趋势。

2．硬件结构

电缆高速数据传输的电子系统分为地面和井下两个主要部分。

1）地面部分

电缆高速数据传输地面部分主要由两块电路板组成，如图 12-32 所示。

地面调制解调板以 DSP 为核心，是 EILog 系统前端机的重要部件。该板主要由 cPCI 总线接口控制、TCM 译码及时序控制、VCO 采样时钟恢复电路、DSP 及其辅助电路、驱动及光电隔离、电源管理等部分组成。调制解调板和前端主机借助于 cPCI 总线通过双端口 RAM 进行高效数据的交换。系统在 DSP 控制下完成一系列数据发送和接收处理任务。

地面电缆接收驱动板电路主要由驱动、光电隔离、CPLD 时序控制、数据接收电路、命令下发电路等四部分组成。CPLD 时序控制主要完成数据串/并和并/串转换、驱动板控制时序产生等工作，ADC、DAC 和其他模拟电路完成数据与电缆之间的接收和发送。在半双工模式下，数据的发送和接收交替进行。

2）井下部分

电缆高速数据传输的井下部分（遥传短节）电路结构如图 12-33 所示，主要由井下 DSP 板、电缆驱动板和井下仪器总线接口板等三部分功能电路组成。

井下电缆接收驱动板用来接收地面下发的命令，放大滤波后经 ADC 变为数字信号送到

DSP 板；DSP 送来的井下数据编码调制信号经过 DAC 和功率放大驱动后通过传输变压器送上测井电缆。

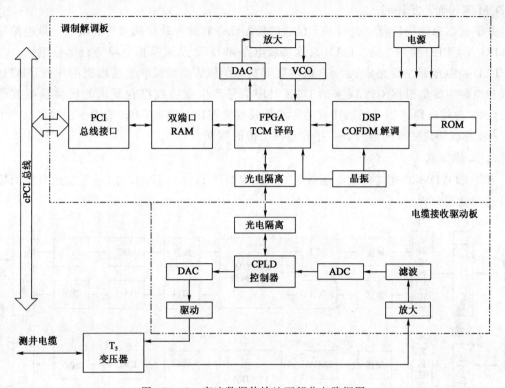

图 12-32　高速数据传输地面部分电路框图

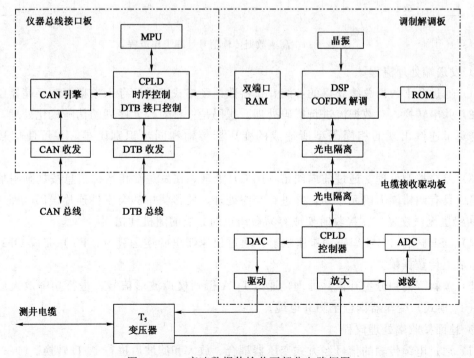

图 12-33　高速数据传输井下部分电路框图

井下 DSP 板主要功能是进行调制解调编译码、COFDM 帧形成，并与井下仪器总线板通过双端口 RAM 进行数据交换。DSP 完成井下数据处理的内容与地面基本相同，区别是进行 TCM 编码而不是译码。

井下仪器总线接口板完成对井下仪器的控制命令和测井数据的发送和接收。该电路主要由 CPU 及 CPLD 控制电路、CAN 总线协议电路和 DTB 总线模拟电路等三部分组成。CPU 及 CPLD 控制电路主要完成从 DSP 板读取下发命令和从总线接收上传数据的任务。DTB 总线模拟电路主要是根据 CPLD 来的 DTB 时序信号产生或接收符合要求的仪器总线波形信号。CAN 总线电路采用专用的协议芯片和总线收发芯片，根据 CPU 的指令、数据，产生符合 CAN 总线协议要求的信号，并接收总线上传的数据。

3. 工作流程

基于 COFDM 的电缆高速传输系统工作流程如图 12-34 所示，以井下发送至地面接收处理进行流程分析。

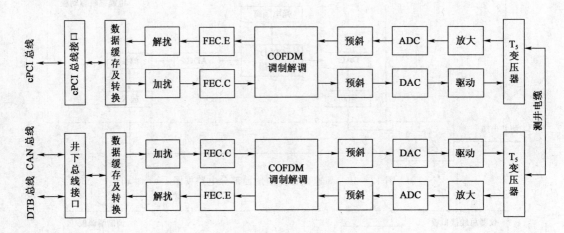

图 12-34　高速数据传输信号处理工作流程

1）发送端处理流程

（1）通过井下数据总线获得的各测井仪器数据经格式编排后存入数据缓冲存储器。

（2）并串转换，对数据流进行扰码处理。扰码是一种对码元序列的伪随机化处理，通过加扰避免了连续出现的相同码型所造成的变压器传输和同步识别困难，并可使信号频谱分散。

（3）差错控制处理。通过前向纠错（FEC）处理，在发送端将数据信息按规则附加冗余码后组成具有纠错能力码元序列，并进行交织处理，使得集中的突发性连片误码（即使采用 FEC 纠错也无法恢复）在接收时变成容易被纠正的分散的随机性错误。

（4）DSP 进行 TCM 编码和星座映射，通过快速傅里叶逆运算（IFFT）完成 OFDM 调制，组成上传数据帧。

（5）预斜（高频分量补偿）处理，通过 D/A 得到模拟波形信号，进行功率放大后经过方式（T_5 模式）变压器耦合至测井电缆。

2）地面接收端处理流程

（1）通过电缆传输的信号经方式变压器耦合、放大和滤波后进行 A/D 转换。

（2）进行数字预斜处理进一步补偿高频分量。

（3）利用 DSP 结合 FPGA 进行 TCM 译码和数据解调，将信号还原成二进制数据序列。具体过程是：DSP 对井下上传数据进行快速傅里叶变换（FFT）、子载波数据均衡及自适应均衡系数调整，将载波数据变换后存入数据存储器。当 DSP 完成一帧大循环数据的接收并转入下一次数据接收之前，启动 FPGA 中的 TCM 译码器对数据进行维特比译码，在 20ms 时间内完成所有数据的译码并将结果暂存。

（4）解交织、验错和纠错处理。对接收的数据序列按规则进行检验。若有错，则确定其位置并进行纠错处理。

（5）进行解扰处理。解扰是加扰的逆过程，通过解扰能够完全恢复原有的数据流序列。串并转换后，最终得到原始测井数据并存放至数据缓冲存储器中等待读取。

地面系统控制命令下发的流程与上述井下数据、状态上传方向相反，工作原理相似，在此不再赘述。

本 章 小 结

本章主要介绍了测井数据传输系统设计的基础知识和组成原理。

第一节讨论了测井电缆的传输特性及其影响因素、数据传输中常用的编码及其频谱特征等。第二节介绍了基于曼彻斯特编码的 ECLIPS5700 测井系统 3514XA 井下电缆遥测短节组成结构和关键电路分析。第三节介绍了有关电缆高速数据传输的知识，并以 EILog 系统的基于 COFDM 技术的高速数据传输为例，简要分析了硬件组成和调制解调流程。

也应看到，采用 COFDM 技术的 EILog 高速电缆传输系统存在某些不足之处：一是没有像 DMT 那样采用可变比特的符号编码，这使得在兼顾高频端 SNR 情况下信道质量好的低频端没有得到有效利用，从而限制传输速率的进一步提高；二是由于没有采用回波消除技术，使得在 T_5 信道上只能实现半双工传输模式，这在某种程度上影响了地面系统对井下控制的实时性，井下仪器由于无法以严格意义上的深度中断方式工作使得高分辨率仪器的深度对齐和测速补偿变得比较困难。

测井电缆数据传输系统是测井系统特别是成像测井系统的重要组成部分。随着井下仪器采集信息量的不断增大，对测井电缆数据传输的性能要求越来越高。目前，已有国内外多个厂商正在研发或已经实现了基于 ADSL 技术的测井电缆数据传输和基于以太网（IEEE802.3）技术的井下仪器系统互联（如哈里伯顿公司的 LOG-IQ 成像测井系统），基于光缆的高速数据传输系统也在开发和实验之中。

思 考 题

1.测井铠装电缆能够组成几个典型的信道？其频率特性如何？

2.电缆数据传输中的干扰因素有哪些？

3.基本的信道编码有哪些类型？其特点是什么？

4.简述曼彻斯特编码的同步和数据位表示方式，HD-6408 和 HD-6409 的帧数据格式有什么不同？

5. 基于曼彻斯特编码的 3514XA 数据传输系统由哪几部分组成？其主要功能是什么？

6. 在一定的信道带宽下提高数据传输速率的方法是什么？简述 QAM 调制的基本原理。

7. 基于 DMT 技术的 ADSL 有什么特点？

8. EILog 系统采用了什么数据传输技术？最高速率是多少？

9. 简述 EILog 数据传输的硬件组成结构，及设计中采用的先进技术？

10. 简述 COFDM 的调制解调工作流程。加扰和解扰的作用是什么？

参 考 文 献

楚泽涵，高杰，黄隆基，肖立志.2007.地球物理测井方法与原理.上册.北京：石油工业出版社.

邓克全.1996.DITS 电缆遥测系统.测井技术，20（5）：356-364.

黄隆基.1985.放射性测井原理.北京：石油工业出版社.

鞠晓东，成向阳，卢俊强，乔文孝.2005.基于 CPLD 的井下控制命令电路设计及其应用.测井技术，29（4）：356-358.

鞠晓东，乔文孝，等.2008.多极子阵列声波测井仪电子系统设计.测井技术，32（1）：61-64.

Padmanand Warrier.2001.XDSL 技术与体系结构.任天恩，译.北京：清华大学出版社.

庞巨丰.2008.测井原理及仪器.北京：科学出版社.

唐晓明，郑传汉.2004.定量测井声学.赵晓敏，译.北京：石油工业出版社.

田子立，孙以密，刘桂兰.1984.感应测井理论及其应用.北京：石油工业出版社.

邬宽明.1995.CAN 总线原理和应用系统设计.北京：北京航空航天大学出版社.

熊光明.1997.WTS 3510XA 电缆遥测短节.石油仪器，11（3）：38-39.

熊永立.1996.5700 信号传输与电缆间的关系.测井技术，20（2）：150-154.

徐台松，李在铭.1990.数字通信原理.北京：电子工业出版社.

张庚骥.1986.电法测井.上册.北京：石油工业出版社.

张守谦，等.1996.成像测井技术及应用.北京：石油工业出版社.

周吉平，刘振武.2006.石油科技进展综述.北京：石油工业出版社.

周吉平，王静农.2006.石油地球物理测井技术进展.北京：石油工业出版社.

周吉平，王静农.2007.石油科技进展丛书——测井分册.北京：石油工业出版社.